高等学校"十一五"规划教材

机械工程材料及热加工

（第 2 版）

主编 冯 旻 刘艳杰 高 郁

哈尔滨工业大学出版社

内容提要

本书是为普通本科院校和大专院校机械类专业及近机械类专业学生编写的教材,强调对学生应用能力和实践能力的培养,充分重视新材料、新工艺、新技术的应用。该书共分 14 章,主要内容为:机械工程材料的性能,金属的晶体结构与结晶,合金的结构与相图,碳钢、钢的热处理,合金钢、铸铁、有色金属及其合金,非金属材料,铸造、锻压、焊接,非金属材料的成型与加工,机械零件材料及毛坯选择与质量检验等内容。本书引用国家最新标准,注重理论与实践结合、工艺与原理结合,并附实验指导书。

图书在版编目(CIP)数据

机械工程材料及热加工/冯晟主编. —2 版. —哈尔滨:
哈尔滨工业大学出版社,2009.8(2025.1 重印)
ISBN 978-7-5603-2224-7

Ⅰ.①机…　Ⅱ.①冯…　Ⅲ.①机械制造材料 ②热加工
Ⅳ.①TH14　TG306

中国版本图书馆 CIP 数据核字(2009)第 131774 号

责任编辑　贾学斌
出版发行　哈尔滨工业大学出版社
社　　址　哈尔滨市南岗区复华四道街 10 号　邮编 150006
传　　真　0451-86414749
网　　址　http://hitpress.hit.edu.cn
印　　刷　哈尔滨午阳印刷有限公司
开　　本　787×1092　1/16　印张 20.75　字数 480 千字
版　　次　2005 年 9 月第 1 版　2009 年 8 月第 2 版
　　　　　2025 年 1 月第 10 次印刷
书　　号　ISBN 978-7-5603-2224-7
定　　价　48.00 元

(如因印装质量问题影响阅读,我社负责调换)

再版前言

本书是哈尔滨工业大学出版社出版的《机械工程材料及热加工》(冯旻,刘艳杰,高郁主编,2005年9月第1版)的第2版。本书是为普通本科院校及专科院校机械类各专业及近机械类专业学生编写的教材。

为适应21世纪新材料、新工艺、新技术发展的需要,本书在保持《机械工程材料及热加工》第1版的体系、结构、特色和主要内容的基础上,进一步扩大新材料、新工艺、新技术的知识面和增强选材知识,力图使本书更具有较强的理论性、实践性、系统性和广泛的实用性。新版《机械工程材料及热加工》主要着眼于以下几点:

1. 以适应工程实践、符合21世纪的教改方向为出发点,强调对学生应用能力和实践能力的培养,做到基本概念清晰,重点突出,简明扼要,对基本理论部分,以必需和够用为原则,以强化应用为重点,充分体现新材料、新工艺、新技术的应用,在对传统的"金属工艺学"课程体系进行改造、重组、充实的过程中,根据工程材料和热加工工艺与现代机械制造技术的发展实际,建立现代普通本科院校及专科院校教育教材课程体系的实用概念,以适应整个专业改革的客观形势。

2. 热处理新工艺、新技术不断出现,适当增加了新工艺方面的内容简介,并在书中的附录部分介绍了本课程的一些常规性试验。

3. 书中附有大量实例分析,以及联系实际的习题,更侧重了工艺分析及知识的应用。

4. 书中单位及工程术语均采用最新的国家标准。

5. 为扩大使用范围,使本书基本能适用于考取专业证书和职业高等教育要求,对第1版部分章节内容作了适当修改。

本书由冯旻、刘艳杰、高郁主编,参加本次修订的具体分工如下:冯旻(绪论、第1～4章、附录),朱欣顺(第5、14章),高郁(第6～9章),刘艳杰(第10～13章)。

此外,感谢参与编写本教材的各院校领导及教研室全体教师,在编写和修改过程中,作者参阅了国内外出版的有关教材和资料,在此一并表示衷心感谢。

由于编者水平有限,虽然此书经过修订再版,但书中疏漏及不妥之处仍在所难免,恳请广大读者批评指正。

编 者
2009 年 7 月

前　言

　　本书是为普通本科院校及专科院校机械类专业和近机械类专业学生编写的教材。在本书编写过程中广泛吸取了国内同类院校的教学改革成果，并总结了参编人员多年的教学经验，编写本书的基本思想是：

　　适应工程实践、符合 21 世纪的教改方向，强调对学生应用能力和实践能力的培养，突出实践性、启发性、科学性，力求基本概念清晰，重点突出，简明扼要，对基本理论部分，以必需和够用为原则，以强化应用为重点，充分体现新材料、新工艺、新技术的应用。在对传统的"金属工艺学"课程体系进行改造、重组、充实的过程中，根据工程材料和热加工工艺与现代机械制造技术的发展实际，建立现代高职高专教育教材课程体系的全新概念。

　　全书共分 14 章。其中第 1～3 章讲述机械工程材料的性能及内部结构特征；第 4、6～9 章讲述金属材料、非金属材料及新型材料；第 5 章讲述钢的热处理和工程材料的表面处理；第 10～13 章讲述铸造、锻压、焊接及非金属材料成型；第 14 章讲述机械零件材料及毛坯选择与质量检验。在每章后面都附有思考题，教师可在授课后从中选择、布置给学生，以巩固学生对所讲知识的掌握。本书的附录介绍本课程要求的常规实验指导。

　　本书由冯旻、刘艳杰、高郁主编，参加本书编写的有：冯旻（绪论、第 1～3 章、附录），高郁（第 4、6、7 章）、朱欣顺（第 5、14 章），刘丽华（第 8～9 章）、张也函（第 10 章），刘艳杰（第 11～13 章）。

　　在本书的编写过程中，参考了有关文献资料，并得到了参编各院校领导及教研室全体教师的大力支持和帮助，在此一并表示衷心感谢。

　　限于编者水平，编写中难免有疏漏和欠妥之处，恳切希望使用本书的广大师生、读者多提宝贵意见，以求改进。

编　者

2005 年 7 月

目　　录

绪论 ……………………………………………………………………………………………………… 1

第 1 章　机械工程材料的性能 ……………………………………………………………………… 3

1.1　材料的机械性能 …………………………………………………………………………………… 3

1.2　材料的物理、化学和工艺性能 …………………………………………………………………… 12

第 2 章　金属的晶体结构与结晶 …………………………………………………………………… 16

2.1　金属的晶体结构 …………………………………………………………………………………… 16

2.2　金属的实际结构和晶体缺陷 ……………………………………………………………………… 20

2.3　金属的结晶与铸锭组织 …………………………………………………………………………… 22

第 3 章　合金的晶体结构与相图 …………………………………………………………………… 28

3.1　合金的晶体结构 …………………………………………………………………………………… 28

3.2　合金的结晶 ………………………………………………………………………………………… 31

3.3　二元合金相图 ……………………………………………………………………………………… 32

3.4　合金的性能与相图之间的关系 …………………………………………………………………… 39

第 4 章　铁碳合金相图和碳钢 ……………………………………………………………………… 42

4.1　纯铁、铁碳合金的组织结构及其性能 …………………………………………………………… 42

4.2　铁碳合金相图 ……………………………………………………………………………………… 44

4.3　碳钢 ………………………………………………………………………………………………… 52

第 5 章　钢的热处理 ………………………………………………………………………………… 61

5.1　钢在加热和冷却时的组织转变 …………………………………………………………………… 61

5.2　钢的退火和正火 …………………………………………………………………………………… 70

5.3　钢的淬火和回火 …………………………………………………………………………………… 72

5.4　钢铁材料的表面处理 ……………………………………………………………………………… 75

5.5　钢的热处理新工艺简介 …………………………………………………………………………… 80

第 6 章　合金钢 ……………………………………………………………………………………… 84

6.1　概述 ………………………………………………………………………………………………… 84

6.2　合金结构钢 ………………………………………………………………………………………… 88

6.3　合金工具钢 ………………………………………………………………………………………… 98

6.4　特殊性能钢及合金 ………………………………………………………………………………… 105

第 7 章　铸铁 ………………………………………………………………………………………… 113

7.1　概述 ………………………………………………………………………………………………… 113

7.2　灰口铸铁 …………………………………………………………………………………………… 116

7.3　球墨铸铁 …………………………………………………………………………………………… 118

7.4　可锻铸铁 …………………………………………………………………………………………… 120

7.5　蠕墨铸铁 …………………………………………………………………………………………… 122

　　7.6　合金铸铁 ……………………………………………………………………… 123

第8章　有色金属及其合金 ……………………………………………………… 126

　　8.1　铝及铝合金 ………………………………………………………………… 126

　　8.2　铜及铜合金 ………………………………………………………………… 133

　　8.3　钛及钛合金 ………………………………………………………………… 138

　　8.4　轴承合金 …………………………………………………………………… 140

　　8.5　粉末冶金与硬质合金 ……………………………………………………… 143

第9章　非金属材料与新型材料 ………………………………………………… 145

　　9.1　高分子材料 ………………………………………………………………… 145

　　9.2　陶瓷材料 …………………………………………………………………… 152

　　9.3　复合材料 …………………………………………………………………… 154

　　9.4　新型材料 …………………………………………………………………… 156

第10章　铸造成型 ………………………………………………………………… 162

　　10.1　合金的铸造性能 …………………………………………………………… 162

　　10.2　砂型铸造 …………………………………………………………………… 169

　　10.3　特种铸造 …………………………………………………………………… 184

　　10.4　铸造成形工艺设计 ………………………………………………………… 190

　　10.5　铸件结构工艺性 …………………………………………………………… 195

第11章　锻压成型 ………………………………………………………………… 207

　　11.1　金属的锻造性能 …………………………………………………………… 207

　　11.2　自由锻 ……………………………………………………………………… 213

　　11.3　模锻 ………………………………………………………………………… 219

　　11.4　板料冲压 …………………………………………………………………… 227

　　11.5　锻压新工艺简介 …………………………………………………………… 231

第12章　焊接与胶接成形 ………………………………………………………… 238

　　12.1　焊接的基本原理 …………………………………………………………… 240

　　12.2　常用焊接方法 ……………………………………………………………… 247

　　12.3　常用金属材料的焊接 ……………………………………………………… 258

　　12.4　焊接结构工艺性 …………………………………………………………… 262

　　12.5　常见焊接缺陷产生原因分析及预防措施 ………………………………… 269

　　12.6　焊接质量检验 ……………………………………………………………… 270

　　12.7　其他焊接技术简介 ………………………………………………………… 272

　　12.8　胶接工艺与应用 …………………………………………………………… 277

第13章　非金属材料成形 ………………………………………………………… 285

　　13.1　工程塑料的成型 …………………………………………………………… 285

　　13.2　橡胶成型 …………………………………………………………………… 290

　　13.3　陶瓷成型 …………………………………………………………………… 291

　　13.4　复合材料成型 ……………………………………………………………… 292

第 14 章 机械零件材料及毛坯的选择与质量检验 ·················· 297

14.1 机械零件的失效分析 ························· 297

14.2 机械零件材料选择的一般原则 ··················· 299

14.3 零件毛坯选择的一般原则 ····················· 305

14.4 毛坯质量检验 ··························· 309

附录 实验指导书 ···························· 312

实验一 金属材料硬度实验 ······················ 312

实验二 铁碳合金平衡组织观察与分析 ················· 313

实验三 钢的热处理及其硬度测定 ··················· 314

实验四 铸铁及有色金属的显微组织观察实验 ·············· 316

实验五 合金流动性实验 ······················· 318

实验六 焊接接头显微组织观察及分析实验 ··············· 319

参考文献 ····························· 321

绪　　论

机械工程材料及热加工工艺是工科院校机械类及近机械类专业的一门必修技术基础课,主要讲述机械制造所用材料,铸造、压力加工、焊接、热处理等加工方法和机械零件材料及毛坯选择与质量检验的基本知识。这些基本知识是机械设计及各种工程制造与修理工艺的基础。

任何一台机械产品都是由若干个具有不同几何形状和尺寸的零件按照一定的方式装配而成的。由于使用要求不同,各种机械零件需选用不同的材料制造,并具有不同的精度和表面质量。因此要加工出各种零件,应采用不同的加工方法。金属机械零件的成形工艺方法一般有:铸造、锻压、焊接、切削加工和特种加工等。在机械制造过程中,通常是先用铸造、锻压和焊接等方法制成毛坯,再进行切削加工,才能得到所需的零件。当然,铸造、锻压、焊接等工艺方法,也可以直接生产零部件。此外,为了改善零件的某些性能,常需进行热处理,最后将检验合格的零件加以装配,成为机器。简单的机械制造生产过程如图 0.1 所示。

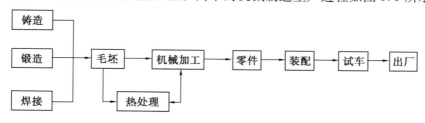

图 0.1　机械制造生产过程框图

应用型技术人员必须懂得生产过程、工艺、产品质量和经济性。机械产品设计之后,他们就需要确定在生产时使用什么设备、工具,采用何种加工工序和方法,以便高效率、高质量和低成本地把产品制造出来。许多事例表明,机械产品的质量问题,主要是发生在制造过程,而其中 60% ~70% 系由于工艺因素引起的。产品因质量差、消耗大、成本高,不仅会失去在国际市场上的竞争能力,而且还浪费了资源,质量好的产品会给企业带来活力,为国家和企业创造更多财富,取得好的经济效益。如农机球墨铸铁曲轴,仅改变了热处理方法,其使用寿命由原 2 000 h 提高到 4 000 h,做到一根曲轴顶二根曲轴使用,充分发挥了金属材料潜力。由此可见技术人员和工艺条件在工业生产中的重要性。

随着冶金、机械、交通运输等工业日益增长的需求,材料加工工艺取得日新月异的发展,在使用材料方面也有不少变化,从国外汽车用的材料可以看出使用材料的巨大变化(图 0.2)。从图可知,1991 年与 1968 年相比,钢用量下降 6.2%,铸铁下降 7%,而塑料增加 5.4%,铝合金增加 5.5%。增加众多轻质量的材料,表明机器的轻量化。由此可以推断,今后使用的材料更应满足可靠性、工艺性和低成本要求。

机械工程材料及热加工工艺课程有两个特点:一是课程内容的广泛性、综合性和工艺方法的多样性;另一是有很强的实践性。课程内容不仅涉及金属、非金属及其加工工艺,而且和质量检验、经济性紧密相关。每种工艺既可独立应用,又可以优化组合。其评价的准则是

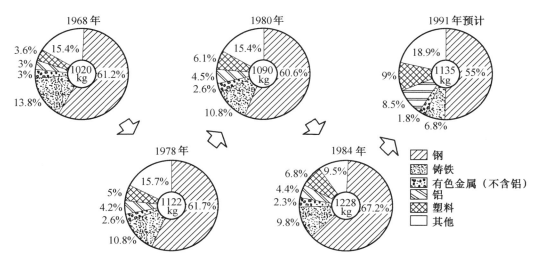

图 0.2　汽车材料组成的演变

在满足性能的前提下,视经济效益如何而定。还因为本课程所讨论的内容来自生产实践和科学实验的总结,因此,要特别注意联系生产实际。

机械工程材料及热加工工艺课程的目的和任务是使学生获得有关工程结构和机器零件常用的金属材料、非金属材料的基本理论知识和性能特点,并使其初步具备根据零件工作条件和失效方式,合理选材与使用材料;了解常用材料的热加工工艺的基础知识,为学习其他相关课程及从事机械设计奠定必要的金属工艺学的基础。

学习本课程的基本要求是:

①了解机械工程材料的一般性质、应用范围和选择原则;

②初步掌握各种主要加工方法的实质、工作特点和基本原理,并具有选择毛坯和零件加工方法的基础知识;

③初步掌握零件的结构工艺性和常用材料的工艺性。

第1章　机械工程材料的性能

在机械制造、交通运输、国防工业、石油化工等领域中,需要使用大量的工程材料,有时由于选材不当造成机械达不到使用要求或过早失效,因此了解和熟悉材料的性能成为合理选材、充分发挥工程材料内在性能潜力的重要依据。

迄今为止,金属材料仍然是现代工业、农业、国防以及科学技术各个领域应用最广泛的工程材料,这不仅是由于其材料来源丰富,生产工艺较简单且成熟,而且还因为其某些性能大大优于某些非金属材料。

金属材料的性能是用来表征材料在给定外界条件下的行为参量。当外界条件发生变化时,同一种材料的某些性能也会随之变化。

通常所指金属材料的性能包括以下两个方面。

1. 使用性能

使用性能是指材料在使用过程中表现出来的性能。它包括机械性能和物理、化学性能等。金属材料的使用性能决定了其应用范围、安全可靠性和使用寿命等。

2. 工艺性能

工艺性能是指材料对各种加工工艺的适应能力。它包括铸造性能、锻造性能、焊接性能、切削加工性能、热处理工艺性能等。

1.1　材料的机械性能

材料的机械性能亦称材料的力学性能,指材料在各种不同工作情况(如高温、低温或室温条件下,以不同负荷作用着拉、压、弯、扭、冲击等),从开始受力变形(静力或动力)至破坏的全过程所表现的力学特征,如强度、塑性、硬度、冲击韧性等。

材料的力学性能,不仅是设计零(构)件、选择材料的重要依据,而且也是验收、鉴定材料性能的重要依据之一。对冶金产品的生产来说,金属(钢铁)材料的力学性能还是改进工艺、控制产品质量的重要参数之一。

材料在加工及使用过程中所受的外力称为载荷。根据载荷作用的性质不同,可分为静载荷、冲击载荷、交变载荷等。静载荷是指逐渐而缓慢地作用在工件上的力,如机床床头箱对床身的压力、钢索的拉力、梁的弯矩、轴的扭矩和剪切力等。冲击载荷是指突然增加或消失的载荷,如空气锤锤杆所受的冲击力。交变载荷是指周期性的动载荷,如齿轮、曲轴、弹簧等零件所承受的大小与方向是随时间而变化的载荷等。

无论何种固体材料,其内部原子之间都存在相互平衡的原子结合力的相互作用。当工件材料受外力作用时,原来的平衡状态受到破坏,材料中任何一个小单元与其邻近的各小单元之间就诱发了新的力,称为内力。在单位截面上的内力,称为应力,以"σ"表示。材料在外力作用下引起的形状和尺寸改变,称为变形,包括弹性变形(卸载后可恢复原来的形状和尺寸)和塑性变形(卸载后不能完全恢复原来的形状和尺寸)。

常用的的力学性能指标有:强度、刚度、塑性、硬度和韧性等。

1.1.1　材料在静载荷下的机械性能

1. 强度

强度是材料抵抗外力产生塑性变形或断裂的能力,强度越高的材料,所承受的载荷越大。按照载荷作用方式不同,强度可分为抗拉强度、抗压强度、抗弯强度和抗剪强度等。工程上常以屈服点和抗拉强度作为强度指标。

强度指标一般可以通过拉伸试验来测定。它是按 GB 228-87 规定,把一定尺寸和形状的标准试样(图 1.1)装夹在试验机上,然后对试样逐渐施加拉伸载荷,直至把试样拉断为止。根据试样在拉伸过程中承受的载荷和产生的变形量之间的关系,可测出该金属材料的拉伸曲线,如图 1.2 所示,并求出相关的力学性能。

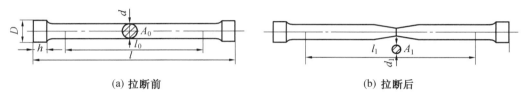

| (a) 拉断前 | (b) 拉断后 |

图 1.1　钢的标准拉伸试棒

（1）拉伸曲线　从图 1.2 可以看出,不同性质材料的拉伸曲线形状是不相同的。以退火低碳钢的拉伸曲线为例说明拉伸过程中几个变形阶段。

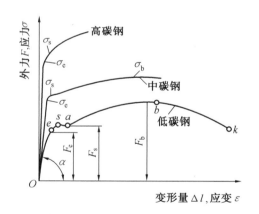

图 1.2　退火低碳、中碳和高碳钢的拉伸曲线
（载荷 F 下的变形量 Δl 曲线与应力 σ-应变 ε 曲线形状相似,只是坐标不同）

OS 段——弹性变形阶段　这一部分试棒变形量 Δl 与外力 F 成正比。当除去外力后,试棒恢复到原来尺寸。外力 F_e 是使试棒只产生弹性变形的最大载荷。

sa 段——屈服阶段　在载荷超过 F_e 时,试样除产生弹性变形外,开始出现塑性变形,此时若卸载,试样的伸长只能部分恢复。当载荷增加到 F_s 时,图形上出现平台,即载荷不增加,试样继续伸长,材料丧失了抵抗变形的能力,这种现象叫屈服。F_s 称为屈服载荷。

ab——均匀塑性变形阶段　载荷超过 F_s 后,试样开始产生明显塑性变形,伸长量随载荷增加而增大。F_b 为试样拉伸试验的最大载荷。

bk——缩颈阶段　载荷达到最大值 F_b 后,试样局部开始急剧缩小出现"缩颈"现象,由于截面积变小,试样变形所需载荷也随之降低,k 点时试样发生断裂。

工程上使用的材料并不是都有明显的四个阶段,对于脆性材料,弹性变形后马上发生断裂,如图 1.2 所示的高碳钢的拉伸曲线。

（2）强度指标　材料的强度是用应力 σ 来度量的,在图 1.2 所示拉伸曲线上可以确定以下性能指标。

① 屈服点 σ_s。材料产生屈服时的最小应力,单位为 MPa。

$$\sigma_s = F_s / A_0$$

式中　F_s——屈服时的最小载荷(N);

　　　A_0——试样原始截面积(mm^2)。

很多金属材料,如大多数合金钢、铜合金以及铝合金的拉伸曲线无明显屈服现象,脆性材料如普通铸铁、镁合金等,甚至断裂之前也不发生塑性变形,因此工程上规定:试棒发生某一微量塑性变形(0.2%)时的应力作为该材料的屈服点,称为屈服强度或规定微量塑性伸长应力,并以符号 $\sigma_{0.2}$ 表示。要求严格时,也可规定为 0.1%、0.05% 的变形量,并相应以符号 $\sigma_{0.1}$、$\sigma_{0.05}$ 表示。

② 抗拉强度 σ_b。材料在拉断前所承受的最大应力,单位为 MPa。

$$\sigma_b = F_b / A_0$$

式中　F_b——试样拉断前所承受的最大载荷(N)。

材料的 $\sigma_{0.2}$(或 σ_s)、σ_b 均可在材料手册或有关文献或资料中查得,但 $\sigma_{0.01}$ 在手册中很少列出,因为测量手续麻烦,而且需要十分精确的设备,只有在特别需要时才测定它。一般机器构件都是在弹性状态下工作的,不允许微小的塑性变形,所以在机械设计时应采用 σ_s 或 $\sigma_{0.2}$ 强度指标,并加上适当的安全系数。由于抗拉强度 σ_b 测定较方便,而且数据也较准确,所以设计零件时有时也可以直接采用强度指标 σ_b,但需使用较大的安全系数。

由上述可知,强度是表征金属材料抵抗过量塑性变形或断裂的物理性能。

σ_s / σ_b 的比值称为屈强比,是一个有意义的指标。比值越大,越能发挥材料的潜力,减小结构的自重。但为了使用安全,亦不宜过大,适合的比值在 0.65 ~ 0.75 之间。

2. 刚度

材料在受力时抵抗弹性变形的能力称为刚度,它表示材料弹性变形的难易程度。材料刚度的大小,通常用弹性模量 E 来评价。

材料在弹性范围内,应力 σ 与应变 ε 的关系服从虎克定律:$\sigma = E\varepsilon$ 或 $\tau = G\gamma$。式中 σ 和 τ 分别为正应力和切应力,G 为切变模量,ε 和 γ 分别为正应变和切应变。应变为单位长度的变形量 $\varepsilon = \Delta l / l$。

因此 $E = \sigma / \varepsilon$ 或 $G = \tau / \gamma$,相应为弹性模量和切变模量。由图 1.2 可以看出,弹性模量 E 是拉伸曲线上的斜率,即 $\tan \alpha = E$。斜率 $\tan \alpha$ 越大,弹性模量 E 也越大,即是说弹性变形越不容易发生。因此 E、G 是表示材料抵抗弹性变形能力和衡量材料"刚度"的指标。弹性模量越大,材料的刚度越大,即具有特定外形尺寸的零件或构件保持其原有形状与尺寸的能力也越大。

弹性模量的大小主要决定于金属键,与显微组织的关系不大,合金化、热处理、冷变形等对它的影响很小,生产中一般不考虑也不检验它的大小,基体金属一经确定,其弹性模量值就基本上定了。在材料不变的情况下,只有改变零件的截面尺寸或结构,才能改变它的刚度。

在设计机械零件时,要求刚度大的零件,应选用具有高弹性模量的材料。钢铁材料的弹性模量较大,所以对要求刚度大的零件,通常选用钢铁材料,例如,镗床的镗杆应有足够的刚度,如果刚度不足,当进刀量大时,镗杆的弹性变形就会大,镗出的孔就会偏小,因而影响加工精度。

要求在弹性范围内对能量有很大吸收能力的零件(如仪表弹簧),一般使用软弹簧材料(铍青铜、磷青铜)制造,应具有极高的弹性极限和低的弹性模量。

在表 1.1 中列出的是常用金属的弹性模量。

表 1.1　常见金属的弹性模量

金属	弹性模量 E/MPa	切变模量 G/MPa
铁	214 000	84 000
镍	210 000	84 000
钛	118 010	44 670
铝	72 000	27 000
铜	132 400	49 270
镁	45 000	18 000

3. 塑性

塑性是指材料在载荷作用下产生永久变形而不断裂的能力,工程上常用伸长率 δ 和断面收缩率 ψ 作为材料的塑性指标。图 1.1 为拉伸前后试样的变化。

$$\delta = \frac{l_1 - l_0}{l_0} \times 100\%$$

$$\psi = \frac{A_0 - A_1}{A_0} \times 100\%$$

式中　l_0——试棒原标距长度;

l_1——拉断后试棒的标距长度;

A_0——试棒原来的截面积;

A_1——试棒拉断后缩颈处的截面积。

在材料手册中常常可以看到 δ_5 和 δ_{10} 两种符号,它们分别表示用 $l_0 = 5d$ 和 $l_0 = 10d$(d 为试棒直径)两种不同长度试棒测定的伸长率。l_1 是试棒的均匀伸长和产生缩颈后伸长的总和。很明显,短试棒中缩颈的伸长量所占的比例大,故同一材料所测得的 δ_5 和 δ_{10} 的值是不同的,δ_5 的值较大,而 δ_{10} 值较小,例如,钢材的 δ_5 大约为 δ_{10} 的 1.2 倍。因此,只有相同符号的伸长率,才能进行相互比较。

断面收缩率不受试棒标距长度的影响,因此,能更可靠地反映材料的塑性。

对必须承受强烈变形的材料,塑性指标具有重要的意义。塑性优良的材料冷压成形性好。此外,主要的受力零件也要求具有一定塑性,以防止超载时发生断裂。

伸长率和断面收缩率也表明材料在静载或缓慢增加的拉伸应力下的韧性。不过在很多情况下,具有高收缩率的材料可承受高的冲击吸收功。

必须指出,塑性指标不能直接用于零件的设计计算,只能根据经验来选定材料的塑性。一般来说,伸长率达5%或断面收缩率达10%的材料,即可满足绝大多数零件的要求。

但对各种具体形状、尺寸和应力集中系数的零件来说,对塑性的要求是有一定限度的,并不是越大越好,否则会限制材料强度使用水平的提高,不能发挥材料强度的潜力,造成产品粗大笨重、浪费材料和使用寿命不长。

4. 硬度

硬度是材料抵抗局部变形,特别是塑性变形、压痕或划痕的能力。硬度是材料的重要机械性能指标之一,试验方法简便、迅速,不需要破坏试件,设备也比较简单,而且对大多数金属材料,可以从硬度值估算出它的抗拉强度,因此在设计图样的技术条件中大多规定材料的硬度值。

金属的耐磨性和硬度有关,如滚珠轴承要求有足够硬度;机械加工常按工件材料的硬度来选择刀具及切削速度;在热处理中常按工件硬度值来检验产品的质量。因此,硬度试验在生产中广泛应用。

硬度测试,工业生产中经常采用的有布氏、洛氏和维氏三种测试方法。

(1) 布氏硬度　布氏硬度试验方法是把规定直径的淬硬钢球或硬质合金钢球以一定的试验力压入所测材料表面,如图 1.3 所示,保持规定时间后,测量表面压痕直径,如图 1.4 所示,其硬度计算公式为

$$HB = \frac{F}{A} = \frac{0.204F}{\pi D (D - \sqrt{D^2 - d^2})}$$

式中　HB——布氏硬度值;

　　　F——试验力(N);

　　　A——压痕凹印表面积(mm^2);

　　　D——球体直径(mm);

　　　d——压痕平均直径(mm)。

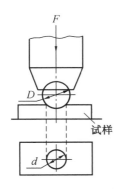

图 1.3　布氏硬度试验示意图

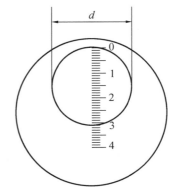

图 1.4　用读数显微镜测量压痕直径

从上式可以看出,当试验力(F)、压头球体直径(D)一定时,布氏硬度值仅与压痕直径(d)有关。d 越小,布氏硬度值越大,硬度越高;d 越大,布氏硬度值越小,硬度越小。

表示硬度值时应同时标出压头类型,当试验压头为淬硬钢球时,硬度符号为 HBS;当试验压头为硬质合金钢球时,硬度符号为 HBW。HBS 或 HBW 之前数字为硬度值,例如,120 HBS,450 HBW。

布氏硬度压痕面积较大,能较真实反映出材料的平均性能,而不受个别组成相和微小不均匀度的影响,具有较高的测量精度。布氏硬度机主要用来测量灰铸铁、有色金属以及经退火、正火和调制处理的钢材等材料。HBS 适于测量布氏硬度值小于 450 的材料,HBW 适于测量硬度值大于 450 小于 650 的材料。因压痕较大,布氏硬度不适宜检验薄件或成品。

（2）洛氏硬度　　洛氏硬度试验是目前应用最广的硬度试验方法，它是采用直接测量压痕深度来确定硬度值的，比布氏、维氏测试迅速，所以很适于对批量生产的工件进行硬度检验。

洛氏硬度试验原理如图 1.5 所示。它是用顶角为 120°金刚石圆锥体或直径为 1.588 mm（1/16 in）的淬火钢球作压头，先施加初始试验力 F_1（98 N），再加上主试验力 F_2（490 N、883 N、1 373 N），其总试验力为 $F = F_1 + F_2$（588 N、981 N、1 471 N）。图中 1 为压头受到初始试验力 F_1 后压入试样的位置；2 为压头受到总试验力 F 后压入试样的位置且经规定的保持时间，卸除主试验力 F_2，仍保留初试验力 F_1，试样弹性变形的恢复使压头上升到 3 的位置。此时压头受主试验力作用压入的深度为 h，即 1 至 3 位置。金属越硬，h 值越小。为适应人们习惯上认为数值越大硬度越高的观念，故人为地规定一常数 K 减去压痕深度 h 的值作为洛氏硬度指标，并规定每 0.002 mm 为一个洛氏硬度单位，用符号 HR 表示，则洛氏硬度值为

$$HR = \frac{K - h}{0.002}$$

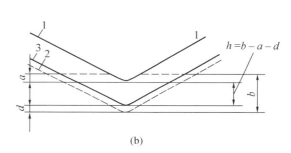

(a)　　　　　　　　　　　　　　　　　　(b)

图 1.5　洛氏硬度试验原理

由此可见，洛氏硬度值是一无量纲的材料性能指标，使用金刚石压头时，常数 K 为 0.2，使用钢球压头时，常数 K 为 0.26。

为了能用一种硬度计测定从软到硬的材料硬度，采用了不同的压头和总试验力组成几种不同的洛氏硬度标度，每一个标度用一个字母在洛氏硬度符号 HR 后加以注明。我国常用的是 HRA、HRB、HRC 三种，试验条件（GB 230–91）及应用范围见表 1.2。洛氏硬度值标注方法为硬度符号前面注明硬度数值，例如 52 HRC、70 HRA 等。

表 1.2　常用的三种洛氏硬度的试验条件及应用范围

硬度符号	压头类型	总试验力 F/kN	硬度值有效范围	应用举例
HRA	120°金刚石圆锥体	0.588 4	70 ~ 85 HRA	硬质合金，表面淬硬层，渗碳层
HRB	ϕ1.588 mm 钢球	0.980 7	25 ~ 100 HRB	非铁金属，退火、正火钢等
HRC	120°金刚石圆锥体	1.471 1	20 ~ 67 HRC	淬火钢，调制钢等

洛氏硬度 HRC 测试可以用于硬度很高的材料，操作简便迅速，而且压痕很小，几乎不损伤工件表面，故在钢件热处理质量检查中应用最多。但由于压痕小，硬度值代表性就差些。如果材料有偏析或组织不均匀的情况，则所测硬度值的重复性差，故需在试样不同部位测定

三点,取其算术平均值。

（3）维氏硬度　为了更准确地测量金属零件表面的硬度或测量硬度很高的零件,常采用维氏硬度,其符号用 HV 表示。

维氏硬度试验也采用金刚石锥体,不过是正棱角锥,其测量原理见图 1.6。F 的大小,可根据试样厚度和其他条件选用,一般试验力可用 10～1 000 N。试验时试验力 F 在试件表面压出正方形压痕。测量压痕两对角线平均长度 d（mm）,其硬度值（式中 A_v 为压痕面积）计算式为

$$HV = \frac{0.189\ 1F}{d^2}$$

10 N 试验力特别适用于测量热处理表面层（如渗碳、渗氮层）的硬度。当试验力小于 1.961 N 时,压痕非常小,可用于测量金相组织中不同相的硬度,测得的结果称为显微硬度,多以符号 HM 表示。

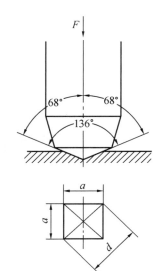

图 1.6　维氏硬度试验

1.1.2　材料在动载荷下的机械性能

1. 冲击载荷下性能指标

机械工程材料在使用中不仅受静载荷,而且可能还会受到速度很快的冲击载荷,如炮筒、锻锤的锤杆、火车挂钩、活塞等。冲击载荷比静载荷的破坏能力大,对于承受冲击载荷的材料,不仅要求具有高的强度和一定塑性,还必须具备足够的冲击韧度。图 1.7 为一根高碳钢圆棒,其 σ_b 为 925 MPa,锤击后产生弯曲。另一根为相同材料,经热处理后 σ_b 增至 1 285 MPa,经锤击后即行折断。说明抗拉强度虽然提高了,但塑性、韧性下降,还是会产生脆断。

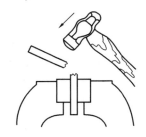

(a) 未经热处理的高碳钢圆棒　　　　　　(b) 经热处理的高碳钢圆棒

图 1.7　简易冲击试验方法

材料抵抗冲击载荷作用而不被破坏的能力称为冲击韧度。在生产上通常用冲击试验法来评定材料的冲击韧度。

（1）摆锤式一次冲击试验　试验原理如图 1.8 所示,将欲测定的材料先加工成标准试样,然后放在试验机的机架上,试样缺口背向摆锤冲击方向,将具有一定重力 F 的摆锤举至一定高度 H_1,使其具有一定的势能（FH_1）,然后放下摆锤冲击试样;试样断裂后摆锤上摆到 H_2 高度,在忽略摩擦和阻尼等条件下,摆锤冲断试样所做的功,称为冲击吸收功,以 A_k 表

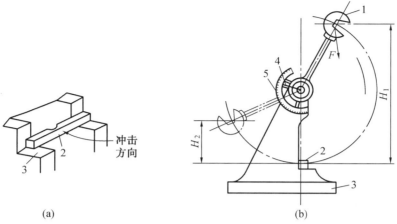

(a)　　　　　　　　　　　　　(b)

图1.8　冲击试验原理图

1—摆锤;2—试样;3—机架;4—指针;5—刻度盘

示,则有 $A_k = FH_1 - FH_2 = F(H_1 - H_2)$。在 GB/T 229–94 中,仅规定了冲击吸收功的概念。若用试样的断口处截面积 S_N 去除 A_k,得到冲击韧度 α_k 为

$$\alpha_k = \frac{A_k}{S_N} = \frac{F(H_1 - H_2)}{S_N}$$

式中　　α_k——冲击韧度(J/cm^2);

　　　　A_k——冲击吸收功(J);

　　　　F——摆锤的重力(N);

　　　　H_1——摆锤举起的高度(cm);

　　　　H_2——冲断试样后,摆锤的高度(cm);

　　　　S_N——试样断口处截面积(cm^2)。

冲击韧度 α_k 值越大,表明材料的韧性越好,受到冲击时不易断裂。α_k 值的大小受很多因素影响,不仅与试样形状、表面粗糙度、内部组织有关,还与试验时温度密切相关。GB/T 229–94《金属夏比缺口冲击试验方法》规定:冲击试验温度一般为 10 ~ 35℃,随着温度下降,α_k 值也减小。在某一温度值下尤为严重,该温度称为临界转变温度,如图 1.9 中曲线所示。此图说明材料可以由韧性状态转变为脆性状态而发生脆断。例如,1965 年英国北海油

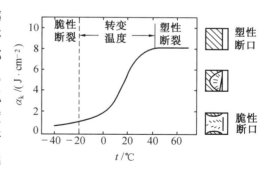

图1.9　温度对 α_k 值的影响

田,在一个晚上因气温突然下降,使海上钻井台产生冷脆,造成重大事故。因此,对处在低温或严寒地区工作的工程结构及机器零件,设计时为确保安全可靠,应特别注意材料脆性转变温度。

冲击韧度对材料组织的缺陷很敏感,生产上常用于检验热加工工件过热、过烧、晶粒粗大和非金属夹杂物等内部缺陷。因此冲击韧度值一般只作为选材时的参考,而不能作为计

算依据。

（2）小能量多次冲击试验　工程实际中,在冲击载荷作用下工作的机械零件,很少因受大能量一次冲击而破坏,我国曾对球墨铸铁曲轴做过这样的试验:从 1 m 高处将曲轴自由下落,立即断裂成几节,说明比较脆;但在同样曲轴装车试验并没发现断裂,这说明,实际工作情况大多数是经千百万次的小能量多次重复冲击,才最后导致曲轴断裂的。例如,冲模的冲头、凿岩机上的活塞等,用冲击韧度值来衡量材料的冲击抗力不符合实际情况,应采用小能量多次重复冲击试验来测定。

试验证明,材料在多次冲击下的破坏过程是产生裂纹和裂纹扩展过程,是多次冲击损伤积累发展的结果。因此,冲击能量高时,材料的多次冲击抗力主要取决于塑性;冲击能量低时,主要取决于强度。

2. 交变载荷下性能指标

某些机器零件(如轴、弹簧、齿轮、叶片等)多承受交变载荷。交变载荷可以是大小交变、方向交变,或同时改变大小和方向。车轴的表面承受的是拉伸和压缩交变循环载荷,事实表明,其应力水平总是远低于屈服强度。

断裂往往发生在应力比较集中的拐角、孔、槽等部位,这种在交变载荷作用下的破坏现象,称为疲劳断裂。据统计,零件疲劳断裂占失效事例的 70% 以上,为此引起人们极大的关注。

金属材料的疲劳破坏过程,首先是在其薄弱部位,如在有应力集中或缺陷(划伤、夹渣、显微裂纹等)处产生微细裂纹。这种裂纹是疲劳源,而且一般出现在零件表面上,形成疲劳扩展区。当此区达到某一临界尺寸时,零件就在甚至低于弹性极限的应力下突然脆断。最后的脆断区称为最终破断区。图 1.10 (a) 是典型疲劳断口 (汽车后轴) 的照片,而图 1.10(b)是典型断口三个区域的示意图。

(a) 汽车后轴的断口

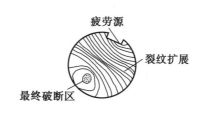

(b) 断口示意图

图 1.10　疲劳断口的特征

测定材料的疲劳强度时,要用较多的试棒,在不同交变载荷下进行试验,做出疲劳曲线,如图 1.11 所示。从图可以看出,循环数增加,应力降低。当应力降到某一值后,曲线变成水平直线,这就意味着材料可以经受无限次循环载荷而不发生疲劳断裂。工程上规定,材料经无数次重复交变载荷作用而不发生断裂的最大应力称为疲劳强度。对在弯曲循环载荷下测定的疲劳强度用符号 σ_{-1} 表示,而在剪切循环载荷下测定的疲劳强度用 τ_{-1} 表示。

　　图 1.11 是钢铁材料的疲劳曲线,在试验循环数达到 10^7 次时,出现水平直线。所以对于钢铁材料,把循环数达到 10^7 次时的最大应力作为其疲劳强度。有色金属和合金的疲劳曲线不出现水平直线,因此工程上规定循环数到 10^8 次时的最大应力作为它们的疲劳强度。

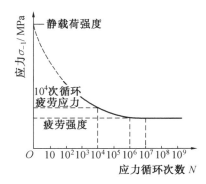

图 1.11　疲劳曲线

　　材料的 σ_{-1} 与 σ_b 是紧密相关的。对钢来说,其关系为 $\sigma_{-1}=0.45\sim0.55\sigma_b$。可见材料的疲劳强度随其抗拉强度增高而增高。根据疲劳的特点和总的循环次数,可以分为高周疲劳 ($N\geqslant10^4$) 和低周疲劳 ($N\leqslant10^4$)。高周疲劳时,重要的性能是疲劳强度。如果零件的工作应力低于材料的疲劳强度,在理论上不会发生疲劳断裂。而低周疲劳时,材料的疲劳抗力不仅与强度有关,而且与塑性有关,即材料应有良好的强韧性配合。

　　零件的疲劳强度除了受材料的成分及其内部组织影响外,零件的表面状态及其形状对其也有很大的影响。表面应力集中(划伤、损伤、腐蚀斑点等)会使疲劳寿命大大减低。提高零件疲劳寿命的方法是:①设计上减小应力集中,转接处避免锐角连接,使零件具有较小的表面粗糙度;②强化表面,如渗碳、渗氮、喷丸、表面滚压等,在零件表面造成残余压应力,抵消一部分拉应力,降低零件表面实际拉应力峰值,从而提高零件的疲劳强度。

1.2　材料的物理、化学和工艺性能

1.2.1　材料的物理性能

　　材料的物理性能是指在重力、电磁场、热力(温度)等物理因素作用下,材料所表现的性能或固有属性。机械零件及工程构件在制造中所涉及的金属材料的物理性能主要包括:密度、熔点、导电性、导热性、热膨胀性、磁性等。

1.密度

　　同一温度下单位体积物质的质量称为密度(g/cm^3 或 kg/m^3),与水密度之比叫相对密度。根据相对密度的大小,可将金属分为轻金属(相对密度小于4.5)和重金属(相对密度大于4.5)。Al、Mg 等及其合金属于轻金属;Cu、Fe、Pb、Zn、Sn 等及其合金属于重金属。

　　在机械制造业中,通常用密度来计算零件毛坯的质量,密度直接关系到由它所制成的零件或构件的质量或紧凑程度。某些高速运转的零件、车辆、飞机、导弹以及航天器等,常要求在满足力学性能的条件下尽量减轻材料质量,因而常采用铝合金、钛合金等轻金属。常用的金属材料的相对密度差别很大,如铜为8.9,铁为7.8,钛为4.5,铝为2.7等。

　　在非金属材料中,陶瓷的密度较大,塑料的密度较小,常用的聚乙烯、聚丙烯、聚苯乙烯等塑料的相对密度为 $0.9\sim1.1$。

2.熔点

　　材料在缓慢加热时,由固态转变为液态并有一定潜热吸收或放出时的转变温度,称为熔点。金属都有固定的熔点,合金的熔点取决于成分,例如,钢是铁和碳组成的合金,含碳量不同,熔点也不同。

熔点低的金属(如 Pb、Sn 等)可以用来制造钎焊的钎料、熔体(保险丝)和铅字等;熔点高的金属(如 Fe、Ni、Cr、Mo 等)可以用来制造耐高温零件,如加热炉构件、电热元件、喷气机叶片以及火箭、导弹中的耐高温零件。对于热加工材料,熔点是制定热加工工艺的重要依据之一,例如,铸铁和铸铝熔点不同,它们的熔炼工艺有较大区别。

非金属材料中的陶瓷(金属陶瓷)有一定熔点,如石英(SiO_2)熔点为 1 670℃,若石(MgO)熔点为 2 800℃,常用作耐火材料;而塑料和一般玻璃等非晶态材料,则没有熔点,只有软化点或称玻璃化温度。

3. 导电性

材料传导电流的能力称为导电性,以电导率 γ(单位 S/m)表示。纯金属中银的导电性最好,其次是铜、铝,合金的导电性比纯金属差。工程中为减少电能损耗常采用导电性好的纯铜或纯铝作为输电导体;采用导电性差的材料(如 Fe-Cr、Ni-Cr、Fe-Cr-Al 等合金、碳硅棒等)制作电热元件。

4. 导热性

材料传导热量的能力称为导热性,用热导率 λ(单位 W/(m·K))表示。热导率越大,导热性越好。纯金属的导热性比合金好,银、铜的导热性最好,铝次之。非金属中,碳(金刚石)的导热性最好。

合金钢的导热性比碳钢差,因此合金钢在进行热处理加热时的加热速度应缓慢,以保证工件或坯料内外温差小,减少变形和开裂倾向。另外,导热性差的金属材料切削加工也较困难。

5. 热膨胀性

材料因温度改变而引起的体积变化现象称为热膨胀性,一般用线膨胀系数来表示。

常温下工作的普通机械零件(构件)可不考虑热膨胀性,但在一些特殊场合就必须考虑其影响,例如,工作在温差较大场合的长零(构)件(如火车导轨等)、精密仪器仪表的关键零件热膨胀系数均要小等。工程中也常利用材料的热膨胀性来装配或拆卸配合过盈量较大的机械零件。

6. 磁性

材料在磁场中能被磁化或导磁的能力称为导磁性或磁性,通常用磁导率 μ(单位 H/m)来表示。具有显著磁性的材料称为磁性材料。目前应用的磁性材料有金属和陶瓷两类:金属磁性材料也称为铁磁材料,常用的有 Fe、Co、Ni 等金属及其合金;陶瓷磁性材料通称为铁氧体。工程中常利用材料的磁性制造机械及电气零件.

1.2.2　材料的化学性能

材料的化学性能是指材料在室温或高温时抵抗其周围各种介质的化学侵蚀能力,主要包括耐腐蚀性、抗氧化性和化学稳定性等。

1. 耐腐蚀性

材料在常温下抵抗氧、水蒸气等化学介质腐蚀破坏作用的能力称为耐腐蚀性,包括抗化学腐蚀和电化学腐蚀两种类型。化学腐蚀一般是在干燥气体及非电解液中进行的,腐蚀时没有电流产生;电化学腐蚀是在电解液中进行,腐蚀时有微电流产生。

根据介质侵蚀能力的强弱,对于不同介质中工作的金属材料的耐蚀性要求也不相同。如海洋设备及船舶用钢,须耐海水和海洋大气腐蚀;而贮存和运输酸类的容器、管道等,则应具有较高的耐酸性能。一种金属材料在某种介质、某种条件下是耐腐蚀的,而在另一种介质或条件下就可能不耐腐蚀。如镍铬不锈钢在稀酸中耐腐蚀,而在盐酸中则不耐腐蚀;铜及铜合金在一般大气中耐腐蚀,但在氨水中却不耐腐蚀。

腐蚀对金属的危害很大,每年因腐蚀而损耗掉大量金属材料,这种现象在制药、化肥、制酸、制碱等部门更为严重。因此,提高金属材料的耐腐蚀性,对于节约金属、延长零件使用寿命具有积极的现实意义。

2. 抗氧化性

材料在高温抵抗氧化作用的能力称为抗氧化性。钢铁材料在高温下(570℃以上)表面易氧化,主要原因是生成了疏松多孔的FeO,氧原子易通过FeO进行扩散,使钢内部不断氧化,温度越高,氧化速度越快。氧化使得在铸、锻、焊等热加工时,钢铁材料损耗严重,也易出现加工缺陷。提高材料抗氧化性,可通过合金化在材料表面形成保护膜,或在工件周围造成一种保护气氛,均能避免氧化。

3. 化学稳定性

化学稳定性是材料耐腐蚀性和抗氧化性的总称。在高温下工作的热能设备(锅炉、汽轮机、喷气发动机等)的零件应选择热稳定性好的材料制造;在海水、酸、碱等腐蚀环境中工作的零件,必须采用化学稳定性良好的材料,例如,化工设备通常采用不锈钢来制造。

1.2.3　材料的工艺性能

材料的工艺性能是物理、化学和力学性能的综合,指的是材料对各种加工工艺的适应能力,它包括铸造性能、锻压性能、焊接性能、切削加工性能和热处理性能。工艺性能好坏直接影响零件的加工质量和生产成本,所以它也是选材和制定零件加工工艺必须考虑的因素之一。

1. 铸造性

铸造性是指金属能否用铸造方法制成优良铸件的性能,包括金属的液态流动性,冷却时的收缩率和偏析倾向等。

2. 锻压性

锻压性是指金属能否用锻压方法制成优良锻件的性能,锻压性与材料的塑性及其塑性变形抗力有关。

3. 焊接性

焊接性是指金属能否容易用一定的焊接方法焊成优良接头的性能,获得无裂缝、无气孔等缺陷的焊缝,并具有一定的机械性能。

4. 切削加工性

金属材料是否容易被刀具切削的性能称为切削加工性,切削加工性能良好的金属,刀具磨损小,切削用量大,表面粗糙度小。

5. 热处理工艺性

热处理工艺性是指材料能否容易通过热处理改变其组织和提高机械性能的能力。材料的热处理工艺性一般有淬硬性、淬透性,此外,还有材料的导热性等影响因素。

复习思考题

1. 说明 σ_s、σ_b、E、G、δ、ψ、σ_{-1}、α_k 符号的意义和单位。

2. 在测定强度上 σ_s 和 $\sigma_{0.2}$ 有什么不同？

3. 在设计机械零件时多用哪两种强度指标？为什么？

4. 设计刚度好的零件,应根据何种指标选择材料？采用何种材料为宜？材料的 E 越大,其塑性越差,这种说法是否正确？为什么？

5. 拉伸试样的原标距长度为 50 mm,直径为 10 mm,拉断后对接试样的标距长度为 79 mm,缩颈区的最小直径为 4.9 mm,求其伸长率和断面收缩率。

6. 标距不相同的伸长率能否进行比较？为什么？

7. 常用的硬度试验方法有几种？其应用范围如何？这些方法测出的硬度值能否进行比较？

8. 反映材料受冲击载荷的性能指标是什么？不同条件下测得的这种指标能否比较？怎样应用这种性能指标？

9. 疲劳破坏是怎样形成的？提高零件疲劳寿命的方法有哪些？为什么表面粗糙和零件尺寸增大能使材料的疲劳强度值减小？

10. 下列各种工件或钢材可用哪些硬度试验法测定其硬度值？（写出硬度符号）

　（1）钢车刀、锉刀　　　（2）供应状态的各种碳钢钢材　　　（3）渗碳钢工件
　（4）铝合金半成品　　　（5）硬质合金刀片　　　　　　　　 （6）铸铁机床床身

第2章　金属的晶体结构与结晶

物质是由原子组成的。根据原子在物质内部的排列方式不同,可将固态物质分为晶体和非晶体两大类。凡内部原子呈规则排列的物质称为晶体,如所有固态金属都是晶体;凡内部原子无规则排列的物质称为非晶体,如松香、玻璃等都是非晶体。晶体与非晶体不同,晶体具有一定的熔点、规则的几何外形及各向异性。

金属原子结构的特点是:原子核最外层电子数很少且容易与原子核脱离,成为自由电子。失去外层电子的金属原子称为正离子,正离子按一定的几何形式有规则地在空间排列着,自由电子则在各离子之间自由地运动,为整个金属所共有。金属原子的这种结合方式叫做"金属键"结合,如图2.1所示。

金属键理论能较好地解释固态金属的特性:由于金属中存在大量自由电子,在外加电场作用下自由电子作定向流动,形成电流,故具有良好导电性;随着温度升高,作热运动的正离子的振动频率和振幅增加,自由电子定向运动的阻力增大,所以电阻率增高,即具有正的电阻温度系数;各种固体是靠其原子(分子或离子)的振动而传递热能的,而金属固体除正离子振动传热之外,其自由电子运动也能传热,所以金属

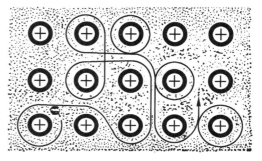

图2.1　金属键结合示意图

导热性一般比非金属好;金属在外力作用下,各部分原子发生相对移动而改变形状时,正离子与自由电子间仍保持金属键结合而不被破坏,故显示出良好的可锻性。

金属材料的性能与其内部的晶体结构和组织状态密切相关。因此,研究金属的晶体结构与结晶过程,掌握其规律,以便更好控制其性能,正确选用材料,并指导人们开发新型材料。

2.1　金属的晶体结构

2.1.1　晶体结构的基础知识

晶体结构就是晶体内部原子排列的方式及特征。只有研究金属的晶体结构,才能从本质上说明金属性能的差异及变化的实质。

1.晶格

为了便于研究、分析、比较各种不同晶体的内部结构,人们把晶体中的每个原子设想为近似静态的小球体,看成是一个几何质点,用假想的线条将它们连接起来,便形成一个在三维空间里具有一定几何形式的空间格子,这种表示晶体中原子规则排列形式的空间格子称为晶格,如图2.2所示。晶格中的每个点叫做结点。

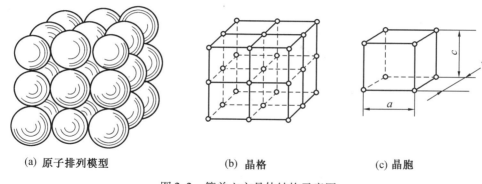

(a) 原子排列模型　　　　　　　(b) 晶格　　　　　　　(c) 晶胞

图 2.2　简单立方晶体结构示意图

2. 晶胞

由图 2.2(b)可见,晶体中原子排列具有周期性变化的特点,可以从晶格中选取一个能够完整反映晶格特征的最小几何单元来研究晶体结构,那么,这个最小几何单元就称为晶胞,如图 2.2(c)所示,它应具有很高的对称性。

3. 晶格常数

在图 2.2(c)中,晶胞的三个互相垂直的棱边长度 a、b、c 及三棱边夹角 α、β 和 γ 通常可以表示晶胞的尺寸和形状。a、b、c 的单位为 nm（过去用 Å 表示,即 $1\text{Å}=10^{-8}\,\text{cm}=0.1\,\text{nm}$）。这 6 个量称为晶格常数。当棱边 $a=b=c$,棱边夹角 $\alpha=\beta=\gamma=90°$时,这种晶胞成为简单立方晶胞。

4. 原子半径

邻近原子间距的一半称原子半径,主要取决于晶格类型和晶格常数。

5. 致密度

晶胞及其所包含的原子所占的体积与该晶胞体积之比,表示原子在晶格中排列的紧密程度。

2.1.2　三种常见的金属晶格

在金属元素中,约有90%以上的金属晶体都属于如下三种密排的晶格形式。

1. 体心立方晶格

体心立方晶格结构示意图如图 2.3 所示,其晶胞是由 8 个原子构成的立方体,并在其立方体的体积中心还有 1 个原子,因其晶格常数 $a=b=c$,故通常只用一个常数 a 表示。由图可见,这种晶胞在其立方体对角线方向上的原子是彼此紧密相接触排列着的,故由该对角线长度 $\sqrt{3}\,a$ 上所分布的原子数目为 2 个,可计算出其原子半径的尺寸 $r=(\sqrt{3}/4)a$。在这种晶胞中,因每个顶点上的原子同时属于周围 8 个晶胞所共有,故实际上每个体心立方晶胞中仅含有 $\frac{1}{8}\times 8+1=2$ 个原子。晶胞体积为 a^3,则体心立方晶格的致密度为 $2\times\frac{4}{3}\pi r^3/a^3=2\times\frac{4\pi}{3}\left(\frac{\sqrt{3}}{4}a\right)^3/a^3=0.68$,即晶格中有68%的体积被原子所占据,其余为空隙。属于这种晶格的金属有铁（α-Fe）、铬（Cr）、钼（Mo）、钨（W）、钒（V）等。

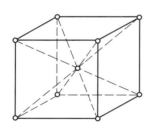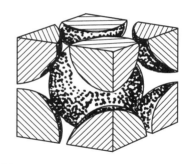

图2.3　体心立方晶胞示意图

2. 面心立方晶格

　　面心立方晶格结构示意图如图2.4所示,其晶胞也是由8个原子构成的立方体,但在立方体的每一面的中心还各有1个原子,晶格常数$a=b=c$,故通常只用一个常数a表示。由图可见,在这种晶胞中,每个面的对角线上的原子彼此相互接触,因而其原子半径尺寸$r=(\sqrt{2}/4)a$。又因每一面心位置上的原子是同时属于2个晶胞所共有,故实际上每个面心立方晶胞中仅含有$\frac{1}{8}\times8+\frac{1}{2}\times6=4$个原子。晶胞体积为$a^3$,则面心立方晶格的致密度为$4\times\frac{4}{3}\pi r^3/a^3=4\times\frac{4\pi}{3}\left(\frac{\sqrt{2}}{4}a\right)^3/a^3=0.74$,即晶格中有74%的体积被原子所占据,其余为空隙。属于这种晶格的金属有铁(γ-Fe)、铝(Al)、铜(Cu)、镍(Ni)、铅(Pb)等。

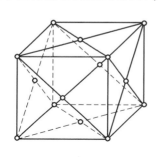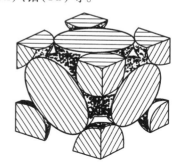

图2.4　面心立方晶胞示意图

3. 密排六方晶格

　　密排六方晶格结构示意图如图2.5所示,其晶胞与简单六方晶胞不同,它不仅在由12个原子所构成的简单六方体的上、下两面上各有1个原子,而且在两个六方面之间还有3个原子。晶格常数$a=b\neq c$,$c/a=1.633$。由图可见,在这种晶胞中,六方体的上、下两面的对角线上的原子彼此相互接触,原子半径的尺寸应为$r=a/2$。因六方体的上、下两面心位置上的原子同时属于两个晶胞所共有,12个顶角上的原子同时属于周围6个晶胞所共有,故实际上每个密排六方晶胞中仅含有$\frac{1}{6}\times12+\frac{1}{2}\times2+3=6$个原子,晶胞体积为$3\sqrt{2}\,a^3$,则密排六方晶格的致密度为$6\times\frac{4}{3}\pi r^3/a^3=6\times\frac{4\pi}{3}\left(\frac{1}{2}a\right)^3/3\sqrt{2}\,a^3=0.74$。即晶格中有74%的体积被原子所占据,其余为空隙。属于这种晶格的金属有镁(Mg)、铍(Be)、锌(Zn)、镉(Cd)等。

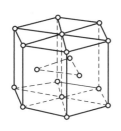  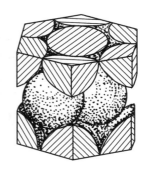

图 2.5　密排六方晶胞示意图

2.1.3　晶面指数及晶向指数

晶体中各种方位上的原子面叫晶面;各种方向上的原子列叫晶向。不同晶面和晶向上的原子排列的密度是不同的,如图 2.6 所示。图中的 B 和 A 均为晶面;Oa 和 Ob(Ob 和坐标轴 y 重合)均为晶向。可以看出,A 面比 B 面的原子排列紧密,而晶向 Oa 的原子排列比晶向 Ob 的原子排列密集。

在研究金属晶体结构的细节及其性能时,往往需要分析它们的各种晶面和晶向中原子分布的特点,因此有必要给各种晶面和晶向定出一定的符号,表示它们在晶体中的方位或方向,以便于分析。晶面和晶向的这种符号分别叫"晶面指数"和"晶向指数"。

晶面指数是根据晶面与三个坐标的截距的倒数并取最小整数来确定的,用圆括号表示,例如图 2.6 中 A 晶面(011)。

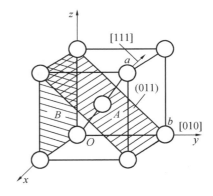

图 2.6　晶面和晶向

晶向指数是用通过坐标原点直线上某一点的坐标(图中 a 的坐标 $x=1$、$y=1$、$z=1$)来确定的,用方括号表示,例如,图中 a 的晶向指数[111]。

{100}表示所有位向不同而原子排列完全相同的一族面。〈100〉表示一族相同原子排列的晶向。

1. 立方晶格晶面指数的确定方法

①设坐标为 x、y、z(图 2.6),坐标轴的原点应位于所求晶面之外,以免出现零截距。

②求截距,以晶格常数为度量单位。

③取倒数。

④化为最小整数。

⑤列括号,如图 2.6 中影线面的晶面指数。

2. 立方晶格晶向指数的确定方法

①设坐标为轴 x、y、z,坐标轴的原点 O 必须位于所求晶向上。

②以晶格常数为度量单位,在所求晶向直线上任选一点,求出该点在 x、y、z 轴上的坐标值。

③化为最小整数。

④列括号,如图 2.6 中箭头方向的晶向指数。

在面心立方晶格中,重要的晶面有(001)、(111)和(110)。其中以(111)晶面原子排列密度最大,(100)面次之,(110)面最小,晶面或晶向上原子排列密度的差异,对金属晶体的很多性能有直接的影响,这里不加详细讨论。

在 α-Fe 单晶体中,弹性模量 E 在[111]晶向上是 2.9×10^5 MPa,而在[010]方向上只有 13.5×10^4 MPa。这种现象称为"各向异性"。

晶体的各向异性不论在物理、化学或机械性能方面,即不论在弹性模量、破断抗力、屈服强度,或电阻率、磁导率、线膨胀系数,以及在酸中的溶解速度等许多方面都会表现出来,并在工业上得到了应用,指导生产,获得性能优异的产品。如制作变压器用的硅钢片,因它在不同晶向的磁化能力不同,我们可通过特殊的轧制工艺,使其易磁化的晶向平行于轧制方向,从而得到优异的磁导率等。

但必须指出的是,在工业金属材料中,通常却见不到它们具有这种各向异性的特征。例如,上述铁的弹性模量,我们日常在材料试验时,不论从何种部位取样,所得数据均不会有较大的偏差,从未发现它在不同方向上的性能不同。这是因为以上所述只是一些晶体结构的理想情况,与实际的金属晶体结构还相差很远,因此我们在下面还必须再进一步讨论实际的金属结构。

2.2　金属的实际结构和晶体缺陷

2.2.1　多晶体结构

如果一块晶体,其内部的原子排列规律相同,晶格位向一致时,我们称这块晶体为"单晶体"。以上的讨论我们指的都是这种单晶体中的情况,但在工程上所使用的金属材料、几乎都是多晶体结构。

将一小块纯铁的表面磨平抛光,再用硝酸酒精溶液稍加腐蚀,而后放在金相显微镜下观察,便能看到如图 2.7(a)所示的结构,即纯铁是由许多外形不规则的小颗粒所组成。这些小颗粒,称为晶粒。晶粒之间的界面称为晶界,每一晶粒相当于一个单晶体。

晶体金属中各个晶粒的原子排列虽然相同,但每个晶粒原子排列的位向是不相同的,如图 2.7(b)所示。

通常用的金属都是由很多晶粒组成的,叫做多晶体。多晶体金属的性能在各个方向上基本上是一致的,例如 α-Fe 多晶体在各方向的弹性模量 E 都是 2.1×10^5 MPa,这种现象称之为"伪各向同性"。这是由于在多晶体中,虽然每个晶体都是各向异性的,但它们是任意分布的,晶体的性能在各个方向相互补充和抵消,再加上晶界的作用,就掩盖了每个晶粒的各向异性。

实验证明,在金属晶体的一个晶粒内部晶格位向也并非完全一致,而是存在一些位向略有差异的小晶块(位向差一般不超过 2°),如图 2.8 所示,这些小晶块称为"亚晶",它们的尺寸一般为 $10^{-5} \sim 10^{-3}$ cm,亚晶之间的界面称为"亚晶界",这种晶粒内部的微细结构称为"亚结构"。亚晶界实际上是由一系列的位错所组成。亚晶界上原子排列也不规则,具有较高

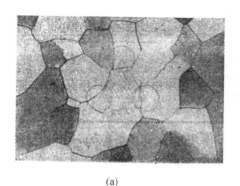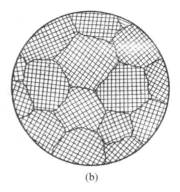

(a)　　　　　　　　　　　　　　　(b)

图 2.7　金属多晶体结构的示意图及显微组织照片

的能量,与晶界有相似的特性,故细化亚结构,可显著提高金属的强度。

2.2.2　晶体缺陷

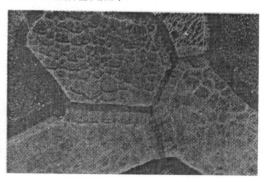

图 2.8　金属中的亚晶组织

在晶体中,晶格的每一个结点上都占据一个原子,其他间隙处都没有原子。原子排列规则整齐,这种晶体称为理想晶体。然而,在实际晶体中,其内部结构的原子排列并非是完全完整无缺的,而是在每个晶体的某些部位,由于铸造、变形等一系列原因使原子排列受到破坏,存在着各种各样的、偏离规则排列的不完整区域。通常,称这些不完整区域为晶体缺陷。根据晶体缺陷存在形式的几何特点,通常分为点缺陷、线缺陷和面缺陷三种类型。

1.点缺陷

点缺陷的主要形式有空位、间隙原子和置换原子等,如图 2.9 所示。

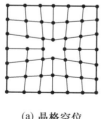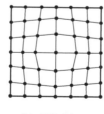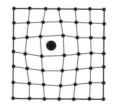

(a) 晶格空位　　　　　　　(b) 置换原子　　　　　　　(c) 间隙原子

图 2.9　点缺陷示意图

在实际晶体中,并非晶格每一位置都有原子占据,而有些是空的,称为空位。当金属中含有杂质,而这些杂质原子又相当小时,这些杂质原子往往存在于金属晶格的间隙中,称为间隙原子,例如,钢中的碳、氢、氧便是以这样方式溶于铁中。当异类原子占据晶格的位置时,称为置换原子。

由空位、间隙原子、置换原子的存在使周围原子发生“撑开”或“靠拢现象”,这种现象称为晶格畸变。晶格畸变的存在,使金属产生内应力,晶体性能发生变化,如强度、硬度和电阻增加,体积发生变化,它也是强化金属的手段之一。

2. 线缺陷

线缺陷的主要形式有各种类型的位错。位错是指在晶体的某处有一列或若干列原子,发生了有规律的错排现象。位错的形式有多种,其中最简单而且最常见的是刃型位错,如图2. 10 所示。这种位错的表现形式是晶体的某一晶面上,多出一个半原子面,它如同刀刃一样插入晶体,故称为刃型位错,在位错线附近一定范围内,晶格发生了畸变。

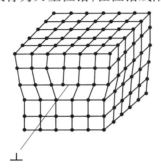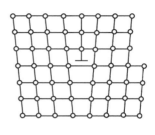

图 2. 10　刃型位错晶体结构示意图

位错的存在对金属的力学性能有很大影响,例如,金属材料处于退火状态时,位错密度较低,强度较差;经冷塑性变形后,材料的位错密度增加,故提高了强度。位错在晶体中易于移动,金属材料的塑性变形是通过位错运动来实现的。

3. 面缺陷

面缺陷的主要形式有晶界和亚晶界,如图2. 11 所示。在通常情况下,金属都属于多晶体,它是由许多晶粒组成的,由于晶粒之间的位向各不相同,在晶界处的原子是从一种位向过渡到另一种位向的无规则排列,使晶格处于歪扭畸变状态。

晶界原子处于不稳定状态,能量较高,因此晶界与晶粒内部有着一系列不同特性,例如,常温下晶界有较高的强度和硬度;晶界处原子扩

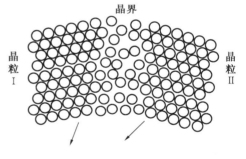

图 2. 11　晶界示意图

散速度较快;晶界处容易被腐蚀、熔点低等。亚晶界处原子排列也是不规则的,其作用与晶界相似。

通过上述讨论可见,凡晶格缺陷处及其附近,均有明显的晶格畸变,因而会引起晶格能量的提高,并使金属的物理、化学和机械性能发生显著的变化,如晶界和亚晶界越多,位错密度越大,金属的强度便越高。研究金属晶体结构缺陷的实际意义之一在于,增加缺陷数量是强化金属的重要途径。

2. 3　金属的结晶与铸锭组织

除粉末冶金产品外,金属制品一般都要经过熔化、浇铸的工序。前面讨论的晶体内部结构都是关于固态的。工业上所用的机件,有相当一部分是直接利用铸件,所以铸造的生产过

程会直接影响它的质量。金属结晶时形成的铸态组织,也影响锻、轧件的各种性能。此外,使金属材料组织发生变化的加工过程仍与其铸造组织有联系。因此,了解金属从液态结晶为固体的规律是十分必要的。

2.3.1　纯金属的结晶

1.结晶的概念

一切物质由液态冷却转变为固态的过程称为凝固。如果通过凝固能形成晶体结构,则称为结晶。

纯金属的结晶是在一个恒定温度下进行的,每一种纯金属在极缓慢的冷却过程中,都有一个平衡结晶温度,即称为理论结晶温度,用 T_0 表示。而在生产实际中,金属的结晶冷却速度并不是极其缓慢的,这时的结晶温度称为实际结晶温度,用 T_n 表示。T_n 值可通过试验测得。

2.纯金属结晶的冷却曲线

冷却曲线是用来描述纯金属结晶的冷却过程,它可以用热分析法测量,即先将金属熔化,并使温度均匀,然后以极慢的速度冷却,记录下如图 2.12 所示的温度随时间的变化曲线,称为冷却曲线。从冷却曲线可以看出,液态金属随着冷却时间的延长,它所含的热量不断散失,温度也不断下降,但当冷却到某一温度时,温度随时间延长并不变化,在冷却曲线上出现了"平台","平台"对应的温度就是纯金属实际结晶温度。出现"平台"的原因,是结晶时放出的潜

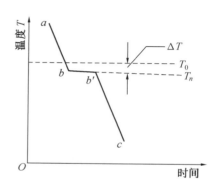

图 2.12　纯金属的冷却曲线

热正好补偿了金属向外界散失的热量。结晶完成后,由于金属继续向环境散热,温度又重新下降。

由冷却曲线可知,金属冷却到实际结晶温度 T_n 时才开始结晶。金属的实际结晶温度 T_n 低于理论结晶温度 T_0 的现象,称为过冷现象。理论结晶温度与实际结晶温度之差称为过冷度,用 ΔT 表示,$\Delta T = T_0 - T_n$。金属结晶时过冷度的大小与冷却速度有关,冷却速度越大,过冷度越大,金属的实际结晶温度越低。试验表明,金属的实际结晶温度一定低于理论结晶温度,过冷是金属结晶的必要条件。

为什么金属液体必须过冷才能结晶? 这是由热力学条件决定的。液态结晶,以及在以后讲的热处理的相变过程,是从一种状态转变为另一种状态,可用自由能 E 这个状态函数来表示。自由能的物理意义是指在物质转变过程中用来对外界做功的那部分能量。

在等温等压条件下,一切自发转变过程都是朝着自由能减小方向进行的(即新态与旧态自由能差值 $\Delta E < 0$),也就是说,在这种转变过程中不需外界对其做功。相反,如果转变的结果是自由能增加($\Delta E > 0$),则不能自发进行。

液态金属转变为固态金属,伴随自由能减小,如图 2.13 所示,这是转变过程的推动力。

在 T_0 温度下,液态和固态处于平衡状态,没有自由能变化,即是没有推动力,因而不能进行结晶,只有在过冷的条件下才能满足这一热力学条件,因此结晶必须在过冷的条件下进

行。过冷度 ΔT 越大,液态金属和固态金属的
自由能差越大,结晶的推动力越大,即晶体的生
长速度越快。

　　过冷是结晶的必要条件,但不是充分条件。
要进行结晶,还要满足动力学条件,如原子移动
和扩散等。

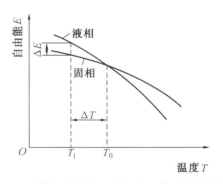

图 2.13　液体与晶体在不同温度下自由能的变化

2.3.2　结晶的基本过程

　　从冷却曲线可以看到,液态金属结晶是需
要一定时间的。在这段时间内,液态金属转变
为晶体,此过程称为结晶过程。液态金属结晶
时,都是首先在液态中出现一些微小的晶
体——晶核,它不断长大,同时新的晶核又不断
产生并相继长大,直至液态金属全部消失为止,
如图 2.14 所示。因此,金属的结晶包括晶核的
形成和晶核的长大两个基本过程,并且这两个
过程是同时进行的。

　　1. 晶核的形成

　　当液态金属冷至结晶温度以下时,某些类
似晶体原子排列的小集团便成为结晶核心,这
种仅依靠本身的原子有规则排列而形成晶核,
称为自发形核。在实际铸造生产中,这种形核

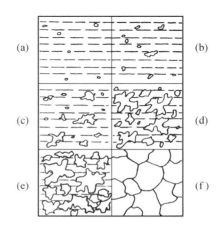

图 2.14　金属的结晶过程示意图

现象很少。通常金属液中总是存在着各种固态杂质微粒,依附于这些杂质表面很容易形成
晶核,这种形核过程叫非自发形核。自发形核和非自发形核在金属结晶时是同时进行的,但
非自发形核常起优先和主导作用。

　　2. 晶核的长大

　　晶核形成后便是长大,随着晶核的成长,晶
体棱角的形成,棱角处的散热条件优于其他部
位,如图 2.15 所示,因而便得到优先成长,如树
枝一样先长出枝干,再长出分支,最后再把晶间
填满。这种成长方式叫枝晶成长。冷却速度越
大,过冷度越大,枝晶成长的特点便越明显。

　　在枝晶成长的过程中,由于液体的流动,枝
轴本身的重力作用和彼此间的碰撞,以及杂质
元素影响等种种原因,会使某些枝轴发生偏斜

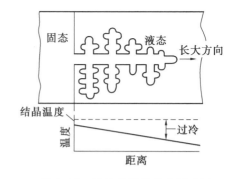

图 2.15　树枝状晶体长大示意图

或折断,以致造成晶粒中的镶嵌块、亚晶界以及位错等各种缺陷。

2.3.3　影响形核和长大的因素及细化晶粒的方法

　　金属结晶后晶粒的尺寸对金属的力学性能以及物理和化学性能都有重要的影响。晶粒

大小可用单位体积内晶粒的数目来表示。数目越多,晶粒越小。为了测量方便,常用单位截面积上晶粒数目或晶粒的平均直径来表示。对细晶粒金属来说,不但强度、硬度高,而且塑性好。因此,细化晶粒对于改善金属材料的常温机械性能有很大作用,它是改善金属材料常用机械性能的重要措施之一。

液态金属结晶时,一个核心长大成为一个晶粒。所以金属结晶后所得到的晶粒大小与形核率 N、长大速度 v 密切相关,如图 2.16 所示。从图中可以看到:随着结晶过冷度的增加,形核率 N 和长大速度 v 都将增加,即表示金属结晶时,随冷却速度的增加,过冷度增加,结晶速度增快,所获得的晶粒越细小。当冷却速度较大,过冷度达到一定数值时,由于结晶温度甚低,原子扩散能力降低,使其形核率 N 和长大速度 v 反而下降,则结晶速度也随之下降。

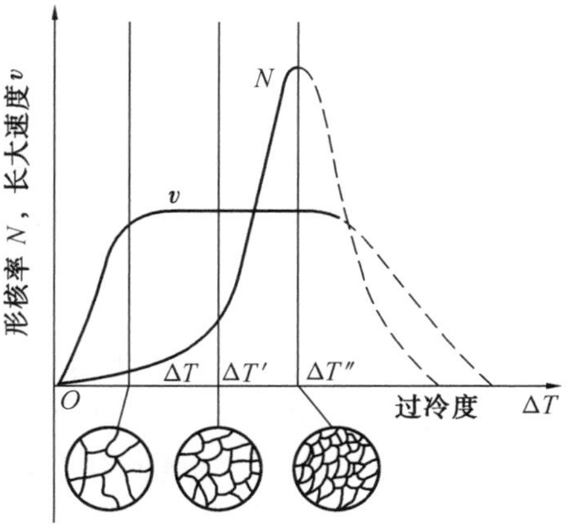

图 2.16　过冷度对形核率
N 和长大速度 v 的影响

在工业生产中,为了细化晶粒,改善其性能,常采用以下方法。

1. 增加过冷度

金属在结晶后所得到的晶粒大小,决定于其结晶过程中形核率 N 与长大速度 v 的比值 N/v。比值越大,则结晶后的晶粒越细;反之则越粗。N/v 值随过冷度的增大而增大。冷却速度越大,过冷度越大,结晶后晶粒就越细。如在铸造工业中,金属型比砂型的导热性能好,冷却速度快,因此可得到较细小的晶粒。

2. 变质处理

提高冷却速度并不是细化金属晶粒的一种最佳方法,因为尺寸较大的铸件,冷却速度是有限的。此外,冷却速度大会引起应力增加,导致变形,甚至开裂。

在实际生产过程中,为了提高产品的性能,有目的地在金属液中加入某些物质,使它在金属液中形成大量分散的固体质点,起非自发形核作用,用来细化铸件的晶粒,这种处理方法称为变质处理或孕育处理。加入的这种物质称为变质剂。例如,在浇铸铁液前加入石墨粉、硅钙合金,以及在铝合金中加入微量钛或锆,都能大大细化晶粒。

3. 采用振动法

机械振动、超声波振动和电磁震动等可增加结晶动力,使枝晶破碎,也间接增加形核核心,同样可细化晶粒。

2.3.4　金属铸锭的组织

在冶金生产中,遇到的结晶产品大体可分为三类:①结晶后在铸造状态下直接使用,这类产品称为铸件;②结晶后要进行轧、锻,这类产品称为铸锭;③结晶形成制件的一个组成部分,如焊件的焊缝,金属的热镀层等。金属在铸造状态的组织会直接影响材料的性能。现在我们来分析铸态的组织。

金属的结晶,除了上述的过冷度和未熔杂质两个最重要的影响因素外,还受其他多种因素的影响,这可从铸锭的组织构造看出来。图 2.17 为纵向及横向剖开的铸锭,一般可以呈现三层不同外形的晶粒。

1. 表面细晶粒区

液态金属刚注入锭模时,模壁温度较低,表面层的金属液受到剧烈冷却,因而在较大的过冷度下结晶;而且铸模壁上有很多固体质点,起非自发形核作用,瞬间便形成大量晶核,使其表面形成了一层较薄的细等轴晶粒区。

细等轴晶粒区晶粒细小,其力学性能也较好,但由于该层厚度太小,故对整个铸锭的性能影响不大。

2. 柱状晶粒区

柱状晶粒层的出现主要是因为铸锭受垂直于模壁散热的影响。细晶粒层形成后,随着模壁温度的升高,铸锭的冷却速度便有所降低,晶核的形核率不如其长大速度,各晶粒可较快成

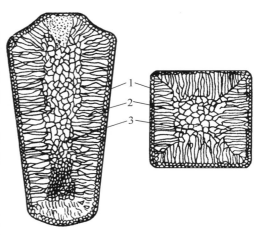

图 2.17　铸锭组织示意图
1—细晶区;2—柱状晶区;3—等轴晶区

长,而此时凡晶轴垂直于模壁的晶粒,不仅因其沿着晶轴向模壁传热比较有利,而且它们的成长也不致因相互抵触而受限制,所以只有这些晶粒才可能优先得到成长,从而形成柱状晶粒。

柱状晶粒区的组织比较致密,对于塑性较好的非铁金属,希望能得到较大的柱状晶粒区。但是柱状晶粒较粗大,晶粒间交界处容易聚集杂质形成脆弱区,受力时容易沿晶界开裂。柱状晶粒区的力学性能具有较明显的各向异性,工程实践中应注意充分发挥其晶粒致密的特点。

3. 中心等轴晶粒区

随着柱状晶粒发长到一定程度,通过已结晶的柱状晶层和模壁向外散热的速度越来越慢,这时散热方向已不明显,而且铸锭中心部分的液态金属温度逐渐降低而趋于均匀。同时由于种种原因(如液态金属的流动),可能将一些未熔杂质推至铸锭中心或将柱状晶的枝晶分枝冲断,飘移到铸锭中心,它们都可成为剩余液体的晶核,这些晶核由于在不同方向上的长大速度相同,加之这时过冷度较小,因而便形成粗大的等轴晶粒区。

中心等轴晶粒区的组织比较疏松,将导致其力学性能降低。但杂质元素在此区间的分布比较均匀,不会出现明显的各向异性,晶间的组织疏松可在后续的压力加工过程中得以弥补,对于铸锭和一般使用条件下的铸件,希望获得等轴晶粒组织。

在柱状晶粒层,两排柱状晶粒相遇的接合面上存在着脆弱区,此区域常有低熔点杂质及非金属夹杂物积聚,锻、轧时容易沿接合面开裂,所以生产上经常采用振动浇注或变质处理方法来抑制柱状晶粒的扩展。此外,对具有良好塑性的有色金属(铝、铜等)还希望获得柱状晶组织,因为这种组织致密,对提高力学性能有利,而在压力加工时,由于这些金属本身具有优良塑性,不致于发生开裂。

在金属铸锭中,除组织不均匀外,还常有缩孔、气泡、偏析等缺陷。

复习思考题

1. 名词解释

结晶　晶格　晶胞　晶体　晶向　晶面　单晶体　多晶体　晶粒

2. 填空题

(1) 晶体与非晶体结构上的最根本的区别是 (　　　　)。

(2) γ-Fe 的一个晶胞内的原子数为 (　　　　)。

(3) 结晶过程是依靠两个密切联系的基本过程来实现的, 它们是(　　　)和(　　　)。

3. 选择题

(1) 晶体中的位错属于(　　　)。

　　a. 体缺陷　　　　b. 面缺陷　　　c. 线缺陷　　　d. 点缺陷

(2) 金属结晶时, 冷却速度越快, 其实际结晶温度将(　　　)。

　　a. 越高　　　　　b. 越低　　　　c. 越接近理论结晶温度

(3) 为细化晶粒, 可采用(　　　)。

　　a. 快速浇注　　　b. 加变质剂　　c. 以砂型代金属型

4. α-Fe、Al、Cu、Ni、V、Mg、Zn 各属何种晶体结构?

5. 实际金属晶体中存在哪些晶体缺陷, 对性能有什么影响?

6. 什么叫过冷度? 它对结晶过程和晶粒度的影响规律如何?

7. 为什么单晶体具有各向异性, 而多晶体在一般情况下不显示出各向异性?

8. 如果其他条件相同, 试比较在下列铸造条件下, 铸件晶粒的大小:

(1) 金属模浇注与沙模浇注;

(2) 高温浇注与低温浇注;

(3) 铸成薄件与铸成厚铸件;

(4) 浇注时采用振动与不采用振动。

第3章 合金的晶体结构与相图

纯金属虽然具有优良的导电性、导热性和良好的塑性等优点,但它的机械性能较差,并且价格昂贵,因此在使用上受到很大限制。机械制造领域中广泛使用的金属材料是合金,特别是铁碳合金的应用尤为广泛。

3.1 合金的晶体结构

3.1.1 基本概念

1. 合金

由两种或两种以上的金属元素(或金属与非金属元素)熔炼组成的具有金属特性的材料。例如,碳素钢和生铁是由铁与碳等元素组成的合金;黄铜是由铜和锌等元素组成的合金。

2. 组元

组成合金最基本、独立的物质称为组元,简称元。例如,铁和碳是铁碳合金的组元。合金的组元可以是化学元素,也可以是稳定的化合物。根据组成合金的组元数目,可将合金分为二元合金(如铁碳合金)、三元合金及多元合金等。

3. 合金系

由若干给定组元按不同比例配出一系列成分不同的合金,这一系列合金构成一个合金系统,简称合金系。例如,黄铜是铜和锌组成的二元合金系;铁和碳组成的一系列不同成分的合金,称为铁碳合金系。

4. 相

相是指在合金系统(或纯金属)中,化学成分、晶体结构及原子聚集状态相同的,并与其他部分有界面分开的均匀组成部分。例如,液态物质称为液相;固态物质称为固相;同样是固相,有时物质是单相的,而有时是多相的。纯金属在液态时均是由一个相组成,而在结晶过程中,固态与液态同时存在,因固态与液态的物理性能不同则为两个相,液相与固相之间是有界面分开的。

5. 组织

组织是指用金相分析方法,在合金内部看到的有关晶体或晶粒的大小、方向、形状、排列状况等组成关系的构造情况。借助光学或电子显微镜所观察到的组织,称为显微组织。组织反映材料的相组成、相形态、大小和分布状况,因此组织是决定材料最终性能的关键。在研究合金时通常用金相方法对组织加以鉴别。

3.1.2 合金的相结构

合金中相结构是指合金组织中相的晶体结构。合金可以形成不同的相,其结构比纯金属复杂。不同的相原子排列方式(即相结构)是不同的。合金是由两个或两个以上组元组成,根据合金中各组元间的相互作用,合金的相结构可分为固溶体、金属化合物和机械混合物三大类。

1. 固溶体

合金中两组元在液态和固态下都相互溶解,共同形成均匀的固相,这类相称为固溶体。这种情况就像柑橘粉溶解在水中一样,只不过是固体,因此称为固溶体。组成固溶体的两组元中,晶格形式被保留的组元称为溶剂,溶入的组元称为溶质。固溶体的晶格形式与溶剂组元的晶格相同,因此固溶体是具有一定晶格排列规则的。

根据溶质原子在溶剂晶格中所占位置的不同,可将固溶体分为置换固溶体和间隙固溶体。

(1)置换固溶体　溶剂晶格结点上的部分原子被溶质原子取代的固溶体,如图 3.1(a)所示。

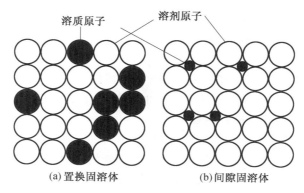

图 3.1　固溶体

在置换固溶体中,溶质原子溶于固溶体中的量称为固溶体的溶解度,通常用质量百分数或原子百分数来表示。在置换固溶体中,溶质在溶剂中的溶解度主要取决于两者原子直径、它们在周期表中相互位置和晶格类型。一般来说,溶质原子和溶剂原子直径差别越小,则溶解度越大;两者在周期表中位置越靠近,则溶解度也越大。如果上述条件能很好地满足,而且溶质与溶解的晶格类型也相同,则这些组元往往能无限相互溶解,即可以任何比例形成置换固溶体,这种固溶体称为无限固溶体,如铁和铬、铜和镍便能形成无限固溶体;反之,若不能很好满足上述条件,则溶质在溶剂中的溶解度是有限度的,只能形成有限固溶体,例如,锌溶解于铜中形成置换固溶体。当黄铜中的含锌量小于 39% 时,锌能全部溶解于铜中,形成单相固溶体;当锌含量大于 39% 时,组织中将另外出现铜和锌的化合物。可见锌在铜中的溶解度是有限的,则铜锌合金为有限固溶体。事实上,大多数合金都为有限固溶体,并且溶解度还与温度有密切关系,一般温度愈高,溶解度愈大。

(2)间隙固溶体　溶质原子进入溶剂晶格的间隙而形成的固溶体,如图 3.1(b)所示。当溶质原子直径远小于溶剂原子时,则形成间隙固溶体。例如,铁碳合金中的碳原子溶于 α-Fe 或 γ-Fe 的间隙中而形成间隙固溶体。由于溶剂晶格的间隙是有限的,所以间隙固溶体只能是有限固溶体。

形成固溶体时,虽然保持着溶剂的晶格类型,但由于两组元原子直径的大小不一,必然会使固溶体的晶格常数发生变化及产生晶格畸变,如图 3.2 所示,使合金塑性变形抗力和位错运动阻力增加,从而提高了合金的强度和硬度,这种现象称为固溶强化。固溶强化是提高金属材料力学性能的重要途径之一。如低合金钢就是利用 Mn、Si 等元素强化铁素体而使钢材力学性能得到较大提高的;又如淬火马氏体是碳在 α-Fe 中的过饱和固溶体,它所以具有较高的硬度和耐磨性,固溶强化是重要的原因之一。

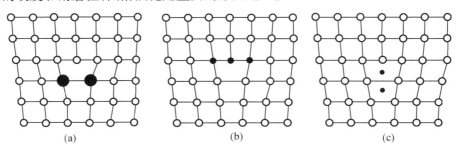

图 3.2　形成置换固溶体时的晶格畸变

对于钢铁材料来说,固溶强化的作用只是其强化途径的一种,是有一定局限性的;而对于有色金属材料来说,固溶强化是行之有效的强化手段。

2. 金属化合物

金属化合物是合金各组元原子按一定整数比形成的具有金属性质的一种新相。新相具有新的复杂的晶格类型,它不同于组元中任一种晶格类型。它的组成一般可用分子式来表示,例如,铁碳合金中的 Fe_3C(碳化三铁)。

金属化合物的性能与各组元的性能也有显著不同,一般具有较高的熔点、较高的硬度和脆性。如纯铁的硬度 HBS 约 80,以石墨形式存在的碳的硬度 HBS 约为 3,而碳化三铁的硬度 HBW 约高达 800。合金中出现金属化合物时,通常能提高合金的强度、硬度和耐磨性,但会降低塑性。例如,钢中 Fe_3C 可使钢的强度、硬度提高,塑性下降。因此,合金中金属化合物的出现及其数量与分布对合金的性能会产生很大的影响。

3. 机械混合物

纯金属、固溶体、金属化合物均是组成合金的基本相,由两相或两相以上组成的多相组织,称机械混合物。在机械混合物中各组成相仍保持着它原有晶格类型和性能,而整个机械混合物的性能介于各组成相性能之间,与各组成相的性能以及各相的数量、形状、大小和分布状况等密切相关。

机械混合物既可以是纯金属、固溶体或金属化合物各自的混合物,也可以是它们之间的混合物。

机械混合物合金往往比单一固溶体合金有更高的强度和硬度,但塑性和可锻性不如单一的固溶体,因此,钢在锻造时,总是先把钢加热转变成为单一固溶体,然后进行锻造。

工程上使用的大多数合金的组织都是固溶体与少量金属化合物组成的机械混合物。通过调整固溶体中溶质含量和金属化合物的数量、大小、形态和分布状况,可以使合金的机械性能在较大范围变化,从而满足工程上的多种需求。

3.2　合金的结晶

3.2.1　合金结晶的过程及形成物

合金结晶时可形成固溶体、化合物或机械混合物。它的结晶过程也是形成晶核和晶核长大的过程；也有过冷现象，需要一定的过冷度，最后形成由许多晶粒组成的晶体。

应该指出，合金与纯金属结晶相比，有其不同的特点：纯金属结晶是在恒温下进行，只有一个相变点（临界点）；而合金则绝大多是在一个温度范围内进行结晶的，结晶开始和结晶终止温度不相同，有两个相变点（临界点）。同时，液态合金结晶时，在局部范围内有成分的波动，结晶所得固相成分与尚未结晶的液相成分不同，剩余液相的成分是不断改变的，直到结晶终止，整个晶体的平均成分才能与原合金成分相同。

液态下合金组元完全互溶，结晶时的形成物一般有以下三种情况：①单相固溶体；②单相金属化合物或同时结晶出两相混合物（共晶体）；③结晶开始形成单相固溶体（或单相化合物）后，剩余液体又同时结晶出两相混合物（共晶体）。

3.2.2　合金结晶的冷却曲线

如上所述，合金结晶终止后的形成物有单相固溶体、单相化合物或同时结晶出两相共晶体、机械混合物三种情况。通过热分析法和实验证明，它们的结晶过程可用图 3.3 所示的冷却曲线描述。

① 组元在液态下完全互溶，固态下完全互溶，结晶形成单相固溶体的合金的冷却曲线如图 3.3 中 1 所示。c 点为结晶开始温度，b 点为结晶终止温度。因其结晶开始后，剩余液体的成分不断发生改变，使相应的结晶温度不断下降；加之晶体放出的结晶潜热不能完全补偿结晶过程中向外散失的热量，所以 ab 为一倾斜线段，结晶有两个相变点。

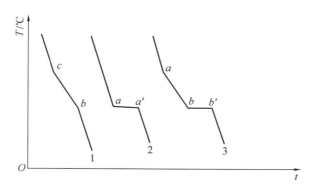

图 3.3　合金结晶的冷却曲线

1—形成单相固溶体；2—形成单相化合物或同时结晶出两相共晶体；3—形成机械混合物

② 组元在液态下完全互溶，固态下完全不互溶或部分互溶，结晶形成单相化合物或同时结晶出两相共晶体的合金的冷却曲线，如图 3.3 中 2 所示。a 点为结晶开始温度，a' 点为结晶终止温度。由于化合物的组成成分一定，在结晶过程中无成分变化，与纯金属结晶相

似,a-a'为一水平线段,结晶只有一个相变点;或从一定成分的液态合金中同时结晶出两相共晶体,这种转变过程,叫共晶反应(共晶转变),其产物为共晶体。试验证明,共晶反应是在恒温下进行的。例如,$w(Fe)=95.7\%$和$w(C)=4.3\%$的合金,冷却结晶时为共晶反应,其冷却曲线同图3.3中2。

③ 组元在液态下完全互溶,固态下部分互溶,结晶开始形成单相固溶体后,剩余液体又同时结晶出两相共晶体的合金的冷却曲线,如图3.3中3所示。a点为结晶开始温度,b'点为结晶终止温度。在ab段结晶过程中,随剩余液体的成分不断发生改变,使相应的结晶温度不断下降;到b点时,剩余液体进行共晶反应,结晶将在恒温下继续进行,到b'点结束,结晶有两个相变点。

实践证明,在任意合金系中,只有某一定成分的合金,结晶时发生共晶反应具有一个相变点,其结晶冷却曲线为图3.3中2的形式。而绝大多数合金在结晶时具有两个相变点,它们的结晶冷却曲线为图3.3中1、3两种形式。

3.3　二元合金相图

合金相图又称合金平衡图或合金状态图,它表明在平衡条件下,合金的组成相和温度、成分之间关系的简明图解。利用合金相图,可以了解合金系中不同成分合金在不同温度时的组成相,以及相的成分和相对量,还可了解合金在缓慢加热和冷却过程中的相变规律,从而预测合金的性能。所以,合金相图是研究合金的组织形成和变化规律的有效工具,是制定冶炼、铸造、锻压、焊接及热处理工艺的重要依据。

3.3.1　二元合金相图的建立

合金相图一般是通过实验的方法得出的,其中最常用的方法是热分析法。热分析法是将配制好的合金放入炉中加热至熔化温度以上,然后缓慢地冷却,并同时记录温度下降与时间的关系,根据这些数据可绘出合金的冷却曲线。由于合金状态转变时,会产生吸热或放热现象,使冷却曲线发生明显的转折或出现水平线段,由此可确定合金的临界点。由于合金组成相的变化不仅与温度有关,而且还与合金成分有关,所以二元合金的相图是一个以温度为纵坐标,合金成分为横坐标,根据合金冷却过程中的临界点而绘制出的平面图形。

现在以Cu-Ni合金来说明相图的建立过程。

①配制若干组不同成分的Cu-Ni合金,见表3.1。

表3.1　Cu-Ni合金成分和临界点

$w(合金)/\%$	Ni	0	20	40	60	80	100
	Cu	100	80	60	40	20	0
结晶开始温度/℃		1 083	1 175	1 260	1 340	1 410	1 455
结晶终止温度/℃		1 083	1 130	1 195	1 270	1 360	1 455

②用热分析法分别测出每种成分的合金冷却曲线,如图3.4(a)所示。
③找出各冷却曲线上的相变临界点。

④以横坐标表示合金成分,纵坐标表示温度,将各合金相变临界点分别标在坐标图上相应的合金成分线上,如图3.4(b)所示。

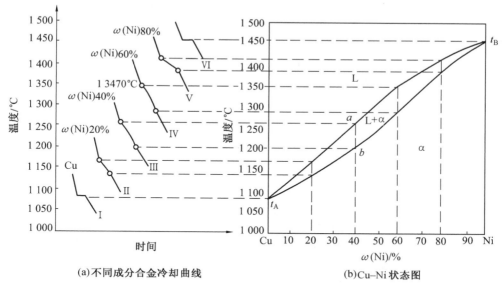

(a)不同成分合金冷却曲线　　　　　　　(b)Cu-Ni 状态图

图 3.4　Cu-Ni 合金相图的建立

⑤将相同意义的点连成光滑曲线,再根据热分析结果,填上相区,即得此二元合金相图。

图中 $t_A a t_B$ 称为液相线,表示结晶开始;$t_A b t_B$ 称为固相线,表示结晶结束。曲线上的液相线即结晶开始温度,又称上临界点;固相线(结晶终了温度)又称下临界点。通过金相和 X 射线衍射法分析得知,合金在生成固溶体的结晶过程都是在一个温度范围内进行的。

3.3.2　基本相图

合金的相图有多种类型,且形式大多是很复杂的,但复杂的相图总是可以看作是由若干基本类型的相图组合而成,其中二元匀晶、二元共晶就是两个基本的合金相图。下面介绍这两种基本相图。

3.3.2.1　二元匀晶相图

两组元在固态时形成无限固溶体,且液态时又能完全互溶的合金相图称为二元匀晶相图,如 Cu-Ni、W-Mo、Fe-Ni、Fe-Cr 等合金的相图均是二元匀晶相图。

1. 相图分析及合金结晶过程

图 3.5 为工业用 Cu-Ni 合金相图,有三个相区:液相线 $t_A a t_B$ 以上为液相区,以 L 表示;固相线 $t_A b t_B$ 以下为固相区,以 α 表示;上下临界线之间为 L 相和 α 相共存,称为两相区,以(L+α)表示。

从相图可知:在某温度下有几个相存在;每个相的化学成分;用杠杆定律可确定每一相的相对量。

图 3.5 右边为 w(Ni)= 60% 的 Cu-Ni 合金的结晶过程,当合金从高温缓慢冷却到与液相线相交的 t_1 温度时,开始从液态合金中结晶出 α 相,随着温度继续下降,α 相的量不断增多,剩余液相的量不断减少;同时液相和固相的成分也将通过原子扩散不断改变,当 t_1 温度时,液、固两相的成分分别为 L_1 点和 a_1 点在横坐标上的投影,温度继续降低到 t_2 温度时,

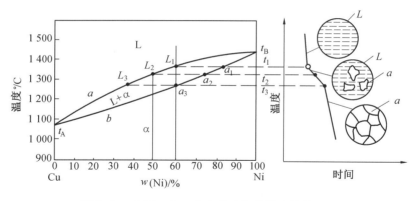

图 3.5　$w(Ni) = 60\%$ 合金的冷却曲线及结晶过程

液、固两相的成分分别演变为 L_2 点和 a_2 点在横坐标上的投影,在 t_3 温度结晶终了,液、固两相的成分分别演变为 L_3 点和 a_3 点在横坐标上的投影。总的来说,合金在整个冷却过程中随着温度的降低,液相成分将沿着液相线由 L_1 变至 L_3,而固相成分将沿着固相线由 a_1 变至 a_3。结晶终了,获得与原合金成分相同的固溶体。继续冷却到室温时,组织与成分不再发生变化。当然,上述变化只限于冷速无限缓慢、原子扩散得以充分进行的平衡条件。

2. 枝晶偏析

在实际生产条件下,合金溶液的冷却速度比较快,不能按上述平衡过程进行结晶,原子扩散来不及充分进行,导致先、后结晶出的固相成分存在差异,这种晶粒内部化学成分不均匀现象称为枝晶偏析(如果只在一个晶粒内出现成分不均匀,又称为晶内偏析)。结晶的冷却速度越大,枝晶偏析程度越严重。

枝晶偏析的结果,使树枝状晶体各处的化学成分不同,因而导致抗蚀性不一样。试件经腐蚀后,可显现树枝状晶体。图 3.6(a)为 Cu-Ni 合金的枝晶偏析组织。枝晶偏析的存在,严重影响合金的机械性能和抗蚀性,对加工工艺也有损害。生产上常把有这种偏析的合金放在低于固相线的温度下长时间保温,来消除枝晶偏析。这种操作称为扩散退火或均匀化。铸件经热加工变形,可加速扩散过程。由图 3.6(b)可以看出,扩散退火已消除了枝晶偏析。

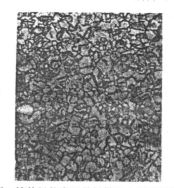

(a)Cu-Ni合金铸件的枝晶偏折　　　　　(b)同一铸件经热变形并扩散退火后的显微组织

图 3.6　Cu-Ni 合金枝晶偏析

3. 二元相图中的杠杆定律

对图 3.7(a)中的 k 合金,如要知道它在 t_x 温度下固、液两相的化学成分,可以通过 k 合

金的成分垂线作 t_x 温度的水平线,令其与液、固相线相交,两交点 x'、x'' 的横坐标,就分别代表 t_x 温度时液固两平衡相的成分,而液、固两相的相对质量则需要用下述杠杆定律来计算。

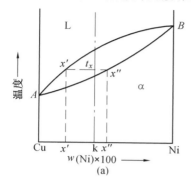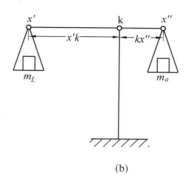

图 3.7　杠杆定律证明和力学比喻

假设 k 合金的总质量为 1,液相 L 质量为 m_L,固相 α 的质量为 m_α。若已知液相中的 Ni 含量为 x',固相中 Ni 含量为 x'',合金总含 Ni 量为 k,则可以写出

$$m_\alpha + m_L = 1 \tag{4.1}$$

$$m_\alpha x'' + m_L x' = k \tag{4.2}$$

由式(4.1)与式(4.2)得到

$$m_L = \frac{x'' - k}{x'' - x'} \qquad m_\alpha = \frac{k - x'}{x'' - x'}$$

由于上边两个式子中的 $x'' - x'$、$x'' - k$ 和 $k - x'$ 分别等于相图中线段 $x''x'$、$x''k$ 和 kx' 的长度,所以上两式又可写成

$$m_L/\% = (x''k / x''x') \times 100 \tag{4.3}$$

$$m_\alpha/\% = (kx' / x''x') \times 100 \tag{4.4}$$

由图 3.7(b)或(4.3)可以看出,同力学中的杠杆定律相似,故称为杠杆定律。

杠杆定律用于计算二元合金相图两相区中两平衡相的相对质量,但在单相区及三相区不能运用杠杆定律。

3.3.2.2　二元共晶相图

两组元在液态无限互溶,在固态相互有限互溶或不溶解,而且发生共晶反应的相图,称为二元共晶相图。如 Pb-Sn、Pb-Sb、Ag-Cu、Al-Si 等都属二元共晶相图。

1. 相图分析

图 3.8 所示为 Pb-Sn 合金相图及成分线。下面就以此合金相图为例进行分析。

aeb 为液相线,$acedb$ 为固相线,a 为 Pb 的熔点,b 为 Sn 的熔点。cf 为 Sn 溶于 Pb 的溶解度线,dg 为 Pb 溶于 Sn 的溶解度线,这两条曲线又称固溶线。合金系有 L、α 和 β 三个相。α 相是锡溶于铅的固溶体,β 相是铅溶于锡的固溶体。当合金成分含量低于 c 点时,液相 L 在固相线 ac 以下结晶为单相 α 固溶体,当合金成分含量高于 d 点时,液相 L 在固相线 bd 以下结晶为单相 β 固溶体。对于成分在 c 点至 d 点之间的合金在结晶温度达到固相线的水平部分 ced 时都将发生以下恒温反应

$$L_e \xrightleftharpoons{\text{恒温}} \alpha_c + \beta_d$$

这种相变过程由于是从某种成分固定的合金溶液中同时结晶出两种成分和结构皆不相

同的固相,因而称为共晶反应。

2. 合金的结晶过程

(1)共晶合金的结晶过程　图 3.8 中合金 I 的冷却曲线及结晶过程如图 3.9 所示。$w(\mathrm{Sn})=61.9\%$ 的共晶合金由 0 至 1 是合金溶液 L 的简单冷却,至 1 点时合金的成分垂线同时与液相线与固相线相交,表明合金的结晶过程应在此温度开始和在此温度结束,即合金的结晶过程应在 1 点所代表的温度恒温进行,因而在冷却曲线上出现了一个代表在恒温结晶的水平台阶。由图 3.8 可以看出,合金成分垂线上的 1 点恰恰是相图的两段液相线 ae 和 be 的交点,从相图左侧的 aec 区看,应当从成分为 e 的合金溶液 Le 中结晶出成分为 c 的固相 α_c;从相图右侧的 $bedb$ 区看,应当从合金溶液 Le 中结晶出成分为 d 的固相 β_d。把两种情况加在一起就应当自合金溶液 Le 中同时结晶出 α_c 和 β_d 两种晶体。用反应式来表达为

$$Le \xrightarrow{\text{恒温}} (\alpha_c + \beta_d)$$

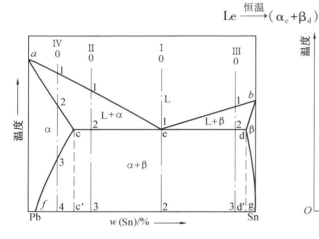 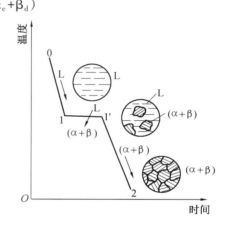

图 3.8　Pb-Sn 合金相图及成分线　　　　图 3.9　合金 I 的冷却曲线及结晶过程

这就是前述的共晶反应。

实际情况正是如此,合金 I 冷却到 1 点的温度时,将在合金溶液中含 Pb 比较多的地方生成 α 相的小晶体,而在含 Sn 比较多的地方生成 β 相的小晶体。与此同时随着 α 相小晶体的形成,其周围合金溶液中的含 Pb 量必然大为减少(因为 α 相小晶体的形成需要吸收较多的 Pb 原子),这样就为 β 相小晶体的形成创造了极为有利的条件,因而便立即会在它的两侧生成 β 相的小晶体。同样道理,β 相小晶体的生成又会促使 α 相小晶体在其一侧生成。如此发展下去就会迅速形成一个 α 相和 β 相彼此相间排列的组织区域。当然,首先形成 β 相的小晶体也能导致同样的结果。这样,在结晶过程全部结束时就使合金获得非常细密的两相机械混合物。由于它是共晶反应的产物,所以这种机械混合物称为共晶体,或共晶混合物。代表共晶反应时的温度及共晶体成分的 e 点称为共晶点。以共晶点为中心,以共晶反应的两个生成相的成分点 c 和 d 为两个端点的横线——ced 称为共晶线。具有共晶点成分的合金称为共晶合金。例如上面研究的合金 I 就是共晶合金。

在共晶反应完成之后,液相消失,合金进入共晶线以下的($\alpha+\beta$)两相区。这时,随着温度的缓慢下降,α 和 β 的浓度都要沿着它们各自的溶解度曲线逐渐变化,并自 α 相中析出一些 β 相的小晶体和自 β 相析出一些 α 相的小晶体。这种由已有的固相中析出的小晶体叫做次生相或二次相(直接从液相中生成的固相晶体称为初生相或一次相),以 α_{II} 和 β_{II} 表

示。由于共晶体是非常细密的混合物,次生相的析出难以看到,而且共晶体中次生相的析出量较少,故一般不予考虑。因此,合金 I 的最终组织可认为是(α+β)共晶体。图 3.10 所示为 Pb-Sn 共晶合金的显微组织照片,黑色的为 α 相,白色的为 β 相。

(2)亚共晶和过共晶合金的结晶过程 成分在共晶线上的 e 点和 c 点之间的合金称为亚共晶合金;在 e 点和 d 点之间的合金称为过共晶合金。

现以合金 II 为例,先介绍一下亚共晶合金的结晶过程。图 3.11 所示为合金 II 的冷却曲线及结晶过程。由图 3.11 可知,当液相的温度从 0 点降低至 1 点时开始结晶,首先析出 α 固溶体。随着温度缓慢下降,α 相的数量不断增多,剩余液相的数量不断减少;与此同时,固相和液相成分分别沿固相线和液相线变化。当温度降低至共晶温度——2 点时,剩余的液相恰恰具有 e 点的成分——共晶成分,这时剩余的液相就具备了进行共晶反应的温度和浓度条件,因而应当在此温度进行共晶反应。显然,冷却曲线上也必定出现一个代表共晶反应的水平台阶 2-2′,直到剩余的合金溶液完全变成共晶体时为止。这时合金的固态组织应当是先结晶 α 固溶体和(α+β)共晶体。液相消失之后合金继续冷却。很明显,在 2 点温度以下由于 α 和 β 溶解度分别沿着 cf 和 dg 变化,必然要分别从 α 和 β 中析出 β_{II} 和 α_{II} 两种次生相,但是由于前述原因共晶体中的次生相可以不予考虑,因而只需考虑从先共晶 α 固溶体中析出的 β_{II} 的数量。根据杠杆定律可计算出其相对质量为

$$\beta_{II} = \left(\frac{2e}{ce} \times 100\% \right) \left(\frac{fc'}{fg} \times 100\% \right)$$

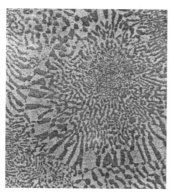

图 3.10 Pb-Sn 共晶合金的显微组织(200 倍)

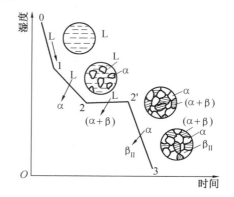

图 3.11 合金 II 的冷却曲线及结晶过程

次生相 β_{II} 和初生相 β 虽然成分和结构完全相同,但形貌特征完全不同。由于液相中直接析出的 β 相晶粒比较粗大,而且大多成长为树枝状晶体、等轴晶粒或具有其他外形特征的晶粒,而次生相 β_{II},由于其形成温度低,固相中的原子扩散比较困难以及晶界上易于形核等原因,大多在 α 相中或在 α 相界面上,成长为一个个小颗粒,或与共晶 β 相合在一起,难以鉴别。

合金 II 的最终组织应为 α+(α+β)+β_{II},图 3.12 为 Pb-Sn 亚共晶合金的显微组织照片。黑色树枝状为初晶 α 固溶体,黑白相间分布的为(α+β)共晶体。α 枝晶内的白色颗粒为 β_{II} 相。

过共晶合金的冷却曲线及结晶过程,以合金 III 为例,如图 3.13 所示。其分析方法和步骤与上述亚共晶合金基本相同,只是先析出 β 固溶体。所以合金 III 的最终组织应为 β+

$(α+β)+α_{II}$。图 3.14 为 Pb-Sn 过共晶合金的显微组织照片。白色部分为 β 固溶体,黑白相间分布的为$(α+β)$共晶体。β 晶体内的黑色小点为 $α_{II}$ 相。

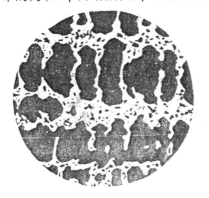

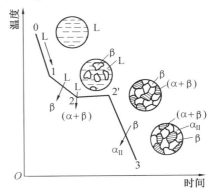

图 3.12　Pb-Sb 亚共晶合金的显微组织(100 倍)　　图 3.13　合金 III 的冷却曲线及结晶过程

(3)含 Sn 量小于 c 点的合金结晶过程

以合金 IV 为例,其冷却曲线及结晶过程如图 3.15 所示。

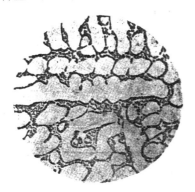

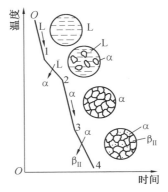

图 3.14　Pb-Sb 过共晶合金的显微组织(100 倍)　　图 3.15　合金 IV 的冷却曲线及结晶过程

合金 IV 在 3 点以上的结晶过程与匀晶相图中的合金结晶过程一样,在缓冷条件下,结晶终了时将获得均匀的 α 固溶体。继续缓冷至 3 点以下时,由于 α 固溶体中的溶质 Sn 量的减少而伴随着次生相 $β_{II}$ 的沉淀析出,最终组织应为 $α+β_{II}$。在室温时,它们的相对重量为

$$β_{II}=\frac{f4}{fg}×100\%；\qquad α=\frac{4g}{fg}×100\%$$

图 3.16 为 $w(Sn)=12\%$ 的铅锡合金的显微组织,黑色的基体为 α 相,白色颗粒为 $β_{II}$ 相。

利用固溶体溶解度随温度下降的这种性质,可以采用工艺方法,使次生相呈片状、颗粒状或弥散点状分布在基体上,以提高材料的硬度和强度,这种方法称为沉淀硬化,也是提高金属强度的重要途径。但是,如果析出的是脆性相并沿晶界呈网状分布,就会使合金的塑性大大降低。次生相呈弥散点状分布时,质点间的距离最小,阻碍位错运动的作用最大,因而其硬化的效果最好。

上述组织中的 α、$α_{II}$、β、$β_{II}$ 及$(α+β)$通常叫做合金的"组织组成物"。有时在相图上直

接填写组织组成物,图 3.17 所示为填写组织组成物的相图。

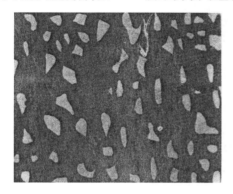

图 3.16　$w(Sn) = 12\%$ 的铅锡合金的显微组织(500 倍)

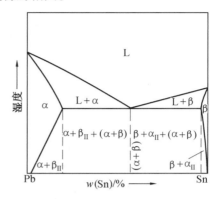

图 3.17　填写组织组成物的 Pb-Sn 相图

3.4　合金的性能与相图之间的关系

3.4.1　力学性能与相图的关系

　　合金的成分决定了合金的组织,而合金的组织又决定了合金的性能,因而合金的性能与相图具有一定关系。图 3.18 所示为几种类型相图与合金力学性能之间的关系。

　　当合金形成为两相机械混合物的组织时,合金的强度和硬度大约是两种组织性能的平均值,即性能与成分成直线关系,如图 3.18(a)所示;当合金形成单相固溶体时,由于溶质原子使基体晶格畸变,增高了合金的强度和硬度,其关系如图 3.18(b)所示;图 3.18(c)所示力学性能与状态图之间的关系,实际上是上述两种情况的综合。

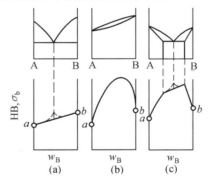

　　这里必须指出,当合金为两相晶粒较粗且均匀分布时,性能才符合直线关系;如果形成细小的共晶组织,即是片间距离越小或层片越细时,合金的强度、硬度就越高,如图 3.18 中虚线所示。

图 3.18　相图与合金强度和硬度之间关系的示意图

3.4.2　合金铸造性能与相图的关系

　　铸造性能主要表现在流动性、偏析、缩孔等方面,主要决定于液相线与固相线之间的温度间隔。固溶体合金的成分与流动性的关系如图 3.19 所示。固相线与液相线的距离越大,在结晶过程中树枝状晶体越发达,从而它越能阻碍液体流动,因此流动性越低。此外,结晶范围大的固溶体合金,结晶时析出的固相与液相的浓度差也大,在快冷时,由于不能进行充分扩散,因此,偏析也严重些。

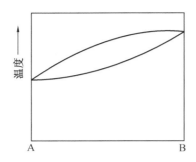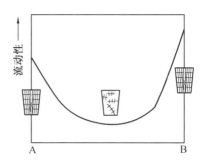

图 3.19　固溶体的成分对金属流动性的影响

　　固溶体合金的成分与缩孔、体积收缩的关系,如图 3.20 所示。结晶温度范围大时,树枝状晶体发达,容易形成较多的分散缩孔;结晶范围小时,容易形成集中缩孔,因为这种情况下枝晶不发达,金属液易补缩而使缩孔集中。

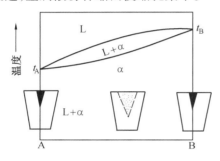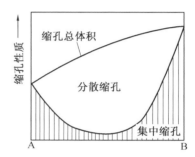

图 3.20　固溶体成分与体积收缩、缩孔的关系

　　完全是固溶体的合金,具有良好塑性,因而压力加工性能好,可以进行锻、轧、拉拔、冲压等。

　　共晶合金相图与铸造性能的关系,如图3.21所示。这种合金的铸造性能也决定于固、液相线之间的距离,即结晶温度间隔。在恒温下结晶的合金,具有最好的流动性;共晶点两侧的合金,由于树枝状晶体发达,流动性逐渐降低。结晶间隔越大;流动性越差。另外,共晶成分合金结晶时易生成集中缩孔;而具有较大结晶温度间隔的合金,易形成较多的分散缩孔。因此,铸造合金的成分越接近共晶成分,越容易铸成致密件。当然,合金的流动性还决定于合金的熔点。熔点低,浇注温度高,过热就大,流动性就好。

　　此外,结晶温度区间大的合金,铸造时有较大的热裂倾向。如果不考虑其他因素,则结晶温度区间越小,合金热裂倾向也越小。

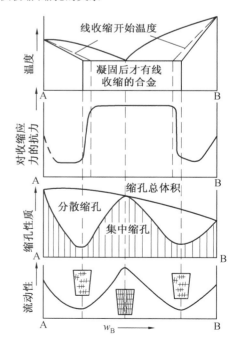

图 3.21　共晶合金成分与铸造性

两相机械混合物的合金,其压力加工性能不如单相固溶体。这是因为它是混合物,各相的变形能力不同,造成一相阻碍另一相的变形,使塑性变形阻力增加,因而共晶体的压力加工性最差。

此外,一相在另一相基体上的分布状况,也显著影响机械混合物的塑性。例如,硬而脆的次生相若在初相的晶界呈网状分布时,合金脆性很大;当硬而脆的次生相以颗粒状均匀地分散在基体金属上时,则其塑性较前者大为增加,此时合金的塑性和韧性主要取决于基体金属;当硬而脆的次生相以针状或片状分布在基体金属内时,则塑性和韧性介于上述两者之间,且强度较高。

复习思考题

1. 什么是固溶强化?造成固溶强化的原因是什么?

2. 选择题

(1)固溶体的晶体结构(　　　)。

　　a. 与溶剂相同　　　　　b. 与溶质相同　　　　c. 为其他晶格类型

(2)在发生 L → (α+β) 共晶反应时,三相的成分(　　　)。

　　a. 相同　　　　　　　　b. 确定　　　　　　　c. 不定

3. 填空题

共晶反应式为(　　　　),共晶反应的特点是(　　　　)。

4. 什么是共晶反应?写出其反应表达式。

第4章 铁碳合金相图和碳钢

钢铁是现代工业中应用最广泛的金属材料,其基本组元是铁和碳两个元素,故统称为铁碳合金。普通碳钢和铸铁均属铁碳合金,合金钢和合金铸铁也在铁和碳基础上加入合金元素而形成的特殊铁碳合金。铁碳合金相图是研究在平衡状态下铁碳合金成分、组织和性能之间的关系及其变化规律的重要工具,对于制定铁碳合金材料的加工工艺具有重要指导意义。

4.1 纯铁、铁碳合金的组织结构及其性能

4.1.1 纯铁及其同素异构转变

纯铁的熔点或凝固点为1 538℃,其冷却曲线如图4.1所示,由图可以看到在1 394℃及912℃出现水平台阶。配合X射线进行结构分析,证明纯铁在结晶完成后,在固态下冷却时还有两次晶体结构的转变。在熔点至1 394℃之间,具有体心立方结构,称为δ-Fe;在1 394 ~ 912℃之间,具有面心立方结构,称为γ-Fe;在912℃以下,又具有体心立方结构,称为α-Fe。上述转变可表示为

$$\delta\text{-Fe} \underset{}{\overset{1\,394℃}{\rightleftharpoons}} \gamma\text{-Fe} \underset{}{\overset{912℃}{\rightleftharpoons}} \alpha\text{-Fe}$$
（体心立方）　（面心立方）（体心立方）

这种同一元素在固态下随温度变化而发生的晶体结构的转变,称为同素异构转变。金属(纯铁等)的同素异构转变是一个重结晶的过程,与液态金属的结晶过程相似,遵循结晶的一般规律:有一定的转变温度,转变时需要过冷,有潜热产生,而且转变过程也是由晶核的形成和晶核长大来完成的。但是,这种转变是在固态下发生的,原子的扩散较液态困难得多,因而比液态结晶需要有更大的过冷度;而且由于转变时晶格的致密度改变引起晶体的体积变化,因此同素异构转变往往要产生较大内应力。

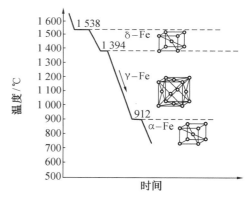

图4.1 纯铁的冷却曲线及晶体结构变化

分析纯铁的同素异构转变,对于钢铁热处理是十分重要的。因为由于α-Fe和γ-Fe的转变而引起的溶碳能力的不同,才使钢铁材料在加热和冷却过程中发生组织转变,从而改变其性能。此外,α-Fe和γ-Fe具有不同性能,也是研究特殊性能钢的基础。

4.1.2 铁碳合金的组织结构及其性能

一般来说,铁从来不会是纯的,其中总含有杂质。工业纯铁中常含有质量分数为0.10% ~ 0.20%的杂质,室温下具有体心立方结构,其显微组织是由许多晶粒组成,如图4.2

所示。一般情况下,工业纯铁的强度很低,塑性、韧性很好,在其他条件不变时,晶粒越细,强度越高。其机械性能大致为 $\sigma_b = 180 \sim 230$ MPa,$\sigma_s = 100 \sim 170$ MPa,$\delta = 30\% \sim 50\%$,$\varphi = 70\% \sim 80\%$,$\alpha_k = 160 \sim 200$ J·cm^{-2}。

工业纯铁的塑性很好,但因其强度、硬度较低,在机械工程材料中很少选用它,为满足各种性能要求,常在纯铁中加入少量碳元素,由于铁和碳的交互作用,可形成下列五种基本组织:铁素体、奥氏体、渗碳体、珠光体、莱氏体。

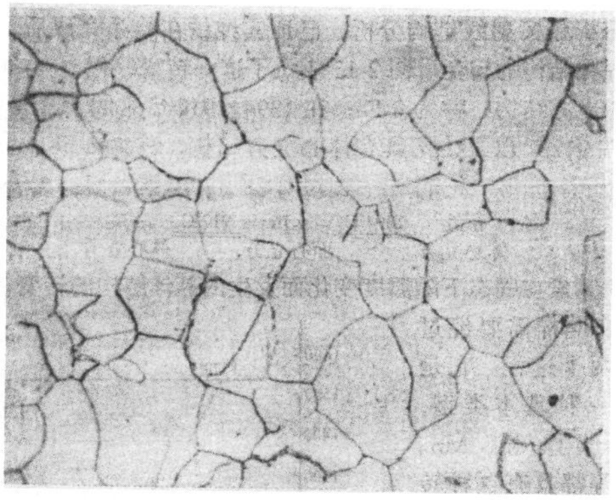

图 4.2　工业纯铁的显微组织(125 倍)

1. 铁素体

铁素体是碳溶于 α-Fe 中形成的间隙固溶体。用"F"表示。铁素体的晶格形式仍保持 α-Fe 的体心立方晶格。α-Fe 的溶碳能力很差(几乎不能溶解碳原子),碳的溶解度在室温仅为 0.008%。碳在 727℃ 可达到最大溶解度 0.0218%。由于铁素体溶碳能力甚微,所以它的性能近似工业纯铁。塑性、韧性好,而强度、硬度较低($\sigma_b = 250$ MPa,HBS $= 80 \sim 100$,$\delta = 50\%$)。铁素体在室温时的显微组织,呈明亮多边形晶粒状态,类似工业纯铁的显微组织。

2. 奥氏体

奥氏体是碳溶于 γ-Fe 中形成的间隙固溶体。用"A"表示。奥氏体的晶格形式仍保持 γ-Fe 的面心立方晶格。γ-Fe 的溶碳能力比 α-Fe 要大,在 727℃ 碳的溶解度为 0.77%,在 1 148℃ 可达到最大溶解度 2.11%。奥氏体碳的质量分数较大,所以它具有一定的强度和硬度,塑性也很好($\sigma_b = 400$ MPa,HBS $= 160 \sim 200$,$\delta = 40\% \sim 50\%$)。在生产中,钢材大多数要加热至高温奥氏体状态进行压力加工,因塑性好而便于成形,用高温金相显微镜观察,奥氏体的显微组织呈多边形晶粒状态(晶界较铁素体的平直)。

应指出,稳定的奥氏体属于铁碳合金的高温组织,当铁碳合金缓冷到 727℃ 时,奥氏体将发生转变(详见第五章)。

3. 渗碳体

渗碳体是铁和碳形成的一种间隙式化合物,碳的质量分数 6.69%,其化学式近似于 Fe_3C。渗碳体的晶格形式与碳和铁都不相同,为复杂的晶格。渗碳体的性能特点是硬而脆,硬度 HBW $= 800$;塑性和韧性极低($\delta = 0$,$\alpha_k = 0$)。在铁碳合金中,当碳的质量分数超过碳在 α-Fe 或 γ-Fe 中的溶解度时,多余的碳就与铁按一定的比例形成 Fe_3C。在碳的质量分数小于 2.21% 的铁碳合金中,Fe_3C 可以呈片状、球状、网状分布,是碳钢中的主要强化相。若改变它在碳钢中的数量、形态及分布,对铁碳合金的机械性能将有很大影响。同时,在一定条件下会发生分解,形成石墨状的自由碳。

4. 珠光体

珠光体是由铁素体和渗碳体组成的机械混合物。用"P"表示。在珠光体中,铁素体和渗碳体仍保持各自原有的晶格形式。珠光体碳的质量分数平均为 0.77%。珠光体是由铁素体和渗碳体混合而成,它的性能介于铁素体和渗碳体之间,有一定的强度和塑性,硬度适中。珠光体的组织一般是渗碳体呈片状分布在铁素体基体上,其主体形态为铁素体薄层和碳化物薄层交替重叠的层状。

5. 莱氏体

莱氏体是液态铁碳合金发生共晶转变形成的奥氏体和渗碳体所组成的共晶体,其含碳量为 4.3%。当温度高于 727℃时,莱氏体由奥氏体和渗碳体组成,用符号"L_d"表示。在低于 727℃时,莱氏体是由珠光体和渗碳体组成,用符号"L_d'"表示,称为变态莱氏体。因为莱氏体的基体是硬而脆的渗碳体,所以硬度高,塑性差。

4.2　铁碳合金相图

合金相图是表示在极缓慢冷却的条件下,不同成分的合金,在不同的温度下所具有的组织状态的一种图形。它可以表示合金的成分、温度与组织之间的关系。

实践表明,碳的质量分数大于 5% 的铁碳合金,尤其当碳的质量分数增加到 6.69% 时,铁碳合金几乎全部变为 Fe_3C,性能硬而脆,加工困难,在机械工程上没有应用价值。所以,我们在研究铁碳合金相图时,只需研究小于等于 6.69% 这部分。而等于 6.69% 时,铁碳合金全部为稳定的 Fe_3C,这样,化合物 Fe_3C 就可看成是铁碳合金的一个组元。实际上研究铁碳合金相图,就是研究 $Fe-Fe_3C$ 相图,如图 4.3 所示。为了便于实际研究和分析,可将图4.3中左上角部分简化,即得到简化的 $Fe-Fe_3C$ 相图,如图 4.4 所示。

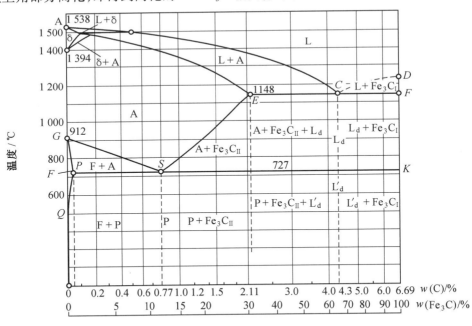

图 4.3　$Fe-Fe_3C$ 状态图

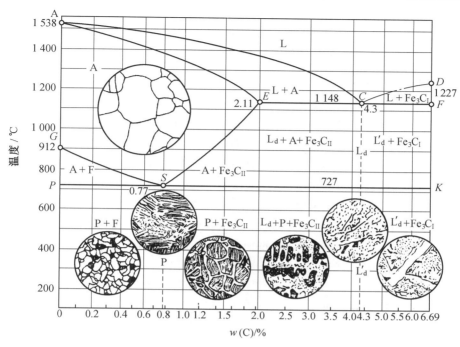

图 4.4　简化 Fe-Fe$_3$C 相图

4.2.1　相图分析

简化的 Fe-Fe$_3$C 相图纵坐标为温度,横坐标为碳的质量分数,其中包含共晶和共析两种典型反应。

1. 状态图中的特性点

状态图中的特性点见表 4.1。

表 4.1　状态图中的特性点

特性点	温度/℃	$w(C)$/%	点 的 意 义
A	1 538	0	纯铁的熔点或结晶温度
C	1 148	4.3	共晶点,$L \rightleftharpoons A + Fe_3C$
D	1 227	6.69	渗碳体的熔点
E	1 148	2.11	碳在 γ-Fe 中的最大溶解度
F	1 148	6.69	共晶渗碳体的成分点
G	912	0	纯铁的同素异构转变点,α-Fe $\rightleftharpoons$ γ-Fe
S	727	0.77	共析点,$A \rightleftharpoons F + Fe_3C$
P	727	0.0218	碳在 α-Fe 中的最大溶解度

2. 状态图中的特性线

ACD 线-液相线,在此线以上合金呈均匀的液体相。液态合金冷却到此线时开始结晶:$w(C) < 4.3\%$ 的铁碳合金在 *AC* 线开始结晶出奥氏体;$w(C) > 4.3\%$ 的铁碳合金在 *CD* 线开始结晶出渗碳体,称为一次渗碳体,用 Fe$_3$C$_I$ 表示。

AECF 线－固相线,液态合金冷却到此线全部结晶终止,在此线以下合金均呈固体相。

ECF 线－共晶线,表示 $w(C) > 2.11\%$ 的铁碳合金冷却到此线时,它的液态合金 $w(C) = 4.3\%$;此液态合金在恒温下同时结晶出奥氏体和渗碳体,这种转变称为共晶反应。共晶产物($A+Fe_3C$)为高温莱氏体,用符号"L_d"表示。共晶反应式

$$L_{w(C)=4.3\%} \xrightleftharpoons{1\ 148\,℃} A_{w(C)=2.11\%} + Fe_3C_{w(C)=6.69\%}$$

高温莱氏体在继续冷却过程中,奥氏体将进一步发生分解。至常温下,莱氏体为变态莱氏体($P + Fe_3C$)或低温莱氏体,简称莱氏体,用符号"$L_d{}'$"表示。

GS 线－A_3 线,表示 $w(C) < 0.77\%$ 的铁碳合金冷却到此线温度时,是均匀的奥氏体析出铁素体的开始线;加热温升至此线时,是铁素体全部转变为奥氏体的终止线。

ES 线－A_{cm} 线,是碳在奥氏体中的溶解度曲线,碳在奥氏体中的溶解度随温度的下降而降低,在 E 点(1 148℃)溶解度为 2.11%;到 S 点(727℃)时降为 0.77%。所以,$w(C) > 0.77\%$ 的铁碳合金冷却到此线温度时,都会从奥氏体中沿着晶界析出渗碳体,此渗碳体成为二次渗碳体,用符号 Fe_3C_{II} 表示。

PSK 线－共析线,也称 A_1 线。表示铁碳合金冷却到此线时,组织中的奥氏体 $w(C) = 0.77\%$;奥氏体在恒温下同时析出铁素体和渗碳体,这种转变称为共析反应。其产物称为珠光体。共析反应式为

$$A_{w(C)=0.77\%} \xrightarrow{727\,℃} F_{w(C)=0.02\%} + Fe_3C_{w(C)=6.69\%}$$

以上可知,$w(C) > 4.3\%$ 的铁碳合金,在共晶反应之前从液体中直接结晶出来的渗碳体称为一次渗碳体(Fe_3C_I)。$w(C) > 0.77\%$ 的铁碳合金,在共析反应前从奥氏体中析出的渗碳体称为二次渗碳体(Fe_3C_{II})。一次渗碳体和二次渗碳体没有本质区别,其碳的质量分数、晶体结构及性能方面均相同。只是是来源(母相)不同,在合金中的分布形态也有所不同。

3. 相图中的相区

相图中的相区见表4.2。

表 4.2　铁碳合金相图中的相区

单 相 区		两 相 区	
相 区	相 组 成	相 区	相 组 成
ACD 线以上 AESG	液相(L) 奥氏体(A)	ACE	L+A
		CDF	L+Fe₃C
		GSP	A+F
		SEFK	A+ Fe₃C
		PSK 线以下	F+ Fe₃C

4.2.2　铁碳合金的分类

Fe-Fe₃C 相图中不同成分的铁碳合金,在室温下将得到不同的显微组织,其性能也不同。通常根据相图中的 P 点和 E 点将铁碳合金分为工业纯铁、钢及白口铸铁三类,见表4.3。

表 4.3　铁碳合金的分类

合金类别	工业纯铁	钢			白口铸铁		
		亚共析钢	共析钢	过共析钢	亚共晶白口铁	共晶白口铁	过共晶白口铁
$w(C)/\%$	<0.021 8	0.021 8 ~ 2.11			>2.11 ~ 6.69		
		<0.77	0.77	>0.77	<4.3	4.3	>4.3
室温组织	F	F+P	P	P+ Fe_3C_{II}	P+ Fe_3C_{II} + L_d'	L_d'	Fe_3C+ L_d'

4.2.3　典型成分的铁碳合金结晶过程及其组织

通过几种典型成分铁碳合金结晶过程的分析,可以看其成分—温度—组织之间的变化规律。典型合金的成分如图4.5所示。

1. 共析钢

图 4.5 中合金 I ($w(C) = 0.77\%$)为共析钢。共析钢的冷却过程组织转变如图4.6所示。当合金由液态缓冷到液相线 1 点温度时,液相中开始结晶出奥氏体。随着温度的降低,奥氏体的量不断增加,直至 2 点结晶终止,液体全部结晶为奥氏体(A)。2 ~ S 点之间为单一奥氏体(A)的冷却,没有组织变化,冷却到 S 点温度时,即共析温度(727℃)时,奥氏体发生共析反应,形成珠光体。共析钢室温下的平衡组织为珠光体。

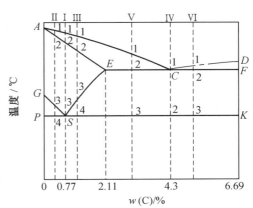

图 4.5　典型铁碳合金在 $Fe-Fe_3C$ 相图中的位置

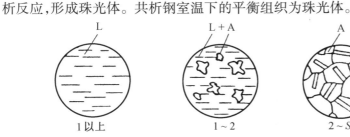

图 4.6　共析钢组织转变过程示意图

珠光体的典型组织是铁素体和渗碳体呈层片状叠加而成,其显微组织如图4.7所示。

2. 亚共析钢

图 4.5 中合金 II ($w(C) = 0.4\%$)为亚共析钢。亚共析钢的冷却过程组织转变如图4.8所示。合金在 3 点以上冷却过程同合金 I 相似,缓冷至 3 点(与 GS 线相交于 3 点)时,从奥氏体中开始析出铁素体。随着温度降低,铁素体量不断增多,奥氏体量不断减少,并且成分分别

图 4.7　共析钢的显微组织

沿 GP、GS 线变化。温度降到 PSK 温度,剩余奥氏体含碳量达到共析成分($w(C)$ =

0.77%），即发生共析反应，转变成珠光体。4 点以下冷却过程中，组织不再发生变化。因此亚共析钢冷却到室温的显微组织是铁素体和珠光体。

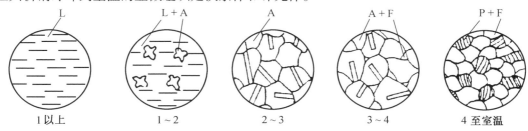

图 4.8　亚共析钢组织转变过程示意图

　　凡是亚共析钢结晶过程均与合金 Ⅱ 相似，只是由于含碳量不同，组织中铁素体和珠光体的相对量不同，随着含碳量的增加，珠光体量增多，而铁素体量减少。亚共析钢的显微组织如图 4.9 所示。

3. 过共析钢

　　图 4.5 中合金 Ⅲ（$w(C) = 1.20\%$）为过共析钢。过共析钢的冷却过程组织转变如图4.10所示。合金 Ⅲ 在 3 点以上冷却过程与合金 Ⅰ 相

图 4.9　亚共析钢的显微组织

似，当合金冷却到 3 点（ES 线相交于 3 点）时，奥氏体中碳含量达到饱和，继续冷却，奥氏体成分沿 ES 线变化，从奥氏体中析出二次渗碳体，它沿奥氏体晶界呈网状分布。温度降至 PSK 线时，奥氏体 $w(C)$ 达到 0.77% 即发生共析反应，转变成珠光体。4 点以下至室温，组织不再发生变化。过共析钢室温下的显微组织是珠光体和网状二次渗碳体。

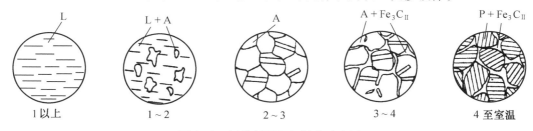

图 4.10　过共析钢组织转变示意图

　　过共析钢的结晶过程均与合金 Ⅲ 相似，只是随着含碳量不同，最后组织中珠光体和渗碳体的相对量也不同，图 4.11 是过共析钢在室温时的显微组织。

4. 共晶白口铸铁

　　图 4.5 中合金 Ⅳ（$w(C) = 4.3\%$）为共晶白口铸铁。共晶白口铸铁的冷却过程组织转变如图 4.12 所示。合金 Ⅳ 在 1 点以上为单一液相，当温度降至 1 点（与 ECF 线相交）时，液态

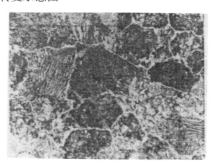

图 4.11　过共析钢的显微组织

合金发生共晶反应,结晶出莱氏体。随着温度继续下降,奥氏体成分沿 ES 线变化,从中析出二次渗碳体。当温度降至 2 点时,奥氏体发生共析转变,形成珠光体。故共晶白口铸铁室温组织是由珠光体、二次渗碳体和共晶渗碳体组成的混合物,即为为变态莱氏体(L_d')。

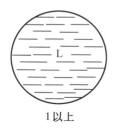
1 以上

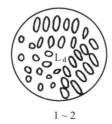
1～2

2 至室温

图 4.12　$w(C) = 4.3\%$ 的共晶白口铸铁结晶过程示意图

室温下共晶白口铸铁显微组织如图 4.13 所示。图中黑色部分为珠光体,白色基体为渗碳体。

5. 亚共晶白口铁

图 4.5 中合金 V 为亚共晶白口铸铁 ($2.11\% < w(C) < 4.3\%$)。亚共晶白口铸铁的冷却过程组织转变如图 4.14 所示。其结晶过程同共晶白口铸铁基本相同,区别是共晶转变之前有先析相奥氏体形成,因此其室温组织为

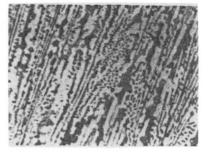
图 4.13　共晶白口铁的显微组织

$P+Fe_3C_{II}+L_d'$,如图 4.15 所示。图中黑色点状、树枝状为珠光体,黑白相间的基体为变态莱氏体,二次渗碳体与共晶渗碳体在一起,难以分辨。

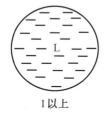
1 以上

1～2

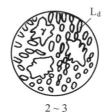
2～3

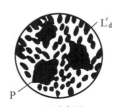
3 至室温

图 4.14　$w(C) = 3.0\%$ 的亚共晶白口铸铁结晶过程示意图

6. 过共晶白口铁

图 4.5 中合金 VI 为过共晶白口铸铁 ($4.3\% < w(C) < 6.69\%$)。过共晶白口铸铁的冷却过程组织转变如图 4.16 所示。结晶过程也与共晶白口铸铁相似,只是在共晶转变前先从液体中析出一次渗碳体,其室温组织为 Fe_3C+L_d',如图 4.17 所示。图中白色板条状为一次渗碳体,基体为变态莱氏体。

图 4.15　亚共晶白口铁显微组织

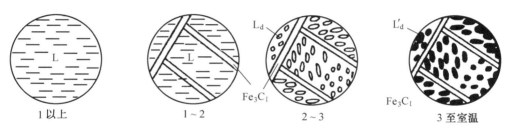

图 4.16　$w(C)=5.0\%$ 的过共晶白口铸铁结晶过程示意图

4.2.4　铁碳合金的成分、组织、性能间的关系

图 4.17　过共晶白口铁显微组织

从铁碳合金相图的分析表明,在一定的温度下,合金的成分(主要是碳)决定了合金的组织,从而也决定了它的性能。可见,碳对铁碳合金的组织和性能有着重大的影响。

1. 碳对铁碳合金组织的影响

室温下随着含碳量增加,铁碳合金平衡组织变化规律如下:

$$F \rightarrow F+P \rightarrow P \rightarrow P+Fe_3C_{II} \rightarrow P+ Fe_3C_{II} + L_d{}' \rightarrow L_d{}' \rightarrow Fe_3C+L_d{}'$$

根据杠杆定律可以计算出铁碳合金中相组成物和相组织组成物的相对量与碳的质量分数的关系,如图 4.18 所示。

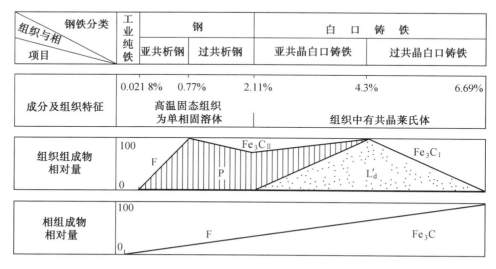

图 4.18　铁碳合金相组成物和组织组成物的相对量与碳的质量分数的关系

铁碳合金在室温的组织都是由铁素体和渗碳体两相组成,随着含碳量增加,铁素体不断减少,而渗碳体逐渐增加,并且由于形成条件不同,渗碳体的形态和分布有所变化。在亚共析钢中,珠光体中的渗碳体呈小片状分布;在过共析钢中二次渗碳体呈网状分布在晶界上;在亚共晶白口铸铁中渗碳体成为莱氏体中的基体(鱼骨状);到过共晶白口铸铁中一次渗碳

体则呈大条状分布。

2.碳对铁碳合金性能的影响

在铁碳合金中,铁素体一般可视为是软韧相,而渗碳体可视为是强化相。因此,铁碳合金的力学性能,决定于铁素体与渗碳体的相对量及它们的相对分布,表 4.4 为几种成分铁碳合金的平衡组织及硬度(退火状态)。

表 4.4　几种成分铁碳合金的平衡组织及硬度(退火状态)

材料名称	工业纯铁 $w(C)<0.02\%$	$w(C)=0.45\%$ 的钢	$w(C)=0.77\%$ 的钢	$w(C)=1.2\%$ 的钢
组织及相对量	100%F	42% F +58% P	100% P	93% P+Fe_3C_{II}
硬度/HBS	80	140	180	260

工业纯铁中渗碳体量极少,其强度、硬度很低,不能制作受力的零件,但它具有优良的铁磁性,可作铁磁材料。碳钢具有良好的力学性能和压力加工性能,经热处理其力学性能可以大幅度提高,工业中应用广泛。碳钢中渗碳体愈多,分布愈均匀,其强度愈高,图 4.19 为含碳量对碳钢的力学性能的影响。由图可见,随着钢中含碳量增加,钢的强度、硬度升高,而塑性和韧性下降,这是由于组织中渗碳体量不断增多,铁素体量不断减少的缘故。但当 $w(C)>1.0\%$ 时,由于网状二次渗碳体的出现,导致钢的强度明显下降。

工业上使用的钢的含碳质量分数一般不超过 1.3% ~ 1.4%;而超过 2.11% 的白口铸铁,组织中大量渗碳体的存在,使性能硬而脆,难以切削加工,且不能锻造,故除作少数耐磨零件外,很少应用。

4.2.5　铁碳合金相图的应用

Fe-Fe₃C 相图在生产中具有巨大的实际意义,主要应用在钢铁材料的选用和加工工艺的制订两个方面。

1.在钢铁材料选用方面的应用

Fe- Fe₃C 相图表明了钢铁材料成分、组织的变化规律,据此可判断出力学性能变化特点,从而为选材提供了可靠的依据。例如,建筑结构和各种型钢需用塑性、韧性好的材料,选用碳含量较低的钢材;机械零件需要强度、塑性及韧性都较好的材料,应选用碳含量适中的中碳钢;工具要用硬度高和耐磨性好的材料,则选碳含量高的钢种;纯铁的强度低,不宜用做结构材料,但由于其导磁率高,矫顽力低,可作软磁材料使用,如可做电磁铁的铁芯等。

白口铸铁硬度高、脆性大,不能切削加工,也不能锻造,但其耐磨性好,铸造性能优良,适用于作要求耐磨、不受冲击、形状复杂的铸件,例如拔丝模、冷轧辊、货车轮、犁铧、球磨机的磨球等。

2.在铸造工艺方面的应用

根据 Fe–Fe₃C 相图可以确定合金的浇注温度。浇注温度一般在液相线以上 50 ~ 100℃,如图 4.20 所示。从相图上可看出,纯铁和共晶白口铸铁的铸造性能最好,它们的凝固温度区间最小,因而流动性好,分散缩孔少,可以获得致密的铸件,所以铸铁在生产上总是选在共晶成分附近。在铸钢生产中,碳含质量分数规定在 0.15% ~ 0.6% 之间,因为这个范围内钢的结晶温度区间较小,铸造性能较好。

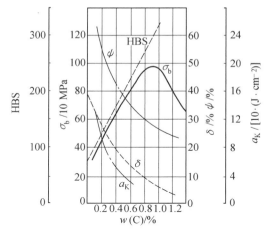

图 4.19　含碳量对钢的力学性能影响

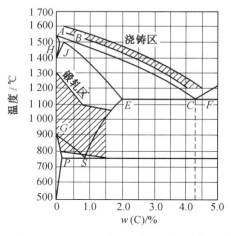

图 4.20　Fe-Fe₃C 相图与铸、锻工艺的关系

3. 在热锻、热轧工艺方面的应用

相图可作为确定钢的锻造温度范围依据。通常把钢加热到奥氏体单相区,塑性好,变形抗力小,易于成形。因此钢材的轧制或锻造经常选择在相图奥氏体单相区中的适当温度范围内进行。其选择原则是开始轧制或锻造温度不得过高,以免钢材氧化严重,一般控制在固相线以下 100 ~ 200 ℃ 范围内,而终止轧制或锻造温度也不能过低,以免钢材塑性差,一般亚共析钢控制在 GS 线以上;过共析钢应在稍高于 PSK 线以上,如图 4.16 中锻轧区阴影范围是较合适的锻轧加热温度。

4. 在焊接工艺方面的应用

在焊接工艺中,焊缝及周围热影响区受到不同程度的加热和冷却,组织和性能会发生变化,可以根据相图来分析碳钢的焊接组织,并用适当热处理方法来减轻或消除组织不均匀性和焊接应力。

5. 在热处理工艺方面的应用

Fe-Fe₃C 相图对于制订热处理工艺有着特别重要的意义。一些热处理工艺如退火、正火、淬火的加热温度都是依据 Fe-Fe₃C 相图确定的。这将在热处理一章中详细阐述。

在运用 Fe-Fe₃C 相图时应注意以下两点:

①Fe-Fe₃C 相图只反映铁碳二元合金中相的平衡状态,如含有其他元素,相图将发生变化。

②Fe-Fe₃C 相图反映的是平衡条件下铁碳合金中相的状态,若冷却或加热速度较快时,其组织转变就不能只用相图来分析了。

4.3　碳　　钢

碳钢又称碳素钢,具有较好的力学性能、工艺性能,而且冶炼工艺较简单,价格低廉,因而在机器制造和工程构件上得到广泛应用。为了在设计和生产上合理选择和正确使用各种碳钢,必须了解我国目前碳钢的分类、编号及用途,以及碳和一些常存杂质、非金属夹杂物对钢性能的影响。

4.3.1　常存杂质元素对钢性能的影响

碳钢中除了铁和碳两个主要元素外,还有由炼钢原料带入及炼钢过程中产生并残留下来的常存元素。它们会对钢的性能产生极大的影响,现分述如下。

1. 锰(Mn)

一般认为锰在钢中是一种有益元素。在碳钢中一般规定为 $w(Mn)<0.80\%$;在含锰合金钢中,一般控制 $w(Mn)=1.0\%\sim1.2\%$。锰的脱氧能力较好,能很大程度上减少钢中的 FeO,还能与硫化合成 MnS,减轻硫的有害作用,改善钢的热加工性能。在室温下,锰可溶入铁素体中,形成置换固溶体,使铁素体强化。锰还能增加珠光体相对量,使组织细化。但是,锰作为少量杂质存在时,对碳钢力学性能的影响并不显著。

2. 硅(Si)

硅在钢中也是一种有益元素。在碳钢中 $w(Si)$ 一般规定 $w(Si)<0.35\%$。硅与锰一样,在室温下大部分溶入铁素体,使铁素体强化,从而使钢的强度、硬度、弹性提高,而塑性、韧性降低。硅的脱氧能力比锰强,可有效清除 FeO,改善钢质。硅作为少量杂质存在时,对碳钢力学性能的影响也不显著。

3. 硫(S)

硫是在冶炼时由矿石和燃料中带入的有害杂质,炼钢时难以除尽。在固态下,硫在铁素体中的溶解度极小,在钢中主要以 FeS 的形式存在。FeS 塑性差,强度低,与 Fe 形成低熔点的共晶体,分布在奥氏体的晶界上,当钢材进行热加工时,共晶体过热甚至熔化,减弱了晶粒间联系,使钢材强度降低,韧性下降,这种现象称为"热脆"。

为了消除硫的有害作用,可在炼钢时加入锰铁以提高钢的含锰量,使 Mn 与 S 化合成高熔点(1 620℃)的 MnS,并呈粒状分布在晶粒内,在高温下有一定塑性(部分 MnS 随炉渣一起清除),从而避免了热脆现象。

硫作为常存杂质除有害作用之外,有时为了改善钢的某些性能(例如切削性能等),也人为地加入一些硫炼成某些特殊钢种,如易切钢中形成较多 MnS,在切削加工中对断屑有利。

4. 磷(P)

磷是在冶炼时由矿石带入的有害杂质,炼钢时很难除尽。磷能溶于 α-Fe 中,但当钢中有碳存在时,磷在 α-Fe 中溶解度急剧下降。磷的偏析倾向十分严重,即使只有千分之几的磷存在,也会在组织中析出脆性很大的化合物 Fe_3P,并且特别容易偏聚于晶界上,使钢的脆性增加,脆性转化温度升高,即发生"冷脆"。磷的存在也使焊接性能变坏。所以,必须严格控制钢(特别是结构钢和工具钢)的硫、磷含量,并以此划分钢的质量等级。但是,磷有时也作为有效元素加入或与其他合金元素一起加入,生产出某些特殊性能钢,如耐大气腐蚀钢,尤其钢中含铜时,其抗腐蚀性能更为显著。

此外,钢在整个冶炼过程中,都与空气接触,因而钢液中总会吸收和溶解一部分气体,如氮、氢、氧等,给钢的性能带来有害的影响。尤其是氢对钢的危害性更大,它可使钢变脆(称为氢脆),也可使钢中产生微裂纹(称为白点),严重影响钢的力学性能,使钢易于脆断。

4.3.2　碳钢的分类

国家标准 GB/T 13304-91《钢分类》是参照国际标准制定的。钢的分类分为"按化学成分分类"、"按主要质量等级和主要性能及使用特性分类"两部分。按化学成分分为非合金钢、低合金钢、合金钢三大类,碳钢属于非合金钢范畴。这里仍延用常规的分类方法。

1. 按冶炼方法及设备分类

①平炉钢;

②转炉钢;

③电炉钢;

上述每种钢因炉衬材料不同而分为酸性和碱性两类。

2. 按冶炼浇注时脱氧剂与脱氧程度分类

(1)沸腾钢　在冶炼末期和浇注前用锰铁和少量铝作脱氧剂进行轻微脱氧,使大量的氧留在钢液中;在浇入锭模后,钢中的氧与碳反应,产生大量 CO 气泡而引起钢液表面剧烈沸腾,故称沸腾钢。其最显著特点是钢锭中有规律地分布着气泡,不出现集中缩孔,成材率比镇静钢高,碳硅含量低($w(C)<0.27\%$,$w(Si)\leq0.03\%$),故塑性良好,钢板的深冲性能和表面质量良好;适合生产普通碳钢,工艺简单,价廉。主要缺陷是成分偏析大,组织不够致密,成材后,力学性能不均。

(2)镇静钢　钢液浇注前相继用锰铁、硅铁和铝等脱氧剂进行充分脱氧,使钢液浇入锭模后凝固时没有 CO 气泡产生,锭模内钢液平静,故称镇静钢。其特点是成分偏析较小,钢质均匀,致密,强度较高;但钢的成材率低,成本高,适于生产优质钢或高级优质钢。

(3)连铸坯　钢液经过连铸机直接生产的钢坯叫连铸坯。与模铸比较有许多优点:省去模铸的整套设备、初轧机和均热炉,节省基建投资约 30%,节能 70%,降低生产成本 10% ~ 25%,提高成材率 10% ~ 15%;改善劳动条件,提高生产率,为实现炼钢和轧钢生产的自动化、连续化创造条件。同时,连铸坯组织较致密,夹杂少。主要缺陷是中心疏松和中心偏析。

(4)半镇静钢　钢液脱氧程度不够充分,介于沸腾钢与镇静钢之间,浇注时产生轻微沸腾,钢的组织和性能也介于镇静钢与沸腾钢之间。此类钢在冶炼上较难掌握。

表 4.5 是各种钢的名称、冶炼方法及代号。

3. 按含碳量分类

(1)低碳钢　$w(C)<0.25\%$。

(2)中碳钢　$w(C)=0.25\% \sim 0.60\%$。

(3)高碳钢　$w(C)>0.60\%$。

此外,近年还发展了超低碳深冲 IF 钢。

4. 按碳钢质量分类

按碳钢质量分类方法在分类时主要根据钢中所含有害杂质 S、P 的质量分数分类。

(1)普通碳素钢　$w(S)\leq0.050\%$,$w(P)\leq0.045\%$。

(2)优质碳素钢　$w(S)\leq0.040\%$,$w(P)\leq0.040\%$。

(3)高级优质碳素钢　$w(S)\leq0.03\%$,$w(P)\leq0.035\%$。

5. 按钢的用途分类

（1）碳素结构钢　主要用于制造各种工程构件（如桥梁、船舶、建筑用钢）和机器零件（如齿轮、轴、螺钉、螺母、曲轴、连杆等）等。这类钢一般属于低碳和中碳钢。

（2）碳素工具钢　主要用于制造各种刀具、量具、模具。这类钢含碳量较高，一般属于高碳钢。

表 4.5　各种钢的名称、冶炼方法及代号

名称	代号表示		名称	代号表示	
	汉字	汉语拼音字母		汉字	汉语拼音字母
平炉	平	P	磁钢	磁	C
酸性转炉	酸	S	容器用钢	容	R
碱性侧吹转炉	碱	J	易切钢	易	Y
顶吹转炉	顶	D	碳素工具钢	碳	T
氧气转炉钢	氧	Y	滚动轴承钢	滚	G
沸腾钢	沸	F	高级优质钢	高	A
半镇静钢	半	B	船用钢	船	C
镇静钢	镇	Z	桥梁钢	桥	Q
特殊镇静钢	特镇	TZ	锅炉钢	锅	G
甲类钢	甲	A	钢轨钢	轨	U
乙类钢	乙	B	焊条用钢	焊	H
特类钢	特	C	铸钢		ZG
高温合金	高合	GH	铆螺钢	铆螺	ML

4.3.3　碳钢的牌号、主要性能及用途

1. 普通碳素结构钢

常见普通碳素结构钢的牌号 用"Q+数字"表示，其中"Q"为屈服点"屈"字的汉语拼音字首，数字表示屈服强度的数值。

例如，Q275 表示屈服强度为 275 MPa。若牌号后面标注字母 A、B、C、D，则表示钢材质量等级不同，即硫、磷含量不同。其中 A 级钢含硫、磷量最高，D 级钢含硫、磷量最低，即 A、B、C、D 表示钢材质量依次提高。

表 4.6 为普通碳素结构钢的牌号和化学成分；表 4.7 为碳素结构钢机械性能；表 4.8 为新旧 GB 700 标准牌号的对照。

表 4.6　普通碳素结构钢的牌号和化学成分（GB700-88）

牌号	等级	化学成分/%					脱氧方法
		$w(C)$	$w(Mn)$	$w(Si)$	$w(S)$	$w(P)$	
				不大于			
Q195	—	0.06 ~ 0.12	0.25 ~ 0.50	0.30	0.050	0.045	F,b,Z
Q215	A	0.09 ~ 0.15	0.25 ~ 0.55	0.30	0.050	0.045	F,b,Z
	B				0.045		
Q235	A	0.14 ~ 0.22	0.30 ~ 0.65	0.30	0.050	0.045	F,b,Z
	B	0.12 ~ 0.20	0.30 ~ 0.70		0.045		
	C	≤0.18	0.35 ~ 0.80		0.040	0.040	Z
	D	≤0.17			0.035	0.035	TZ
Q255	A	0.18 ~ 0.28	0.40 ~ 0.70	0.30	0.050	0.045	Z
	B		0.40 ~ 0.70		0.045		
Q275	—	0.28 ~ 0.38	0.50 ~ 0.80	0.35	0.050	0.045	Z

注：1. Q235A,B 级沸腾钢锰含量上限为 0.60% 。

　　2. "F"沸腾钢，"b"半镇静钢，"Z"镇静钢，"TZ"特殊镇静钢。

表 4.7　普通碳素结构钢的机械性能（GB 700-88）

牌号	等级	拉　伸　试　验													冲击试验	
		屈服点 σ_s/MPa						抗拉强度 σ_b/MPa	伸长率 δ/%						V 型冲击功（纵向）/J	
		钢材厚度（直径）/mm							钢材厚度（直径）/mm						温度/℃	
		≤16	16~40	40~60	60~100	100~150	>150		≤16	16~40	40~60	60~100	100~150	>150		
		不小于							不小于							不小于
Q195	—	(195)	(185)	—	—	—	—	315 ~ 390	33	32	—	—	—	—	—	—
Q215	A	215	205	195	185	175	165	335 ~ 410	31	30	29	28	27	26	—	—
	B	215	205	195	185	175	165	335 ~ 410	31	30	29	28	27	26	20	27
Q235	A	235	225	215	205	195	185	375 ~ 460	26	25	24	23	22	21		—
	B	235	225	215	205	195	185	375 ~ 460	26	25	24	23	22	21	20	27
	C	235	225	215	205	195	185	375 ~ 460	26	25	24	23	22	21	0	
	D	235	225	215	205	195	185	375 ~ 460	26	25	24	23	22	21	-20	
Q255	A	255	245	235	225	215	205	410 ~ 510	24	23	22	21	20	19	—	20
	B	255	245	235	225	215	205	410 ~ 510	24	23	22	21	20	19		27
Q275	—	275	265	255	245	235	225	490 ~ 610	20	19	18	17	16	15	—	—

表 4.8　新旧 GB 700 标准牌号对照

GG 700—88	GB 700—79
Q195 不分等级,化学成分和力学性能(抗拉强度、伸长率和冷弯)均须保证,但轧制薄板和盘条之类产品,力学性能的保证项目,根据产品特点和使用要求,可在有关标准中另行规定	1 号钢 Q195 的化学成分与本标准 1 号钢的乙类钢 B1 同,力学性能(抗拉强度,伸长率和冷弯)与甲类钢 A1 同(A1 的冷弯试验是附加保证条件),1 号钢没有特类钢
Q215 A 级 B 级(做常温冲击试验, V 型缺口)	A2 C2
Q235 A 级(不做冲击试验) B 级(做常温冲击试验, V 型缺口) C 级(作为重要焊接结构用) D 级(作为重要焊接结构用)	A3(附加保证常温冲击试验, U 型缺口) C3(附加保证常温或−20℃冲击试验, U 型缺口)
Q255 A 级 B 级(做常温冲击试验, V 型缺口)	A4 C4(附加保证冲击试验, U 型缺口)
Q275 不分等级,化学成分和力学性能均须保证	C5

　　Q195、Q215、Q235A、Q235B 塑性较好,焊接性好,有一定的强度,通常轧制成钢筋、钢板、钢管等,可用作桥梁、高压线塔、金属构件、建筑物构架等,也可用作受力不大的机器零件,如普通螺钉、螺帽、铆钉、轴套及某些农机零件等。Q235C、Q235D 可用于重要的焊接件。Q255、Q275 强度较高,可轧制成型钢、钢板作构件用。

　　普通碳素结构钢常在热轧状态下使用,不再进行热处理。但对某些零件,也可以进行正火、调质、渗碳等处理,以提高其使用性能。

2. 优质碳素结构钢

　　优质碳素结构钢的钢号用平均碳含量的万分数的数字表示。例如,钢号"20"即表示碳质量分数为 0.20%(万分之二十)的优质碳素结构钢。若钢中锰含量较高,则在这类钢号后附加符号"Mn",如 15Mn、45Mn 等。

　　优质碳素结构钢的化学成分和力学性能列于表 4.9 中。

　　优质碳素结构钢主要用来制造各种机器零件。从表中可知,08F 属于低碳钢,塑性、韧性、焊接性和冷冲压性能良好,但强度较低。可制造冷冲压零件,如汽车外壳、仪器、仪表外壳等。

　　10、20 钢冷冲压性与焊接性能良好,可用作冲压件及焊接件,经过热处理(如渗碳),可以提高工件表面硬度和耐磨性,而心部仍具有一定的强度和较高的韧性,可以制造机罩、焊接容器、销子、法兰盘、螺母、垫圈及渗碳凸轮、齿轮等零件。

　　35、40、45、50 钢属于中碳钢,经调质处理后,可获得良好的综合机械性能,既具有较高强度,又具有较好的塑性和韧性。这部分钢是碳钢中应用最广的一类,主要用来制造齿轮、轴类、连杆、套筒等零件,如机车车轴、汽车、拖拉机的曲轴、内燃机车的低速齿轮等。

　　60、65 钢属于高碳钢,经淬火和中温回火后,具有较高的强度、硬度和弹性,但可焊性、可切削性差,主要用作各种弹簧、高强度钢丝及其他耐磨件;含锰量较高的钢,其用途与对应钢号的普通含锰量钢基本相同,但淬透性和强度稍高,可制作截面稍大或强度稍高的零件。其中 65、70、65Mn 钢用得最多。

表 4.9　优质碳素结构钢的化学成分及力学性能（GB 699–88）

钢号	化学成分/%					力学性能						
	C	Mn	Si	S	P	σ_s/MPa	σ_b/MPa	δ/%	ψ/%	α_K/(J·cm^{-2})	硬度	
						不小于					热轧钢	退火钢
08F	0.05~0.11	≤0.40	≤0.03	≤0.040	≤0.04	180	300	35	60	—	131	
10	0.07~0.14	0.35~0.65	0.07~0.37	≤0.040	≤0.04	210	340	31	55	—	137	
20	0.17~0.24	0.35~0.65	0.07~0.37	≤0.040	≤0.04	250	420	25	55	—	156	
35	0.32~0.40	0.50~0.80	0.07~0.37	≤0.040	≤0.04	320	540	20	45	70	187	—
40	0.37~0.45	0.50~0.80	0.07~0.37	≤0.040	≤0.04	340	580	19	45	60	217	187
45	0.42~0.50	0.50~0.80	0.07~0.37	≤0.040	≤0.04	360	610	16	40	50	241	197
50	0.47~0.55	0.50~0.80	0.07~0.37	≤0.040	≤0.04	380	640	14	40	40	241	207
60	0.57~0.65	0.50~0.80	0.07~0.37	≤0.040	≤0.04	410	690	12	35		255	229
65	0.62~0.70	0.50~0.80	0.07~0.37	≤0.040	≤0.04	420	710	10	30		255	229

3. 碳素铸钢

在机器制造和工程结构上,有许多形状复杂难以用锻造、切削加工等方法形成的零件,如轧钢机机架、水压机横梁、机车车架及大齿轮等,用铸铁铸造又难以满足性能要求,这是一般选用铸钢铸造。

铸钢(一般工程用)牌号用"铸钢"汉语拼音字首"ZG"表示,后面两位数字表示钢中碳的质量分数的万分数。一般工程常用铸钢的牌号、成分、力学性能及用途列于表 4.10。

表 4.10　碳素铸钢的成分、机械性能及应用

钢号	化学成分/%			机械性能					应用举例
	C	Mn	Si	σ_s/MPa	σ_b/MPa	δ_5/%	ψ/%	a_k/(kJ·m^{-2})	
ZG15	0.12~0.22	0.35~0.65	0.20~0.45	200	400	25	40	600	机座、变速箱壳
ZG25	0.22~0.32	0.50~0.80	0.20~0.45	240	450	20	32	450	机座、锤轮、箱体
ZG35	0.32~0.42	0.50~0.80	0.20~0.45	280	500	16	25	350	飞轮、机架、蒸汽锤、水压机、工作缸、横梁
ZG45	0.42~0.52	0.50~0.80	0.20~0.45	320	580	12	20	300	联轴器、气缸、齿轮、齿轮圈
ZG55	0.52~0.62	0.50~0.80	0.20~0.45	350	650	10	18	200	起重运输机中齿轮、联轴器及重要的机件

碳含量是影响铸钢件性能的主要元素,随着碳含量的增加屈服强度和抗拉强度均增加,且抗拉强度比屈服强度增加得更快,但超过 0.45% 时,屈服强度很少增加,而塑性、韧性却

显著下降。从铸造性能来看,适当提高碳含量,可降低钢的熔化温度,增加钢水的流动性,钢中气体和夹杂也能减少。所以在生产中使用最多的是 ZG25、ZG35、ZG45 三种。

钢中的硫、磷应很好地控制,因硫会提高钢的热裂倾向,而磷则使钢的脆性增加。

碳素铸钢与铸铁相比,强度和塑性、韧性较高,但钢水的流动性差,收缩率较大。为了改善钢水的流动性,铸钢在浇注时应采取较高的浇注温度;为了补偿收缩必须采用大的浇冒口。

4. 碳素工具钢

碳素工具钢的含碳量高,一般质量分数在 0.65% ~ 1.35% 之间,钢号用平均碳含量的千分数的数字表示,数字之前冠以"T"("碳"的汉语拼音字头)。例如,T9 表示含碳质量分数为 0.9%(即千分之九)的碳素工具钢。碳素工具钢均为优质钢,若含硫、磷更低,则为高级优质钢,则在钢号后面标注"A"字。例如,T12A 表示含碳质量分数为 1.2% 的高级优质碳素工具钢。碳素工具钢的牌号、成分见表 4.11。

表 4.11　碳素工具钢的化学成分

钢组	钢号	$w(C)/\%$	$w(Mn)/\%$	$w(Si)/\%$	$w(Si)/\%$ 不大于	$w(P)/\%$ 不大于
优质	T7	0.65 ~ 0.74	≤0.40	0.15 ~ 0.35	0.030	0.035
	T8	0.75 ~ 0.84	≤0.40	0.15 ~ 0.35	0.030	0.035
	T8Mn	0.80 ~ 0.90	0.35 ~ 0.60	0.15 ~ 0.35	0.030	0.035
	T9	0.85 ~ 0.94	≤0.35	0.15 ~ 0.35	0.030	0.035
	T10Mn	0.95 ~ 1.04	0.35 ~ 0.60	0.15 ~ 0.35	0.030	0.035
	T10	0.95 ~ 1.04	0.15 ~ 0.35	0.15 ~ 0.35	0.030	0.035
	T12	1.15 ~ 1.24	0.15 ~ 0.35	0.15 ~ 0.35	0.030	0.035
	T13	1.25 ~ 1.35	0.15 ~ 0.35	0.15 ~ 0.35	0.030	0.035
高级优质	T7A	0.65 ~ 0.74	0.15 ~ 0.30	0.15 ~ 0.30	0.020	0.030
	T8A	0.75 ~ 0.84	0.15 ~ 0.30	0.15 ~ 0.30	0.020	0.030
	T8MnA	0.80 ~ 0.90	0.35 ~ 0.60	0.15 ~ 0.35	0.020	0.030
	T9A	0.85 ~ 0.94	0.15 ~ 0.30	0.15 ~ 0.30	0.020	0.030
	T10A	0.95 ~ 1.04	0.15 ~ 0.30	0.15 ~ 0.30	0.020	0.030
	T10MnA	0.95 ~ 1.09	0.15 ~ 0.45	0.15 ~ 0.35	0.020	0.030
	T12A	1.15 ~ 1.29	0.15 ~ 0.30	0.15 ~ 0.30	0.020	0.030
	T13A	1.25 ~ 1.35	0.15 ~ 0.30	0.15 ~ 0.30	0.020	0.030

碳素工具钢用来制造各种刃具、量具、模具等。T7、T8 硬度高、韧性较高,可制造冲头、凿子、锤子等工具。T9、T10、T11 硬度高,韧性适中,可制造钻头、刨刀、丝锥、手锯条等刃具及冷作模具等。T12、T13 硬度高,韧性较低,可制作锉刀、刮刀等刃具及量规、样套等量具。

碳素工具钢使用前都要进行热处理。

复习思考题

1. 判断题

(1) 铁素体的本质是碳在 α-Fe 中的间隙相。(　　　　)

（2）20 钢 比 T12 钢 的碳质量分数要高。（　　　）

（3）在退火状态（接近平衡组织）45 钢 比 20 钢 的塑性和强度都高。（　　　）

（4）在铁碳合金平衡结晶过程中,只有碳质量分数为 4.3％ 的铁碳合金才能发生共晶反应。（　　　）

2. 填空题

（1）珠光体的本质是（　　　）。

（2）一块纯铁在 912℃ 发生 $\alpha\text{-Fe} \rightarrow \gamma\text{-Fe}$ 转变时,体积将（　　　）。

（3）在铁碳合金室温平衡组织中,含 Fe_3CII 最多的合金成分点为（　　　）,含 L'_d 最多的合金成分点为（　　　）。

3. 选择题

（1）奥氏体是（　　　）。

　　a. 碳在 $\gamma\text{-Fe}$ 中的间隙固溶体　　　　b. 碳在 $\alpha\text{-Fe}$ 中的间隙固溶体

　　c. 碳在 $\alpha\text{-Fe}$ 中的有限固溶体

（2）珠光体是一种（　　　）。

　　a. 单相固溶体　　　b. 两相混合物　　　c. Fe 与 C 的化合物

（3）T10 钢的碳的质量分数（　　　）。

　　a. 0.1％　　　b. 1.0％　　　c. 10％

（4）铁素体的机械性能特点是（　　　）。

　　a. 强度高、塑性好、硬度低　　　b. 强度低、塑性差、硬度低

　　c. 强度低、塑性好、硬度低

4. 铁素体、奥氏体、渗碳体、珠光体的定义是什么? 有什么区别

5. 分析 $w(C)=1.2％$, $w(C)=4.3％$ 的铁碳合金的结晶过程。它们的室温组织有何异同?

6. 以碳钢的显微组织来分析亚共析钢与过共析钢的机械性能有何不同?

第5章 钢的热处理

钢的热处理是将钢在固态范围内,采用适当的方法进行加热、保温和冷却,以获得所需要的组织结构与性能的工艺方法,其目的是改变金属及合金的内部组织结构,使其满足工作条件所提出的性能要求。

钢的热处理种类很多,都是由加热、保温、冷却三个阶段组成的,工艺曲线如图 5.1 所示根据加热和冷却方法不同,将钢的常用热处理分类如下:

$$热处理 \begin{cases} 普通热处理:退火、正火、淬火、回火 \\ 表面热处理:表面淬火——火焰加热、感应加热 \\ 化学热处理:渗碳、渗氮、碳氮共渗、渗金属 \end{cases}$$

为了使钢件经热处理后获得所要求的组织和性能,大多数热处理工艺都是将钢件加热至相变临界点以上,形成奥氏体组织,称为奥氏体化,然后再以一定速度冷却。因此,钢再加热时的转变是钢件热处理的基础,而且热处理钢件的组织和性能与其加热时形成的奥氏体组织有很大的关系。由此可见,研究加热转变对改进钢件热处理工艺有很重要的意义,掌握钢件在加热过程中的组织转变规律是学好以后各种冷却转变的必不可少的基础。

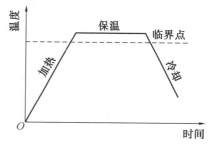

图 5.1 最基本的热处理工艺曲线

5.1 钢在加热和冷却时的组织转变

5.1.1 奥氏体形成的温度范围

研究钢在加热和冷却时的相变规律是以 $Fe-Fe_3C$ 相图为基础。从相图组成来看(图 4.4),A_1 点以下的平衡相为铁素体和渗碳体。温度高于 A_1 点时,共析钢的珠光体将转变为单相的奥氏体。随温度继续升高,亚共析钢的过剩铁索体将不断转变为奥氏体,过共析钢的过剩相渗碳体也将不断溶入奥氏体中,使奥氏体量不断增多,其成分分别沿 $GS(A_3$ 点)线和 $SE(A_{cm}$ 点)线变化。当加热到 GSE 线以上时,平衡相为单一的奥氏体。

$Fe-Fe_3C$ 平衡相图是热力学上达到平衡时的状态图,但实际的相变并不是按照状态图中所示的温度进行的,往往存在一定的温度滞后,且温度滞后的程度随加热或冷却速度的增大而增大。因此,实际加热和冷却时的相变临界点不在同一温度上。为了区别,通常把实际加热时的相变临界点标以字母 c(如 A_{c_1}、A_{c_3}、$A_{c_{cm}}$),把冷却时的相变临界点标以字母 r(如 A_{r_1}、A_{r_3}、$A_{r_{cm}}$),如图 5.2 所示。

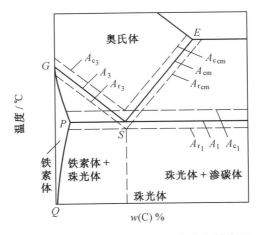

图 5.2　钢加热和冷却时各临界点的实际位置

5.1.2　钢在加热时的组织转变

钢加热到 A_{c_1} 点以上时,会发生珠光体向奥氏体的转变,加热到 A_{c_3} 和 $A_{c_{cm}}$ 点以上时,便全部转变为奥氏体,热处理加热最主要的目的就是为了得到奥氏体,因此,这种加热转变过程称为钢的奥氏体化。现以共析钢为例讨论钢的奥氏体化过程。

1.奥氏体的形成

根据 $Fe-Fe_3C$ 相图,共析钢室温的平衡组织为珠光体,当将其加热至 A_{c_1} 时,就会发生珠光体向奥氏体的转变。和其他转变过程一样,这种转变也是以形核与长大的方式进行的,其基本过程包括形核、长大、残余渗碳体溶解和奥氏体成分均匀化四个连续的阶段,如图 5.3 所示。

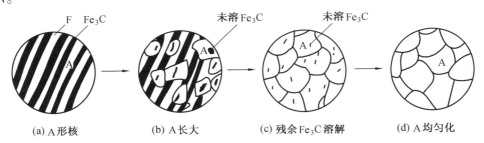

(a) A 形核　　　(b) A 长大　　　(c) 残余 Fe₃C 溶解　　　(d) A 均匀化

图 5.3　共析碳钢的奥氏体形成过程示意图

第一阶段为奥氏体形核　钢在加热到 A_{c_1} 时,奥氏体晶核优先在铁素体与渗碳体的相界面上形成,这是因为相界面的原子是以铁素体与渗碳体两种晶格的过渡结构排列的,原子偏离平衡位置处于畸变状态,具有较高能量;再则,与晶体内部比较,晶界处碳的分布是不均匀的,这些都为形成奥氏体晶核在成分、结构和能量上提供了有利条件。

第二阶段为奥氏体晶核长大　奥氏体形核后的长大,是新相奥氏体的相界面向着铁素体和渗碳体这两个方向同时推移的过程。通过原子扩散,铁素体晶格先逐渐改组为奥氏体晶格,随后通过渗碳体的连续不断分解和铁原子扩散而使奥氏体晶核不断长大。

第三阶段是残余渗碳体的溶解　由于渗碳体的晶体结构和含碳量与奥氏体差别很大,所以,渗碳体向奥氏体的溶解必然落后于铁素体向奥氏体的转变。在铁素体全部转变消失之后,仍有部分渗碳体尚未溶解,因而还需要一段时间继续向奥氏体溶解,直至全部渗碳体消失为止。

第四阶段是奥氏体成分均匀化　奥氏体转变刚结束时,其成分是不均匀的,在原来铁素体处含碳量较低,在原来渗碳体处含碳量较高,只有继续延长保温时间,通过碳原子扩散才能得到均匀成分的奥氏体组织,以便在冷却后得到良好组织与性能。

亚共析钢和过共析钢的奥氏体形成过程基本上与共析钢是一样的,所不同之处是有过剩相的出现。亚共析钢的室温组织为铁素体和珠光体,因此当加热到 A_{c_1} 以上保温后,其中珠光体转变为奥氏体,还剩下过剩相铁素体,需要加热超过 A_{c_3} ,过剩相才能全部消失。过共析钢在室温下的组织为渗碳体和珠光体。当加热到 A_{c_1} 以上保温后,珠光体转变为奥氏体,还剩下过剩相渗碳体,只有加热超过 $A_{c_{cm}}$ 后,过剩渗碳体才能全部溶解,即亚共析钢需加热到 A_{c_3} 以上温度并适当保温,将得到成分均匀的单一奥氏体。过共析钢需加热到以上,方可得到成分均匀的单一奥氏体组织。

2. 奥氏体晶粒的长大及其控制措施

（1）奥氏体晶粒度　在珠光体向奥氏体转变刚结束时,奥氏体晶粒总是细小的,实际生产惯用奥氏体晶粒度表示奥氏体晶粒大小。奥氏体晶粒度有三种。

①起始晶粒度:在临界温度以上,奥氏体形成刚刚完成,其晶粒边界刚刚相互接触时的晶粒的大小。

②实际晶粒度:钢在具体的热处理或热加工的加热条件下,所获得的奥氏体晶粒大小。

③本质晶粒度:根据标准实验方法,在 $930\pm30℃$ 保温（3～8 h）后测得的奥氏体晶粒大小。本质晶粒度只是表示钢在一定条件下奥氏体晶粒长大的倾向性。对本质粗晶粒钢,当加热温度超过 $950～1\ 000℃$ 时也可能得到十分粗大的实际晶粒。而对本质细晶粒钢,当加热温度略高于临界点时也可能得到比较细小的奥氏体晶粒。但在一般情况下,本质细晶粒钢热处理后获得的实际晶粒往往是细小的。图 5.4 示出了这两种钢的奥氏体晶粒随加热温度升高而长大的情况。

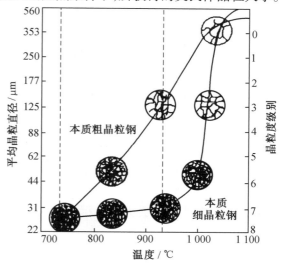

图 5.4　奥氏体晶粒随加热温度变化趋势示意图

奥氏体晶粒大小,取决于奥氏体的形核率和长大率 G 。单位面积内的奥氏体晶粒数目 n 与 I 和 G 之间的关系可用下式表示

$$n = K\left(\frac{I}{G}\right)^{\frac{1}{2}}$$

式中,K 为系数。

可见,I/G 值愈大,即奥氏体晶粒就愈细小。这说明增大形核率 I 或降低长大速度 G 是获得细小奥氏体晶粒的重要途径。

（2）影响奥氏体晶粒长大的因素　如前所述,形核率 I 与长大速度 G 比值 I/G 愈大,奥氏体的起始晶粒度就愈小。在起始晶粒形成之后，实晶粒度则取决于奥氏体晶粒在继续保温或升温过程中的长大倾向。而起始晶粒愈细小，大小愈不均匀，界面能愈高，则奥氏体晶粒长大的倾向就愈大。

①加热温度和保温时间的影响。加热温度愈高，保温时间愈长，奥氏体晶粒将愈粗大，如图 5.5 所示。由图中可见，在每个温度下都有一个加速长大期，当奥氏体晶粒长大到一定尺寸后，长大过程将减慢自至停止长大。加热温度愈高，奥氏体晶粒长大进行得愈快。

②加热速度的影响。加热速度愈大，过热就愈大，即奥氏体实际形成温度就愈高。由于随形成温度升高，奥氏体的形核率与长大速度之比值 I/G 增大，所以快速加热时可获得细小的奥氏体起始晶粒。而且，加热速度愈快，奥氏体起始晶粒就愈细小。但由于起始晶粒小，加之温度较高，奥氏体晶粒很容易长大，因此不宜长时间保温，否则晶粒反而更粗大。所以，在保证奥氏体成分均匀的前提下，快速加热并短时保温能获得细小的奥氏体晶粒。

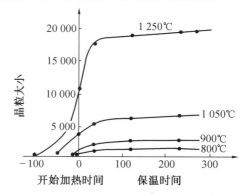

③钢中含碳量的影响。在钢中碳含量不足以形成过剩碳化物的情况下加热时奥氏体晶粒

图 5.5　奥氏体晶粒大小与加热温度和保温时间的关系

随钢中碳含量增加而增大。这是因为，钢中碳含量增加时，C 原子在奥氏体中的扩散速度及 Fe 原子的自扩散速度均增大，故奥氏体晶粒长大的倾向增大。但是，当含碳量超过一定限度时，由于形成未溶解的二次渗碳体，反而阻碍奥氏体晶粒的长大。在这种情况下，随钢中含碳量的增加，二次渗碳体的数量增加，奥氏体晶粒反而细化。通常，过共析钢在 $A_{c_1} \sim A_{c_{cm}}$ 之间加热时可以保持较为细小的晶粒，而在相同加热温度下，共析钢的晶粒长大倾向最大，这是因为共析钢的加热组织中不含有过剩碳化物。

④合金元素的影响。钢中加入适量形成难溶化合物的合金元素如 Nb、Ti、Zr、V、Al、Ta 等，将强烈地阻碍奥氏体晶粒长大，使奥氏体晶粒粗化温度显著升高。上述合金元素在钢中形成熔点高、稳定性强、不易聚集长大的 NbC、NbN、Nb(C，N)、TiC 等化合物，它们弥散分布于奥氏体基体中，阻碍晶粒长大，从而保持细小的奥氏体晶粒。形成易溶化合物的合金元素如 W、Mo、Cr 等也阻碍奥氏体晶粒的长大，但影响程度为中等。不形成化合物的合金元素如 Si 和 Ni 对奥氏体晶粒长大的影响很小，Cu 和 Co 几乎没影响。而 Mn、P、O 和含量在一定限度以下的 C 可增大奥氏体晶粒长大的倾向。当几种合金元素同时加入时，其相互影响十分复杂。

⑤冶炼方法的影响。钢的冶炼方法也影响奥氏体晶粒长大的倾向。用 Al 脱氧的钢，奥氏体晶粒长大倾向较小，属于本质细晶粒钢。这是因为钢中形成大量难溶的六方点阵结构的 AlN，它们弥散析出，阻碍奥氏体晶粒长大。但当钢中残余 Al（固溶 Al）含量超过一定限度时反而会引起奥氏体晶粒粗化。用 Si、Mn 脱氧的钢，因为不形成弥散析出的高溶点第二相粒子，没有阻碍奥氏体晶粒长大的作用，所以奥氏体晶粒长大倾向较大，属于本质粗晶粒钢。

⑥原始组织的影响。原始组织主要影响奥氏体起始晶粒度。一般来说，原始组织愈细，碳化物弥散度愈大，所得到的奥氏体起始晶粒就愈细小。

（3）控制奥氏体晶粒长大的措施　①合理选择加热温度和保温时间。在保证奥氏体成分均匀的前提下,快速加热并短时保温能获得细小的奥氏体晶粒。②选用含有一定合金元素的钢。在钢中加入合金元素如 Nb、Ti、Al 等元素形成相应的化合物,它们弥散析出阻碍奥氏体晶粒长大。

5.1.3　钢在冷却时的组织转变

加热到奥氏体状态后,采用不同的冷却方式和冷却速度,将可得到形态上不同的各种组织(已不完全符合合金相图中的规律),即可获得不同的性能,因此,研究钢在冷却时的组织转变规律,对制定热处理工艺有重要意义。

根据冷却方式不同,可分为:等温转变和连续冷却转变两种。

在共析温度以下,未发生转变而残留的奥氏体称过冷奥氏体,也称亚稳奥氏体,有较强的相变趋势,钢在冷却时的组织转变实质上是过冷奥氏体的组织转变。

1. 过冷奥氏体的等温转变

（1）过冷奥氏体的等温转变曲线图（C 曲线）　过冷奥氏体的等温转变曲线图用来表示过冷奥氏体在不同过冷度下的等温过程中转变温度、转变时间、转变产物的关系曲线。以共析钢为例来介绍等温转变曲线的建立。

利用奥氏体及产物有不同的比容,用膨胀法测定,并配以金相法来测定校正。

①准备试样。

②加热到奥氏体的均匀状态,在不同温度(700℃、600℃、550℃等)下恒温测定。

③把组织转变开始与终止时间描绘在以温度、时间为坐标的图面上,将开始和结束的点连接起来,即得到曲线,因曲线形状像"c",称 C 曲线。

图 5.6 为共析钢过冷奥氏体等温转变曲线图,它由以下几个线、区组成:A_1 线表示奥氏体和珠光体的平衡温度;左边一条曲线为转变开始线;右边一条曲线为转变终止线;MS 线表示奥氏体开始向马氏体转变的温度线。在 A_1 线上部为奥氏体稳定区;转变开始线左边,是奥氏体转变准备阶段,称为过冷奥氏体区,这段时间称为"孕育期",孕育期愈长,表明过冷奥体愈稳定;转变开始线和转变终止线之间为奥氏体和转变产物的混合区;转变终止线右边为转变产物区。

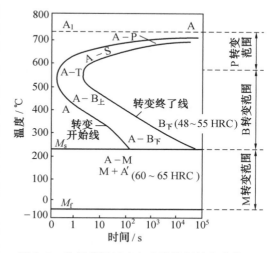

图 5.6　共析碳钢过冷奥氏体等温转变曲线

从图中可见,大约在 550℃ 左右,曲线出现一个拐点,俗称"鼻尖",此处的孕育期最短,过冷奥氏体最不稳定,转变速度最快。这是因为过冷奥氏体的转变也遵循结晶的基本规律,在"鼻尖"以上,随着等温温度的下降,过冷度将增大,奥氏体转变的形核率和成长率都将增加,所以,转变速度逐渐增快,孕育期缩短。当等温温度下降到"鼻尖"以下温度,随着过冷度的增加,原子的扩散能力越来越弱,使得奥氏体转变速度显著下降,孕育期又逐渐增长。若过冷度增大到一定程度,原子的扩散将受到抑制,则过冷奥氏体将进行非扩散型的马氏体转变。

（2）过冷奥氏体等温转变产物的组织形态及性能　①高温等温转变（珠光体型转变）：转变温度为 $A_1 \sim 550\,℃$ ，由于转变温度较高，原子具有较强的扩散能力，其转变为扩散型。转变产物的组织属于珠光体型，随温度的下降，获得的组织为珠光体（P）、索氏体（S）、托氏体（T）。只是随着过冷度的增加，所得珠光体的层片变薄，其性能也有所不同，珠光体片层越细，其强度、硬度越高，同时塑性、韧性也有所增加。以硬度为例，P 的为 5 ~ 20 HRC，S 的为 20 ~ 30 HRC，T 的为 30 ~ 40 HRC。冷拔高碳钢丝先等温处理成索氏体组织，再冷拔变形 80% 以上，其强度可达 3 000 MPa 以上而不会拔断，其原因就在于此。

珠光体型组织的形成过程如图 5.7 所示。当温度冷到 A_1 以下，一般现在奥氏体晶粒边界上形成核心，即发生相变，由奥氏体转变为铁素体。在相变中，因铁素体碳的质量分数远比奥氏体要低，此时，过剩的碳向外扩散，与铁原子结合成渗碳体微粒析出。随着保温时间的延长，铁素体和渗碳体不断形成、集聚、长大，构成层片状的珠光体。

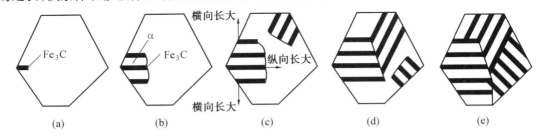

图 5.7　片状珠光体形成过程示意图

②中温等温转变（贝氏体型转变）：转变温度为 $550\,℃ \sim Ms$ ，转变产物的组织属贝氏体型，分别为上贝氏体（B 上）和下贝氏（B 下）体。对于中、高碳钢来说，上贝氏体大约在 550 ~ 350 ℃ 的温度区间形成，由于原子扩散能力弱，渗碳体微粒已很难集聚张大成片状，其典型形态呈羽毛状、条状或针状，少数呈椭圆形或矩形，韧性差，如图 5.8（a）所示。对于中、高碳钢来说，下贝氏体大约在 350 ℃ ~ M_s 的温度范围内形成，原子扩散能力更弱，其典型形态是双凸透镜状（粗略地说是片状），如图 5.8（b）所示。下贝氏体具有较高的硬度，塑性、韧性也较好。

③马氏体转变：马氏体转变是在连续冷却过程中在 $M_s \sim M_f$ 温度范围内进行的，M_s 点是奥氏体开始向马氏体转变的温度。M_f 是奥氏体向马氏体转变的终止温度，在转变中若温度停止下降，转变就会中断它不能在等温条件下进行转变。马氏体转变也是一个形核和长大过程，但它的孕育期短到很难测出。当奥氏体过冷至 M_s 点时，便有第一批马氏体针叶沿奥

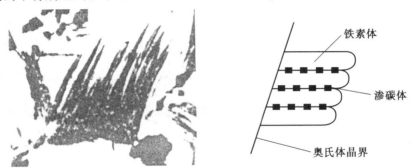

（a）T8 钢的上贝氏体组织及典型组织示意图

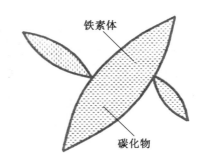

（b）GCr15 钢的下贝氏体组织及典型组织示意图

图 5.8　贝氏体组织及示意图

氏体晶界形成并迅速向晶内长大,由于长大速度极快(约 10^{-7}s),它们很快横贯整个奥氏体晶粒或很快彼此相碰而立即停止长大,必须继续降低温度才能有新的马氏体针叶形成如此不断连续冷却便有一批又一批的马氏体针叶不断形成,直到 M_f 点,转变才告结束。

由于马氏体转变温度低,冷去速度快,过冷度极大,转变速度快,铁、碳原子已无法进行扩散,只是依靠铁原子进行短距离移动来完成晶格改组。由面心立方晶格(奥氏体)转变为体心立方晶格(马氏体),而碳原子来不及重新分布,被迫保留在 α-Fe 中,使晶格一边被樗长,成为体心正方晶格。

应当指出,由于马氏体转变时发生体积膨胀,马氏体转变结束时总有少量奥氏体被保留下来,在环境温度下残存的奥氏体称为"残余奥氏体"用"A′"表示。

马氏体组织和性能:根据组织形态的不同,马氏体可分为板条马氏体(低碳马氏体 $\omega(C)<0.2\%$)和片状马氏体(高碳马氏体 $\omega(C)1.0\%$)两种,如图 5.9 所示。马氏体溶碳质量分数越高,硬度越高,但钢的塑性、韧性则很差,特别是粗大的马氏体,脆性很大。

(3)亚共析钢、过共析钢等温转变曲线　亚共析钢奥氏体化后,缓冷时,首先有铁素体从奥氏体中析出。同样过共析钢缓冷,首先有二次渗碳体从奥氏体中析出。为区别珠光体中铁素体和渗碳体,将其分别称为先共析铁素体和先共析渗碳体。所以,亚共析钢和过共析钢的 C 曲线与共析钢的 C 曲线相比,分别在奥氏体转变开始曲线的左上方多了一条先共析铁素体析出线一条先共析渗碳体析出线。亚共析钢和过共析钢的过冷奥氏体等温转变曲线如图 5.10 所示。

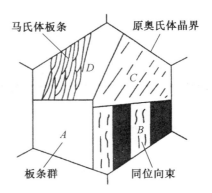

（a）18Ni 马氏体时效钢的板条马氏体组织

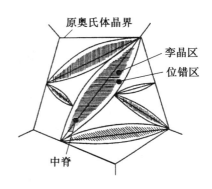

（b）Fe-32Ni 合金的片状马氏体组织

图 5.9　马氏体组织

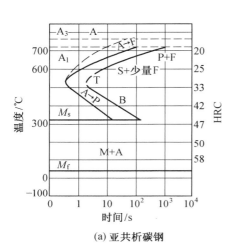

（a）亚共析碳钢

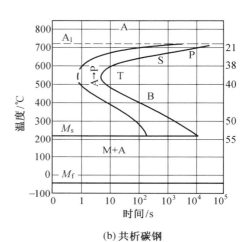

（b）共析碳钢

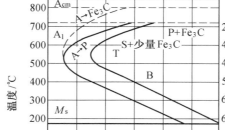

（c）过共析碳钢

图 5.10　碳钢的 C 曲线比较

（4）影响 C 曲线因素　①碳质量分数影响：碳的质量分数增加，亚共析钢的 C 曲线右移，过共析钢的 C 曲线左移，所以共析钢成分的过冷奥氏体最稳定。②合金元素影响：除钴以外合金元素均使 C 曲线右移，影响比碳的质量分数更显著。

2. 过冷奥氏体连续冷却转变

在实际生产中，过冷奥氏体的转变大多是在连续冷却过程中进行的。钢在连续冷却过程中，只要过冷度与等温转变的相对应，则所得到的组织与性能也是相对应的。因此生产上常常采用 C 曲线来分析刚在连续冷却条件下的组织。

图 5.11 中曲线①是共析钢加热后在炉内冷却，冷却缓慢，过冷度很小，转变开始和终了的温度都比较高，当冷却曲线与转变终了曲线相交，珠光体的形成即告结束，最终组织珠光体，硬度最低 180 HBS，塑性最好。曲线②为在空气冷却，冷却速度比在炉中快，过冷度增加，在索氏体形成温度范围与 C 曲线相割，奥氏体最终转变产物为索氏体，硬度比珠光体高（25 ~ 35 HRC），塑性较好。曲线③是在强制流动的空气中冷却，比在一般的空气中冷却快，过冷度比曲线②大，所以冷却曲线相交于托氏体形成温度范围，最终组织是托氏体，硬度较索氏体高（35 ~ 45 HRC），而塑性较其差。曲线④表示在油中冷却，比风冷更快，以致冷却曲线只有一部分转变为托氏体，而剩下的部分奥氏体冷却到 M_s ~ M_f 范围内，转变为马氏体。所以最终组织是托氏体+马氏体，其硬度比托氏体高（45 ~ 55 HRC），但塑性比其低。曲线⑥系在水中冷却，因为冷却速度很快，冷却曲线不与转变开始线相交，不形成珠光体型组织，直接过冷到 M_s ~ M_f 范围转变为马氏体，其硬度最高（55 ~ 65 HRC），而塑性最低。

由上可知，奥氏体连续冷却时的转变产物及其性能，决定于冷却速度。随着冷却速度增大，过冷度增大，转变温度降低，形成的珠光体弥散度增大，因而硬度增高。当冷却速度增大到一定值后，奥氏体转变为马氏体，硬度剧增。

从图 5.11 可以看出，要获得马氏体，奥氏体的冷却速度必须大于 v_k（与 C 曲线鼻尖相切），称 v_k 为临界冷却速度。当 $v > v_k$ 时，获得的钢的组织是马氏体，不出现托氏体。临界冷却速度在热处理实际操作中有重要意义。临界冷却速度小，钢的摔火能力就大。

临界冷却速度的大小，决定于钢的 C 曲线与纵坐标之间的距离。凡是使 C 曲线右移的因素（如加入合金元素），都会减小临界冷却速度。临界冷却速度小的钢，较慢的冷却也可得到马氏体，因而可以避免由于冷得太快而造成太大的内应力，从而减少零件的变形与开裂。

用等温 C 曲线来估计连续冷却时的转变过程，虽然在生产上能够使用，但结果很不准确。20 世纪 50 年代以后，由于实验技术的发展，才开始精确地测量很多钢的连续冷却转变曲线（又称 CCT 曲线），直接用来解决连续冷却的转变问题。

最简单的是共析钢的连续冷却转变曲线，如图 5.12 所示。P_s 线表示珠光体开始形成，即 $A \to P$ 转变开始线；P_f 线表示珠光体全部形成，即 $A \to P$ 转变终了线；K 线表示珠光体形成终止，即 $A \to P$ 终止线，冷却曲线碰到 K 线，过冷奥氏体就不再发生珠光体转变，而是保留到 M_s 点以下转变为马氏体。因此，在连续冷却曲线中也称 v_k 为上临界冷却速度，它是获得全部马氏体组织的最小冷却速度；同等温 C 曲线一样，v_k 越小，钢件在摔火时越容易得到马氏体组织，即钢的淬火能力越大。v'_k 称为下临界冷却速度，是得到全部珠光体组织的最大冷却速度；v'_k 越小，则退火所需要的时间越长。

图 5.12 中可以看出，水冷获得的是马氏体；油冷获得的是马氏体+托氏体；空冷的是索

氏体;而炉冷的是珠光体。连续冷却转变曲线与等温 C 曲线的区别是:①连续冷却曲线靠右一些,这是因为鼻尖以上温度越低,孕育期越短。连续冷却的转变温度均比等温转变温度低一些,所以连续冷却到达这个温度进行转变时,需要较长的孕育期,约为 C 曲线的 1.5 倍。②连续冷却曲线获得的组织不均匀,先转变的组织较粗,后转变的组织较细。③连续冷却转变曲线只有 C 曲线的上半部分,而没有下半部分。这就是说,共析钢在连续冷却时只有珠光体和马氏体转变,而没有贝氏体转变。或者说,当冷却曲线碰到 K 线时,过冷奥氏体不再发生珠光体转变,而一直保持到 M_s 点以下,转变为马氏体。

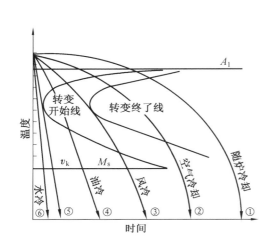

图 5.11　共析钢的连续冷却速度对其组织与性能的影响

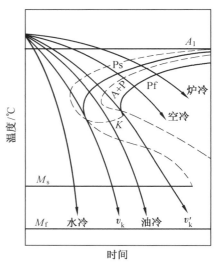

图 5.12　共析钢的连续冷却转变曲线（虚线是 C 曲线）

5.2　钢的退火和正火

在工业生产中,钢的退火和正火通常被安排在工件毛坯生产之后,称为预备热处理。其目的是消除毛坯加工时产生的应力;为后续加工改善工艺性能,并得到工件最终热处理所需的预备组织。

5.2.1　钢的退火

将钢加热到临界温度以上,并保持一定时间,然后缓慢冷却(随炉冷却),以获得接近平衡状态组织的热处理工艺。目的是消除钢件内应力;降低硬度,提高塑性;细化组织,均匀成分,以利于后续加工,并为最终热处理做好组织准备。

钢的退火分为第一类退火和第二类退火。第一类退火是不以组织转变为目的的工艺方法,如去应力是通过低温退火来消除由于塑性变形和蠕变引起的内应力;扩散退火是通过高温长时间加热,使钢中不均匀的元素进行扩散从而减轻或尽可能地消除偏析。由于高温长时间加热,奥氏体晶粒特别粗大,要用完全退火或正火来细化晶粒。第二类退火是以改变组织和性能为目的的工艺方法,如完全退火通过高温加热、保温与缓冷,使钢内部组织经历一次完全重结晶。但完全退火不能用于过共析钢,因为加热到 $A_{c_{cm}}$ 以上缓慢冷却时,则析出网状渗碳体使钢的机械性能变坏。球化退火是当片状珠光体加热到 A_{c_1} 线以上 20~30℃的温度,经保温后缓慢冷却到 630℃,再加热、保温、缓冷,如此反复几次,使珠光体中的片状渗碳体和二次渗碳体断开为点状碳化物,分布在奥氏体的基体上。由于加热温度较低及渗碳体的不完全溶解,造成碳的分布不均匀,在冷却中以未溶渗碳体为核心或在碳富集的地方产生新的渗碳体核心,形成球状渗碳体从而降低硬度,改善切削加工性为以后淬火作好准备。

退火工艺的特点及应用范围见表 5.1 所示。

表 5.1　退火工艺的特点应用范围

类别	工艺名称	工艺特点	主要目的	用途
第一类退火	扩散退火	加热至 A_{c_3}+(150~200)℃,长时间保温后缓冷	消除成分偏析和组织均匀化	铸件及具有成分偏析的锻件等
	再结晶退火	加热至再结晶温度 $T_{再}$+(100~250)℃,保温后缓冷	消除冷变形强化,提高塑性	冷变形钢材和钢件
	去应力退火	加热至 A_{c_1} 以下(100~200)℃,保温后缓冷	消除残余内应力	消除铸件、焊接件及锻轧件等内应力,稳定尺寸,以减小使用中变形
第二类退火	完全退火	加热至 A_{c_3}+(30~50)℃,保温后缓冷,室温组织 F+P	细化组织、降低硬度、提高塑性、消除铸造偏析	中碳钢及中碳合金钢,铸、焊、锻、轧制件等,细化晶粒,降低硬度
	不完全退火	加热至 A_{c_1}+(30~50)℃,保温后缓冷	细化组织,降低硬度	晶粒未粗化的锻轧件等
	等温退火	加热至 A_{c_3}+(30~50)℃(亚共析钢)或 A_{c_1}+(30~50)℃(共析钢和过共析钢),保温后等温冷却(稍低于 A_{r_1} 等温)组织珠光体型	细化组织,降低硬度	大型铸、锻件及冲压件等(组织与硬度较为均匀)
	球化退火	加热至 A_{c_3}+(10~20)℃,保温后等温冷却或缓冷,F 基体上,均布球状 Fe_3C	碳化物球化,降低硬度、提高塑性,改善加工性质等	共析钢、过共析钢锻轧件,结构钢冷挤压件

5.2.2　钢的正火

将钢加热到 A_{c_3} 或 $A_{c_{cm}}$ 以上 30~50℃,保温适当时间后,在空气中冷却的热处理工艺。

正火与退火的主要区别是正火的冷却速度比退火要快。所得室温组织同属珠光体型,但正火后的组织要细小些,钢件的强度、硬度也稍有提高。其目的是:细化晶粒、调整硬度;消除网状渗碳体,为后续加工及球化退火、淬火等做好组织准备。

正火操作简便,生产效率较高,成本低,在生产中的主要应用范围如下:

①用于改善低碳钢和某些低碳合金钢的切削加工性,因这些钢的退火组织中铁素体量较多,硬度偏低,在切削加工时易产生"粘刀"现象,增加表面粗糙度。采用正火能适当提高硬度,改善切削加工性。

②用于消除高碳钢或合金工具钢的网状渗碳体,为球化退火做好组织准备,因正火冷却速度较快,可抑制渗碳体呈网状析出,并可细化片状珠光体,有利于球化退火。

③用于普通结构零件或某些大型碳钢工件的最终热处理,以代替调质处理,如铁道车辆的车轴等。

④用于淬火返修零件消除内应力和细化组织,以防重新淬火时产生变形和开裂。

5.2.3　钢的退火与正火的选择

钢的退火与正火同属钢的预备热处理,操作过程基本相同,只是冷却方式不同,在生产实际中的某种情况下,两者可以互替。如何选择退火与正火,可从以下几点考虑。

1. 切削加工性能

从实践经验得知,钢件的硬度为 170 ~ 280 HBS 时,切削加工性能较好。因此,低碳钢、低碳合金钢应选正火作为预备热处理,中碳钢也可选用正火,而 $w(C)>0.5\%$ 的碳钢、中碳以上的合金钢应选用退火作为预备热处理。

2. 零件形状

对于形状复杂的零件或大型铸件,正火有可能因内应力大而引起开裂,则应选用退火。

因正火比退火的操作简便,生产周期短,成本低,在能满足要求的情况下,应尽量选用正火,以降低生产成本。

5.3　钢的淬火和回火

5.3.1　钢的淬火

将钢件加热到 A_{c1} 或 A_{c3} 以上 30 ~ 50℃,保温一定时间,然后以大于临界冷却速度快冷以获得马氏体或贝氏体组织的一种热处理工艺。其目的是提高钢的硬度和耐磨性。

1. 淬火加热温度的确定

淬火加热温度主要依据钢的化学成分来选定。碳钢的淬火加热温度根据碳的质量分数确定,用合金相图选定,如图 5.13 所示。

亚共析钢为: $A_{c3}+(30 ~ 50)℃$。

共析、过共析钢为: $A_{c1}+(-50 ~ 30)℃$。

如果将亚共析钢的加热温度选择在 A_{c1} 和 A_{c3} 之间,淬火后为铁素体和马氏体,粗大的铁素体分布在强硬的马氏体中间,严重降低了钢的硬度和韧性。若加热温度过高,奥氏体晶粒长大或过烧,加剧钢的氧化或脱碳,淬火后不能得到细针状马氏体,机械性能不好,同时还增加钢变形和开裂的倾向。

过共析钢在 A_{c1} ~ $A_{c_{cm}}$ 间加热,进行不完全淬火,使淬火组织中保留一定数量的细小弥散的碳化物颗粒,碳化物比马氏体硬,可提高钢的

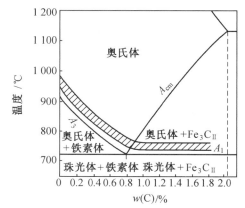

图 5.13　碳钢的淬火加热温度范围

耐磨性。若加热到 $A_{c_{cm}}$ 以上温度淬火,碳化物完全溶解于奥氏体中,提高了奥氏体的含碳量,M_s 下降,导致残余奥氏体增多,降低了硬度和耐磨性,同时易产生粗晶,增加淬火内应力,促使工件变形或开裂。

淬火前,若钢中存在网状碳化物,应采用正火的方法予以消除,否则会增大淬火钢的脆性。

2. 冷却介质及冷却方法

根据碳钢的过冷奥氏体等温转变曲线,希望淬火冷却介质具有如图 5.14 所示的理想冷却速度,即在 c 曲线鼻尖附近、约在 650~550℃范围内快速冷却,而在 650℃以上及 400℃以下时,应慢冷,特别是在 300~200℃以下发生马氏体转变时,尤其不应快速冷却,否则易引起变形和开裂。

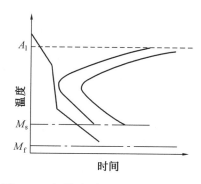

图 5.14　钢淬火时理想的冷却曲线

淬火介质的冷却能力决定了工件淬火时的冷却速度。为了减小淬火应力,防止工件淬火变形或开裂,在保证获得马氏体组织的前提下,应选用冷却能力弱的淬火介质。

冷却介质:

(1)水　水是常用的淬火介质,冷却能力大,但会产生大的淬火应力,引起工件变形和开裂。另外,它的冷却能力受温度影响较大,水温升高,降低了在 650~550℃的冷却能力。在水中加入盐或碱,可增加在 650~550℃范围内的冷却速度,避免工件产生软点,而基本不改变在 300~200℃时的冷却能力。碳钢淬火时,一般用水淬。

(2)油　油包括矿物油和植物油,冷却能力较小,最大的优点是在 200~300℃时冷却慢,冷却能力很少受油温的影响,缺点是不能使某些钢件淬硬,易着火,合金钢或某些小型复杂碳素钢件淬火时,一般用油淬。

(3)新型淬火剂　水玻璃-苛性碱、氯化锌-苛性碱、聚乙烯醇水溶液、聚醚水溶液,过饱和硝酸盐。

冷却方法:

(1)单液淬火　把加热到淬火温度的工件,经保温后,放入一种冷却介质中冷却,如图 5.15中 a 线所示,此法最简单便,易实现机械自动化,但只适用于形状简单的工件。

(2)双液淬火　把加热到淬火温度的工件,经保温后,先放在水或盐水中冷至 400~300℃,再迅速移到油或空气中冷如图 5.15中 b 线所示,此法即可使工件淬硬,又能减少淬火时的内应力但不易掌握在水中停留的时间,适用于高碳工具钢的淬火。

(3)分级淬火　把加热到淬火温度的工件,经保温后,迅速冷却到 M_s 点附近稍加停留,待其表面与心部的温差减小后再取出空冷,如图 5.15 中 c 线所示它比双液淬火进一步减小了应力和变形,一般用于尺寸比较小的工件。

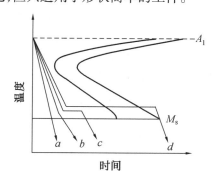

图 5.15　常用淬火方法的冷却曲线

（4）等温淬火　把加热到淬火温度的工件,经保温后放入稍高于 M_s 点盐浴或碱浴中,并等温到奥氏体转变成下贝氏体后再取出空冷如图 5.15 中 d 线所示,一般适用于薄、细而形状复杂的工件。

3.淬透性

钢在理想条件下进行淬火硬化所能达到的最高硬度的能力,称为钢的淬硬性。它的大小主要取决于钢中奥氏体碳的质量分数,而钢中所含合金元素对其影响不大。

钢的淬透性是指钢在规定条件下,决定钢材淬硬深度的特征,即钢在规定条件下淬火时获得淬硬层深度的能力,也表明钢获得马氏体的能力。尺寸较大的钢件在淬火时,表面冷得快,冷却速度大于临界冷却速度时能得到马氏体;心部冷得最慢,则只能得到托氏体或索氏体组织。

影响淬透性的因素:

（1）钢的化学成分　在碳素钢中碳的质量分数越接近共析成分,过冷奥氏体越稳定,淬透性越好,所以共析钢的淬透性较亚共析钢、过共析钢为好。

（2）奥氏体化温度及保温时间　提高奥氏体化温度或延长保温时间,会使奥氏体晶粒粗化,成分更均匀,既增加过冷奥氏体稳定性,提高钢的淬透性。

5.3.2　淬火钢的回火

钢件淬火后,再加热到 A_{c_1} 点以下某一温度经保温后,缓慢冷却或快速冷却的热处工艺称为回火。一般淬火件(除等温淬火)必须经过回火才能使用。

回火的目的:①减少或消除内应力,以防开裂。②获得所要求的机械性能。③稳定工件尺寸。④对于难以用退火来进行软化的某些合金钢,在淬火或正火后常采用高温回火,使钢中碳化物适当聚集,将硬度降低,以利于切削加工。

1.回火中组织与性能的变化

淬火钢在回火时的组织转变可分为以下四个阶段:

第一阶段(室温至 250℃):马氏体开始分解。在这一温度范围内回火,马氏体中的过饱和碳原子析出,形成碳化物 Fe_xC,分解后的组织为回火马氏体。

第二阶段(230~280℃):残余奥氏体分解。这一阶段马氏体分解的同时,降低了残余奥氏体的压力,其转变为过饱和固溶体与碳化物,亦称为回火马氏体。

第三阶段(260~360℃)马氏体分解完成及渗碳体的形成。这一阶段碳原子析出使过饱和的固溶体转变为铁素体;回火马氏体中的 Fe_xC 转变成稳定粒状渗碳体。此阶段回火后的组织为铁素体与细小粒状渗碳体的机械混合物,称为回火托氏体。

第四阶段(400℃以上):渗碳体的聚集长大和固溶体的回复与再结晶。当温度高于400℃时,微细条状的 C 逐渐聚集长大,变为细小的粒状的 C。铁素体也逐渐回复。当温度升到600℃以上时,铁素体发生再结晶,由针片状逐渐消失变为等轴晶粒,钢的淬火内应力完全消除,硬度下降,韧性上升。这时钢的组织为等轴铁素体基体和均匀分布的粒状等渗碳体的混合物,称为回火索氏体。

淬火钢回火时的组织变化,必然导致性能的变化。总的趋势是:随着温度的升高,强度、硬度降低、塑性、韧性提高。

2.回火的种类和应用

（1）低温回火(150~250℃)　低温回火的组织为回火马氏体(过饱和 α 固溶体与高度

弥散分布的碳化物 Fe_xC)。低温回火后减小或消除了淬火内应力,提高了钢的韧性,仍保持了淬火钢的高硬度和耐磨性。常用于刃具、量具、冷作模具、滚动轴承以及表面淬火和渗碳淬火件等的热处理。低温回火后的硬度一般在 60 HRC 以上。

(2)中温回火(350～500℃)　中温回火后的组织为回火托氏体(极细小的铁素体与球状渗碳体的混合物)。中温回火的主要目的是提高钢的弹性和韧性,并保持一定的硬度,主要用于各种弹簧、锻模、压铸模等,中温回火后的硬度一般为 35～45 HRC。

(3)高温回火(500～600℃)　高温回火后的组织为回火索氏体(较细小的铁素体与球状渗碳体的混合物)。这种组织具有良好综合力学性能,工业上通常将钢件淬火及高温回火的复合热处理工艺称为调质,它广泛应用于各种重要构件,如传动轴、连杆、曲轴、齿轮等。高温回火后的钢的硬度一般为 28～33 HRC。

5.4　钢铁材料的表面处理

磨损和腐蚀是发生于机械设备零部件表面的材料流失的过程,虽然磨损与腐蚀是不可避免的,但若采取得力措施,可以提高机件的耐磨性、耐蚀性。金属表面技术是指通过施加覆盖层或改变表面形貌、化学成分、相组成、微观结构等达到提高材料抵御环境作用能力或赋于材料表面某种功能的工艺技术。如高硬度、高耐磨性、耐蚀性、抗高温氧化性等。

在很多情况下,材料的失效多是从表面开始的,如腐蚀、磨损及材料的疲劳破坏等。在高温使用的材料,加涂层后,不但可以减少腐蚀与磨损,也可使基体部分保持在较低的温度,从而延长其使用寿命,所以表面技术已成为当前一个活跃的研究领域。

表面技术目前还没有统一的分类方法,但一般均认为,表面工程技术包括表面涂镀技术、表面扩渗技术和表面处理技术三个领域。表面涂镀技术是将液态涂料涂敷在材料表面,或者是将镀料原子沉积在材料表面,从而获得晶体结构、化学成分和性能有别于基体材料的涂层或镀层,此类技术有:热浸镀、热喷涂、电镀、化学镀和气相沉积等。表面扩渗技术是将原子渗入(或离子注入)主体材料的表面,改变基体表面的化学成分,从而达到改变其性能的目的,它主要包括化学热处理、激光表面合金化和离子注入等。表面处理技术是通过加热或机械处理,在不改变材料表层化学成分的情况下,使其结构发生变化,从而改变其性能,常用的表面处理技术包括表面淬火和喷丸等。由于表面技术是在不改变材料基本组成的前提下,用较小的经费,大幅度地提高材料的性能,取得显著的经济效益,因此在国民经济中的作用越来越重要,发展十分迅速。此外,表面技术在发展新型材料上也起着重要的作用。

5.4.1　钢的表面淬火

表面淬火是将钢件表面进行淬火,而心部仍保持原先的组织的一种热处理方法,使钢件获得外硬内韧的性能。常用的有感应加热表面淬火法和火焰加热表面淬火法两种。

1. 感应表面淬火

感应表面淬火法应用较广泛。它是将钢件放在感应器里,然后向感应器通入一定频率的交流电,这时感应器周围产生交变磁场,钢件在交变磁场的作用下,就会感应出交变电流,由于交变电流的集肤效应使钢件表面快速加热到淬火温度,随即喷水或用其他冷却剂(如聚乙烯醇水溶液)冷却,使钢件表面获得细针状的马氏体组织的淬火方法,如图 5.16 所示。

感应表面淬火根据使用频率不同分为:高频加热,电流频率为 100～500 kHz,常用为

200～300 kHz；中频加热，电流频率为 500～10 000 Hz，常用为 2 500 Hz 和 8 000 Hz；工频加热，电流频率为 50 Hz。频率越高淬硬层越薄，当感应电流足够大时，工件表面由于达到了相变温度，从而发生奥氏体转变。在随后快速冷却中，过冷奥氏体转变为马氏体。

感应加热表面淬火法的主要优点是：加热速度快，操作迅速，生产效率高；淬火后晶粒细小，力学性能好，不易发生变形及氧化脱碳。

感应加热表面淬火一般用于中碳钢或中碳低合金钢，也可用于高碳工具钢或铸铁，一般零件淬硬层深度为半径的 1/10 左右时，即可得到强度、耐疲劳性和韧性的良好配合。

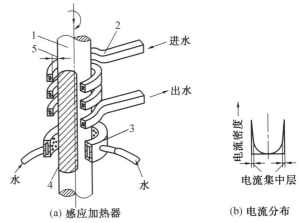

图 5.16 感应加热表面淬火原理示意图
1—工件；2—加热感应圈；3—淬火喷水套；4—加热淬硬层；5—间隙

2. 火焰加热表面淬火

火焰加热表面淬火是用乙炔-氧或煤气-氧的混合气体燃烧的高温火焰（约 3 000℃以上），将工件表面迅速加热到淬火温度，然后立即喷水冷却，如图 5.17 所示。

火焰加热表面淬火的淬硬层深度一般为 2～6 mm。它具有设备简单，淬火速度快，变形小等优点，适用于单件或小批量生产的大型零件和需要局部淬火的工具或零件，如大型轴、齿轮、轨道和车轮等。

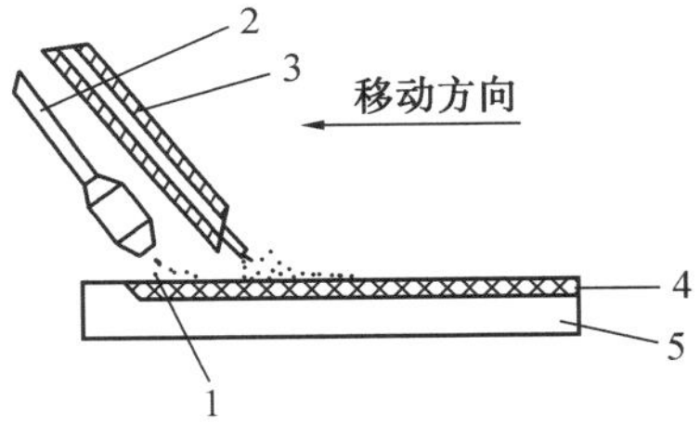

5.4.2 钢的化学热处理

化学热处理是将工件置于一定温度的活性介质中保温，使一种或几种元素渗入它的表层，以致改变其化学成分、组织和性能的热处理工艺。化学热处理方法很多，一般有渗碳、渗氮和碳氮共渗等。

图 5.17 火焰表面淬火示意图
1—加热层；2—烧嘴；3—喷水管；4—淬硬层；5—工件

1. 钢的渗碳

将低碳钢或低合金钢工件置于富碳介质中，加热（900～950℃）并保温，使该介质分解出的活性碳原子渗入工件表面，这种化学热处理工艺称为渗碳。

渗碳的目的是提高工件表层含碳量。经过渗碳及随后的淬火和低温回火，提高工件表面的硬度、耐磨性和耐疲劳强度，而心部仍保持良好的塑性和韧性。在工业生产中一般选用 $w(C) = 0.15\% \sim 0.25\%$，以保证心部具有足够的韧性和强度，主要牌号有 15、20、20Cr、20CrMnTi 等。

根据渗剂的不同，渗碳方法可分为固体渗碳、气体渗碳和液体渗碳三种。气体渗碳的生产效率较高，渗碳过程容易控制，渗碳层质量较好，易实现自动化生产，应用最为广泛。图 5.18 为气体渗碳法示意图。

实践证明,渗碳层的表面 $w(C) = 0.8\%$ ~ 1.1%之间为好,尤其在 0.85% ~ 1.05% 之间为佳。表面碳浓度低,则不耐磨且疲劳强度也较低,反之,碳浓度过高,则碳层变脆,易出现压碎剥落。通常渗碳层的深度都在 0.5 ~ 2 mm 之间,深度波动范围不应大于 0.5 mm。当渗碳层深度小于 0.5 mm 时,一般用中碳钢高频淬火来代替渗碳。

渗碳后缓冷至室温的组织接近于铁碳合金相图的平衡组织。渗碳层由表及里依次为过共析层、共析层、亚共析层,最后是心部的原始组织。由此可见,工件渗碳后必须进行淬火和低温回火,才能有效地发挥渗碳层的作用,表面获得高的硬度和耐磨性,而心部具有良好的韧性。

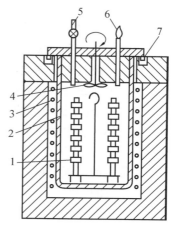

图 5.18　气体渗碳法示意图

1—渗碳工件;2—耐热罐;3—加热组件;4—风扇;5—液体渗碳剂;6—废气;7—砂封

2. 钢的渗氮

在一定温度(一般在 A_{c_1} 温度)下使活性氮原子渗入工件表面的化学热处理工艺称为渗氮。其目的在于提高工件的表面硬度、耐磨性、疲劳强度、腐蚀性及热硬性。

渗氮处理有气体渗氮、离子渗氮等工艺方法,其中气体渗氮应用最广。

渗氮钢通常是含有 Al、Cr、Mo 等元素的合金钢。渗氮层由碳、氮溶于 α-Fe 的固溶体和碳、氮与铁的化合物组成,还含有高硬度、高弥散度的稳定合金氮化合物(如 AlN、CrN、MoN 等)。渗氮层硬度可达 69 ~ 73 HRC,且可在 600 ~ 650℃ 保持较高的硬度。

与渗碳相比,渗氮温度大大低于渗碳温度,工件变形小;渗氮层的硬度、耐磨性、疲劳强度、耐蚀性及热硬性均高于渗碳层。但渗氮比渗碳层薄而脆,渗氮处理时间比渗碳长的多,生产效率低。渗氮处理广泛用于磨床主轴等要求高精度、高表面硬度、高耐磨性的精密零件。

3. 碳氮共渗

碳氮共渗是在一定温度下同时将碳、氮渗入工件表层奥氏体并以渗碳为主的化学热处理工艺。在生产中主要采用气体碳氮共渗。

低温气体碳氮共渗以渗氮为主。高温碳氮共渗与渗碳相似,将工件放入密封炉内,加热到共渗温度,向炉内滴入煤油,同时通以氨气,经保温后,工件表面获得一定深度的共渗层。中温碳氮共渗主要是渗氮,但氮的渗入使氮浓度提高很快,从而使共渗温度降低,时间缩短。碳氮共渗温度为 830 ~ 850℃,保温 1 ~ 2 h 后共渗层可达 0.2 ~ 0.5 mm。

碳氮共渗后,进行淬火加低温回火。共渗淬火后,得到含氮马氏体,耐磨性比渗碳更好。共渗层比渗碳层有更高的压应力,因而有更高的疲劳强度,耐蚀性较好。

碳氮共渗工艺与渗碳工艺相比,具有时间短、生产效率高、表面硬度高、变形小等优点,但共渗层较薄,主要用于形状复杂、要求变形小的耐磨零件。

5.4.3 化学镀镍

化学镀镍的基本原理是以次亚磷酸盐为还原剂,将镍盐还原成镍,同时使镀层中含有一定量的磷。沉积的镍膜具有自催化性,可使反应继续进行下去。

化学镀镍层比电镀镍层的硬度高、更耐磨,其化学稳定性高,可以耐各种介质的腐蚀,具有优良的抗腐蚀性能;化学镀镍层的热学性能十分重要,表现在和基体一起承受摩擦磨损和腐蚀过程中产生的热学和力学行为,二者的相溶性对镀层使用寿命的影响较大;它的导电性取决于磷含量,电阻率高于冶金纯镍,但它的磁性比电镀镍层要低。因此,经过化学镀镍的材料已成为一种优良的工程材料,受到工业界的极大关注。

波音 727 型飞机的 JT8D 型喷气发动机,其价格昂贵,通过化学镀镍修复更新后,仍能使用。飞机发动机采用高磷化学镀镍后,可使其使用寿命提高 3～4 倍。一些飞机的低碳钢发射架,采用化学镀镍后,可代替不锈钢,并且以极低的成本提供了相同的防腐和耐蚀能力。

化学镀镍也广泛应用于电子、电器和仪器仪表行业中应用的对象有继电器、电容器压电组件等方面。

5.4.4 电镀

电镀是金属电沉积技术之一,其工艺是将直流电通过电镀溶液(电解液)在阴极(工件)表面沉积金属镀层的工艺过程。电镀的目的在于改变固体材料的表面特性,改善外观,提高耐蚀、抗磨损、减摩性能,或制取特定成分和性能的金属覆层,提供特殊的电、磁、光、热等表面特性和其他物理性能等。

锌镀层常在紧固件、冲压件上使用。经过铬酸转化处理后,锌镀层可在电唱机上使用。在电镀镍合金的研究中,Ni-Fe 合金的研究与应用较为广泛,这种镀层可用作装饰性镀铬的底层,特别适用于钢铁管状零件。

5.4.5 热浸镀

热浸镀是将一种基体金属经适当的表面预处理后,短时地浸在熔融状态的另一种低熔点金属中,在其表面形成一层金属保护膜的工艺方法。钢铁是最广泛使用的基体材料,铸铁及铜等金属也有采用热浸镀工艺的。镀层金属主要有铸、锡、铝、铅等及其合金。常见热浸镀层种类见表 5.2。

表 5.2　常见热浸镀层的种类

镀层金属	熔点/℃	浸镀温度/℃	比热容	镀层特点
锌	419.45	460～480	0.094	耐蚀性好,粘附性好,焊接进条件要适当
铝	658.7	700～720	0.216	良好的耐热性,优异的耐蚀性,对光、热有良好的反射性
镉	231.9	260～310	0.056	具有美观的金属光泽,并经久保持,耐蚀性、附着力、韧性均好

热浸镀锌、热浸镀铝的钢材作为耐蚀材料广泛地应用于国民经济的各个部门,其主要用途见表 5.3。

表 5.3　热浸镀钢材的主要用途

种　　类	用　　途
热浸镀锌钢管	1)一般管道用:水、煤气、农用喷灌管、排水管等 2)石油、化工业:油井管、输油管、油加热器、冷凝冷却器等 3)建筑业:建筑构件、暖房结构架、电视塔及桥梁结构等
热浸镀锌钢件	供水暖、电讯构件、灯塔、输变电铁塔、矿山井筒装备、井下设备与一般日用五金零部件等
热浸镀铝钢板	1)耐热方面:烘烤炉、汽车排气系统、食品烤箱、烟筒等 2)耐蚀方面:大型建筑物的屋顶板、侧壁;通风管道、汽车底板和驾驶室;包装用材、水槽、冷藏设备

多年来,热浸镀涂层材料不断推陈出新、使热浸镀工艺有了突破性的进展。它们以优异的性能、明显的经济效益和社会效益,跻身于金属防护涂层的行列,并引起了人们的关注。

5.4.6　热喷涂

所谓热喷涂是将喷涂材料熔融,通过高速气流、火焰流或等离子流使其雾化,喷射在基体表面上,形成覆盖层。

热喷涂工艺灵活,施工对象不受限制,可任意指定喷涂表面,覆盖层厚度范围较大,生产率高。采用该技术,可以使基体材料在耐磨性、耐蚀性、耐热性和绝缘性等方面的性能得到改善。目前,包括航空、航天、原子能设备和电子等尖端技术在内的几乎所有领域内,热喷涂技术都得到了广泛的应用,并取得了良好的经济效益。

喷涂发动机组件不论是在制造新型发动机还是在维修改装过程中,都要进行热喷涂,以期解决磨损、风蚀,热保护和间隙调整的问题。

玻璃模具通常采用灰口铸铁制造,灰口铸铁硬度低,且在高温下硬度更低。在制造玻璃和玻璃器皿时,受到熔融玻璃的浸蚀挤压磨损和热疲劳的作用而易损坏,采用热喷涂后,模具的一次性使用寿命提高 5 倍。

总之,热喷涂成为金属表面科学领域中一个十分活跃的学科。

5.4.7　真空离子镀

真空离子镀是在真空条件下,利用气体放电使气体或被蒸发物质离子化,气体离子或被蒸发物质离子在轰击作用下,把蒸发物或其反应物蒸镀在基片上。

真空离子镀把辉光放电、等离子体技术与真空蒸发镀膜技术结合在一起,不仅明显地提高了镀层各种性能,而且大大地扩充了镀膜技术的应用范围。离子镀除具有真空溅射特性外,还具有膜层的附着力强、绕射性好、可镀材料广泛等优点。

我们经常使用的刀具、模具、滚动轴承以及一些表面要求耐磨零件,均可用真空离子镀方法,镀覆络、钛、钨等,提高材料表面耐磨性。提高材料表面硬度的方法很多,如渗碳、氮化、渗铬等,但由于工艺温度高带来一系列问题,如变形、晶粒粗化;而离子镀法则不然,可以在较低温度甚至室温下均可以镀覆。用高速钢制造切削工具、模具，它们的回火温度约为560℃，而离子镀温度是500℃以下进行，所以离子镀可以安排在淬火、回火后，即最后一道工序中进行，镀件寿命可以提高3～10倍。

在宇航工业、船舶制造工业、喷气涡轮发动机和化学设备中经常遇到表面热腐蚀、高温氧化、蠕变、疲劳等问题，用离子镀法制备耐热防腐蚀镀层不仅耐腐蚀、抗氧化，而且使零件的蠕变抗力、疲劳强度明显提高，从而提高了设备的寿命和安全可靠性。

为防止互相接触的部件表面由于滑动、旋转、滚动或振动引起的摩擦破坏，必须使摩擦和磨损减到最低限度，并保持良好的润滑，如航天飞机上的许多轴承、齿轮等部件必须保持一个高度精确的运动状态，而且要在超高真空、射线辐照、高温下工作，要满足这种严格的环境条件，通用的油润滑和脂润滑已无能为力，必须采用固体膜润滑。由离子镀制取的固体润滑膜，不需用粘结剂，而且具有镀层附着牢固、薄而均匀、摩擦磨损性能良好、镀覆重复性好等优点，避免了粘结膜在高真空、高温、辐照等环境中因粘结剂挥发或分解放出气体而干扰精密仪表、光学器件的正常工作，或因粘结剂变质而使润滑失效的不良现象，所以它特别适宜在高真空、高温、强辐照等特殊环境中的高精度滚动或滑动部件上使用。

5.5　钢的热处理新工艺简介

为了不断提高零件的性能、缩短生产周期和改善劳动条件，经不断发展，出现了许多新的热处理工艺。以下简要介绍强韧化处理、无氧化加热、化学热处理和变形热处理等方面的发展。

5.5.1　强韧化处理

同时改善刚件强度和韧性的热处理，称为强韧化热处理。其主要措施包括：

1. 获得板条马氏体的热处理

（1）提高淬火加热温度　在正常淬火温度下，奥氏体晶粒内部成分不均，低碳区形成板条马氏体，高碳区形成针状马氏体。提高淬火加热温度，使奥氏体中碳化物均匀化，则淬火后可全部获得板条马氏体。

（2）快速短时低温加热淬火　快速短时低温加热淬火其目的是减少碳化物在奥氏体中溶解，尽量使高碳钢中的奥氏体处于亚共析钢成分，以利于得到板条马氏体。

（3）锻造余热淬火　锻造加热温度一般较高（1 100℃），这足以使奥氏体均匀化，而锻造及随后的再结晶又可使加热时长大的奥氏所体晶粒重行细化，故锻后直接淬火可得到细晶粒的板条马氏体。

2. 超细化处理

超细化处理是将钢在一定的温度条件下，通过数次快速加热和冷却等方法来获得极细密的组织，从而达到强韧化目的。进行多次加热冷却的原因是每次加热和冷却都能细化组织。碳化物越细、裂纹源就越少。组织越细密，裂纹扩展通过晶界的阻力越大，故能使金属材料强韧化。

3. 获得复合组织的淬火

复合组织是指调整热处理工艺，使淬火马氏体组织中同时存在一定数量的铁素体或下贝氏体(或残余奥氏体)。这类组织往往硬度稍低,但能大大提高韧性。它主要用于结构钢及其零件。

5.5.2　无氧化加热

钢件在炉内氧化性气体加热时,使零件氧化、脱碳,严重降低表面质量及力学性能。为克服氧化、脱碳所带来的缺陷,通常采用以下二种方法:

（1）在保护气氛中加热　目前使用可控气氛。例如利用含碳液体(甲醇、乙醇和丙醇等),使其分解、裂化成一定的控制气氛,再引入炉内,以保持或改变钢表面的碳浓度。

（2）真空热处理　将钢件置于专门的真空炉内加热和冷却,不仅能防止氧化、脱碳,得到光亮表面,且能使表面净化、减小热处理变形。

5.5.3　化学热处理新工艺

1. 离子渗氮

将要渗氮件置于真空容器内接阴极,而将容器壁接阳极;把氨通入容器,保持一定真空度;在阳极阴极间加较高的电压,使容器内的稀薄气体被击穿而发生辉光,氨气体被电离成 H 和 N 的正离子和电子。在电场作用下,电离后氨离子高速轰击零件表面,并将动能转变成热能,使工件表面被加热到氮化温度,氮的正离子在阴极(零件)夺取电子后,被还原成氮离子而渗入零件表面形成渗氮层。与气体渗氮相比,离子渗氮的最大优点是氮化速度快、质量好、渗氮层的脆性小、韧性和疲劳强度大,从而提高了生产效率和零件的使用寿命。但其生产成本高。

2. 离子碳氮共渗

在上述例子渗氮的过程中,将含碳的气体引入炉内,可实现同时渗碳和渗氮,达到共渗目的。

3. 真空渗碳

在具有一定真空度的炉内,将工件加热到渗碳温度,通入含碳气体(如甲烷),进行渗碳。其特点是渗碳速度快,渗层质量好,表面光亮。但真空渗碳的设备昂贵,成本高。

4. 多元共渗

它是为弥补单一元素渗层的不足,使渗层具有较好的综合性能,加快元素的渗入速度,缩短生产周期。除二元共渗外,还发展了多种元素复合渗入,如进行 C-N-S 等三元共渗,以提高模具寿命。

5.5.4　钢的形变热处理

将变形强化和热处理强化结合起来的热处理工艺称为形变热处理。该方法能够较大程度地提高金属材料的综合力学性能,成为目前强化金属材料的先进技术之一。

1. 高温形变热处理

在奥氏体区进行锻造或轧压,为了保留变形强化效果,随后立即淬火,这种操作称为高温形变热处理,如图 5.19 曲线 1 所示。这种处理方法能提高结构钢的塑性和韧性,显著减少回火脆性,也适用于弹簧钢、轴承钢和工具钢等。

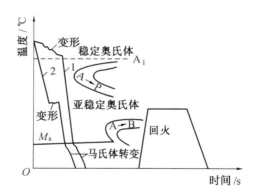

图 5.19　形变热处理工艺示意图
1—高温形变热处理;2—中温形变热处理

2. 中温形变热处理

在亚稳定的奥氏体状态下进行塑性变形,随后快速冷却的操作称为中温形变热处理,如图 5.18 曲线 2 所示。这种方法有着更为显著的强化效果,可应用于结构钢、弹簧钢、轴承钢和工具钢等。

形变处理的主要问题是难以适用于制造复杂的零件,经形变热处理后的工件将给焊接和切削加工带来一定的困难。

复习思考题

1. 某种碳合金钢的过冷奥氏体冷却曲线如图 5.20 所示。试写出在 v_1、v_2、v_3、v_4 和 v_5 冷速下,在 a、b、c、d、e、f、g、h 各点的组织并加以说明。

2. 说明下列零件的淬火及回火温度,并说明回火后获得的组织和硬度:

(1)45 钢小轴(要求综合力学性能良好)。

(2)60 弹簧。

(3)T12 钢锉刀。

3. 由 20 钢制成了 ϕ10 mm 小轴,经 930℃、5 h 渗碳后,表面 $w(C)$ 增加至 1.2%。分析经下列热处理后表面及心部的组织:

(1)渗碳后缓冷到室温。

(2)渗碳后直接淬火,然后低温回火。

(3)渗碳后预冷到 820℃,保温后淬火、低温回火。

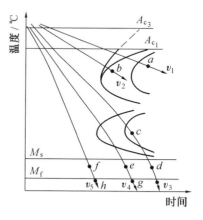

图 5.20

(4)渗碳后预冷到 880℃,淬火后低温回火。

(5)渗碳后缓冷到室温,再加热到 780℃后淬火,低温回火。

(6)渗碳后缓冷到室温,再加热到 880℃淬火,第二次再加热到 780℃淬火,低温回火。

4. 某厂生产磨床,齿轮箱中的齿轮采用 45 钢制造,要求齿部表面硬度为 52 ~ 58 HRC,心部硬度为 217 ~ 258 HBS,其工艺路线为:下料→锻造→热处理→机加工→热处理→机加工→成品。试问：

　　(1)其热处理各应选择何种工艺？目的是什么？

　　(2)如改用 20Cr 代替 45 钢,所选用的热处理工艺应作哪些改进？

　　5.为什么经调质的工件比正火后的工件具有较好的机械性能(同一硬度下比)？

　　6.退火的主要目的是什么？生产中常用的方法有哪些?

第6章 合金钢

6.1 概　　述

随着科学技术和工业的发展,对材料提出了更高的要求,如更高的强度,抗高温、高压、低温,耐腐蚀、磨损以及其他特殊物理、化学性能的要求,碳钢已不能完全满足要求。

碳钢在性能上主要有以下几方面的不足:

(1) 淬透性低　一般情况下,碳钢水淬的最大淬透直径只有 10~20 mm。

(2) 强度和屈强比较低　如普通碳钢 Q235 钢的 σ_s 为 235 MPa,而低合金结构钢 16Mn 的 σ_s 则为 360 MPa 以上;40 钢的 σ_s/σ_b 仅为 0.43, 远低于合金钢。

(3) 回火稳定性差　由于回火稳定性差,碳钢在进行调质处理时,为了保证较高的强度需采用较低的回火温度,这样钢的韧性就偏低;为了保证较好的韧性,采用高的回火温度时强度又偏低,所以碳钢的综合机械性能水平不高。

(4) 不能满足特殊性能的要求　碳钢在抗氧化、耐蚀、耐热、耐低温、耐磨损以及特殊电磁性等方面往往较差,不能满足特殊使用性能的需求。

碳钢不能完全满足科学技术和工业的发展要求。为了提高钢的性能,在铁碳合金中特意加入合金元素,所获得的钢种,称为合金钢。常用合金元素有 Cr、Ni、Co、Cu、Si、Al、B、W、Mo、V、Ti、Nb、Zr、RE(稀土元素)等。

6.1.1　合金元素在钢中的存在形式

1. 合金元素与铁形成固溶体

大多数合金元素都能溶入 α-Fe 或 γ-Fe 中,形成含有合金元素的固溶体(铁素体或奥氏体)。由于合金元素的溶入,引起铁素体或奥氏体的晶格畸变,将产生固溶强化,提高其硬度和强度,但有可能会降低塑性和韧性,如图 6.1 所示。

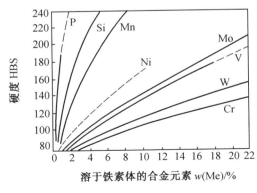
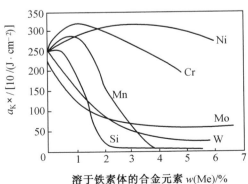

图6.1　合金元素对铁素体力学性能的影响

由图可知,硅、锰两元素对铁素体强化效果显著;但硅 $w(Si) > 0.6\%$,锰的 $w(Mn) >$ 1.5%时,将降低其冲击韧性。而铬、镍在强化的同时,提高其韧性较为显著。

2. 合金元素与碳形成碳化物

合金元素与碳作用,大多数能形成碳化物,称为碳化物形成元素。

在铁碳合金中加入钛、钒、铌等元素会形成极稳定的特殊碳化物(TiC 、 VC 、 NbC);加入钨、钼、铬等元素会形成较稳定的复杂碳化物(WC 、 W_2C 、 Mo_2C 、 Cr_7C_3 、 $Cr_{23}C_6$);加入铬、锰等元素会形成稳定性差的合金渗碳体 $(Fe,Cr)_3C$ 、 $(Fe,Mn)_3C$ 。

各种合金碳化物的特点是:熔点高、硬度高、不易分解。往往呈颗粒状分布在晶界上,可细化奥氏体晶粒,提高钢的强度及耐磨性。

合金元素在钢中的作用,主要是通过溶于铁形成固溶体;与碳形成碳化物这两种存在形式来实现。

6.1.2 合金元素对铁碳合金相图的影响

在合金钢中铁、碳和合金元素相互作用,组成了三元或多元合金,其合金相图较为复杂,这里仅在铁碳合金相图的基础上来研究合金元素对其影响。

1. 合金元素对 γ 相区的影响

为使问题简化,便于研究,以"铁-合金元素"相图的情况来讨论合金元素对铁的相区的影响。合金元素溶于铁中形成固溶体后,将使铁的同素异晶转变温度 A_3 及 A_4 发生改变。

(1)扩大 γ 相区 如图 6.2(a)所示,这类合金元素有锰、镍、铜等,它们使 A_4 点上升, A_3 点下降,即扩大 γ 相区。当合金元素量增加到 E 点时, A_3 点降至室温,也就是说, E 点和 E 点以右成分的合金钢在室温下可得到 γ 相。这种在室温下为单相奥氏体组织的钢,称为奥氏体钢。

(2)缩小 γ 相区 如图 6.2(b)所示,这类合金元素有铬、钼、钨、钒、硅、钛等,它们使 A_4 点下降, A_3 点上升,即缩小 γ 相区。 F 点以右成分的合金钢加热至任何温度也不会得到 γ 相,总保持铁素体组织,这种钢称为铁素体钢。

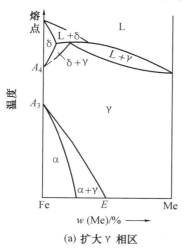

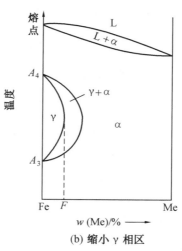

(a) 扩大 γ 相区   (b) 缩小 γ 相区

图 6.2 合金元素对 γ 相区的影响

2．合金元素对 S 点、E 点的影响

常用合金元素均使铁碳合金相图中的 S、E 点向左移动,如图 6.3 所示。

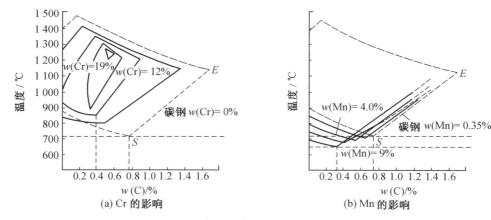

(a) Cr 的影响　　　　　　　(b) Mn 的影响

图 6.3　合金元素对 S 点、E 点的影响

S 点左移,表示钢的共析成分碳的质量分数降低。例如,$w(C) = 0.4\%$ 的碳钢原属亚共析钢,若加入 $w(Cr) = 12\%$ 的铬,就变成了共析成分的合金钢。

E 点左移,表示出现莱氏体的碳的质量分数降低。如果在钢中加入大量合金元素,使 E 点左移,如高速钢 W18Cr4V 中,$w(C) = 0.7\% \sim 0.8\%$,但它的铸态组织中出现有莱氏体。

3．合金元素对相变点的影响

如图 6.4 所示,除合金元素锰、镍外,其他合金元素均使共析温度 A_1 升高,因此,大多数

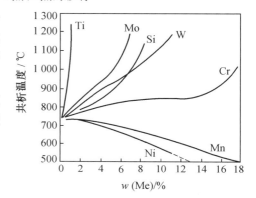

图 6.4　合金元素对共析温度的影响

合金钢的奥氏体化温度要比碳的质量分数相同的碳钢高些。

6.1.3　合金元素对钢热处理的影响

1．合金元素对加热时的奥氏体化的影响

(1)减慢奥氏体化速度　合金元素的碳化物稳定、难溶解,会显著减慢碳及合金元素的扩散速度。

为了充分发挥合金元素的作用,使其较多地溶入奥氏体中,合金钢往往比碳的质量分数相同的碳钢需要加热到更高的温度,保温的时间更长。

(2)阻碍奥氏体晶粒长大　加热时奥氏体中未溶的细小合金碳化物,分布在奥氏体晶界上,能有效阻止奥氏体晶粒的长大,细化奥氏体晶粒。但锰、磷有助奥氏体晶粒长大的倾向。

2．合金元素对冷却时的奥氏体转变的影响

(1)增加过冷奥氏体稳定性　除钴以外,所有溶于奥氏体中的合金元素均程度不同地增加过冷奥氏体的稳定性,即使 c 曲线右移,使钢的淬透性增加,某些碳化物形成元素如铬、钼、钨等还使曲线形状出现了分离。因此,合金钢的淬透性比碳钢好。目前,常采用多元少

量的合金化原则来改善钢的淬透性。

（2）降低马氏体点（M_s） 除钴、铝以外,合金元素均降低马氏体点,使合金钢在淬火后的残余奥氏体量增加,如图 6.5 所示。

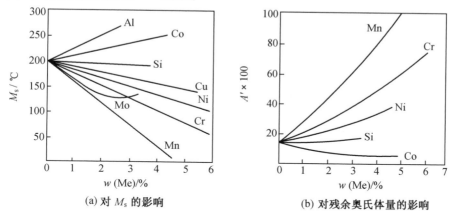

(a) 对 M_s 的影响 　　　　　 (b) 对残余奥氏体量的影响

图 6.5 合金元素对马氏体转变的影响

3. 合金元素对回火时的影响

在回火时,大多数合金元素对钢在回火过程中各阶段的组织转变都有不同程度的阻碍作用。

（1）提高钢的耐回火性（回火稳定性） 合金钢与碳素钢相比,回火的各转变过程都将推移到更高的温度。在相同的回火温度下,合金钢的硬度高于碳素钢,如图 6.6 所示,使钢在较高温度下回火仍能保持较高硬度,这种在回火时抵抗软化的能力,称为耐回火性（回火稳定性）。故合金钢有较好的耐回火性。若在相同硬度下,合金钢的回火温度则要高于碳钢的回火温度,更有利于消除内应力,提高韧性,可具有更好的综合机械性能。

（2）产生"二次硬化"（红硬性） 某些含有较多量钨、钼、钒、铬、钛的合金钢,在 500 ~ 600℃高温回火时,高硬度特殊碳化物（W_2C、Mo_2C、VC、Cr_7C_3、TiC）以高弥散的小颗粒状析出,使钢的硬度升高,这种现象称为钢的"二次硬化"或"红硬性",如图 6.7 所示。

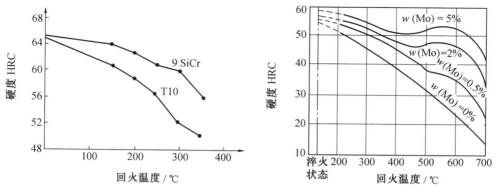

图 6.6 合金钢和碳素钢的硬度与回火温度的关系 　　 图 6.7 合金钢回火二次硬化示意图

此外,锰钢、铬钢、铬镍钢等经高温回火缓冷时会出现第二类回火脆性,这在热处理一章已有介绍。

6.1.4　合金钢的分类及牌号

1.合金钢的分类

合金钢按合金元素含量多少,分为低合金钢(合金元素总量低于 5%)、中合金钢(合金元素总量为 5%～10%)和高合金钢(合金元素总量高于 10%)。

合金钢按用途分为合金结构钢、合金工具钢和特殊性能钢。

2.合金钢的牌号

牌号首部用数字标明碳含量。规定结构钢以万分之一为单位的数字(两位数)、工具钢和特殊性能钢以千分之一为单位的数字(一位数)来表示碳含量,而工具钢的碳含量超过 1% 时,碳含量不标出。

在表明碳含量数字之后,用元素的化学符号表明钢中主要合金元素,含量由其后面的数字标明,平均含量少于 1.5% 时不标数,平均含量为 1.5%～2.49%、2.5%～3.49%…时,相应地标以 2、3…。

如合金结构钢 40Cr,平均碳含量为 0.40%,主要合金元素 Cr 的含量在 1.5% 以下。合金工具钢 5CrMnMo,平均碳含量为 0.5%,主要合金元素 Cr、Mn、Mo 的含量均在 1.5% 以下。

专用钢用其用途的汉语拼音字首来标明。

如滚珠轴承钢,在钢号前标以"G"。GCr15 表示含碳量约 1.0%、铬含量约 1.5%(这是一个特例,铬含量以千分之一为单位的数字表示)的滚珠轴承钢。

Y40Mn,表示碳含量为 0.4%、锰含量少于 1.5% 的易切削钢等等。

对于高级优质钢,则在钢的末尾加"A"字表明,例如 20Cr2Ni4A 等。

6.2　合金结构钢

用于制造重要工程结构和机器零件的钢种称为合金结构钢,主要有低合金结构钢、合金渗碳钢、合金调质钢、合金弹簧钢、滚珠轴承钢。

6.2.1　低合金结构钢(亦称普通低合金钢)

1. 用途

低合金结构钢主要用于制造桥梁、船舶、车辆、锅炉、高压容器、输油输气管道、大型钢结构等。

2. 性能要求

① 高强度:一般其屈服强度在 300 MPa 以上。

② 高韧性:要求伸长率为 15%～20%,室温冲击韧性大于 600～800 kJ/m²。对于大型焊接构件,还要求有较高的断裂韧性。

③ 良好的焊接性能和冷成型性能。

④ 低的冷脆转变温度。

⑤ 良好的耐蚀性。

3. 成分特点

① 低碳。由于韧性、焊接性和冷成形性能的要求高,其碳含量不超过 0.20%。

② 加入以锰为主的合金元素。

③ 加入铌、钛或钒等辅加元素。少量的铌、钛或钒在钢中形成细碳化物或碳氮化物,有利于获得细小的铁素体晶粒和提高钢的强度和韧性。

此外,加入少量铜(≤0.4%)和磷(0.1%左右)等,可提高抗腐蚀性能。加入少量稀土元素,可以脱硫、去气,使钢材净化,改善韧性和工艺性能。

4. 常用低合金结构钢

表 6.1 列出了常用合金结构钢的牌号、成分、性能及用途。16Mn 是我国低合金高强度结构钢中用量最多、产量最大的钢种。使用状态的组织为细晶粒的铁素体-珠光体,强度比普通碳素结构钢 Q235 高约 20% ~30%,耐大气腐蚀性能高 20% ~38%。

15MnVN 是中等级别强度钢中使用最多的钢种。强度较高,且韧性、焊接性及低温韧性也较好,被广泛用于制造桥梁、锅炉、船舶等大型结构。

强度级别超过 500 MPa 后,铁素体和珠光体组织难以满足要求,于是发展了低碳贝氏体钢。加入 Cr、Mo、Mn、B 等元素,有利于空冷条件下得到贝氏体组织,使强度更高,塑性、焊接性能也较好,多用于高压锅炉、高压容器等。

表 6.1 常用低合金结构钢的牌号、成分、性能及用途

钢号	旧钢号	主要化学成分 w_B/%			机械性能			用途
		C	Si	Mn	σ_s/ MPa	σ_b/ MPa	δ_5/ %	
Q295	09MnNb	≤0.12	0.20 ~0.60	0.80 ~1.20	300 280	420 400	23 21	桥梁、车辆锅炉、容器、铁道车辆、油罐等
	12Mn	≤0.16	0.20 ~0.60	1.10 ~1.50	300 280	450 440	21 19	
Q345	16Mn	0.12 ~0.20	0.20 ~0.60	1.20 ~1.60	350 290	520 480	21 19	桥梁、船舶、车辆、压力容器、建筑结构、船舶、化工容器等
	16MnRe	0.12 ~0.20	0.20 ~0.60	1.20 ~1.60	350	520	21	
Q390	16MnNb	0.12 ~0.20	0.20 ~0.60	1.20 ~1.60	400 380	540 520	19 18	桥梁、起重设备等、船舶,压力容器,电站设备等
	15MnTi	0.12 ~0.18	0.20 ~0.60	1.20 ~1.60	400 380	540 520	19 19	
Q420	14MnVTiRe	≤0.18	0.20 ~0.60	1.30 ~1.60	450 420	560 540	18 18	桥梁,高压容器,大型船舶,电站设备等
	15MnVN	0.12 ~0.20	0.20 ~0.60	1.30 ~1.70	450 430	600 580	17 18	大型焊接结构,大桥,管道等
Q460	14MnMoV	0.10 ~0.18	0.20 ~0.50	1.20 ~1.60	500	650	16	中温高压容器 (<500℃)
	18MnMoNb	0.17 ~0.23	0.17 ~0.37	1.35 ~1.65	520 500	650 650	17 16	锅炉、化工、石油高压厚壁容器(<500℃)

5. 热处理特点

低合金结构钢一般在热轧空冷状态下使用,不需要进行专门的热处理。使用状态下的显微组织一般为铁素体+索氏体。

6.2.2　合金渗碳钢

合金渗碳钢是指经过渗碳热处理后使用的低碳合金结构钢。

1. 用途

合金渗碳钢主要用于制造汽车、拖拉机中的变速齿轮，内燃机上的凸轮轴、活塞销等机器零件。这类零件在工作中遭受强烈的摩擦磨损，同时又承受较大的交变载荷，特别是冲击载荷。

2. 性能要求

①表面渗碳层硬度高，以保证优异的耐磨性和接触疲劳抗力，同时具有适当的塑性和韧性。

②心部具有高的韧性和足够高的强度。心部韧性不足时，在冲击载荷或过载作用下容易断裂；强度不足时，则较脆的渗碳层易碎裂、剥落。

③有良好的热处理工艺性能。在高的渗碳温度（900~950℃）下，奥氏体晶粒不易长大，并有良好的淬透性。

3. 成分特点

①低碳：碳含量一般为 0.10%~0.25%，使零件心部有足够的塑性和韧性。

②加入提高淬透性的合金元素，常加入 Cr、Ni、Mn、B 等。

③加入阻碍奥氏体晶粒长大的元素，主要加入少量强碳化物形成元素 Ti、V、W、Mo 等，形成稳定的合金碳化物。

4. 钢种及牌号

根据淬透性高低，将合金渗碳钢分为三类：

①低淬透性合金渗碳钢（σ_b = 800~1 000 MPa）　如 20Cr、20CrV、20Mn2 等，这类钢的淬透性低，心部强度较低，主要用于制造尺寸较小的零件，如小齿轮、活塞销等。

②中淬透性合金渗碳钢（σ_b = 1000~1 200 MPa）　如 20CrMnTi、20CrMn 等，这类钢淬透性较高、过热敏感性较小，渗碳过渡层比较均匀，具有良好的机械性能和工艺性能，用于制造承受高速、中速、冲击和剧烈摩擦条件下工作的零件，如汽车、拖拉机的变速齿轮、离合器轴等。

③高淬透性合金渗碳钢（σ_b > 1 200 MPa）　如 18Cr2Ni4WA 和 20Cr2Ni4A 等，这类钢含有较多的 Cr、Ni 等元素，淬透性很高，且具有很好的韧性和低温冲击韧性，用于制造大截面、高负荷以及要求高耐磨性及良好韧性的重要零件，如飞机、坦克的曲轴、齿轮及内燃机车的主动牵引齿轮等。

表 6.2 列出了常用渗碳钢的牌号、成分、热处理、性能及用途。

表 6.2　常用渗碳钢的牌号、成分、热处理、性能及用途

类别	钢号	主要化学成分 w_B/%				热处理/℃			机械性能(不小于)			用途
		C	Mn	Si	Cr	渗碳	淬火	回火	σ_b/MPa	σ_s/MPa	δ/%	
低淬透性	15	0.12 ~ 0.19	0.35 ~ 0.65	0.17 ~ 0.37		930	770 ~ 800 水	200	≥500	≥300	15	活塞销等
	20Mn2	0.17 ~ 0.24	1.40 ~ 1.80	0.20 ~ 0.40		930	770 ~ 800 油	200	820	600	10	小齿轮、小轴、活塞销等
	20Cr	0.17 ~ 0.24	0.50 ~ 0.80	0.20 ~ 0.40	0.70 ~ 1.00	930	800 水,油	200	850	550	10	齿轮、小轴、活塞销等
	20MnV	0.17 ~ 0.24	1.30 ~ 1.60	0.20 ~ 0.40		930	880 水,油	200	800	600	10	同上,也用作锅炉、高压容器管道等
	20CrV	0.17 ~ 0.24	0.50 ~ 0.80	0.20 ~ 0.40	0.80 ~ 1.10	930	800 水,油	200	850	600	12	齿轮、小轴、顶杆、活塞销、耐热垫圈
中淬透性	20CrMn	0.17 ~ 0.24	0.90 ~ 1.20	0.20 ~ 0.40	0.90 ~ 1.20	930	850 油	200	950	750	10	齿轮、轴、蜗杆、活塞销、摩擦轮
	20CrMnTi	0.17 ~ 0.24	0.80 ~ 1.10	0.20 ~ 0.40	1.00 ~ 1.30	930	860 油	200	1100	850	10	汽车、拖拉机上的变速箱齿轮
	20Mn2TiB	0.17 ~ 0.24	1.50 ~ 1.80	0.20 ~ 0.40		930	860 油	200	1150	950	10	代 20CrMnTi
	20SiMnVB	0.17 ~ 0.24	1.30 ~ 1.60	0.50 ~ 0.80		930	780 ~ 800 油	200	≥1200	≥100	≥10	代 20CrMnTi
高淬透性	18Cr2Ni4WA	0.13 ~ 0.19	0.30 ~ 0.60	0.20 ~ 0.40	1.35 ~ 1.65	930	850 空	200	1200	850	10	大型渗碳齿轮和轴类件
	20Cr2Ni4A	0.17 ~ 0.24	0.30 ~ 0.60	0.20 ~ 0.40	1.25 ~ 1.75	930	780 油	200	1200	1100	10	同上
	15CrMn2SiMo	0.13 ~ 0.19	2.0 ~ 2.40	0.4 ~ 0.7	0.4 ~ 0.7	930	860 油	200	1200	900	10	大型渗碳齿轮、飞机齿轮

5. 热处理和组织性能

合金渗碳钢的热处理工艺一般都是渗碳后直接淬火,再低温回火。

热处理后,表面渗碳层的组织为合金渗碳体+回火马氏体+少量残余奥氏体组织,硬度为 60 ~ 62 HRC。心部组织与钢的淬透性及零件截面尺寸有关,完全淬透时为低碳回火马氏体,硬度为 40 ~ 48 HRC;多数情况下是屈氏体、回火马氏体和少量铁素体,硬度为 25 ~ 40 HRC。心部韧性一般都高于 700 kJ/m^2。

6.2.3　合金调质钢

合金调质钢是经过调质处理(淬火+高温回火)后使用的中碳合金结构钢。

1. 用途

合金调质钢广泛用于制造汽车、拖拉机、机床和其他机器上的各种重要零件,如齿轮、轴类件、连杆、螺栓等。

2. 性能要求

调质件大多承受多种工作载荷,受力情况比较复杂,要求高的综合机械性能,即具有高

的强度和良好的塑性、韧性。合金调质钢还要求有很好的淬透性。但不同零件受力情况不同,对淬透性的要求不一样。

3．成分特点

（1）中碳　含碳质量分数量一般在 0.25% ~ 0.50% 之间,以 0.4% 居多;

（2）加入提高淬透性的元素 Cr、Mn、Ni、Si 等　这些合金元素除了提高淬透性外,还能形成合金铁素体,提高钢的强度。如调质处理后的 40Cr 钢的性能比 45 钢的性能高很多,表 6.3 为 45 钢与 40Cr 钢调质后性能的对比;

（3）加入防止第二类回火脆性的元素　含 Ni、Cr、Mn 的合金调质钢,高温回火慢冷时易产生第二类回火脆性。在钢中加入 Mo、W 可以防止第二类回火脆性,其适宜含量约为 $w(Mo) = 0.15\% \sim 0.30\%$ 或 $w(W) 0.8\% \sim 1.2\%$。

表 6.3　45 钢与 40Cr 钢调质后性能的对比

钢号及热处理状态	截面尺寸/ mm	σ_b/MPa	σ_s/MPa	δ_5/ %	ψ/%	α_k/ (kJ · m^{-2})
45 钢 850℃水淬, 550℃回火	$\phi50$	700	500	15	45	700
40Cr 钢 850℃油淬, 570℃回火	$\phi50$ （心部）	850	670	16	58	1 000

4．钢种及牌号

根据淬透性,将合金调质钢分为三类:

（1）低淬透性合金调质钢　如 40Cr、40MnB 等,这类钢的油淬临界直径为 30 ~ 40 mm,用于制造一般尺寸的重要零件,如连杆螺栓、机床主轴等。

表 6.4 列出了常用低淬透性调质钢的牌号、成分、热处理、性能及用途。

（2）中淬透性合金调质钢　如 35CrMo、38CrSi 等,这类钢的油淬临界直径为 40 ~ 60 mm,加入钼不仅可提高淬透性,而且可防止第二类回火脆性,用于制造界面尺寸较大、载荷较大的零件,如火车发动机曲轴、连杆等。

表 6.5 列出了常用中淬透性调质钢的牌号、成分、热处理、性能及用途。

（3）高淬透性合金调质钢　如 40CrNiMo 等,这类钢的油淬临界直径为 60 ~ 100 mm,多半是铬镍钢。铬镍钢中加入适当的钼,不但具有好的淬透性,还可消除第二类回火脆性,用于制造截面尺寸大、载荷大的零件,如精密机床主轴、汽轮机主轴、航空发动机曲轴、连杆等。

表 6.6 列出了常用高淬透性调质钢的牌号、成分、热处理、性能及用途。

表6.4 常用低淬透性调质钢的牌号、成分、热处理、性能及用途

钢号		45	40MnB	40MnVB	40Cr
主要化学成分 w_B/%	C	0.42~0.50	0.37~0.44	0.37~0.44	0.37~0.45
	Mn	0.50~0.80	1.10~1.40	1.10~1.40	0.50~0.80
	Si	0.17~0.37	0.20~0.40	0.20~0.40	0.20~0.40
	Cr				0.80~1.10
	其他		B0.001~0.0035	V:0.05~0.10 B0.001~0.004	
热处理	淬火/℃	830~840 水	850 油	850 油	850 油
	回火/℃	580~640 空	500 水,油	500 水,油	500 水,油
	毛坯尺寸/mm	<100	25	25	25
机械性能	σ_b/MPa	≥650	1000	1000	1000
	σ_s/MPa	≥350	800	800	800
	δ/%	≥17	10	10	9
	α_k/(kJ·m^{-1})	≥450	600	600	600
用途		主轴、曲轴、齿轮、柱塞等	同上	可代替40Cr及部分代替40CrNi作重要零件,也可代替38CrSi作重要销钉	作重要调质件如轴类件、连杆螺栓、进气阀和重要齿轮等

表6.5 常用中淬透性调质钢的牌号、成分、热处理、性能及用途

钢号		38CrSi	30CrMnSi	35CrMo
主要化学成分 w_B/%	C	0.35~0.43	0.27~0.34	0.32~0.40
	Mn	0.30~0.60	0.80~1.10	0.40~0.70
	Si	1.00~1.30	0.90~1.20	0.20~0.40
	Cr	1.30~1.60	0.80~1.10	0.80~1.10
	其他			Mo:0.15~0.25
热处理	淬火/℃	900 油	880 油	850 油
	回火/℃	600 水,油	520 水,油	550 水,油
	毛坯尺寸/mm	25	25	25
机械性能	σ_b/MPa	1000	1100	1000
	σ_s/MPa	850	800	850
	δ/%	12	10	12
	α_k/(kJ·m^{-1})	700	500	800
用途		作载荷大的轴类件及车辆上的重要调质件	高强度钢,作高速载荷砂轮轴、车辆上内外摩擦片等	重要调质件,如曲轴、连杆及代40CrNi作大截面轴类件

表 6.6　常用高淬透性调质钢的牌号、成分、热处理、性能及用途

	钢号	38CrMoA1A	37CrNi3	40CrMnMo	25Cr2Ni4WA	40CrNiMoA
主要化学成分 $w_B/\%$	C	0.35 ~ 0.42	0.34 ~ 0.41	0.37 ~ 0.45	0.21 ~ 0.28	0.37 ~ 0.44
	Mn	0.30 ~ 0.60	0.30 ~ 0.60	0.90 ~ 1.20	0.30 ~ 0.60	0.50 ~ 0.80
	Si	0.20 ~ 0.40	0.20 ~ 0.40	0.20 ~ 0.40	0.17 ~ 0.37	0.20 ~ 0.40
	Cr	1.35 ~ 1.65	1.20 ~ 1.60	0.90 ~ 1.20	1.35 ~ 1.65	0.60 ~ 0.90
	其他	Mo:0.15 ~ 0.25 A10.70 ~ 1.10	Ni:3.00 ~ 3.50 Ni:0.20 ~ 0.30	Ni:4.00 ~ 4.50 W:0.80 ~ 1.20	Ni:1.25 ~ 1.75 Mo:0.15 ~ 0.25	
热处理	淬火/℃	940 水，油	820 油	850 油	850 油	850 油
	回火/℃	550 水，油	500 水，油	600 水，油	550 水	600 水，油
	毛坯尺寸 /mm	30	25	25	25	25
机械性能 ≥	σ_b/MPa	1000	1150	1000	1100	1000
	σ_s/MPa	850	1000	800	950	850
	$\delta/\%$	14	10	10	11	12
	$\alpha_k/(kJ \cdot m^{-1})$	800		800	900	1000
	用　途	作氮化零件，如高压阀门，缸套等	作大截面并要求高强度、高韧性的零件	相当于40CrNiMo 的高级调质钢	作机械性能要求很高的大断面零件	作高强度零件，如航空发动机轴，在<500℃工作的喷气发动机承载零件

5. 热处理和组织性能

合金调质钢的最终热处理是淬火加高温回火(调质处理)。合金调质钢淬透性较高，一般都用油，淬透性特别大时甚至可以空冷，这能减少热处理缺陷。

合金调质钢的最终性能决定于回火温度，一般采用 500 ~ 650℃ 回火。通过选择回火温度，可以获得所要求的性能。为防止第二类回火脆性，回火后快冷(水冷或油冷)，有利于韧性的提高。

合金调质钢常规热处理后的组织是回火索氏体。对于表面要求耐磨的零件(如齿轮、主轴)，再进行感应加热表面淬火及低温回火，表面组织为回火马氏体。表面硬度可达 55 ~ 58 HRC。

合金调质钢淬透调质后的屈服强度约为 800 MPa，冲击韧性在 800 kJ/m² 心部硬度可达22 ~ 25 HRC。若截面尺寸大而未淬透时，性能显著降低。

6.2.4　合金弹簧钢

合金弹簧钢是用于制造弹簧或其他弹性零件的钢种。

1. 用途

合金弹簧钢是一种专用结构钢，主要用于制造各种弹簧和弹性元件。

2. 性能要求

① 高的弹性极限 σ_e，尤其是高的屈强比 σ_s/σ_b 以保证弹簧有足够高的弹性变形能力和较大的承载能力。

② 高的疲劳强度 σ_r，以防止在震动和交变应力作用下产生疲劳断裂。

③ 足够的塑性和韧性，以免受冲击时脆断。

此外，弹簧钢还要求有较好的淬透性，不易脱碳和过热，容易绕卷成形等。一些特殊弹簧钢还要求耐热性、耐蚀性等。

3. 成分特点

① 为保证弹簧具有高强度和高弹性极限，要求弹簧钢的碳含量比调质钢高，一般为 $w(C)=0.50\%\sim0.70\%$。碳含量过高时，塑性、韧性降低，疲劳抗力也下降。

② 加入以 Si、Mn 为主的提高淬透性的元素，Si 和 Mn 同时也提高了屈强比。重要用途的弹簧钢还必须加入 Cr、V、W 等元素。

此外，弹簧的冶金质量对疲劳强度有很大的影响，所以弹簧钢均为优质钢或高级优质钢。

4. 钢种和牌号

合金弹簧钢可分两类：

（1）含 Si、Mn 元素的弹簧钢　如 65Mn 和 60Si2Mn 等，这类钢的价格便宜，淬透性明显优于碳素弹簧钢，Si、Mn 的复合合金化，性能比只用 Mn 的好得多。这类钢主要用于汽车、拖拉机上的板簧和螺旋弹簧。

（2）含 Cr、V、W 等元素的弹簧钢　如 50CrVA 等，Cr、V 复合合金化，不仅大大提高钢的淬透性，而且还提高钢的高温强度、韧性和热处理工艺性能。这类钢可制作在 350～400℃ 温度下承受重载的较大弹簧。

5. 加工、热处理与性能

合金弹簧钢的热处理为淬火+中温回火，获得回火托氏体组织，其硬度为 43～48 HRC，具有最好的弹性。必须指出，弹簧的表面质量对使用寿命影响很大，微小的表面缺陷如脱碳、裂纹、夹杂等均降低疲劳强度。因此，弹簧在热处理后常采用喷丸处理，使其表面产生残余压应力，以提高疲劳强度。从而提高使用寿命，例如用 60Si2Mn 钢制作的汽车板簧，经喷丸处理后使用寿命提高 5～6 倍。

弹簧按加工和热处理可分为两类：

（1）热成形弹簧　对于截面尺寸大于 10 mm 的大型弹簧或形状复杂的弹簧，如汽车、拖拉机、火车的板弹簧等，都采用热成形。例如，汽车板簧成型选用 60Si2Mn 后的工艺路线为：扁钢下料→加热压弯成形→淬火→中温回火→喷丸。通常为减少弹簧的加热次数，往往把热成形与淬火结合起来进行。

（2）冷成形弹簧　对于截面尺寸小于 10 mm 的小型弹簧，如钟表、仪表中的螺旋弹簧、发条、弹簧片，压缩机直流阀阀片及阀弹簧等，都采用冷成形。成形前，钢丝或钢带先经冷拉（冷轧）或热处理（淬火+中温回火），使其具有高的弹性极限和屈服强度，然后冷卷或冷冲压成形，成形后的弹簧再在 200～400℃ 温度下进行去应力退火，其工艺路线为

冷拉（冷轧）钢丝（钢带）或淬火+中温回火钢丝（钢带）→冷卷（冷冲压）成形→去应力退火→成品

常用合金弹簧钢的成分、热处理、力学性能和用途列于表 6.7 中。

表 6.7　常用弹簧钢的牌号、成分、热处理、性能及用途

钢号		60	75	85	65Mn	60Si2Mn	50CrVA
主要成分 $w_B/\%$	C	0.62 ~ 0.70	0.72 ~ 0.80	0.62 ~ 0.70	0.62 ~ 0.70	0.57 ~ 0.65	0.46 ~ 0.54
	Mn	0.50 ~ 0.80	—	0.90 ~ 1.20	0.90 ~ 1.20	0.60 ~ 0.90	0.50 ~ 0.80
	Si	0.17 ~ 0.37	—	0.17 ~ 0.37	0.17 ~ 0.37	1.50 ~ 2.00	0.17 ~ 0.80
	Cr	(0.25		≤0.25	≤0.25	≤0.30	0.80 ~ 1.10
热处理	淬火,℃	840(油)	820(油)	830(油)	830(油)	870(油)	850
	回火,℃	480	–	480	480	460	520
机械性能	σ_b/MPa	8000	900	800	800	1200	
	σ_s/MPa	1000	1100	1000	1000	1300	
	$\delta5/\%$	9	7	8	8	5	10
应用范围		截面<12 mm ~ 15 mm 的小弹簧			截面 ≤ 25 mm 的弹簧,例如车箱板簧,机车板簧,缓冲卷簧		截面 ≤ 30 mm 的重要弹簧,例如小型汽车、载重车板簧,扭杆簧,低于 350℃ 的耐热弹簧

6.2.5　滚珠轴承钢

1. 用途

滚珠轴承钢主要用来制造滚动轴承的滚动体(滚珠、滚柱、滚针)、内外套圈等,属专用结构钢。从化学成分上看,它属于工具钢,所以也用于制造精密量具、冷冲模、机床丝杠等耐磨件。

2. 性能要求

(1)高的接触疲劳强度　轴承元件如滚珠与套圈,运动时为点或线接触,接触处的压应力高达 1 500 ~ 5 000 MPa;应力交变易造成接触疲劳破坏,产生麻点或剥落,所以轴承钢疲劳强度应很高。

(2)高的硬度和耐磨性　硬度一般为 62 ~ 64 HRC。

(3)足够的韧性和淬透性

此外,还要求在大气和润滑介质中有一定的耐蚀能力和良好的尺寸稳定性。

3. 成分特点

(1)高碳　碳含量一般为 $w(C) = 0.95\% ~ 1.10\%$,以保证其高硬度、高耐磨性和高强度。

(2)铬为基本合金元素　铬提高淬透性;形成合金渗碳体 $(Fe,Cr)_3C$,呈细密、均匀分布,提高钢的耐磨性,特别是疲劳强度,适宜的含量为 $w(Gr) = 0.40\% ~ 1.65\%$。

(3)加入硅、锰、钒等　Si、Mn 进一步提高淬透性,便于制造大型轴承。V 部分溶于奥氏体中,部分形成碳化物 VC,提高钢的耐磨性并防止过热。

(4)高的冶金质量　轴承钢中非金属夹杂和碳化物的不均匀性对钢的性能尤其是接触

疲劳强度影响很大。因此,轴承钢一般采用电炉冶炼和真空去气处理。

4. 钢种和牌号

（1）高碳铬轴承钢 最常用的是 GCr15,使用量占轴承钢的绝大部分,用于制作中、小型滚动轴承极冷冲模、量具、丝杠等。

（2）高碳无铬轴承钢 在铬轴承钢中加入 Si、Mn 可提高淬透性,如 GCr15SiMn、GCr15SiMnMoV 等。为了节铬,加入 Mo、V 可得到无铬轴承钢,如 GSiMnMoV、GSiMn-MoVRE 等,其性能与 GCr15 相近。

5. 热处理及组织性能

轴承钢的热处理主要为球化退火、淬火和低温回火。表 6.8 为滚球轴承钢的钢号、成分、热处理和用途。

表 6.8 滚球轴承钢的钢号、成分、热处理和用途

钢号	主要化学成分 w_B/%							热处理规范及性能			主要用途
	C	Cr	Si	Mn	V	Mo	RE	淬火/℃	回火/℃	回火后 HRC	
GCr6	1.05 ~ 1.15	0.40 ~ 0.70	0.15 ~ 0.35	0.20 ~ 0.40				800 ~ 820	150 ~ 170	62 ~ 66	<10 mm 的滚珠、滚柱和滚针
GCr9	1.0 ~ 1.10	0.9 ~ 1.2	0.15 ~ 0.35	0.20 ~ 0.40				800 ~ 820	150 ~ 160	62 ~ 66	20 毫米以内的各种滚动轴承
GCr9SiMn	1.0 ~ 1.10	0.9 ~ 1.2	0.40 ~ 0.70	0.90 ~ 1.20				810 ~ 830	150 ~ 200	61 ~ 65	壁厚<14 mm,外径 < 250 mm 的轴承套。25 ~ 50 mm 的钢球;直径 25 mm 左右滚柱等
GCr15	0.95 ~ 1.05	1.30 ~ 1.65	0.15 ~ 0.35	0.20 ~ 0.40				820 ~ 840	150 ~ 160	62 ~ 66	与 GCr9SiMn 同
GCr15SiMn	0.95 ~ 1.05		0.40 ~ 0.65	0.90 ~ 1.20				820 ~ 840	170 ~ 200	>62	壁厚 ≥ 14 mm,外径 250 mm 的套圈。直径 20 mm ~ 200 mm 的钢球。其他同 GCr15
* GMn-MoVRE	0.95 ~ 1.05		0.15 ~ 0.40	1.10 ~ 1.40	0.15 ~ 0.25	0.4 ~ 0.6	0.05 ~ 0.01	770 ~ 810	170±5	≥62	代 GCr15 用于军工和民用方面的轴承
* GSiMoMnV	0.95 ~ 1.10		0.45 ~ 0.65	0.75 ~ 1.05	0.2 ~ 0.3	0.2 ~ 0.4		780 ~ 820	175 ~ 200	≥62	与 GMn-MoVRE 同

注：钢号前标有"＊"者为新钢种,供参考;RE 为稀土元素。

（1）球化退火 轴承钢予先热处理是球化退火。其目的不仅是降低钢的硬度,以利于切削加工,更重要的是获得细的球状球光体和均匀分布的过剩的细粒状碳化物,为零件的最终热处理做组织准备。

（2）淬火和低温回火 淬火温度要求十分严格,温度过高会过热,晶粒长大,使韧性和疲

劳强度下降,且易淬裂和变形;温度过低,则奥氏体中溶解的铬量和碳量不够,钢淬火后硬度不足。GCr15 钢的淬火温度严格控制在 820 ~ 840℃ 范围内,回火温度一般为 150 ~ 160℃。

轴承钢淬火后的组织为极细的回火马氏体、均匀分布的粒状碳化物以及少量残余奥氏体。

精密轴承必须保证在长期存放和使用中不变形。引起变形和尺寸变化的原因主要是存在有内应力和残余奥氏体发生转变。为了稳定尺寸,淬火后可立即进行"冷处理"(−60 ~ −50℃),并在回火和磨削加工后,进行低温时效处理(120 ~ 130℃, 保温 5 ~ 10 h)。

6.3　合金工具钢

工具钢按用途分为刃具钢、模具钢和量具钢,但实际应用界限并非绝对。

6.3.1　合金刃具钢

1. 用途

合金刃具钢主要用于制造各种金属切削刀具,如车刀、铣刀、钻头等。

2. 性能要求

刃具切削时受工件的压力,刃部与切屑之间产生强烈的摩擦;由于切削发热,刃部温度可达 500 ~ 600℃;此外,还承受一定的冲击和震动。因此,对刃具钢提出如下基本性能要求:

(1)高硬度　金属切削刀具的硬度一般都在 60 HRC 以上。

(2)高耐磨性　不仅取决于钢的硬度,而且与钢中硬化物的性质、数量、大小和分布有关。

(3)高热硬性　热硬性是指钢在高温下保持高硬度的能力(亦称红硬性)。热硬性与钢的回火稳定性和特殊碳化物的弥散析出有关。

(4)足够的塑性和韧性　以防刃具受冲击震动时折断和崩刃。

3. 成分特点

(1)合金刃具钢　最高工作温度不超过 300℃,其成分的主要特点是:① 高碳:碳含量为 $w(C) = 0.9\% \sim 1.1\%$,以保证高硬度和高耐磨性。② 加入 Cr、Mn、Si、W、V 等合金元素:Cr、Mn、Si 主要是提高钢的淬透性,Si 还能提高钢的回火稳定性;W、V 能提高硬度和耐磨性,并防止加热时过热,保持细小的晶粒。

(2)高速钢　高速钢是高合金刃具钢,具有很高的热硬性,高速切削中刃部温度达 600℃时,其硬度无明显下降。其成分特点是:① 高碳:碳含量在 0.70% 以上,最高可达 $w(C) = 1.5\%$ 左右,它一方面要保证能与 W、Cr、V 等形成足够数量的碳化物;另一方面还要有一定数量的碳溶于奥氏体中,以保证马氏体的高硬度。② 加入 Cr、W、Mo、V 等合金元素:Cr 提高淬透性,W、Mo 保证高的热硬性。在退火状态下,W、Mo 以碳化物形式存在。这类碳化物一部分在淬火后存于马氏体中,在随后的 560℃回火时,形成 W_2C 或 Mo_2C 弥散分布,造成二次硬化。这种碳化物在 500 ~ 600℃温度范围内非常稳定,从而使钢具有良好的热硬性。V 提高耐磨性,细化晶粒。

4. 钢种及牌号

(1)低合金刃具钢　典型钢种为 9SiCr,其加工过程首先球化退火、机加工,然后淬火和低温回火。热处理后的组织为回火马氏体、剩余碳化物和少量残余奥氏体。硬度为 60 ~ 65 HRC。如果要求工具尺寸稳定,还需增加冷处理和时效处理,以减少残余奥氏体量和消除应力。图 6.8 为 CrWMn 钢制量块最终热处理工艺规范图。

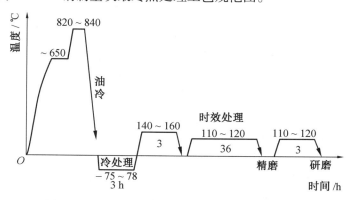

图 6.8　CrWMn 钢制量块最终热处理工艺规范图

常用低合金刃具钢的牌号、成分、热处理及用途列于表 6.9 中。

表 6.9　常用低合金刃具钢的牌号、成分、热处理及用途

	钢　号	9Mn2V	9SiCr	Cr	CrW5	CrMn	CrWMn
化学成分 w_B /%	C	0.85 ~ 0.95	0.85 ~ 0.95	0.95 ~ 1.10	1.25 ~ 1.50	1.30 ~ 1.50	0.90 ~ 1.05
	Mn	1.70 ~ 2.00	0.30 ~ 0.60	≤0.40	≤0.30	0.45 ~ 0.75	0.80 ~ 1.10
	Si	≤0.35	1.20 ~ 1.60	≤0.35	≤0.30	≤0.35	0.15 ~ 0.35
	Cr	—	0.95 ~ 1.25	0.75 ~ 1.05	0.40 ~ 0.70	1.30 ~ 1.60	0.90 ~ 1.20
	W	—	—	—	4.50 ~ 5.50	—	1.20 ~ 1.60
	V	0.10 ~ 0.25	—	—	—	—	—
	Mo	—	—	—	—	—	—
热处理	淬火温度 /℃	780 ~ 810	860 ~ 880	830 ~ 860	800 ~ 820	840 ~ 860	820 ~ 840
	冷却介质	油	油	油	油	油	油
	硬度 HRC	≥62	≥62	≥62	≥65	≥62	≥62
	回火温度 /℃	150 ~ 200	180 ~ 200	150 ~ 170	150 ~ 160	130 ~ 140	140 ~ 160
	硬度 HRC	60 ~ 62	60 ~ 62	61 ~ 63	64 ~ 65	62 ~ 65	62 ~ 65
应用举例		小冲模、冷压模、雕刻模、各种变形小的量规、丝锥、板牙、铰刀等	板牙、丝锥、钻头、铰刀、齿轮铣刀、冷冲模、冷轧辊等	切削工具、车刀、铣刀、插刀、铰刀等。滑量工具;样板等。凸轮销、偏心轮、冷轧辊等	慢速切削硬金属用的刀具如铣刀、车刀、刨刀等;高压力工作用的刻刀等	各种量规与块规等	板牙、拉刀、量规、形状复杂高精度的冲模等

（2）高速钢　如 W18Cr4V、W6Mo5Cr4V2 钢。W6Mo5Cr4V2 钢的耐磨性、热塑性和韧性较好,而 W18Cr4V 钢的热硬性较好,热处理时的脱碳和过热倾向较小。

高速钢热处理特点:

①高速钢含有大量难溶合金碳化物,淬火时必须使其充分溶入奥氏体中,以便淬火后得到高硬度的马氏体,而回火后得到高的热硬性。因此高速钢淬火温度非常高,一般为 1 220~1 280℃。高速钢合金元素含量高,导热性较差,同时淬火加热温度高,若淬火加热速度太快,容易引起开裂,所以淬火时应进行一次或二次预热。高速钢淬火后的组织为回火马氏体、细粒状碳化物及少量残余奥氏体。

②为了保证得到高的硬度及热硬性,高速钢一般都在二次硬化峰值温度或稍高一些的温度（通常 550~570℃）下回火。并且进行多次（一般三次）回火。回火的主要目的是消除大量的残余奥氏体。在回火过程中,从残余奥氏体中析出合金碳化物,使奥氏体中的合金元素含量减少,而使其马氏体转变点 M_s 上升,并在回火后的冷却过程中,一部分残余奥氏体转变为马氏体。每回火一次,残余奥氏体含量降低一次。高速钢回火后的组织为回火马氏体、碳化物和少量残余奥氏体。

高速钢 W18Cr4V 热处理工艺如图 6.9 所示。采用二次预热,1 280℃淬火加热,560℃三次回火。

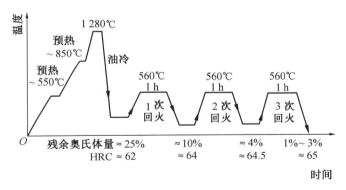

图 6.9　W18Cr4V 高速钢的淬火、回火工艺

表 6.10 列出了常用高速钢的牌号、成分、热处理及用途。

6.3.2　合金模具钢

合金模具钢按其用途分为冷模具钢和热模具钢两大类。

1. 冷模具钢

（1）用途　冷模具用于制造各种冷冲模、冷镦模、冷挤压模和拉丝模等,工作温度不超过300℃。

（2）性能要求　冷模具工作时承受很大的压力、弯曲力、冲击载荷和摩擦。主要失效形式是磨损,也常出现崩刃、断裂和变形等失效现象。因此,冷模具钢应具有以下基本性能:

①高硬度和高耐磨性。一般为 58~62 HRC,金属冷态变形时硬度增大,没有高的硬度与高的耐磨性,模具本身会变形或迅速磨损。冷作模具对硬度的要求见表 6.11。

②足够的强度、韧性和疲劳抗力。要保证模具在工作时,能承受各种载荷,而不发生断裂或疲劳断裂。

③热处理变形小。

表 6.10 常用高速钢的牌号、成分、热处理及用途

钢 号		W18Cr4V	9W18Cr4V	W6Mo5Cr4V2	W6Mo5Cr4V3
化学成分 w_B /%	C	0.70 ~ 0.80	0.90 ~ 1.00	0.80 ~ 0.90	1.10 ~ 1.25
	Mn	≤0.40	≤0.40	≤0.35	≤0.35
	Si	≤0.40	≤0.40	≤0.30	≤0.30
	Cr	3.80 ~ 4.40	3.80 ~ 4.40	3.80 ~ 4.40	3.80 ~ 4.40
	W	17.50 ~ 19.00	17.50 ~ 19.00	5.75 ~ 6.75	5.75 ~ 6.75
	V	1.00 ~ 1.40	1.00 ~ 1.40	1.80 ~ 2.20	2.80 ~ 3.30
	Mo	—	—	4.75 ~ 5.75	4.75 ~ 5.75
热处理	淬火 淬火温度/℃	1 260 ~ 1 280	1 260 ~ 1 280	1 220 ~ 1 240	1 220 ~ 1 240
	冷却介质	油	油	油	油
	硬度 HRC	≥63	≥63	≥63	≥63
	回火 回火温度/℃	550 ~ 570 （三次）	570 ~ 580 （四次）	550 ~ 570 （三次）	550 ~ 570 （三次）
	硬度 HRC	63 ~ 66	67–68	63 ~ 66	>65
应用举例		制造一般高速切削用车刀、刨刀、钻头、铣刀等	在切削不锈钢及其他硬或韧的材料时,可显著提高刀具寿命与被加工零件的光洁度	制造要求耐磨性和韧性很好配合的高速切削刀具,如丝锥、钻头等;并适于采用轧制、扭制热变形加工成形新工艺来制造钻头等刀具	制造要求耐磨性和热硬性较高的,耐磨性和韧性较好配合的,形状稍为复杂的刀具,如拉刀、铣刀等

（3）成分特点 ① 高碳。碳含量多在 $w(C) = 1.0\%$ 以上,个别甚至达到 2.0% ,以保证高的硬度和高耐磨性。② 加入 Cr、Mo、W、V 等合金元素 形成难熔碳化物,提高耐磨性,尤其是是 Cr。典型钢种是 Cr12 型钢,铬的含量高达 $w(Gr) = 12\%$ 。铬与碳形成碳化物,能极大提高钢的耐磨性,铬还显著提高钢的淬透性。

（4）钢种和牌号 大部分要求不高的冷模具用低合金刃具钢制造,如 9Mn2V、9SiCr、CrWMn。Cr12 是大型冷模具用钢,热处理变形很小,制造重载和形状复杂的模具。冷挤压模工作时受力很大,条件苛刻,选用基体钢或马氏体时效钢制造。

表 6.11 列出了常用冷模具钢的牌号、成分、热处理及用途。

（5）热处理特点 冷模具钢的热处理与低合金刃具钢类似。高碳高铬冷模具钢的热处理方案有两种:

① 一次硬化法。在较低温度（950 ~ 1 000℃）下淬火,然后低温（150 ~ 180℃）回火,硬度可达 61 ~ 64 HRC,使钢具有较好的耐磨性和韧性,适用于重载模具。

表6.11 常用冷模具钢的牌号、成分、热处理及用途

钢号	主要化学成分 w_B/%							退火		淬火		回火		用途
	C	Si	Mn	Cr	Mo	W	V	温度/℃	硬度/HB	温度/℃	冷却介质	温度/℃	硬度/HRC	
9Mn2V	0.85~0.95	≤0.40	1.70~2.00	—	—	—	0.10~0.25	750~770	≤229	780~820	油	150~200	60~62	滚丝模、冷冲模、冷压塑料模
9CrWMn	0.85~0.95	≤0.40	0.90~1.20	0.50~0.80	—	0.50~0.80	—	760~790	190~230	790~820	油	150~260	57~62	冷冲模、塑料模
Cr12	2.00~2.30	≤0.40	≤0.40	11.50~13.50	—	—	—	870~900	207~255	950~1000	油	200~450	58~64	冷冲模、拉延模、压印、滚丝模
Cr12MoV	1.45~1.70	≤0.40	≤0.40	11.00~12.50	0.40~0.60	—	0.15~0.30	850~870	207~255	1020~1040	油	150~425	55~63	冷冲模、压印模、冷敏、冷挤压软铝
Cr12MoV										1115~1130	硝盐	510~210	60~62	零件模、拉延模
Cr6WV	1.00~1.15	≤0.40	≤0.40	5.50~1.00		1.10~1.50	0.50~0.70	830~850	≤229	950~970	油	150~210	58~62	代Cr12MoV钢
Cr4W2MoV	1.12~1.25	0.40~0.70	≤0.40	3.50~4.00	0.80~1.20	1.90~2.60	0.80~1.10	850~870	240~255	980~1000	油	260~300	>60	代Cr12MoV钢
Cr4W2MoV										1024~1040	硝盐	500~540	60~62	
Cr2MnSiWMoV	0.96~1.05	0.60~0.90	1.80~2.30	2.30~2.60	0.50~0.80	0.70~1.10	0.10~0.25	840~870	≤269	840~860	油	180~200	62~64	代Cr12MoV钢
6W6Mo5Cr4V	0.66~0.65	≤0.40	≤0.60	3.70~4.30	4.50~5.50	6.00~7.00	0.70~1.10	850~870	179~229	1180~1200	油或硝盐	560~580	60~63	冷挤压模（钢件、硬钢）
4CrW2Si	0.35~0.45	0.80~1.10	≤0.40	1.00~1.30		2.00~2.50		710~740	179~217	860~900	油	200~250	53~56	剪刀、切片冲头
4CrW2Si												430~470	44~45	
6CrW2Si	0.55~0.65	0.50~0.80	≤0.40	1.00~1.30		2.20~2.70		700~730	229~285	860~900	油	200~250	53~56	剪刀、切片冲头
6CrW2Si												430~470	40~45	

② 二次硬化法。在较高温度(1 100 ~ 1 150℃)下淬火,然后于 510 ~ 520℃多次(一般为三次)回火,产生二次硬化,使硬度达 60 ~ 62 HRC,红硬性和耐磨性都较高(但韧性较差),适用于在 400 ~ 450℃温度下工作的模具。Cr12 型钢热处理后组织为回火马氏体、碳化物和残余奥氏体。

2. 热模具钢

(1)用途　热模具钢用于制造各种热锻模、热压模、热挤压模和压铸模等,工作时型腔表面温度可达 600℃以上。

(2)性能要求　热模具工作时承受很大的冲击载荷、强烈的塑性摩擦、剧烈的冷热循环所引起的不均匀热应变和热压力及高温氧化,常出现崩裂、塌陷、磨损、龟裂等失效形式。因此热模具钢的主要性能要求是:

①高的热硬性和高温耐磨性;

②高的抗氧化性能;

③高的热强性和足够的韧性,尤其是受冲击较大的热锻模钢;

④高的热疲劳抗力,以防止龟裂破坏;

⑤由于热模具一般较大,所以还要求热模具钢有高的淬透性和导热性。

(3)成分特点

①中碳。碳含量一般为 $w(C) = 0.3\%$ ~ 0.6% ,以保证高强度、高韧性、较高的硬度(35 ~ 52 HRC)和较高的热疲劳抗力。

②加入较多的提高淬透性的元素 Cr、Ni、Mn、Si 等。Cr 是提高淬透性的主要元素,同时和 Ni 一起提高钢的回火稳定性。Ni 在强化铁素体的同时还增加钢的韧性,并与 Cr、Mo 一起提高钢的淬透性和耐热疲劳性能。

③加入能产生二次硬化的 Mo、W、V 等元素。对于工作温度较高,要求有较高热强度的热压模具,这是保证性能的重要途径。Mo 还能防止第二类回火脆性,提高高温强度和回火稳定性。

(4)钢种和牌号　5CrMnMo、5CrNiMo 及 5CrMnSiMoV 用于对韧性要求高而热硬性要求不太高的热锻模。3Cr2W8V、4Cr5MoVSi 用于热强性更好的大型锻压模或压铸模。

(5)热处理　热模具钢中热锻模钢的热处理和调质钢相似,淬火后高温(550℃左右)回火,以获得回火索氏体和回火屈氏体组织;热压模钢淬火后在略高于二次硬化峰值的温度(600℃左右)下回火,组织为回火马氏体、粒状碳化物和少量残余奥氏体,与高速钢类似。为了保证热硬性,要进行多次回火。

6.3.3　量具用钢

1. 用途

量具用钢用于制造各种量测工具,如卡尺、千分尺、螺旋测微仪、块规、塞规等。

2. 性能要求

量具在使用过程中要求测量精度高,不能因磨损或尺寸不稳定影响测量精度,对其性能的主要要求是:

①高硬度(大于 56HRC)和耐磨性;

②高尺寸稳定性。热处理变形要小,在存放和使用过程中,尺寸不发生变化。

3. 成分特点

量具用钢的成分与低合金刃具钢相同,即为高碳($w(C)=0.9\%\sim1.5\%$)和加入提高淬透性的元素 Cr、W、Mn 等。

4. 量具用钢

表 6.12 列出了一些常用的量具用钢。尺寸小、形状简单、精度较低的量具,选用高碳钢制造;复杂的精密量具一般选用低合金刃具钢;精度要求高的量具选用 CrMn、CrWMn、GCr15 等制造。

表 6.12　量具用钢的选用举例

量　　具	钢　　号
平样板或卡板	10、20 或 50、55、60、60Mn、65Mn
一般量规与块规	T10A、T12A、9SiCr
高精度量规与块规	Cr 钢、CrMn 钢、GCr15
高精度且形状复杂的量规与块规	CrWMn(低变形钢)
抗蚀量具	4Cr13,9Cr18(不锈钢)

CrWMn 钢:淬透性较高,淬火变形小,主要用于制造高精度且形状复杂的量规和块规。GCr15 钢:耐磨性、尺寸稳定性较好,多用于制造高精度块规、螺旋塞头、千分尺。9Cr18、4Cr13:在腐蚀介质中使用的量具。

5. 热处理特点

关键在于减少变形和提高尺寸稳定性。因此,在淬火和低温回火时要采取措施提高组织的稳定性。

①在保证硬度的前提下,尽量降低淬火温度,以减少残余奥氏体。

②淬火后立即进行-70~-80℃的冷处理,使残余奥氏体尽可能地转变为马氏体,然后进行低温回火。

③精度要求高的量具,在淬火、冷处理和低温回火后,尚需进行 120~130℃,几小时至几十小时的时效处理,使马氏体正方度降低、残余的奥氏体稳定和消除残余应力。

为了保证量具的精度,必须正确选材和采用正确的热处理工艺。例如,高精度块规,是作为校正其他量具的长度标准,要求有极好的尺寸稳定性。因此常采用 GCr15(或 CrWMn)钢制造。其热处理工艺较复杂。经过处理的块规,一年内每 10 mm 长度的尺寸变量不超过 0.1~0.2 μm。

6.4 特殊性能钢及合金

具有特殊物理、化学性能的钢及合金的种类很多,并正在迅速发展。本节仅介绍几种常用的不锈钢、耐热钢及耐热合金、耐磨钢。

6.4.1 不锈钢

不锈钢是指在大气和一般介质中具有很高耐腐蚀性的钢种。

1. 用途及性能要求

不锈钢在石油、化工、原子能、宇航、海洋开发、国防工业和一些尖端科学技术及日常生活中都得到广泛应用,例如化工装置中的各种管道、阀门和泵,热裂设备零件,医疗手术器械,防锈刃具和量具,等等。

对不锈钢的性能要求最主要的是耐蚀性。此外,制作工具的不锈钢还要求高硬度、高耐磨性;制作重要结构零件时,要求高强度;某些不锈钢则要求有较好的加工性能,等等。

2. 成分特点

(1)碳含量 耐蚀性要求愈高,碳含量应愈低。大多数不锈钢的碳含量为 $w(C)=0.1\%\sim0.2\%$。对要求提高碳含量时(可达 $0.85\%\sim0.95\%$),应相应地提高铬含量。

(2)加入最主要的合金元素铬 铬能提高钢基体的电极电位。随铬含量的增加,钢的电极电位急剧升高。铬在氧化性介质(如水蒸气、大气、海水、氧化性酸等)中极易钝化,生成致密的氧化膜,使钢的耐蚀性大大提高。

(3)加入镍 可获得单相奥氏体组织,显著提高耐蚀性或形成奥氏体+铁素体组织,通过热处理,提高钢的强度。

(4)加入钼、铜等 Cr 在非氧化性酸(如盐酸、稀硫酸和碱溶液等)中的钝化能力差,加入 Mo、Cu 等元素,可提高钢在非氧化性酸中的耐蚀能力。

(5)加入钛、铌等 Ti、Nb 能优先同碳形成稳定碳化物,使 Cr 保留在基体中,避免晶界贫铬,从而减轻钢的晶界腐蚀倾向。

(6)加入锰、氮等 部分代镍以获得奥氏体组织,并能提高铬不锈钢在有机酸中的耐蚀性。

3. 常用不锈钢

不锈钢按正火状态的组织可分为马氏体不锈钢、铁素体不锈钢、奥氏体不锈钢和双相不锈钢。表6.13列出了不锈钢的牌号、成分、热处理、性能及用途。

(1)马氏体不锈钢 典型钢号 1Cr13、2Cr13、3Cr13、4Cr13 等,因铬含量 $w(Gr)=12\%$,它们都有足够的耐蚀性,但因只用铬进行合金化,它们只在氧化性介质中耐蚀,在非氧化性介质中不能达到良好的钝化,耐蚀性很低。碳含量低的 1Cr13、2Cr13 钢耐蚀性较好,且有较好的机械性能,3Cr13、4Cr13 钢因碳含量增加,强度和耐磨性提高,但耐蚀性降低。

表 6.13　不锈钢的牌号、成分、热处理、性能及用途

类别	钢号	主要化学成分 w_B/%					热处理	性能					特性及用途
		C	Cr	Ni	Ti	其他		σ_b/MPa	σ_s/MPa	δ_s/%	ψ/%	HRC	
马氏体型	1Cr13	≤0.15	11.5~13.5	—	—	—	1000~1050℃油或水淬 700~790℃回火	≥600	≥420	≥20	≥60		制作能抗弱腐蚀性介质、能承受载荷的零件，如汽轮机叶片
	2Cr13	0.16~0.25	12.0~14.0	—	—	—	1000~1050℃油或水淬 700~790℃回火	≥660	≥450	≥16	≥55		机阀、结构架、螺栓、螺帽等
	3Cr13	0.26~0.35	12.0~14.0	—	—	—	1000~1050℃油淬 200~300℃回火					48	制作具有较高硬度和耐磨性的工具、量具、滚珠轴承等
	4Cr13	0.36~0.45	12.0~14.0	—	—	—	1000~1050℃油淬 200~300℃回火					50	制作具有较高硬度和耐磨性的工具、量具、滚珠轴承等
	9Cr18	0.90~1.00	17.0~19.0	—	—	—	950~1050℃油淬 200~300℃回火					55	不锈切片机械刃具、刀片、高耐磨、耐蚀性
铁素体型	1Cr17	≤0.12	16.0~18.0	—	—	—	750~800℃空冷	≥400	≥250	≥20	≥50		制作硝酸工厂设备，如吸收塔、换热器、酸槽、输送管道，以及食品厂设备等
奥氏体型	0Cr18Ni9	≤0.08	17.0~19.0	18.0~12.0	—	—	1050~1100℃水淬（固溶处理）	≥500	≥180	≥40	≥60		具有良好的耐蚀及耐晶间腐蚀性为化学工业用的良好耐蚀性材料
	1Cr18Ni9	≤0.14	17.0~19.0	8.0~12.0	—	—	1100~1150℃水淬（固溶处理）	≥560	≥200	≥45	≥50		制作耐硝酸、冷磷酸、有机酸及碱溶液腐蚀的设备零件
	0Cr18Ni9Ti	≤0.08	17.0~19.0	8.0~11.0	5×(C%-0.02)~0.8	—	1100~1150℃水淬（固溶处理）	≥560	≥200	≥40	≥55		耐酸容器及设备衬里、输送管道设备和零件，抗磁仪表、医疗器械有较好的耐晶间腐蚀性
	1Cr18Ni9Ti	≤0.12	17.0~19.0	8.0~11.0	5×(C%-0.02)~0.8	—							
奥氏体-铁素体型	1Cr21Ni5Ti	0.09~0.14	20.00~22.00	4.8~5.8	5×(C%-0.02)~0.8	—	950~1100℃水或空冷	600	350	20	40		硝酸及硝铵工业设备及管道，尿发部分设备及管道
奥氏体-铁素体型	1Cr18Mn10Ni5Mo3N	≤0.10	17.00~19.00	4~6		Mo2.8~3.5 N0.2~0.3	1100~1500℃水淬	700	350	45	65		尿素及维尼龙生产的设备及零件其他化工、化肥等部门的设备及管道等

（2）铁素体型不锈钢　典型钢号是 1Cr17、1Cr17Ti 等,这类钢的铬含量为 $w(Gr)=$ 17% ~30% ,碳含量低于 0.15% ,为单相铁素体组织,耐蚀性比 Cr13 型钢更好。这类钢在退火或正火状态下使用,强度较低,塑性很好,可用形变强化提高强度,主要用作耐蚀性要求很高而强度要求不高的构件,例如化工设备、容器和管道等。

（3）奥氏体型不锈钢　典型钢号是 Cr18Ni9 型（即 18-8 型不锈钢）。这类不锈钢碳含量很低,耐蚀性很好。钢中常加入 Ti 或 Nb,以防止晶间腐蚀。这类钢强度、硬度很低,无磁性,塑性、韧性和耐蚀性均较 Cr13 型不锈钢更好。一般利用形变强化提高强度,可采用固溶处理进一步提高奥氏体型不锈钢的耐蚀性。

（4）奥氏体和铁素体双相不锈钢　1Cr21Ni5Ti 等。这类钢是在 18-8 型钢的基础上,提高铬含量或加入其他铁素体形成元素,其晶间腐蚀和应力腐蚀破坏倾向较小,强度、韧性和焊接性能较好,而且节约 Ni,因此得到了广泛的应用。

6.4.2　耐热钢

耐热钢是指在高温下具有高的热化学稳定性和热强性的特殊钢。

1. 用途及性能要求

耐热钢用于制造加热炉、锅炉、燃气轮机等高温装置中的零部件,要求在高温下具有良好的抗蠕变和抗断裂的能力,良好的抗氧化能力、必要的韧性以及优良的加工性能;具有较好的抗高温氧化性能和高温强度（热强性）。

（1）抗氧化性　抗氧化性是指金属在高温下的抗氧化能力,其在很大程度上取决于金属氧化膜的结构和性能。提高钢的抗氧化性的最有效的方法是加入 Cr、Si、Al 等元素,它们能形成致密和稳定的尖晶石类型结构的氧化膜。

（2）热强性　热强性是指钢在高温下的强度。在高温下钢的强度较低,当受一定应力作用时,发生随时间而逐渐增大的变形——蠕变。金属在高温下强度降低,主要是扩散加快和晶界强度下降的结果。所以,提高高温强度,可以从这两方面着手,最重要的办法是合金化。

2. 成分特点

耐热钢中不可缺少的合金元素是 Cr、Si 或 Al,特别是 Cr。它们的加入,提高钢的抗氧化性,Cr 还有利于热强性。Mo、W、V、Ti 等元素加入钢中,能形成细小弥散的碳化物,起弥散强化的作用,提高室温和高温强度。

3. 钢种及加工、热处理特点

（1）热化学稳定钢（3Cr18Ni25Si2、3Cr18Mn12Si2N）　抗氧化性能很好,最高工作温度可达 1 000℃ ,多用于制造加热炉的受热构件、锅炉中的吊钩等。它们常以铸件的形式使用,主要热处理是固溶处理。

（2）热强钢　按其正火组织可分为珠光体钢、马氏体钢和奥氏体钢,

①珠光体耐热钢（15CrMo 和 12CrMoV）。一般在正火和回火状态下使用。表 6.14 列出

了常用珠光体耐热钢的牌号、成分、热处理及用途。

表 6.14　常用珠光体耐热钢的牌号、成分、热处理及用途

钢号		16Mo	12CrMo	15CrMo	20CrMo	12CrMoV	24CrMoV
化学成分 w_B /%	C	0.13 ~ 0.19	≤0.15	0.12 ~ 0.18	0.17 ~ 0.24	0.08 ~ 0.15	0.20 ~ 0.28
	Si	0.17 ~ 0.37	0.17 ~ 0.37	0.17 ~ 0.37	0.17 ~ 0.37	0.17 ~ 0.37	0.17 ~ 0.37
	Mn	0.40 ~ 0.70	0.40 ~ 0.70	0.40 ~ 0.70	0.40 ~ 0.70	0.40 ~ 0.70	0.40 ~ 0.6
	Cr	—	0.40 ~ 0.60	0.80 ~ 1.10	0.80 ~ 1.10	0.40 ~ 0.60	1.20 ~ 1.50
	Mo	0.40 ~ 0.55	0.40 ~ 0.55	0.40 ~ 0.55	0.15 ~ 0.25	0.25 ~ 0.35	0.50 ~ 0.60
	V	—	—	—	—	0.15 ~ 0.30	0.15 ~ 0.25
	S	≤0.04	≤0.04	≤0.04	≤0.04	≤0.04	≤0.04
	P	≤0.04	≤0.04	≤0.04	≤0.04	≤0.04	≤0.04
热处理规范		正火：900 ~ 950℃空冷 高温回火：630 ~ 700℃ 空冷	正火：920 ~ 930℃空冷 高温回火：720 ~ 740℃ 空冷	正火：910 ~ 940℃空冷 高温回火：650 ~ 720℃ 空冷	调质淬火：860 ~ 880℃油冷 回火：600℃ 空冷	正火：960 ~ 980℃空冷 高温回火：700 ~ 760℃	淬火：880 ~ 900℃ 油冷 回火：550 ~ 650℃回火
用途		用于锅炉中壁温 < 540℃的受热面管子,壁温 < 510℃的联箱,蒸汽管道和介质温度 < 540℃的管路中的大型锻件和高温高压垫圈	用于制造蒸汽参数 < 450℃的汽轮机零件,如隔板,耐热螺栓,法兰盘以及壁温达 475℃的各种蛇形管,以及相应的锻件	用于介质温度 < 550℃的蒸汽管路,法兰等锻件,并用于高压锅炉壁温(560℃的水冷壁管和壁温(560℃的联箱和蒸汽管等	可在 500℃ ~520℃使用,用作汽轮机隔板,隔板套,并曾作汽轮机叶片	用作蒸汽参数(540℃主汽管,转向导叶片,汽轮机隔板,隔板套以及壁温(570℃的各种过热器管,导管和相应的锻件	用于直径 < 500 mm,在 450 ~ 550℃下长期工作的汽轮发电机转子,叶轮和轴,在锅炉制造中,用于要求高强度的,工作温度在 350 ~ 525℃范围内的耐热法兰和螺母

②马氏体耐热钢(1Cr11MoV、1Cr12WMoV、1Cr13、2Cr13)。抗氧化性及热强性均高,淬透性也很好。最高工作温度与珠光体耐热钢相近,但热强性高得多;多在调质状态下使用。表 6.15 列出了常用马氏体耐热钢的牌号、成分、热处理及用途。

表 6.15 常用马氏体耐热钢的牌号、成分、热处理及用途

钢号		1Cr13	2Cr13	1Cr11MoV	15Cr12WMoVA	4Cr9Si2	4Cr10Si2Mo
化学成分 w_B /%	C	≤0.15	0.16~0.24	0.11~0.18	0.12~0.18	0.35~0.50	0.35~0.45
	Cr	12.0~14.0	12.0~14.0	10.0~11.5	11~13	8.0~10.0	9.0~10.5
	Ni	—	—	—	0.4~0.8	—	≤0.5
	Si	≤0.6	≤0.6	≤0.5	≤0.4	2.0~3.0	1.90~2.60
	Mo	—	—	0.5~0.7	0.5~0.7	—	0.70~0.90
	其他	—	—	V0.25~0.40	W0.7~1.1 V0.15~0.30	—	—
热处理规范		淬火：950~1 050℃油冷 回火：700~750℃空冷	淬火：950~1 050℃油冷 回火：700~750℃空冷	淬火：1 050~1 100℃油冷 回火：720~740℃空冷	淬火：1 000~1 050℃油冷 回火：680~700℃空冷	淬火：950~1 050℃油冷 回火：700~850℃空冷	淬火：950~1 050℃油冷 回火：750~800℃
用途		主要用于汽轮机,作变速轮及其他各级动叶片,并经氧化后制造一些承受摩擦又在腐蚀介质中工作的零件	多用于大容量的机组中作末级动叶片,它们的工作温度都低于450℃。并还可作高压汽轮发电机中的阀件螺钉,螺帽等	工作温度为535~540℃的汽轮机静叶片,动叶片及氮化零件	550~580℃汽轮机叶片,550~570℃的汽轮机隔板,550~560℃的紧固件,550~560℃工作的叶轮,转子	适用于700℃以下受动载荷的部件,如汽车发动机、柴油机的排气阀,也可用作900℃以下的加热炉构件,如料盘,炉底板等	用于制造正常载荷及高载荷的汽车发动机和柴油机排气阀,以及中等功率的航空发动机的进气阀和排气阀,亦可做温度不太高的炉子构件

③奥氏体耐热钢(1Cr18Ni9Ti)。与 Cr13 一样,即是不锈钢又可作耐热钢使用,其热化学稳定性和热强性都比珠光体和马氏体耐热钢强,工作温度可达 750~800℃。这类钢一般进行固溶处理或固溶加时效处理。表 6.16 列出了常用奥氏体耐热钢的牌号、成分、热处理及用途。

表6.16　常用奥氏体耐热钢的牌号、成分、热处理及用途

钢号		1Cr18Ni9Ti	1Cr18Ni9Mo	1Cr14Ni14W2MoTi	4Cr14Ni14W2Mo
化学成分 w_B /%	C	<0.12	<0.14	≤0.15	0.4~0.5
	Cr	16~20	16~20	13~15	13~15
	Ni	8~11	8~11	13~15	13~15
	Si	—	—	—	—
	Mo	—	2.5	0.45~0.60	0.25~0.40
	其他	Ti0.8		W2.0~2.75 Ti0.5	W1.75~2.25
热处理规范		1 100℃~1 150℃水冷	1 100℃~1 150℃水冷	1 100℃空冷 850℃时效 10h	1 100℃空冷 750℃时效 5h
用途		在锅炉和汽轮机方面,用来制作610℃以下长期工作的过热气管道以及构件、部件等。	同上	用以制造长期工作温度为 500~600℃的超高参数锅炉和汽轮机的主要零件,以及蒸汽过热气管道。	适用于制造航空、船舶、载重汽车的发动机进气、排气阀门,以及蒸汽和气体管道。

6.4.3　耐磨钢

1．用途及性能要求

耐磨钢主要用于运转过程中承受严重磨损和强烈冲击的零件,如车辆履带、挖掘机铲斗、破碎机鄂板和铁轨分道叉等。对耐磨钢的主要要求是有很高的耐磨性和韧性。高锰钢是目前最主要的耐磨钢。

2．成分特点

（1）高碳　保证钢的耐磨性和强度。但碳过高时,淬火后韧性下降,且易在高温时析出碳化物。因此,其含碳质量分数不能超过 1.4% 。

（2）高锰　锰是扩大奥氏体区的元素,它和碳配合,保证完全获得奥氏体组织。锰和碳的含量比值约为 10~12(含锰质量分数为 11%~14%)。

（3）一定量的硅　硅可改善钢水的流动性,并起固溶强化的作用。但其含量太高时,易导致晶界出现碳化物,故其质量分数为 0.3%~0.8% 。

3．典型钢种

耐磨钢的典型牌号是 ZGMn13 型,由于高锰钢极易加工硬化,使切削加工困难,故基本上是铸态下使用。铸造高锰钢的牌号及化学成分如表 6.17 所列。

表 6.17　铸造高锰钢的牌号、化学成分及适用范围(GB5680-85)

牌号	化学成分					适用范围
	$w(C)/\%$	$w(Mn)/\%$	$w(Si)/\%$	$w(S)/\%$	$w(P)/\%$	
ZGMn13-1	1.10 ~ 1.50	11.00 ~ 14.00	0.30 ~ 1.00	≤0.050	≤0.090	低冲击件
ZGMn13-2	1.00 ~ 1.40					普通件
ZGMn13-3	0.90 ~ 1.30		0.30 ~ 0.80		≤0.080	复杂件
ZGMn13-4	0.90 ~ 1.20				≤0.070	高冲击件

4. 热处理特点

高锰钢都采用水韧处理,即将钢加热到 1 000 ~ 1 100℃,保温,使碳化物全部溶解,然后在水中快冷,在室温下获得均匀单一的奥氏体组织。此时钢的硬度很低(约为 210HB),而韧性很高。当工件在工作中受到强烈冲击或强大压力而变形时,表面层产生强烈的加工硬化,并且还发生马氏体转变,使硬度显著提高,心部则仍保持原来的高韧性状态。

除高锰钢外,由我国发明的 Mn-B 系空冷贝氏体钢是一种很有发展前途的耐磨钢。它是一种热加工后空冷所得组织为贝氏体或贝氏体-马氏体复相组织的钢类。由于免除了传统的淬火或淬火回火工序,从而大大降低了成本,免除了淬火过程中产生的变形、开裂、氧化和脱碳等缺陷,而且产品能够整体硬化,强韧性好,综合力学性能优良。因此,该钢种得到了广泛的应用。如贝氏体耐磨钢球;高硬度高耐磨低合金贝氏体铸钢;工程锻造用耐磨件;耐磨传输管材等。

复习思考题

1. 填空题

(1) 20 是( )钢,可制造( )。

(2) T12 是( )钢,可制造( )。

(3) 16Mn 是( )钢,可制造( )。

(4) 40Cr 是( )钢,可制造( )。

(5) 20CrMnTi 是( )钢,Cr、Mn 的主要作用是( ),Ti 的主要作用是( ),热处理工艺是( )。

(6) 9SiCr 是( )钢,可制造( )。

(7) 5CrMnMo 是( )钢,可制造( )。

(8) Cr12MoV 是( )钢,可制造( )。

(9) 60Si2Mn 是( )钢。

(10) 1Cr13 是( )钢,可制造( )。

(11) 钢中的( )元素引起热脆,( )元素引起冷脆。

2. 判断题

(1) T8 钢比 T12 和 40 钢有更好的淬透性和淬硬性。( )

(2) T8 钢与 20MnVB 相比,淬硬性和淬透性都较低。( )

(3) 调质钢的合金化主要是考虑提高其红硬性。( )

（4）A 型不锈钢可采用加工硬化提高强度。（　　）

（5）高速钢需要反复锻造是因为硬度高不易成型。（　　）

（6）A 不锈钢的热处理工艺是淬火后低温回火处理。（　　）

3. 什么叫合金钢？合金元素在钢中一般以何种形式存在？

4. 为什么合金钢的淬透性要比碳素钢好？

5. 调质钢的成分和热处理工艺有何特点？合金元素在其中起何作用？

第7章 铸　　铁

7.1　概　　述

铸铁是碳含量大于 2.11%（质量分数）、并常含有较多的硅、锰、硫、磷等元素的铁碳合金,工业上常用铸铁的成分范围大致为:$w(C) = 2.5\% \sim 4.0\%$,$w(Si) = 1.0\% \sim 3.0\%$,$w(Mn) = 0.5\% \sim 1.4\%$,$w(P) = 0.01\% \sim 0.5\%$,$w(S) = 0.02\% \sim 0.20\%$。铸铁是工程上最常用的金属材料之一,它的生产设备和工艺简单,价格便宜,并具有许多优良的使用性能和工艺性能,所以应用非常广泛。它可用于制造各种机器零件,如机床的床身、床头箱;发动机的汽缸体、缸套、活塞环、曲轴、凸轮轴;轧机的轧辊及机器的底座等。

7.1.1　铸铁的石墨化及影响因素

在铁碳合金中,碳可以三种形式存在:一是固溶铁素体和奥氏体中,二是化合物态的渗碳体(Fe_3C),三是游离态石墨(G)。渗碳体为亚稳相,具有复杂的斜方结构。在一定条件下能分解为铁和石墨($Fe_3C \longrightarrow 3Fe + C$)。石墨为稳定相,具有特殊的简单六方晶格,如图 7.1 所示,其底面原子呈六方网格排列,原子间距小(1.42×10^{-10} m),结合力很强;而底面之间的间距较大(3.04×10^{-10} m),结合力较弱。所以石墨的强度、硬度和塑性都很差。

在不同条件下,铁碳合金可以有亚稳定平衡的 $Fe-Fe_3C$ 相图和稳定平衡的 $Fe-G$ 相图,即铁碳合金相图应该是复线相图 $Fe-Fe_3C$ 相图和 $Fe-G$ 相图,如图 7.2 所示。

图上虚线表示 $Fe-G$ 稳定态相图,实线表示 $Fe-Fe_3C$ 亚稳态定相图,虚线与实线重合的线用实线画出。铸铁从高温至低温的整个冷却过程中,碳可以分别按两个相图形成产物,即按 $Fe-G$ 相图形成石墨或 $Fe-Fe_3C$ 相图形成渗碳

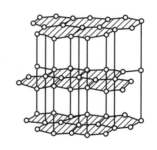

图 7.1　石墨的晶体结构

体。铁碳合金究竟按哪种相图变化,决定于加热、冷却条件或获得的平衡性质(亚稳平衡还是稳定平衡)。

铸铁中碳原子析出并形成石墨的过程称为石墨化。石墨既可以从液体和奥氏体中析出,也可以通过渗碳体分解来获得。灰口铸铁和球墨铸铁中的石墨主要是从液体中析出;可锻铸铁中的石墨则完全由白口铸铁经长时间退火,由渗碳体分解而得到。

按照 $Fe-G$ 相图,铁液从高温冷却到低温的整个过程,铸铁的石墨化过程可分为以下三个阶段。

1. 第一阶段——液态石墨化阶段

从铸铁液相中结晶析出一次石墨(对过共晶铸铁而言)和在 1 154℃($E'C'F'$ 线)通过共

晶反应形成共晶石墨。

$$L_{C'} \longrightarrow A_{E'} + G_{(共晶)}$$

2.第二阶段——中间石墨化阶段

在 1 154 ~ 738℃温度范围内,铸铁奥氏体中过饱和碳沿 $E'S'$ 线析出二次石墨。

3.第三阶段——低温石墨化阶段

在 738℃($P'S'K'$ 线)奥氏体通过共析反应析出共析石墨。

$$A_{S'} \longrightarrow F_P + G_{(共析)}$$

影响铸铁石墨化的主要因素是加热温度、冷却速度及合金元素。

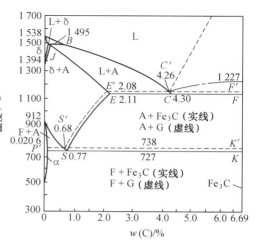

图 7.2　Fe–G 与 F–Fe₃C 双重相图

（1）温度和冷却速度　铸铁件冷却速度越缓慢,或在高温下越长时间保温,越有利于石墨化过程充分进行。当铸铁冷却速度较快时,原子扩散能力减弱,越有利于按 Fe–Fe₃C 系相图进行结晶和转变,不利于石墨化的进行。

（2）合金元素　按对石墨化的作用,可分为促进石墨化的元素（C、Si、Al、Cu、Ni、Co 等）和阻碍石墨化的元素（Cr、W、Mo、V、Mn、S 等）两大类。碳、硅的含量过低,铸铁易出现白口,力学性能和铸造性能都较差;碳、硅的含量过高,铸铁中石墨数量多且粗大,基体内铁素体量多,力学性能下降。生产中,调整碳、硅含量,是控制铸铁组织和性能的基本措施。

7.1.2　铸铁的组织特征和性能特点

铸铁的性能取决于铸铁的组织,而常用各类铸铁的组织由两部分组成的,一部分是石墨,另一部分是基体。基体可以是铁素体、珠光体或铁素体加珠光体,相当于钢的组织。所以,铸铁的组织可以看成是钢的基体上分布着不同形状、数量、大小的石墨夹杂。

石墨强度、韧性极低,相当于钢基体上的裂纹或空洞,它减小基体的有效截面,并引起应力集中。石墨越多,越大,对基体的割裂作用越严重,使铸铁的抗拉强度越低。但是,由于石墨的存在,使铸铁具备某些特殊性能:

① 因石墨的存在,造成脆性切削,铸铁的切削加工性能优异。

② 铸铁的铸造性能良好,铸件凝固时形成石墨产生的膨胀,减少了铸件体积的收缩,降低了铸件中的内应力。

③ 石墨有良好的润滑作用,并能储存润滑油,使铸件有很好的耐磨性能。

④ 石墨对振动的传递起削弱作用,使铸铁有很好的抗振性能。

⑤ 大量石墨的割裂作用,使铸铁对缺口不敏感。

7.1.3　铸铁的分类

铸铁的分类归结起来主要包括下列几种方法。

1.按石墨化程度分类

按石墨化程度不同,可将铸铁分为:

（1）灰口铸铁　第一阶段石墨化过程充分进行而得到的铸铁,其中碳主要以石墨形式存在,断口呈灰暗色。

(2)麻口铸铁 第一阶段石墨化过程部分被抑制而得到的铸铁,其中碳以石墨和渗碳体的混合形态存在,断口呈灰白色,这种铸铁有较大脆性,工业上很少使用。

(3)白口铸铁 第一阶段石墨化过程全部被抑制,完全按照 Fe-Fe$_3$C 相图进行转变而得到的铸铁,其中碳几乎全部以 Fe$_3$C 形式存在,断口呈银白色。这种铸铁性能硬而脆、不易加工,除用作少数不受冲击的耐磨零件外,主要用作炼钢原料。

石墨化程度不同,所得到的铸铁类型和组织也不同。表 7.1 为铸铁经不同程度石墨化后所得到的组织。

表 7.1 铸铁经不同程度石墨化后所得到的组织

名 称	石 墨 化 程 度			显微组织
	第一阶段	第二阶段	第三阶段	
灰口铸铁	充分进行	充分进行	充分进行	F+G
	充分进行	充分进行	部分进行	F+P+G
	充分进行	充分进行	不进行	P+G
麻口铸铁	部分进行	部分进行	不进行	Le'+P+G
白口铸铁	不进行	不进行	不进行	Le'+P+Fe$_3$C

2. 按石墨的形态

按石墨形态铸铁可分为:

(1)灰口铸铁 石墨呈片状,如图 7.3（a）所示。

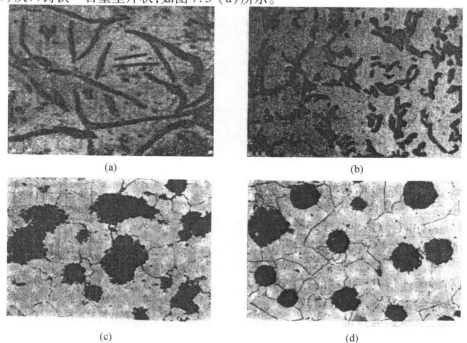

(a)　　　　　　　　　　　　(b)

(c)　　　　　　　　　　　　(d)

图 7.3 铸铁中石墨形态

（2）蠕墨铸铁　石墨呈蠕虫状，如图7.3（b）所示。

（3）可锻铸铁　石墨呈团絮状，如图7.3（c）所示。

（4）球墨铸铁　石墨呈球状，如图7.3（d）所示。

3.按化学成分分类

按化学成分铸铁可分为：

（1）普通铸铁　即常规元素铸铁，如普通灰铸铁、可锻铸铁、球墨铸铁、蠕墨铸铁。

（2）合金铸铁　又称特殊性能铸铁，是向普通灰铸铁或球墨铸铁中加入一定量的合金元素，如铬、镍、铜、钒、铅等使其具有一些特定性能的铸铁，如耐磨铸铁、耐热铸铁、耐蚀铸铁等。

7.2　灰口铸铁

灰口铸铁亦称为灰铸铁，其生产工艺简单，铸造性能优良，价格便宜，是应用最广泛的铸铁材料，约占铸铁总量的80%。

7.2.1　灰口铸铁的成分、组织与性能

灰口铸铁的化学成分一般为：$w(C)=2.7\%\sim3.6\%$，$w(Si)=1.0\%\sim2.2\%$，$w(Mn)=0.5\%\sim1.3\%$，$w(P)<0.3\%$，$w(S)<0.15\%$。

灰铸铁的组织是由片状石墨和钢的基体两部分组成。钢的基体则可分为铁素体、铁素体+珠光体、珠光体三种。图7.4(a)是铁素体基体灰铸铁的组织，图7.4(b)是铁素体+珠光体基体灰铸铁的组织，图7.4(c)是珠光体基体灰铸铁的组织。

　　　　　（a）　　　　　　　　　　　（b）　　　　　　　　　　　（c）

图7.4　三种基体的灰铸铁

片状石墨对基体的割裂程度较严重，灰铸铁强度仅为同基体钢的$1/5\sim1/3$，塑性和韧性极差。但需指出：在压应力作用下，石墨的影响较小，故灰铸铁的抗压强度接近于钢。石墨的存在对灰铸铁机械性能有不良影响，但由于它的存在，又使灰铸铁具有铸造性好、耐磨性好、消震性好和切削加工工艺性能好等特性。

7.2.2　灰口铸铁的孕育处理

为了改善灰铸铁的组织和力学性能，在生产中常采用孕育处理，即在浇注前向铁水中加

入少量孕育剂(如硅铁、硅钙合金等),改变铁水的结晶条件,从而在结晶后的灰铸铁中出现细小均匀分布的片状石墨和细小的珠光体组织。经孕育处理(亦称变质处理)后的灰口铸铁叫做孕育铸铁。孕育的目的是:使铁水内同时生成大量均匀分布的非自发核心,以获得细小均匀的石墨片,并细化基体组织,提高铸铁强度;避免铸件边缘及薄断面处出现白口组织,提高断面组织的均匀性。

孕育铸铁具有较高的强度和硬度,可用来制造机械性能要求较高的铸件,如汽缸、曲轴、凸轮、机床床身等,尤其是截面尺寸变化较大的铸件。

7.2.3 灰口铸铁的牌号及热处理

灰口铸铁的牌号是由"HT+数字"组成。"HT"表示"灰铁",后面的数字表示最低抗拉强度。如 HT200 表示最低抗拉强度为 200 MPa 的灰铸铁。常用的灰铸铁牌号是 HT150、HT200,前者主要用于机械制造业承受中等应力的一般铸件,如底座、刀架、阀体、水泵壳等;后者主要用于一般运输机械和机床中承受较大应力和较重要零件,如气缸机座、床身等。

灰口铸铁的热处理只能改变其基体组织,不能改变石墨的形态和分布,对提高灰口铸铁整体机械性能作用不大,因此生产中主要用来消除铸件内应力、改善切削加工性能和提高表面耐磨性等。常用的热处理有:

(1)消除内应力退火(又称人工时效) 一些形状复杂和尺寸稳定性要求较高的重要铸件,如机床床身、柴油机汽缸等,为了防止变形和开裂,须进行消除内应力退火。

(2)消除铸件白口、降低硬度的退火 灰口铸铁件表层和薄壁处产生白口组织难以切削加工,需要退火以降低硬度。退火在共析温度以上进行,使渗碳体分解成石墨,所以又称高温退火。

(3)表面淬火 有些铸件如机床导轨、缸体内壁等,因需要提高硬度和耐磨性,可进行表面淬火处理,如高频表面淬火,火焰表面淬火和激光加热表面淬火等。淬火后表面硬度可达 50~55 HRC。

常用灰口铸铁的牌号、性能及应用见表7.2。

表 7.2 常用灰口铸铁的牌号、性能及应用

分类	牌号	显微组织		应 用 举 例
		基体	粗片	
普通灰口铸铁	HT150	F+P	较粗片	端盖、汽轮泵体、轴承座、阀壳、管子及管路附件、手轮;一般机床底座、床身及其他复杂零件、滑座、工作台等
	HT200	P	中等片	汽缸、齿轮、底架、机件、飞轮、齿条、衬筒;一般机床床身及中等压力液压筒、液压泵和阀的壳体等
孕育铸铁	HT250	细珠光体	较细片	阀壳、油缸、汽缸、联轴器、机体、齿轮、齿轮箱外壳、飞轮、衬筒、凸轮、轴承座等
	HT300	索氏体或屈氏体	细小片	齿轮、凸轮、车床卡盘、剪床、压力机的机身;导板、自动车床及其他重载荷机床的床身;高压液压筒、液压泵和滑阀的体壳等
	HT350			
	HT400			

7.3 球墨铸铁

球墨铸铁是指铁液经过球化剂处理而不是经过热处理,使石墨全部或大部分呈球状的铸铁,其具有很高的强度,又有良好的塑性和韧性。球墨铸铁综合机械性能接近于钢,因其铸造性能好,成本低廉,生产方便,在工业中得到了广泛的应用。

7.3.1 球墨铸铁的成分、组织与性能

球墨铸铁的成分要求比较严格,一般范围是:$w(C) = 3.6\% \sim 3.9\%$,$w(Si) = 2.2\% \sim 2.8\%$,$w(Mn) = 0.6\% \sim 0.8\%$,$w(S) < 0.07\%$,$w(P) < 0.1\%$。球墨铸铁的的球化处理必须伴随着孕育处理,通常是在铁水中同时加入一定量的球化剂和孕育剂。我国普遍使用稀土镁球化剂。镁是强烈阻碍石墨化的元素,为了避免白口,并使石墨球细小、均匀分布、一定要加入孕育剂。常用的孕育剂为75%硅铁和硅钙合金等。

球墨铸铁在铸态下,其基体往往是由不同数量的铁素体、珠光体和铁素体+珠光体混合组织,图7.5为球墨铸铁的显微组织。

 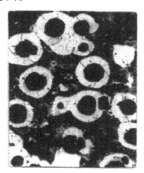 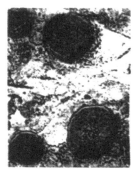

(a) 铁素体球墨铸铁　　　(b) 珠光体+铁素体球墨铸铁　　　(c) 珠光体球墨铸铁

图7.5　球墨铸铁的显微组

球墨铸铁中石墨呈球状。球状石墨对基体组织的割裂程度较进一步减弱,基体强度的利用率可达70%~90%。球墨铸铁的力学性能除了与基体组织类型有关外,主要决定于球状石墨的形状、大小和分布。一般来说,石墨球越细、球的直径越小、分布越均匀,则球墨铸铁的力学性能越高。铁素体基体的球墨铸铁强度较低,塑性、韧性较高;珠光体基体的球墨铸铁强度高,耐磨性好,但塑性、韧性较低。

球墨铸铁具有较好的疲劳强度。表7.3中给出了球墨铸铁和45钢试验的对称弯曲疲劳强度,由此可以看出,可以用球墨铸铁来替钢制造某些重要零件,如曲轴、连杆、凸轮轴等。

表7.3　球墨铸铁和45钢的疲劳强度

材　　料	对称弯曲疲劳强度/MPa							
	光滑试样		光滑带孔试样		带台肩试样		带孔、带台肩试样	
球光体球墨铸铁	255	100%	205	80%	175	68%	155	61%
45钢	305	100%	225	74%	195	64%	155	51%

球墨铸铁兼有钢的高强度和灰铸铁的优良铸造性能,是一种有发展前途的铸造合金,用来制造受力复杂、力学性能要求高的铸件。但是,球墨铸铁凝固时收缩率较大,对原铁液成分要求较严,对熔炼工艺和铸造工艺要求较高,有待进一步改进。

7.3.2 球墨铸铁的牌号和用途

球墨铸铁的牌号由"QT+数字-数字"组成,"QT"为球铁二字的汉语拼音字头,后面的两组数字分别代表该铸铁的最低抗拉强度极限和延伸率。各种球墨铸铁的牌号、性能及主要用途见表7.4。

表 7.4 球墨铸铁的牌号、机械性能及主要用途

牌号	基体	机械性能					应 用 举 例
		σ_b /MPa	$\sigma_{0.2}$ /MPa	δ_5 /%	α_k/(kJ · m^{-2})	HB	
QT400-17	铁素体	400	250	17	600	≤179	汽车、拖拉机床底盘零件;16-64 大气压阀门的阀体、阀盖
QT420-10	铁素体	420	270	10	300	≤207	
QT500-5	铁素体+珠光体	500	350	5	—	147~241	机油泵齿轮
QT600-2	珠光体	600	420	2	—	229~302	柴油机、汽油机曲轴;磨床、铣床、车床的主轴;空压机、冷冻机缸体、缸套
QT700-2	珠光体	700	490	2	—	229~302	
QT800-2	珠光体	800	560	2	—	241~321	
QT1200-1	下贝氏体	1200	840	1	300	≥38 HRC	汽车、拖拉机传动齿轮

常用的球墨铸铁牌号是 QT400-15、QT600-3,前者属铁素体型球墨铸铁,主要用于承受冲击、振动的零件,如汽车、拖拉机的轮毂、中低压阀门、电动机壳、齿轮箱等;后者属珠光体+铁素体型球墨铸铁,主要用于载荷大、受力复杂的零件,如汽车、拖拉机曲轴、连杆、气缸套等。

7.3.3 球墨铸铁的热处理

1. 退火

球墨铸铁在 900~950℃下退火 2~5 h,目的在于获得铁素体基体。球化剂增大铸件的白口化倾向,当铸件薄壁处出现自由渗碳体和珠光体时,为了获得塑性好的铁素体基体,并改善切削性能,消除铸造应力。

2. 正火

球墨铸铁在 880~920℃空冷,目的在于得到珠光体基体(占基体 75% 以上),并细化组织,提高强度和耐磨性。

3. 调质

要求综合机械性能较高的球墨铸铁零件,如连杆、曲轴等,可采用调质处理。其工艺为:加热到 850~900℃,使基体转变为奥氏体,在油中淬火得到马氏体,然后经 550~600℃回火,空冷,获得回火索氏体+球状石墨。回火索氏体基体不仅强度高,而且塑性、韧性比正火

得到的珠光体基体好。球墨铸铁调质和正火后的组织性能列于表7.5中。

表7.5　球墨铸铁调质和正火后的组织性能

热处理工艺	显微组织	机械性能			
		σ_b/MPa	$\delta/\%$	$\alpha_k/(kJ \cdot m^{-2})$	HB
调质：980℃退火，900℃油淬+580℃回火	回火索氏体+石墨	800~1000	1.7~2.7	260~320	240~340
正火：980℃退火后，900℃正火+580℃去应力退火	珠光体+5%铁素体+石墨	700	2.5	100	317~321

4. 等温淬火

球墨铸铁经等温淬火后可获得高的强度，同时具有良好的塑性和韧性。等温淬火工艺为：加热到奥氏体区(840~900℃左右)，保温后在300℃左右的等温盐溶中冷却并保温，使基体在此温度下转变为下贝氏体+球状石墨。

等温处理后，球墨铸铁的强度可达1 200~1 450 MPa，冲击韧性为300~360 kJ/m²，硬度为38~51 HRC。等温盐浴的冷却能力有限，一般只能用于截面不大的零件，例如，受力复杂的齿轮、曲轴、凸轮轴等。

7.4　可锻铸铁

可锻铸铁是由白口铸铁通过退火处理得到的一种高强铸铁。它有较高的强度、塑性和冲击韧性，可以部分代替碳钢。

7.4.1　可锻铸铁的生产和热处理

可锻铸铁的生产分两个步骤：首先浇铸得到白口铸铁件，不允许有石墨出现，否则在随后的退火中，碳在已有的石墨上沉淀，得不到团絮状石墨；然后再进行长时间的石墨化(可锻化)退火处理。

石墨化(可锻化)退火是将白口铸铁加热到900~960℃，长时间保温，使共晶渗碳体分解为团絮状石墨，完成第一阶段的石墨化过程。随后以较快的速度(100℃/h)冷却，通过共析转变温度区，得到珠光体基体的可锻铸铁，其工艺曲线如图7.6中②所示。若第一阶段石墨化保温后慢冷，使奥氏体中的碳充分析出，完成第二阶段石墨化，并在冷至720~760℃后继续保温，使共析渗碳体充分分解，完成第三阶段石墨化，在650~700℃出炉冷却至室温，可以得到

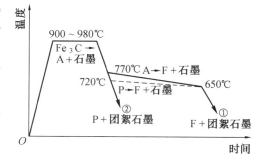

图7.6　可锻铸铁的石墨化退火工艺

铁素体基体的可锻铸铁，其工艺曲线如图7.6中①所示。

可锻化退火时间常常要几十小时，为了缩短时间，并细化组织，提高机械性能，可在铸造

时采取孕育处理。孕育剂能强烈阻碍凝固时形成石墨和退火时促进石墨化。采用质量分数为 0.001% 硼、0.006% 铋和 0.008% 铝的孕育剂,可将退火时间由 70 多 h 缩短至 30 h。

7.4.2　可锻铸铁的成分、组织及性能

为保证铸件首先得到完全的白口组织,应使铸铁的成分中碳和硅的质量分数较低。其化学成分大致为:$w(C) = 2.2\% \sim 2.7\%$,$w(Si) = 1.0\% \sim 1.8\%$,$w(Mn) = 0.5\% \sim 0.7\%$,$w(S) < 0.2\%$,$w(P) < 0.18\%$。为缩短石墨化退火周期,往往向铸铁中加入 B、Al、Bi 等孕育剂(可缩短一半多时间)。

可锻铸铁的石墨化工艺不同,它的最终的组织状态就不同,因此,可锻铸铁可分为铁素体(黑心)可锻铸铁和珠光体可锻铸铁两种类型,其显微组织如图 7.7 所示。

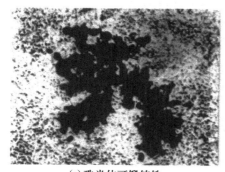

(a) 珠光体可锻铸铁　　　　　　　　　　　(b) 铁素体可锻铸铁

图 7.7　可锻铸铁的显微组织

石墨呈团絮状,它对基体的割裂程度较灰铸铁轻,因此,性能优于灰铸铁;在铁液处理、质量控制等方面又优于球墨铸铁。

7.4.3　可锻铸铁的牌号和用途

可锻铸铁的牌号由"KTH"或"KTZ"及其后的两组数字组成,其中"KT"是"可铁"汉字拼音字首大写,"KTH"表示黑心可锻铸铁,"KTZ"表示珠光体可锻铸铁,后面两组数字分别表示最低抗拉强度和最小伸长率。表 7.6 列出了我国的可锻铸铁的牌号、机械性能及用途举例。

表 7.6　可锻铸铁的牌号、机械性能及用途举例

分类	牌　号	铸铁壁厚/mm	试棒直径/mm	抗拉强度 σ_b/MPa	延伸率 δ/%	硬度 HB	应用举例
铁素体基	KTH300-6	>12	16	300	6	120~163	弯头、三通等管件
	KTH330-8	>12	16	330	8	120~163	螺丝扳手等,犁刀、犁柱、车轮壳等
	KTH350-10	>12	16	350	10	120~163	汽车拖拉机前后轮壳、减速器壳、转向节壳、制动器等
	KTH370-12	>12	16	370	12	120~163	

续表 7.6

分类	牌　号	铸铁壁厚/mm	试棒直径/mm	抗拉强度σ_b/MPa	延伸率δ/%	硬度HB	应用举例
珠光体基	KTZ450-5		16	450	5	152~219	曲轴、凸轮轴、连杆、齿轮、活塞环、轴套、万向接头、棘轮、扳手、传动链条
	KTZ500-4		16	500	4	179~241	
	KTZ600-3		16	600	3	201~269	
	KTZ700-2		16	700	2	240~270	

可锻铸铁常用来制造形状复杂、承受冲击和振动载荷的零件,如汽车拖拉机的后桥外壳、管接头、低压阀门等。这些零件用铸钢生产时,因铸造性不好,工艺上困难较大;而用灰口铸铁时,又存在性能不能满足要求的问题。与球墨铸铁相比,可锻铸铁具有成本低、质量稳定、铁水处理简单、容易组织流水生产等优点;尤其对于薄壁件,若采用球墨铸铁易生成白口,需要进行高温退火,采用可锻铸铁更为适宜。

7.5　蠕墨铸铁

蠕墨铸铁是近几十年来迅速发展起来的新型铸铁材料,它是在一定成分的铁水中加入适量的使石墨形成蠕虫状组织的蠕化剂和孕育剂而炼成的,凝固结晶后使铸铁中的石墨形态介于片状与球状之间,其方法与程序与球墨铸铁基本相同。蠕化剂目前主要采用镁钛合金、稀土镁钛合金或稀土镁钙合金等。

7.5.1　蠕墨铸铁的成分、组织及性能

蠕墨铸铁的化学成分与球铁相似,即要求高碳、高硅、低磷并含有一定的镁和稀土元素,大致范围为 $w(C)=3.5\%\sim3.9\%$,$w(Si)=2.2\%\sim2.8\%$,$w(Mn)=0.4\%\sim0.8\%$,$w(S)$、$w(P)<0.1\%$。

蠕墨铸铁的石墨具有介于片状和球状之间的中间形态,在光学显微镜下为互不相连的短片,与灰口铸铁的片状石墨类似。所不同的是,其石墨片的长厚比较小,端部较钝,蠕墨铸铁的显微组织如图 7.3(b)所示。

蠕墨铸铁是一种新型高强铸铁材料。它的强度接近于球墨铸铁,并且有一定的韧性、较高的耐磨性;同时又有和灰口铸铁一样的良好的铸造性能和导热性。蠕墨铸铁抗拉强度和塑性随基体的不同而不同,如在相同的蠕化率时,随基体中珠光体的增加,铁素体量减少,则强度增加而塑性降低。如表 7.7 为蠕墨铸铁的牌号和机械性能。

7.5.2　蠕墨铸铁的牌号及用途

蠕墨铸铁牌号由“蠕铁”的汉语拼音字首“RuT”和数字组成,数字表示最低抗拉强度。例如 RuT420。

表 7.7 蠕墨铸铁的牌号和机械性能

牌号	抗拉强度 σ_b/MPa	屈服强度 $\sigma_{0.2}$/MPa	延伸率 δ/%	硬度值范围 HB	蠕化率 VG/%	主要基体组织
	不　小　于				不小于	
RuT420	420	335	0.75	200~280	50	珠光体
RuT380	380	300	0.75	193~274		珠光体
RuT340	340	270	1.0	170~249		珠光体+铁素体
RuT300	300	240	1.5	140~217		铁素体+珠光体
RuT260	260	195	3	121~197		铁素体

蠕墨铸铁已成功地用于高层建筑中高压热交换器、内燃机、汽缸和缸盖、汽缸套、钢锭模、液压阀等铸件。

7.6　合金铸铁

随着生产的发展,对铸铁不仅要具有较高的力学性能,而且有时还要求具有某些特殊的性能。在铸铁中加入某些合金元素,得到一些具有各种特殊性能的合金铸铁。合金铸铁与合金钢相比,熔炼简单,成本低廉,基本上能满足特殊性能的要求,但力学性能较差,脆性较大。

常用的合金铸铁有耐磨铸铁、耐热铸铁和耐蚀铸铁。

7.6.1　耐磨铸铁

耐磨铸铁在无润滑干摩擦条件下工作的零件应具有均匀的高硬度组织。白口铸铁是较好的耐磨铸铁,但脆性大,不能承受冲击载荷。因此,生产中常采用冷硬铸铁(或称激冷铸铁),即用金属型铸耐磨的表面,而其他部位用砂型,同时适当调整铁液化学成分(如减少含硅量),保证白口层的深度,而心部为灰口组织,从而使整个铸件既有较高的强度和耐磨性,又能承受一定的冲击,这种铸铁称激冷铸铁或冷硬铸铁。

我国试制成功的中锰球墨铸铁,即在稀土镁球墨铸铁中加入 $w(Mn)=5.0\%\sim9.5\%$,控制 $w(Si)=3.3\%\sim5.0\%$,并适当提高冷却速度,使铸铁基体获得马氏体、大量残余奥氏体和渗碳体。这种铸铁具有高的耐磨性和抗冲击性,可代替高锰钢或锻钢,适用于制造农用耙片、犁铧,饲料粉碎机锤片、球磨机磨球、衬板、煤粉机锤头等。

在润滑条件下工作的耐磨铸铁,其组织应为软基体上分布有硬的组织组成物,使软基体磨损后形成沟槽,保持油膜。珠光体灰铸铁基本上能满足这样的要求,组成珠光体的铁素体为软基体,渗碳体层片为硬的组织组成物,同时石墨片起储油和润滑作用。为了进一步改善其耐磨性,通常将含 P 量提高到 $w(P)=0.4\%\sim0.6\%$,做成高磷铸铁。由于普通高磷铸铁的强度和韧性较差,故常在其中加入铬、钼、钨、钛、钒等合金元素,做成合金高磷铸铁,主要用于制造机床床身、汽缸套、活塞环等。此外,还有钒钛耐磨铸铁、铬钼铜耐磨铸铁、硼耐磨铸铁等。

7.6.2　耐热铸铁

铸铁的耐热性主要是指在高温下的抗氧化和抗热生长能力。在高温下工作的铸件,如炉底板、换热器、坩埚、炉内运输链条和钢锭模等,要求有良好的耐热性,应采用耐热铸铁。

在铸铁中加入硅、铝、铬等合金元素,使表面形成一层致密的 SiO_2、Al_2O_3、Cr_2O_3 保护膜等。此外,这些元素还会提高铸铁的临界点,使铸铁在使用温度范围内不发生固态相变,使基体组织为单相铁素体,因而提高了铸铁的耐热性。

耐热铸铁按其成分可分为硅系、铝系、硅铝系及铬系等,其中铝系耐热铸铁脆性较大,铬系耐热铸铁价格较贵,故我国多采用硅系和硅铝系耐热铸铁,主要用于制造加热炉附件,如炉底、烟道挡板、传递链构件等。表7.8 为耐热铸铁的化学成分和机械性能。

表 7.8　耐热铸铁的化学成分和机械性能

耐热铸铁名称	化 学 成 分 w_B/ %						耐热温度 /℃	室温下的机械性能	
	C	Si	Mn	P	S	Cr		σ_b/MPa	HB
含铬耐热铸铁 RTCr-0.8	2.8~3.6	1.5~2.5	<1.0	<0.3	<0.12	0.5~1.1	600	>180	207~285
含铬耐热铸铁 RTCr-1.5	2.8~3.6	1.7~2.7	<1.0	<0.3	<0.12	1.2~1.9	650	>150	207~285
高铬铸铁	0.5~1.0	0.5~1.3	0.5~0.8	≤1.0	≤0.08	26~30	1000~1100	380~410	220~207
高硅耐热铸铁 RTSi-5.5	2.2~3.0	5.0~6.0	<1.0	<0.2	<0.12	0.5~0.9	850	>100	140~255
高硅耐热球墨铸铁 RTSi-5.5	2.4~3.0	5.0-6.0	<0.7	>0.1	>0.03	—	900~950	>220	228~321
高铝铸铁	1.2~2.0	1.3~2.0	0.6~0.8	<0.2	<0.03	Al:20~24	900~950	110~170	170~200
高铝球墨铸铁	1.7~2.2	1.0~2.0	0.4~0.8	<0.2	<0.01	Al:21~24	1000~1100	250~420	260~300
铝硅耐热球铁 (其中 Al+Si 为 8.5~10.0%)	2.4~2.9	4.4~5.4	<0.5	<0.1	<0.02	Al:4.0~5.0	950~1050	220~275	—

7.6.3　耐蚀铸铁

耐蚀铸铁是指在腐蚀性介质中工作时具有耐蚀能力的铸铁。普通铸铁的耐蚀性差,因为组织中的石墨或渗碳体促进铁素体腐蚀。

加入 Al、Si、Cr、Mo 等合金元素,在铸铁件表面形成保护膜或使基体电极电位升高,可以提高铸铁的耐蚀性能。耐蚀铸铁分高硅耐蚀铸铁及高铬耐蚀铸铁,应用最广的是高硅耐蚀铸铁,其中 Si 含量高达 $w(Si)$ = 14%~18%,在含氧酸(如硝酸、硫酸等)中的耐蚀性不亚于 1Cr18Ni9,而在碱性介质和盐酸、氢氟酸中,由于表面 SiO_2 保护膜遭到破坏,会使耐蚀性降低。因此,可在铸铁中加入 $w(Cu)$ = 6.5%~8.5% 的铜,可改善高硅铸铁在碱性介质中的耐蚀性;为改善在盐酸中的耐蚀性,而向铸铁中加入 $w(Mo)$ = 2.5%~4.0% 的钼。

耐蚀铸铁主要用于化工机械,如制造容器、管道、泵、阀门等。

复习思考题

1.填空题

（1）灰口铸铁中 C 主要以（　　　）形式存在,可制造（　　　）。

（2）可锻铸铁中 G 的形态为（　　　）,可制造（　　　）。

（3）球墨铸铁中 G 的形态为（　　　）,可制造（　　　）。

（4）蠕墨铸铁中 G 的形态为（　　　）,可制造（　　　）。

（5）影响石墨化的主要因素是（　　　）和（　　　）。

（6）球墨铸铁的强度、塑韧性均较普通灰口铸铁高,是因为（　　　）。

（7）HT200 牌号中"HT"表示（　　　）,"200"表示（　　　）。

（8）生产球墨铸铁选用（　　　）作球化剂。

2.判断题

（1）灰口铸铁可以经过热处理改变基体组织和石墨形态。（　　　）

（2）可锻铸铁在高温时可以进行锻造加工。（　　　）

（3）石墨化的第三阶段不易进行。（　　　）

（4）可以通过球化退火使普通灰口铸铁变成球墨铸铁。（　　　）

（5）球墨铸铁可通过调质处理和等温淬火工艺提高其机械性能。（　　　）

3.什么叫铸铁? 它与碳钢相比较有何优缺点? 其主要原因是什么?

4.什么叫灰口铸铁的孕育处理? 其目的是什么?

5.球墨铸铁是怎样获得的?

6.为什么可锻铸铁铸件的生产首先要保证得到完全的白口组织? 生产中采用什么措施来加以保证?

第8章　有色金属及其合金

在工业生产中,通常将铁及其合金称为黑色金属,将钢铁材料以外的金属或合金,统称为非铁金属及非铁合金。因其具有优良的物理、化学和力学性能而成为现代化工业中不可缺少的重要的工程材料,广泛应用于机械制造、航空、航天、航海、化工、电器等部门。

8.1　铝及铝合金

铝及铝合金的特点

（1）密度小、比强度高　纯铝的密度 2.7 g/cm³,仅为铁的1/3。铝合金的密度与纯铝相近,铝合金（强化后）的强度与低合金高强钢的强度相近,铝合金的比强度比一般高强钢高得多。

（2）有优良的物理、化学性能　铝的导电性好,仅次于银、铜和金,在室温时的导电率约为铜的 64%。

铝及铝合金有相当好的抗大气腐蚀能力,且磁化率极低,接近于非铁磁性材料。

（3）加工性能良好　铝及铝合金（退火状态）的塑性很好,可以冷成形;切削性能也很好。超高强铝合金成形后可通过热处理,获得很高的强度。铸铝合金的铸造性能极好。

由于上述优点,铝及铝合金在电气工程、航空及宇航工业、一般机械和轻工业中都有广泛的用途。

8.1.1　工业纯铝

工业上使用的纯铝,其纯度（质量分数）为 99.7%～98%。铝具有面心立方晶格,无同素异构转变,熔点为 660℃。其特点是密度小、导电性和导热性好、抗蚀性好。工业纯铝具有极好的塑性（$\delta = 30\% \sim 50\%$, $\varphi = 80\%$）,可进行各种加工,制成板材、箔材、线材、带材及型材,但强度过低,适用于制造电缆、电器零件、装饰件及日常生活用品等。

工业纯铝的牌号用国际四位字符体系表示。牌号中第一、三、四位为阿拉伯数字,第二位为英文大写字母 A、B 或其他字母（有时也可用数字）。纯铝牌号中第一位数为 1,即其牌号用1×××表示;第三、四位数为最低铝的质量分数中小数点后面的两位数字,例如铝的最低质量分数为 99.70%,则第三、四位数为 70。如果第二位的字母为 A,则表示原始纯铝;如果第二位字母为 B 或其他字母,则表示原始纯铝的改型情况,即与原始纯铝相比,元素含量略有改变;如果第二位不是英文字母而是数字时,则表示杂质极限含量的控制情况;0 表示纯铝中杂质极限含量无特殊控制,1～9 则表示对一种或几种杂质极限含量有特殊控制。例如,1A99 表示铝的质量分数为 99.99% 的原始纯铝;1B99 表示铝的质量分数为 99.99% 的改型纯铝,1B99 是 1A99 的改型牌号;1070 表示杂质极限含量无特殊控制、铝的质量分数为 99.70% 的纯铝;1145 表示对一种杂质极限含量有特殊控制、铝的质量分数为 99.45% 的纯铝;1235 表示对两种杂质极限含量有特殊控制、铝的质量分数为 99.35% 的纯铝。

纯铝常用牌号有 1A99（原 LG5）、1A97（原 LG4）、1A93（原 LG3）、1A90（原 LG2）、1A85（原 LG1）、1070 A（代 L1）、1060（代 L2）、1050 A（代 L3）、1035（代 L4）、1200（代 L5）。纯铝的主要用途是配制铝合金，在电器工业中用铝代替铜作导线、电容器等，还可制作质轻、导热、耐大气腐蚀的器具及包覆材料。

8.1.2　铝合金分类及时效强化

纯铝的强度低，不宜制作承受重载荷的结构件，当向铝中加入一定量的硅、铜、锰等合金元素，可制成强度高的铝合金。铝合金密度小，导热性好，比强度高，如果再经形变强化和热处理强化，其强度还能进一步提高。因此，铝合金可用于制造承受较大载荷的机器零件和构件，广泛应用于民用与航空工业。

1. 铝合金分类

铝合金一般都具有如图 8.1 所示的共晶类型相图。根据铝合金成分及工艺特点，铝合金分变形铝合金和铸造铝合金两类。

（1）变形铝合金　成分低于 D′ 的合金，加热时能形成单相固溶体组织，塑性较好，适于变形加工，称为变形铝合金。变形铝合金中成分低于 F 的合金，因不能进行热处理强化，称为不可热处理强化的铝合金；成分位于 F–D′ 之间的合金，可进行固溶–时效强化，称为可热处理强化的铝合金。

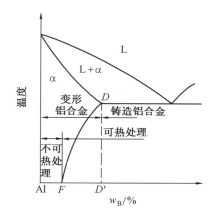

图 8.1　铝合金相图的一般形式

（2）铸造铝合金　成分高于 D′ 的合金，由于冷却时有共晶反应发生，流动性较好，适于铸造生产，称为可铸造铝合金。铸造铝合金中也有成分随温度而变化的 α 固溶体，故可以用热处理对其进行强化，但相图中据 D′ 点越远，对应合金中 α 相愈少，强化效果愈不明显。

2. 铝合金的时效强化

（1）固溶处理　将成分位于相图中 D′–F 之间的合金加热到 α 相区，经保温获得单相 α 固溶体后迅速水冷，可在室温得到过饱和的 α 固溶体，这种处理方式称固溶处理。

（2）时效强化　固溶处理后得到的组织是不稳定的，有分解出强化相过渡到稳定状态的倾向，在室温下放置或低温加热时，强度和硬度会明显升高，这种现象称为时效或时效硬化。在室温下进行的称自然时效；在加热条件下进行的称人工时效。

合金能在高温形成均匀的固溶体，并且固溶体中溶质的溶解度必须随温度的降低而显著降低。以含质量分数为 4% Cu 的 Al–Cu 合金为例，如图 8.2 所示为 $w(Cu) = 4\%$ 的铝合金自然时效曲线，将铝合金加热到 550℃ 并保温一段时间后，在水中快冷时，θ 相（$CuAl_2$）来不及析出，合金获得过饱和的 α 固溶体组织，其强度为 $\sigma_b = 250$ MPa，若在室温下放置，随着时间的

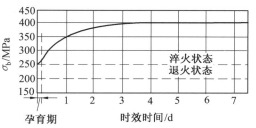

图 8.2　$w(Cu) = 4\%$ 的铝合金自然时效曲线

延续,强度将逐渐提高,经 4～5 天后,σ_b 可达 400 MPa。

铝合金时效强化效果与加热温度有关,图 8.3 所示为不同温度下该合金的时效强化曲线。由图可知,时效温度越高,强度峰值越低,强化效果越小;时效温度越高,时效速度越快,强度峰值出现所需时间越短;低温使固溶处理获得的过饱和固溶体保持相对的稳定性,抑制时效的进行。

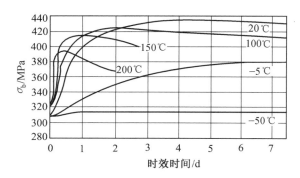

图 8.3　$w(\text{Cu})=4\%$ 的铝合金不同温度下的时效强化曲线图

(3)回归　自然时效后的铝合金,在 230～250℃ 短时间(几秒至几分钟)加热后,快速水冷至室温时,可以重新变软;如再在室温下放置,则又能发生正常的自然时效,这种现象称为回归。一切能时效硬化的合金都有回归现象。自然时效后的铝合金在反复回归处理和再时效时强度有所降低。时效后的铝合金可在回归处理后的软化状态进行各种冷变形。利用这种现象,可随时进行飞机的铆接和修理等。

8.1.3　变形铝合金

GB 3190-82 将变形铝合金分为防锈铝合金、硬铝合金、超硬铝合金及锻铝合金四类,分别用汉语拼音字母"LF"(铝防)、"LY"(铝硬)、"LC"(铝超)、"LD"(铝锻)和其后的顺序号组成的代号表示。变形铝合金的新牌号用四个字符表示。其中,第一、第三、第四位为阿拉伯数字,第二位为"A"或"B"字母。第一位数字为 2～9,分别表示变形铝合金的组别:2 为铝铜合金,3 为铝锰合金,4 为铝硅合金,5 为铝镁合金,6 为铝镁硅合金,7 为铝锌合金,8 为铝锂合金,9 为备用合金组;如果第二位字母为"A",表示原始合金,如果为"B",则表示原始合金的改型合金;最后两位数字为合金的编号,没有特殊意义,仅用来区分同一组中的不同合金。常用变形铝合金的牌号、成分、机械性能及用途如表 8.1 所示。

表8.1　常用变形铝合金的牌号、成分、机械性能及用途

类别	原代号	新牌号	化学成分 w_B/%				半成品状态	机械性能			用途
			Cu	Mg	Mn	Zn		σ_b/MPa	δ/%	HB	
防锈铝合金	LF5	5A05	0.10	4.5~5.5	0.3~0.6	0.20	板材 M	270	23	70	中载零件、铆钉、焊接油箱、油管
	LF21	3A21	0.20	–	1.0~1.6	0.10	板材 M	130	23	30	管道、容器、铆钉及轻载零件及制品
硬铝合金	LY1	2A01	2.2~3.0	0.2~0.5	0.20	0.10	线材 CZ	300	24	70	中等强度、工作温度不超过100℃的铆钉
	LY11	2A11	3.8~4.8	0.4~0.8	0.4~0.8	0.30	板材 CZ	420	18	100	中等强度构件和零件、如骨架、螺旋桨叶片铆钉
	LY12	2A12	3.8~4.9	1.2~1.8	0.3~0.9	0.30	板材 CZ	480	11	131	高强度的构件及150℃以下工作的零件,如骨架、梁、铆钉
超硬铝合金	LC4	7A04	1.4~2.0	1.8~2.8	0.2~0.6	5.0~7.0	板材 CS	600	12	150	主要受力构件及高载荷零件,如飞机大梁,加强框、起落架
	LC9	7A09	1.2~2.0	2.0~3.0	0.15	5.1~6.1	板材 CS	680	7	190	同上
锻铝合金	LD5	2A50	1.8~2.6	0.4~0.8	0.4~0.8	0.3	板材 CS	420	13	105	形状复杂和中等强度的锻件及模锻件
	LD7	2A70	1.9~2.5	1.4~1.8	0.2	0.3	板材 CS	440	13	120	高温下工作的复杂锻件和结构件、内燃机活塞
	LD10	2A14	3.9~4.8	0.4~0.8	0.4~1.0	0.3	板材 CS	480	10	135	高载荷锻件和模锻件

1. 防锈铝合金

防锈铝合金中主要合金元素是锰和镁,锰主要用于提高抗蚀能力和产生固溶强化。镁用于固溶强化,同时降低比重。

防锈铝合金锻造退火后是单相固溶体,抗蚀性能高,塑性好,不能进行时效硬化,属于不可热处理强化的铝合金,但可冷变形,利用加工硬化提高强度。

LF21(Al-Mn 合金)抗蚀性和强度比纯铝高,有良好的塑性和焊接性能,但因太软而切削加工性能不良,可用于焊接件、容器、管道,或需用深延伸、弯曲等方法制造的低载荷零件、制品以及铆钉等。LF5、LF11(Al-Mg 合金)的密度比纯铝小,强度比 Al-Mn 合金高,具有高的抗蚀性和塑性,焊接性能良好,但切削加工性能差。用于焊接容器、管道,以及承受中等载荷的零件及制品,也可用作铆钉。

2. 硬铝合金

硬铝合金为 Al-Cu-Mg 系合金,另含有少量锰,可以进行时效强化,属于可热处理强化

的铝合金

（1）低合金硬铝　LY1、LY10 等合金 Mg、Cu 含量较低，塑性好，强度低；采用固溶处理和自然时效提高强度和硬度，时效速度较慢，主要用于制作铆钉，常称铆钉硬铝；变形加工性能良好，时效后切削加工性能也较好，主要用于轧材、锻材、冲压件和螺旋桨叶片及大型铆钉等重要零件。

（2）标准硬铝　LY11 等合金元素含量中等，强度和塑性属中等水平，退火后变强化的铝合金，亦可进行形变强化。合金中的 Cu、Mg 可形成强化相（θ 及 s 相）；加入 Mn 主要为了提高抗蚀性，并起一定固溶强化作用，因其析出倾向小，不参与时效过程；少量钛或硼可细化晶粒，提高合金强度。

（3）高合金硬铝　LY12、LY6 等合金元素含量较多，强度和硬度较高，塑性及变形加工性能较差，常用于制作航空模锻件和重要的销、轴等零件。

3. 超硬铝合金

超硬铝合金为 Al-Mg-Zn-Cu 系合金，含有少量的铬和锰，牌号有 LC4、LC6 等。锌、铜、镁与铝形成固溶体和多种复杂的第二相（例如 $MgZn_2$、Al_2CuMg、AlMgZnCu 等），合金经固溶处理和人工时效后，可获得很高的强度和硬度，是强度最高的一类铝合金。但这类合金的抗蚀性较差，高温下软化快，用包铝法可提高抗蚀性。

超硬铝合金多用于制造受力大的重要构件，例如飞机大梁、起落架等。

4. 锻铝合金

锻铝合金为 Al-Mg-Si-Cu 或 Al-Cu-Mg-Ni-Fe 系合金。元素种类多，但含量少，因而合金的热塑性好，适于锻造，故称"锻铝"。锻铝通过固溶处理和人工时效来强化，牌号有 LD5、LD7、LD10 等。

锻铝合金主要用于承受重载荷的锻件和模锻件。

8.1.4　铸造铝合金

铸造铝合金的机械性能不如变形铝合金，但其铸造性能好，可进行各种成型铸造，生产形状复杂的零件。铸造铝合金的种类很多，根据主加元素的不同，铸造铝合金分为 Al-Si 系、Al-Cu 系、Al-Mg 系及 Al-Zn 系四类，其中 Al-Si 系合金是工业中应用最广泛的铸造铝合金。

铸造铝合金的代号由"ZL"（"铸铝"汉字拼音字首）加顺序号组成。顺序号的三位数字中：第一位数字为合金系列：1 表示 Al-Si 系，2、3、4 分别表示 Al-Cu 系、Al-Mg 系、Al-Zn 系；后两位数字为顺序号，例如，ZL102 表示 02 号 Al-Si 系铸造铝合金。常用铸造铝合金的牌号、成分、机械性能及用途见表 8.2、8.3。

表 8.2　铸造铝合金的主要牌号、成分、机械性能及用途

组别	代号	化学成分 w_B/%				机械性能					用　途
		Si	Cu	Mg	Mn	铸造方法	热处理*	σ_b/MPa	δ/%	HB	
铝硅合金	ZL101	6.0~8.0		0.2~0.4		J J SB	T4 T5 T6	190 210 230	4 2 1	50 60 70	形状复杂的零件,如飞机、仪器零件、抽水机壳体
	ZL104	8.0~10.5		0.17~0.30	0.2~0.5	J J	T1 T6	200 240	1.5 2	70 70	形状复杂工作温度为200℃以下的零件,如电动机壳体、气缸体
	ZL105	4.5~5.5	1.0~1.5	0.35~0.60		J J	T5 T7	240 180	0.5 1	70 65	形状复杂工作温度为250℃以下的零件,如风冷发动机的气缸头、机匣、油泵壳体
	ZL107	6.5~7.5	3.5~4.5			SB J	T6 T6	250 280	2.5 3	90 100	强度和硬度较高的零件
	ZL109	11.0~13.0	0.5~1.5	0.8~1.5		J J	T1 T6	200 250	0.5 –	90 100	较高温度下工作的零件,如活塞
	ZL110	4.0~6.0	5.0~8.0	0.2~0.5		J S	T1 T1	170 150	– –	90 80	活塞及高温下工作的其他零件
铝铜合金	ZL201		4.5~5.3		0.6~1.0	S S	T4 T5	300 340	8 4	70 90	砂型铸造工作温度为175~300℃的零件,如内燃机气缸头、活塞
	ZL202		9.0~11.0			S J	T6 T6	170 170	– –	100 100	高温下工作不受冲击的零件
	ZL203		4.0~5.0			J J	T4 T5	210 230	6 3	60 70	中等载荷、形状比较简单的零件
铝镁合金	ZL301 ZL302			9.5~11.5 4.5~5.5	0.1~0.4	S S,J	T4 –	280 150	9 1	20 55	大气或海水中工作的零件,承受冲击载荷、外形不太复杂的零件,如舰船配件、氨用泵体等
铝锌合金	ZL401 ZL402	6.0~8.0		0.1~0.3 0.4~0.7		J J	T1 T1	250 240	1.5 4	90 70	结构形状复杂的汽车、飞机、仪器零件,也可制造日用品

注：J—金属模；S—砂模；B—变质处理。* 热处理符号的含义见表 8.3。

表 8.3　铸造铝合金的热处理种类和应用

热处理	表示符号	工艺特点	目的和应用
不淬火，人工时效	T1	铸件快冷（金属型铸造、压铸或精密铸造）后进行时效，时效前并不淬火	改善切削加工性能，提高表面光洁度
退火	T2	退火温度一般为 290±10℃，保温 2~4 h	消除铸造内应力或加工硬化，提高合金的塑性
淬火+自然时效	T4		提高零件的强度和耐蚀性
淬火+不完全时效	T5	淬火后进行短时间时效（时效温度较低或时间较短）	得到一定的强度，保持较好的塑性
淬火+人工时效	T6	时效温度较高（约180℃），时间较长	得到高强度
淬火+稳定回火	T7	时效温度比 T5、T6 高，接近零件的工作温度	保持较高的组织稳定性和尺寸稳定性
淬火+软化回火	T8	回火温度高于 T7	降低硬度，提高塑性

1. Al-Si 铸造铝合金（硅铝明）

（1）简单硅铝明　Al-Si 合金相图如图 8.4 所示。在 Al-Si 系合金中，由铝、硅两种元素组成的合金称简单硅铝明。其牌号为 ZA l Si l 2（代号为 ZL102）。

在简单硅铝明中 $w(Si) = 11\% ~ 13\%$，铸造后的组织几乎全为共晶体（α+Si）。由于 Si 的脆性大，又呈粗针状，如图 8.5（a）所示，故使合金的力学性能变坏。为了提高这类合金的力学性能，生产中常采用变质处理，即在浇注前向液态合金中加入合金总量 2% ~3% 的变质剂（常用 2/3NaF+1/3NaCl），以细化晶粒，改善合金的力学性能。故变质后形成亚共晶组织 α+（α+Si），如图 8.5（b）所示。从而使合金的力学性能得到了显著的提高。

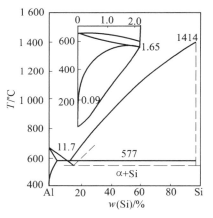

图 8.4　Al-Si 合金相图

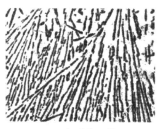

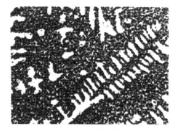

（a）变质处理前　　　　　　　　（b）变质处理后

图 8.5　Al-Si 铸造合金的铸态组织

ZL102 铸造性能很好，焊接性能也好，密度小，并有相当好的抗蚀性和耐热性，但不能时效强化，强度较低，经变质处理后，σ_b 最高不超过 180 MPa。该合金仅适于制造形状复杂但强度要求不高的铸件,例如仪表、水泵壳体以及一些承受低载荷的零件。

(2)特殊硅铝明 为了提高硅铝明的强度,在合金中加入一些能形成强化相 $CuAl_2$(θ相)、Mg_2Si(β相)、$CuMgAl_2$(s相)的 Cu、Mg 等元素,以获得能进行时效硬化的特殊硅铝明。这样的合金也可进行变质处理。

ZL101 和 ZL104 含有少量镁,能生成 Mg_2Si 相,除变质处理外,还可进行淬火及人工时效处理。ZL104 的热处理工艺为:530～540℃加热,保温 5 h,在热水中淬火,然后在 170～180℃时效 6～7 h;经热处理后,合金的强度 σ_b 可达 200～230 MPa,适合制造低强度的、形状复杂的铸件,例如电动机壳体、气缸体以及一些承受低载荷的零件等。

ZL107 含有少量铜,能形成 $CuAl_2$、Mg_2Si、$CuMgAl_2$ 等多种强化相,经淬火时效后可获得很高的强度和硬度。由于 ZL108、ZL109 密度小,抗蚀性好,线膨胀系数较小,强度、硬度较高,耐磨性、耐热性以及铸造性能都比较好,是常用的铸造铝活塞材料。

2. Al-Cu 铸造铝合金

Al-Cu 合金的强度较高,耐热性好,但铸造性能不好,有热裂和疏松倾向,耐蚀性较差。

ZL201 室温强度、塑性比较好,可制作在 300℃以下工作的零件,常用于铸造内燃机气缸头、活塞等零件。ZL202 塑性较低,多用于高温下不受冲击的零件。ZL203 经淬火时效后,强度较高,可作结构材料,铸造承受中等载荷和形状较简单的零件。

3. Al-Mg 铸造铝合金

ZL301、ZL302 强度高,密度小(为 $2.55×10^3$ g/m^3),有良好的耐蚀性,但铸造性能不好,耐热性低;可进行时效处理(自然时效),用于制造承受冲击载荷、在腐蚀性介质中工作的、外形不太复杂的零件,例如舰船配件、氨用泵体等。

4. Al-Zn 铸造铝合金

ZL401、ZL402 价格便宜,铸造性能优良,经变质处理和时效处理后强度较高,但抗蚀性差,热裂倾向大,用于制造汽车、拖拉机的发动机零件及形状复杂的仪器元件,也可用于制造日用品。

8.2 铜及铜合金

铜及铜合金是应用最广泛的有色金属之一,它具有以下性能特点:

(1)优异的物理、化学性能 纯铜导电性、导热性极佳,铜合金的导电、导热性也很好;铜及铜合金对大气和水的抗蚀能力很高;铜是抗磁性物质。

(2)良好的加工性能 塑性很好,容易冷、热成形;铸造铜合金有很好的铸造性能。

(3)某些特殊机械性能 例如,优良的减摩性和耐磨性(如青铜及部分黄铜),高的弹性极限和疲劳极限(如铍青铜等)。

(4)色泽美观。

8.2.1 纯铜(紫铜)

纯铜呈紫红色,常称紫铜,固态时具有面心立方晶格结构,密度为 8.96 g/cm^3,熔点为 1 083℃。常用于制作电导体及配制合金。纯铜的强度不高(σ_b=200～250 MPa),硬度低(40～50 HBS),塑性好(δ=45%～55%)不宜作结构材料。工业纯铜分为四种:T1、T2、T3、

T4。编号越大,纯度越低。工业纯铜的牌号、成分及主要用途如表 8.4 所示。

表 8.4　工业纯铜的牌号、成分及主要用途

牌号	代号	$w(Cu)$ /%	杂质/%		杂质总量 /%	用　　途
			Bi	Pb		
一号铜	T1	99.95	0.002	0.005	0.05	导电材料和配高纯度合金
二号铜	T2	99.90	0.002	0.005	0.1	导电材料,制作电线,电缆等
三号铜	T3	99.70	0.002	0.01	0.3	一般用铜材,电气开关,垫圈、铆钉、油管等
四号铜	T4	99.50	0.003	0.05	0.5	同上

8.2.2　铜合金

纯铜的强度低,不适于制作结构件,为此常加入适量的合金元素制成铜合金。铜合金按加入的合金元素不同,可分为黄铜、青铜和白铜。在机械生产中普遍使用的铜合金是黄铜和青铜。

1. 黄铜

以锌为主要合金元素的铜合金称为黄铜,按照化学成分,黄铜分普通黄铜和特殊黄铜两种。

(1)普通黄铜　以锌和铜组成的合金叫普通黄铜。普通黄铜的牌号由"H"("黄"的汉语拼音字首)加数字(表示铜的平均含量)组成,如 H68 表示 $w(Cu)=68\%$,其余为锌。

锌加入铜中不但能使强度增高,也能使塑性增高。当增加到 $w(Zn)=30\%\sim32\%$ 时,塑性最高;当增至 $w(Zn)=40\%\sim42\%$ 时,塑性下降而强度最高。这是由于合金组织中出现了以化合物 CuZn 为基体的固溶体(称为 β 相)所造成的。当锌的质量分数超过 45% 以后,组织全部为 β 相,黄铜的强度急剧下降,塑性太差,已无使用价值。

普通黄铜的力学性能、工艺性和耐蚀性都较好,应用较为广泛。较典型牌号有 H96,主要用于制造冷凝器、散热片及冷冲、冷挤零件等。单相黄铜 H80、H70、H68 塑性很好,适于制作冷轧板材、冷拉线材、管材及形状复杂的深冲零件。双相黄铜 H62、H59 可进行热变形,通常热轧成棒材、板材。

(2)特殊黄铜　在普通黄铜的基础上加入其他合金元素的铜合金,称为特殊黄铜。特殊黄铜的牌号仍以"H"为首,后为添加元素的化学符号及数字,依次表示含铜量和加入元素的含量。铸造用黄铜的牌号前面还加"Z"字。例如,HPb59-1 表示加入铅的特殊黄铜,其 $w(Cu)=59\%$,$w(Pb)=1\%$。

常加入的合金元素有铅、铝、锰、锡、铁、镍、硅等。这些元素的加入都能提高黄铜的强度,其中铝、锰、锡、镍还能提高黄铜的抗蚀性和耐磨性。

铅改善切削加工性能,提高耐磨性,对强度影响不大,略微降低塑性,通常用于要求良好切削性能及耐磨性能的零件(如钟表零件等),铸造铅黄铜可制作轴瓦和衬套。例如,铅黄铜 HPb63-3。

锡显著提高黄铜在海洋大气和海水中的抗蚀性,并使强度有所提高。压力加工锡黄铜广泛用于制造海船零件。例如锡黄铜 HSn62-1。

铝提高黄铜的强度和硬度(但使塑性降低),改善在大气中的抗蚀性。制作海船零件及其他机器的耐蚀零件。铝黄铜中加入适量的镍、锰、铁后,还可得到高强度、高耐蚀性的复杂黄铜,制造大型蜗杆、海船螺旋浆等重要零件。例如铝黄铜 HAl60-1-1。

硅显著提高黄铜的机械性能、耐磨性和耐蚀性。硅黄铜具有良好的铸造性能,并能进行焊接和切削加工,主要用于制造船舶及化工机械零件。例如硅黄铜 HSi65-1.5-3。

常用黄铜的牌号、化学成分、力学性能和用途见表 8.5 所示。

表 8.5　黄铜的牌号、成分、机械性能及用途

类别	牌号	$w_B/\%$		机械性能			用　途
		Cu	其他	σ_b/MPa	$\delta/\%$	HB	
普通黄铜	H96	95.0~97.0	余量 Zn	250 400	35 —	— —	冷凝管、散热器及导电零件
	H80	70.0~81.0	余量 Zn	270 —	50 —	— 145	薄壁管、装饰品
	H70	69.0~72.0	余量 Zn	— 660	— 3	— 150	弹壳、机械及电气零件
	H68	67.0~70.0	余量 Zn	300 400	40 15	— 150	形状复杂的深冲零件,散热器外壳
	H62	60.5~63.5	余量 Zn	300 420	40 10	— 164	机械、电气零件,铆钉、螺帽、垫圈、散热器及焊接件、冲压件
	H59	57.0~60.0	余量 Zn	300 420	25 5	— 103	同上
特殊黄铜	HPb 63-3	62.0~65.0	Pb 2.4~3.0	600	5	—	钟表零件、汽车、拖拉机及一般机器零件
	HPb 60-1	59.0~61.0	Pb 0.6~1.0	610	4	—	一般机器结构零件
	HSn 90-1	88.0~91.0	Sn 0.25~0.75	520	5	148	汽车、拖拉机弹性套管 船舶零件
	HSn 62-1	61.0~63.0	Sn 0.7~1.1	700	4	—	
	HAl 77-2	76.0~79.0	Al 1.8~2.6 As、Be 微量	650	12	170	海船冷凝器管及耐蚀零件
	HAl 60-1-1	58.0~61	Al 0.75~1.5 Fe 0.75~1.0 Mn 微量	750	8	180	齿轮、蜗轮、轴及耐蚀零件
	HAl 59-3-2	57.0~60.0	Al 2.5~3.5 Ni 2.0~3.0	650	15	150	船舶、电机、化工机械等常温下工作的高强度耐蚀零件
	HSi 65-1.5-3	63.5~66.5	Si 1.0~2.0 Pb 2.5~3.5	600	8	160	耐磨锡青铜的代用材料,船舶及化工机械零件
	HMn 58-2	57.0~60.0	Mn 1.0~1.2	700	10	175	船舶零件及轴承等耐磨零件 摩擦及海水腐蚀下工作的零件
	HFe 59-1-1	57.0~60.0	Fe 0.6~1.2	700	10	160	
	HNi 65-5	64.0~67.0	Mn 0.5~0.8 Sn 0.3~0.7 Ni 5.0~6.5	700	4	—	船舶用冷凝管、电机零件

2. 青铜

青铜原指铜锡合金,但工业上都习惯称含铝、硅、铅、铍、锰等的铜基合金为青铜,所以青铜实际上包括有锡青铜、铝青铜、铍青铜,等等。青铜也可分为压力加工青铜(以青铜加工产品的形式供应)和铸造青铜两类。

(1)锡青铜　以锡为主要合金元素的铜基合金称锡青铜。在一般铸造状态下,锡含量低于6%的锡青铜能获得α单相组织。α相是锡溶于铜中的固溶体,具有面心立方晶格,塑性良好,容易冷、热变形。锡含量大于6%时,组织中出现(α+δ)共析体。δ相极硬和脆,不能塑性变形。其中含锡质量分数低于5%的锡青铜适于冷加工,含锡质量分数介于5% ~ 7%的锡青铜适于热加工,含锡质量分数大于10%的锡青铜适于铸造。

锡青铜的铸造收缩率很小,可铸造形状复杂的零件。但铸件易生成分散缩孔,使密度降低,在高压下容易渗漏。锡青铜在大气、海水、淡水以及蒸汽中的抗蚀性比纯铜和黄铜好,但在盐酸、硫酸和氨水中的抗蚀性较差。锡青铜中加入少量铅,可提高耐磨性和切削加工性能;加入磷可提高弹性极限、疲劳极限及耐磨性;加入锌可缩小结晶温度范围,改善铸造性能。

锡青铜在造船、化工、机械、仪表等工业中广泛应用,主要制造轴承、轴套等耐磨零件和弹簧等弹性元件,以及抗蚀、抗磁零件等。

(2)无锡青铜　无锡青铜是指不含锡的青铜,常用的有铝青铜、铍青铜、铅青铜、锰青铜、硅青铜等。

以铝为主要合金元素的铜合金称铝青铜,铝青铜是无锡青铜中用途最广泛的一种。铝青铜的耐蚀性优良,在大气、海水、碳酸及大多数有机酸中的耐蚀性,均比黄铜和锡青铜高。铝青铜的耐磨性亦比黄铜和锡青铜好。

铝青铜适用于制造齿轮、轴套、蜗轮等在复杂条件下工作的高强度抗磨零件,以及弹簧和其他高耐蚀性弹性元件。

以铍为基本合金元素的铜合金($w(Be) = 1.7 ~ 2.5\%$)称铍青铜。铍青铜在淬火状态下塑性好,可进行冷变形和切削加工,制成零件经人工时效处理后,获得很高的强度和硬度:σ_b达1 200 ~ 1 500 MPa,硬度达350 ~ 400 HB,超过其他铜合金。

铍青铜的弹性极限、疲劳极限都很高,耐磨性和抗蚀性也很优异。它有良好的导电性和导热性,并有无磁性、耐寒、受冲击时不产生火花等一系列优点,但价格较贵。

铍青铜应用于制作精密仪器的重要弹簧和其他弹性元件、钟表齿轮、高速高压下工作的轴承及衬套等耐磨零件,以及电焊机电极、防爆工具、航海罗盘等重要机件。

常用青铜的牌号、成分、机械性能及用途见表8.6所示。

表 8.6　常用青铜的牌号、成分、机械性能及用途

组别	代号	$w_B/\%$		机械性能					用　途
		第一主加元素	其他	状态	$\sigma_b/$ MPa	$\delta/$ %	HB HV		
锡青铜	QSn 6.5-0.1	Sn 6.0～7.0	Pb0.1～0.5 余量 Cu	软 硬	400 600	65 10	HB	80 180	精密仪器中的耐磨零件和抗磁元件，弹簧
	QSn 4-4-2.5	Sn 3.0～5.0	Zn3.0～5.0 Pb1.5～3.5	软 硬	— 600	— 4	HB	— 180	飞机、拖拉机、汽车用轴承和轴套的衬垫
	QSn 4-3	Sn 3.5～4.5	Zn2.7～3.3 余量 Cu	软 硬	350 550	40 4	HB	60 160	弹簧、化工机械耐磨零件和抗磁零件
铝青铜	QAl 10-3-1.5	Al 8.5～10.0	Fe2.0～4.0 Mn1.0～2.0 余量 Cu	退火 冷加工	600～700 700～900	20～30 9～12	HB	125～140 160～200	飞机、船舶用高强度、高耐磨性抗蚀零件，齿轮、轴承
	QAl 9-4	Al 8.0～10.0	Fe2.0～4.0 余量 Cu	退火 冷加工	500～600 800～1000	40 5	HB	110 160～200	船舶及电气零件、耐磨零件
	QAl 7	Al 6.0～8.0	余量 Cu	退火 冷加工	470 980	70 3	HB	70 154	重要的弹簧及弹性元件
铍青铜	QBe 2	Be 1.9～2.2	Ni0.2～0.5 余量 Cu	淬火 时效	500 1250	35 2～4	HV	100 330	重要的弹簧及弹性元件，耐磨零件，高压高速高温轴承，钟表齿轮，罗盘零件
	QBe 1.9	Be 1.85～2.1	Ni0.2～0.5 Ti0.1～0.25	淬火 时效	450 1250	40 2.5	HV	90 380	
	QBe 1.7	Be1.6～1.85	Ni0.2～0.5 Ti0.1～0.25	淬火 时效	440 1150	50 3.5	HV	85 360	
硅青铜	QSi 3-1	Si 2.75～3.5	Mn 1.0～1.5 余量 Cu						弹簧、耐蚀零件、蜗轮、蜗杆齿轮

3. 白铜

　　以镍为主要合金元素的铜合金称为白铜。在固态下,铜与镍无限固溶,因此工业白铜的组织为单相 α 固溶体。它有较好的强度和优良的塑性,能进行冷、热变形;冷变形能提高强度和硬度;它的抗蚀性很好,电阻率较高。

　　白铜可用于制造船舶仪器零件、化工机械零件及医疗器械等。锰含量高的锰白铜可制作热电耦丝。常用白铜有 B30、B19、B5、BZn 15-20、BMn 3-12、BMn 40-1.5 等。表 8.7 列出了部分白铜的牌号、成分、机械性能及用途。

表 8.7 部分白铜的牌号、成分、机械性能及用途

组别	代号	w_B/%				机械性能			用途
		Ni(+Co)	Mn	Zn	Cu	加工状态	σ_b/MPa	δ/%	
普通白铜	B30	29.0~33.0			余量	软	380	23	船舶仪器零件，化工机械零件
						硬	550	3	
	B19	18.0~20.0			余量	软	300	30	
						硬	400	3	
	B5	4.4~5.0			余量	软	200	30	
						硬	400	10	
锌白铜	BZn 15-20	13.5~16.5		18.0~22.0	余量	软	350	35	潮湿条件下和强腐蚀介质中工作的仪表零件
						硬	550	2	
锰白铜	BMn 3-12	2.0~3.5	11.0~13.0		余量	软	360	25	热电耦丝
						硬	—	—	
	BMn 40-1.5	42.5~44.0			余量	软	400	—	
						硬	600	—	

8.3 钛及钛合金

钛及钛合金具有密度小、比强度高、耐高温、耐腐蚀以及良好低温韧性等优点，同时资源丰富，所以有着广泛应用前景。但目前钛及钛合金的加工条件复杂，成本较昂贵。

8.3.1 工业纯钛

纯钛是灰白色金属，密度小（4.507 g/cm³），熔点高（1 688℃），热膨胀系数小，导热性差。在 882.5℃时发生同素异构转变 β-Ti →α-Ti，882.5℃以下的 α-Ti 为密排六方晶格，882.5℃以上直到熔点的 β-Ti 为体心立方晶格。

纯钛塑性好、强度低，容易加工成形，可制成细丝和薄片。钛在大气和海水中有优良的耐蚀性，在硫酸、盐酸、硝酸、氢氧化钠等介质中都很稳定。钛的抗氧化能力优于大多数奥氏体不锈钢。

牌号为 TA1、TA2、TA3 编号越大杂质越多，工业纯钛可制作成在 350℃以下工作的、强度要求不高的零件及冲压件，如石油化工用的热交换器、海水净化装置及船舰零部件。

8.3.2 钛合金

合金元素溶入 α-Ti 中，形成 α 固溶体，溶入 β-Ti 中形成 β 固溶体。铝、碳、氮、氧、硼等使同素异构转，变温度升高，铁、钼、镁、铬、锰、钒等使同素异构转变温度下降。

根据使用状态的组织，钛合金可分为三类：α 钛合金、β 钛合金和（α+β）钛合金。牌号分别以 TA、TB、TC 加上顺序号来表示。如 TA4、TB2、TC3 等。常用钛合金的牌号及力学性能如表 8.8 所示。

表 8.8　工业纯钛和部分钛合金的牌号、成分、机械性能及用途

组　别	牌号	化学成分	室温机械性能			高温机械性能		用　途
			热处理	σ_b/MPa	δ/%	试验温度/℃	σ_b/MPa	
工业纯钛	TA1	Ti(杂质极微)	退火	300~500	30~40	—	—	在350℃以下工作、强度要求不高的零件
	TA2	Ti(杂质微)	退火	450~600	25~30	—	—	
	TA3	Ti(杂质微)	退火	550~700	20~25	—	—	
α 钛合金	TA4	Ti-3Al	退火	700	12	—	—	在500℃以下工作的零件,导弹燃料罐、超音速飞机的涡轮机匣
	TA5	Ti-4Al-0.005B	退火	700	15	—	—	
	TA6	Ti-5Al	退火	700	12~20	350	430	
β 钛合金	TB1	Ti-3Al-8Mo-11Cr	淬火	1 100	16	—	—	在350℃以下工作的零件、压气机叶片、轴、轮盘等重载荷旋转件,飞机构件
			淬火+时效	1 300	5			
	TB2	Ti-5Mo-5V-8Cr-3Al	淬火	1 000	20	—	—	
			淬火+时效	1 350	8			
α+β 钛合金	TC1	Ti-2Al-1.5Mn	退火	600~800	20~25	350	350	在400℃以下工作的零件,有一定高温强度的发动机零件,低温用部件
	TC2	Ti-3Al-1.5Mn	退火	700	12~15	350	430	
	TC3	Ti-5Al-4V	退火	900	8~10	500	450	
	TC4	Ti-6Al-4V	退火	950	10	400	630	
			淬火+时效	1 200	8			

1. α 钛合金

钛中加入铝、硼等 α 稳定化元素获得 α 钛合金。α 钛合金的室温强度低于 β 钛合金和(α+β)钛合金,但高温(500~600℃)强度比它们的高,并且组织稳定,抗氧化性和抗蠕变性好,焊接性能也很好。α 钛合金不能淬火强化,主要依靠固溶强化,热处理只进行退火(变形后的消除应力退火或消除加工硬化的再结晶退火)。

典型牌号有 TA7,成分为 Ti-5Al-2.5Sn。其使用温度不超过500℃,主要用于制造导弹的燃料罐、超音速飞机的涡轮机匣等。

2. β 钛合金

钛中加入钼、铬、钒等 β 稳定化元素得到 β 钛合金。β 钛合金有较高的强度、优良的冲压性能,并可通过淬火和时效进行强化。在时效状态下,合金的组织为 β 相和弥散分布的细小 α 相粒子。

典型牌号有 TB1,成分为 Ti-3Al-13V-11Cr,一般在350℃以下使用,适于制造压气机叶片、轴、轮盘等重载的回转件,以及飞机构件等。

3. α+β 钛合金

钛中通常加入 β 稳定化元素、大多数还加入 α 稳定化元素所得到的(α+β)钛合金,塑性很好,容易锻造、压延和冲压,并可通过淬火和时效进行强化。热处理后强度可提高50%~100%。

　　典型牌号有 TC4,成分为 Ti-6Al-4V,经淬火及时效处理后,显微组织为块状 α+β+针状 α。其中针状 α 是时效过程中从 β 相析出的。强度高,塑性好,在 400℃时组织稳定,蠕变强度较高,低温时有良好的韧性,并有良好的抗海水应力腐蚀及抗热盐应力腐蚀的能力,适于制造在 400℃以下长期工作的零件,要求在一定高温强度下工作的发动机零件,以及在低温下使用的火箭、导弹的液氢燃料箱部件等。

8.4　轴 承 合 金

　　滑动轴承是汽车、拖拉机、机床及其他机器中的重要部件。轴承合金是制造滑动轴承中的轴瓦及内衬的材料。轴承支撑着轴,当轴旋转时,轴瓦和轴发生摩擦,并承受轴颈传给的周期性载荷。

8.4.1　滑动轴承合金的性能要求与组织

　　为了减少轴承对轴颈的磨损,确保机器的正常运转,轴承合金应具有如下性能要求:
　　① 足够的强度和硬度,以承受轴颈较大的单位压力。
　　② 足够的塑性和韧性,高的疲劳强度,以承受轴颈的周期性载荷,并抵抗冲击和振动。
　　③ 良好的磨合能力,使其与轴能较快地紧密配合。
　　④ 高的耐磨性,与轴的摩擦系数小,并能保留润滑油,减轻磨损。
　　⑤ 良好的耐蚀性、导热性,较小的膨胀系数,防止摩擦升温而发生咬合。
　　轴瓦材料不能选用高硬度的金属,以免轴颈受到磨损;也不能选用软的金属,防止承载能力过低。因此轴承合金应既软又硬,组织的特点是:在软基体上分布硬质点,如图 8.6 所示,或者在硬基体上分布软质点。若轴承合金的组织是软基体上分布硬质点,则运转时软基体受磨损而凹陷,硬质点将凸出于基体上,使轴和轴瓦的接触面积减小,而凹坑能储存润滑油,降低轴和轴瓦之间的摩擦系数,减少轴和轴承的磨损。另外,软基体能承受冲击和震动,使轴和轴瓦能很好的结合,并能起嵌藏外来小硬物的作用,保证轴颈不被擦伤。轴承合金的组织是硬基体上分布软质点时,也可达到上述同样目的。

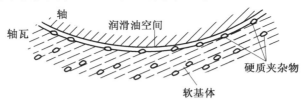

图 8.6　软基体硬质点轴瓦与轴的分界面示意图

8.4.2　锡基轴承合金

　　锡基轴承合金(锡基巴氏合金)是一种软基体硬质点类型的轴承合金,其显微组织照片如图 8.7 所示。显微组织为 $\alpha+\beta'+Cu_6Sn_5$,其中黑色部分是 α 相软基体,白方块是 β' 相硬质点,白针状或星状组成物是 Cu_6Sn_5。α 相是锑溶解于锡中的固溶体,为软基体;β' 相是以化合物 SbSn 为基的固溶体,为硬质点。铸造时,由于 β' 相较轻,易发生严重的比重偏析,所以加入铜,生成 Cu_6Sn_5,使其作树枝状分布,阻止 β' 相上浮,有效地减轻比重偏析。Cu_6Sn_5

的硬度比 β′相高,也起硬质点作用,进一步提高合金的强度和耐磨性。

锡基轴承合金的摩擦系数和膨胀系数小,塑性和导热性好,适于制作最重要的轴承,如汽轮机、发动机和压气机等大型机器的高速轴瓦。但锡基轴承合金的疲劳强度较低,许用温度也较低(不高于150℃)。最常用的锡基轴承合金的牌号是 ZSnSb11Cu6(含 $w(Sb)=11\%$ 和 $w(Cu)=6\%$,余 Sn)。

8.4.3　铅基轴承合金

铅基轴承合金(铅基巴氏合金)也是一种软基体硬质点类型的轴承合金。铅锑系的铅基轴承合金应用很广,典型牌号有 ZPbSb16Sn16Cu2,成分(质量分数)为 16% Sb、16% Sn、2% Cu、其余为 Pb。

ZPbSb16Sn16Cu2 的显微组织照片如图8.8所示,显微组织为(α+β)+β+Cu_6Sn_5,(α+β)共晶体为软基体,白方块为以 SnSb 为基的(固溶体,起硬质点作用,白针状晶体为化合物 Cu_6Sn_5。这种合金的铸造性能和耐磨性较好(但比锡基轴承合金低),价格较便宜,可用于制造中、低载荷的轴瓦,例如汽车、拖拉机曲轴的轴承等。

图 8.7　ZSnSb11Cu6 轴承合金的显微组织　　　图 8.8　ZPbSb16Sn16Cu2 轴承合金的显微组织

表8.9列出了部分锡基和铅基轴承合金的牌号、成分、机械性能及用途。

表 8.9　锡基和铅基轴承合金的牌号、成分、机械性能及用途

组别	代号	w_B/%	机械性能			熔点/℃	用　　途
			σ_b/MPa	δ/%	HB		
锡基轴承合金	ZSnSb11Cu6	Sb 10~12 Cu 5.5~6.5 Sn 余量	90	6	30	241	较硬,适用于2000马力以上的高速汽轮机,500马力的涡轮机,高速内燃机轴承
	ZSnSb8Cu3	Sb 7.25~8.2 Cu 2.3~3.5 Sn 余量	80	10.6	24	238	一般大机械轴承及轴套
	ZSnSb4Cu4	Sb 4.0~5.0 Cu 4.0~5.0 Sn 余量	80	7	22	225	涡轮机及内燃机高速轴承及轴衬

续表 8.9

组别	代号	w_B/%	机械性能			熔点/℃	用　途
			σ_b/MPa	δ/%	HB		
铅基轴承合金	ZPbSb16Sn16Cu2	Sn15～7, Sb 15～17 Cu 1.5～2.0, Pb 余量	78	0.2	30	240	汽车、轮船、发动机等轻载荷高速轴承
	ZPbSb6Sn6	Sn 5.5～6.5, Sb 5.5～6.5,	67	12.7	16.9	—	较重载荷高速机械轴衬
	ZPbSn2	Sn1.5～2.5, Mg0.04～0.09, Na0.25～0.5, Ca0.35～0.55	93	8.1	19.7	—	代替 ZPbSb16Sn16Cu2, 铁路车辆、拖拉机轴承

8.4.4　铜基轴承合金

铜基轴承合金有铅青铜和锡青铜等,锡青铜常用牌号是 ZCuSn10P1,成分为 10% Sn、1% P,其余为 Cu。显微组织为 α+δ+Cu$_3$P。α 固溶体为软基体,δ 相和 Cu$_3$P 为硬质点。该合金具有高的强度,适于制造高速度、高载荷的柴油机轴承。

铅青铜常用牌号是 ZCuPb30,成分为 30% Pb,其余为 Cu。这是一种硬基体软质点类型的轴承合金。铜和铅在固态时互不溶解,室温显微组织为 Cu+Pb。Cu 为硬基体,粒状 Pb 为软质点。该合金与巴氏合金相比,具有高的疲劳强度和承载能力,优良的耐磨性、导热性和低的摩擦系数,能在较高温度(250℃)下正常工作,因此可制造大载荷、高速度的重要轴承,例如航空发动机、高速柴油机的轴承等。

由于锡基、铅基轴承合金及不含锡的铅青铜的强度比较低,承受不了大的压力,所以使用时必须将其镶铸在钢的轴瓦时,形成一层薄而均匀的内衬,做成双金属轴承。含锡的铅青铜,由于锡溶于铜中使合金强化,获得高的强度,所以不必做成双金属,而可直接做成轴承或轴套使用。表 8.10 列出了部分铜基轴承合金的牌号、成分、机械性能及用途。

表 8.10　铜基轴承合金的牌号、成分、机械性能及用途

组别	代号	w_B/%				机械性能			用　途
		Pb	Sn	其他	Cu	σ_b/MPa	δ/%	HB	
铅青铜	ZCuPb30	27.0～33.0			余量	60	4	25	高速高压下工作的航空发动机、高压柴油机轴承
	ZCuPb25Sn5	23.0～27.0	4.0～6.0		余量	140	6	50	高压力轴承,轧钢机轴承,机床、抽水机轴衬
	ZCuPb12Sn8	11.0～13.0	7.0～9.0		余量	120～200	3～8	80～120	冷轧机轴承

续表 8.10

组别	代号	w_B/%				机械性能			用　　途
		Pb	Sn	其他	Cu	σ_b/MPa	δ/%	HB	
锡青铜	ZCuSn10P1		9.0~1.0	P0.6~1.2	余量	250	5	90	高速高载荷柴油机轴承
	ZCuSn6Sn6Pb3	2.0~4.0	5.0~7.0	Zn5.0~7.0	余量	200	10	65	中速中载轴承

8.5　粉末冶金与硬质合金

8.5.1　粉末冶金

粉末冶金是利用金属粉末(或金属粉末与非金属粉末的混合物)作原料,将几种粉末混匀压制成型,并经过烧结而获得材料或零件的加工方法。近 20 多年来,粉末冶金得到迅速的发展,粉末冶金法在机械、冶金、化工、原子能、宇航等部门得到愈来愈广泛的应用。

粉末冶金法和金属熔炼法与铸造方法有根本的不同。其生产过程包括粉末的生产、混料、压制成型、烧结及烧结后的处理等工序。

用粉末冶金方法不但可以生产多种具有特殊性能的金属材料,如硬质合金、难熔金属材料、无偏析高速钢、耐热材料、减磨材料、热交换材料、摩擦材料、磁性材料及核燃料组件等,而且还可以制造很多机械零件,如齿轮、凸轮、轴套、衬套、摩擦片等。与一般零件的生产方法相比,它具有少切削或无切削,生产率高、材料利用率高、节省生产设备和占地面积小等优点。

8.5.2　硬质合金

硬质合金是以碳化钨(WC)、碳化钛(TiC)等高熔点、高硬度的碳化物的粉末和起粘结作用的金属钴粉末经混合、加压成型、再烧结而制成的一种粉末冶金制品。因其工艺与陶瓷烧结相似,所以也称金属陶瓷硬质合金或烧结硬质合金。

硬质合金具有高硬度(69~81 HRC)、高热硬性(可达 900~1 000℃)、高耐磨性和较高抗压强度。用它制造刀具,其切削速度、耐磨性与寿命都比高速钢高。硬质合金通常制成一定规格的刀片,装夹或镶焊在刀体上使用。它还用于制造某些冷作模具、量具及不受冲击、振动的高耐磨零件。常用的硬质合金有以下几类。

1. 钨钴类硬质合金

钨钴类硬质合金的主要成分为 WC 和 Co,典型牌号有 YG3、YG6、YG8 等。这类硬质合金具有良好的韧性和强度,适于切削脆性材料,如铸铁、有色金属等。它的牌号用"YG+数字+符号"表示,其中"YG"表示"硬、钴",数字表示钴的平均质量分数,符号表示产品特征和状态。例如,A 表示添加碳化钽,N 表示添加碳化铌,C 表示粗颗粒。

2. 钨钴钛类硬质合金

钨钴钛类硬质合金主要由 WC、TiC 和 Co 组成,典型牌号有 YT5、YT15、YT30 等。这种合金中由于碳化钛的加入,使其硬度、耐磨性和红硬性都得到提高,但其强度和韧性比钨钴类合金低,一般用于加工韧性材料(如钢材等)。它的牌号用"YT+数字"表示,其中"T"表示"钛"字,数字是 TiC 的平均质量分数。如 YT15 表示碳化铁的质量分数为 15%,其余为碳化钨和钴。

3. 钛钽（铌）钴类硬质合金(万能硬质合金)

万能硬质合金是在 YT 类硬质合金中加入碳化钽或碳化铌来取代部分碳化钛而组成的合金,牌号由"YW+顺序号"组成,其中"W"表示"万"字,如 YW1 表示 1 号通用硬质合金。万能硬质合金适用于加工各种钢材,特别对于高锰钢、不锈钢等难加工材料进行加工,效果更佳。

4. 碳化钛镍钼硬质合金

碳化钛镍钼硬质合金用代号表示,是以碳化钛为基体、以镍和钼作为粘结剂而制成的合金,其耐磨性高。在精加工中,这类硬质合金可以对各种钢材进行高速连续切削。

复习思考题

1. 指出下列材料牌号或代号的含义:

H59;ZCuSn10P1; ZSnSb11Cu6;LF21;LC6;ZL102 。

2. 试述下列零件进行时效处理的作用:

a. 形状复杂的大型铸件在 500～600℃进行时效处理;

b. 铝合金件淬火后于 140℃进行时效处理;

c. GCr15 钢制造的高精度丝杠于 150℃进行时效处理。

3. 在铸造铝合金中以哪种系列铝合金应用最为广泛? 常用何种方法来提高其机械性能?

4. 什么是黄铜? 试分析锌的质量分数对黄铜的组织和性能的影响,说明为什么工业用黄铜,锌的质量分数不大于 45%?

5. 滑动轴承合金应具有什么性能?

6. 滑动轴承合金应具有怎样的理想组织? 铅基轴承合金和铝基轴承合金为什么能符合要求?

7. 判断题

(1) 铝合金人工时效比自然时效所获得的硬度高,且效率也高,因此多数情况下采用人工时效。(　　　)

(2) 铝合金的热处理强化工艺通常由固溶处理和时效这两个阶段组成。(　　　)

(3) 紫铜是一种耐蚀性极好的铜合金结构材料。(　　　)

第9章　非金属材料与新型材料

非金属材料指除金属材料以外的其他一切材料,这类材料发展迅速,种类繁多,已在工业领域中广泛应用。非金属材料主要包括有高分子材料(如塑料、胶粘剂、合成橡胶、合成纤维等)、陶瓷(如日用陶瓷、金属陶瓷等)、复合材料等,其中工程塑料和工程陶瓷在工程结构中占有重要的地位。

人类进入21世纪,随着科学技术的迅速发展,在传统金属材料与非金属材料仍大量应用的同时,各种适应高科技发展的新型材料不断涌现,为新技术取得突破创造了条件。所谓新型材料,是指那些新发展或正在发展中的、采用高新技术制取的、具有优异性能和特殊性的材料。新型材料是相对于传统材料而言的,二者之间并没有截然的分界。新型材料的发展往往以传统材料为基础,传统材料进一步发展也可以成为新型材料。材料中尤其是新型材料,是21世纪知识经济时代的重要基础和支柱之一,他将对经济、科技、国防等领域的发展起到至关重要地推进作用,对机械制造业更是如此。

9.1　高分子材料

高分子材料是指以高分子化合物为主要组分的材料。高分子化合物是指相对分子质量很大(5000以上)的化合物。高分子化合物按其来源分为天然的(如蚕丝、天然橡胶等)和合成的(如塑料、合成橡胶和合成纤维等)两大类。工程上的高分子材料主要指人工合成高分子化合物。

根据其性质用途,高分子材料主要有塑料、橡胶及胶粘剂等。

9.1.1　工程塑料

塑料是以有机合成树脂为主要组成的高分子材料,它通常可在加热、加压条件下塑制成型,故称为塑料。

1.塑料的组成

塑料是以有机合成树脂为基础,再加入添加剂所组成的。

(1)合成树脂　合成树脂是由低分子化合物通过缩聚或加聚反应合成的高分子化合物,如酚醛树脂、聚乙烯等,是塑料的主要组成,也起粘结剂作用。

(2)添加剂　添加剂为改善塑料的性能而加入的其他成分,主要有:

①填料或增强材料:填料在塑料中主要起增强作用。

②固化剂:可使树脂具有体型网状结构,成为较坚硬和稳定的塑料制品。

③增塑剂:用以提高树脂可塑性和柔性的添加剂。

④稳定剂:用以防止受热、光等的作用使塑料过早老化。

2.塑料的分类

常用的塑料分类方法有下述两种:

（1）按树脂的热性能分类　根据树脂在加热和冷却时所表现的性质,可分为热塑性塑料和热固性塑料。

①热塑性塑料　加热时软化并熔融,可塑造成形,冷却后即成型并保持既得形状,而且该过程可反复进行。这类塑料有聚乙烯、聚丙烯、聚苯乙烯、聚酰胺（尼龙）、聚甲醛、聚碳酸脂、聚苯醚、聚砜等。这类塑料加工成形简便,具有较高的机械性能,但耐热性和刚性比较差。

②热固性塑料　初加热时软化,可塑造成形,但固化后再加热将不再软化,也不溶于溶剂。这类塑料有酚醛、环氧、氨基、不饱和聚酯、呋喃和聚硅醚树脂等。它们具有耐热性高,受压不易变形等优点,但机械性能不好。

（2）按使用范围分类

①通用塑料。指应用范围广、生产量大的塑料品种。主要有聚氯乙烯、聚苯乙烯、聚烯烃、酚醛塑料和氨基塑料等,其产量约占塑料总产量的 3/4 以上。

②工程塑料。指综合工程性能（包括机械性能、耐热耐寒性能、耐蚀性和绝缘性能等）良好的各种塑料,主要有聚甲醛、聚酰胺、聚碳酸酯和 ABS 等四种。

③耐热塑料。指能在较高温度（100～200℃以上）下工作的各种塑料,常见的有聚四氟乙烯、聚三氟氯乙烯、有机硅树脂、环氧树脂等。

3. 常用工程塑料

（1）热塑性塑料

①聚乙烯（PE）。聚乙烯由乙烯单体聚合而成,根据合成方法不同,可分为高压、中压和低压三种。高压聚乙烯相对分子质量、结晶度和相对密度较低,质地柔软,常用来制作塑料薄膜、软管和塑料瓶等。低压聚乙烯质地刚硬,耐磨性、耐蚀性及电绝缘性较好,常用来制造塑料管、板材、绳索以及承载不高的零件,如齿轮、轴承等。

②聚丙烯（PP）。聚丙烯由丙烯单体聚合而成。聚丙烯刚性大,其强度、硬度和弹性等机械性能均高于聚乙烯。聚丙烯的密度仅为 $0.90～0.91\ \mathrm{g/cm^3}$,是常用塑料中最轻的。聚丙烯的耐热性良好,长期使用温度为 100～110℃。聚丙烯具有优良的电绝缘性能和耐蚀性能,在常温下能耐酸、碱,所以经常制作成导线外皮。但聚丙烯的冲击韧性差,耐低温及抗老化性也差。聚丙烯可用于制作某些零部件,如法兰、齿轮、风扇叶轮、泵叶轮、把手及壳体等,还可制作化工管道、容器、医疗器械等。

③聚氯乙烯（PVC）。聚氯乙烯是由乙炔气体和氯化氢合成氯乙烯,再聚合而成。具有较高的机械强度和较好的耐蚀性。可用于制作化工、纺织等工业的废气排污排毒塔、气体液体输送管,还可代替其他耐蚀材料制造贮槽、离心泵、通风机和接头等。当增塑剂加入量达 30%～40%（质量分数）时,便制得软质聚氯乙烯,其延伸率高,制品柔软,并具有良好的耐蚀性和电绝缘性,常制成薄膜,用于工业包装、农业育秧和日用雨衣、台布等,还可用于制作耐酸碱软管、电缆包皮、绝缘层等。

④聚苯乙烯（PS）。聚苯乙烯由苯乙烯单体聚合而成。聚苯乙烯刚度大、耐蚀性好、电绝缘性好,缺点是抗冲击性差、易脆裂、耐热性不高,可用以制造纺织工业中的纱管、纱绽、线轴;电子工业中的仪表零件、设备外壳;化工中的储槽、管道、弯头;车辆上的灯罩、透明窗;电工绝缘材料等。

⑤ABS 塑料。ABS 塑料是丙烯腈、丁二烯和苯乙烯的三元共聚物,具有其组成的"硬、

韧、刚"的特性,综合机械性能良好,同时尺寸稳定,容易电镀和易于成形,耐热性较好,在 $-40℃$ 的低温下仍有一定的机械强度,可制造齿轮、泵叶轮、轴承、把手、管道、储槽内衬、电机外壳、仪表壳、仪表盘、蓄电池槽、水箱外壳等。近年来在汽车零件上的应用发展很快,如作挡泥板、扶手、热空气调节导管及小轿车车身等,以及作纺织器材、电讯器件都有很好的效果。

⑥聚酰胺(PA)。又称尼龙或锦纶,是由二元胺与二元酸缩合而成,或由氨基酸脱水成内酰胺再聚合而得,有尼龙 610、66、6 等多个品种。尼龙具有突出的耐磨性和自润滑性能;良好的韧性,强度较高(因吸水不同而异);耐蚀性好,如耐水、油、一般溶剂、许多化学药剂,抗霉、抗菌,无毒;成形性能也好。

⑦聚碳酸酯(PC)。聚碳酸酯誉称"透明金属",具有优良的综合性能。冲击韧性和延性突出,在热塑性塑料中是最好的;弹性模量较高,不受温度的影响;抗蠕变性能好,尺寸稳定性高;透明度高,可染成各种颜色;吸水性小。绝缘性能优良,在 $10\sim130℃$ 间介电常数和介质损耗近于不变,常用于制造精密仪器的齿轮、蜗轮、蜗杆、齿条等。利用其高的电绝缘性能,制造垫圈、垫片、套管、电容器等绝缘件,并可作电子仪器仪表的外壳、护罩等。由于透明性好,在航空及宇航工业中,是一种不可缺少的制造信号灯、挡风玻璃、座舱罩、帽盔等的重要材料。

⑧氟塑料。氟塑料比其他塑料的优越性是,耐高、低温,耐腐蚀,耐老化和电绝缘性能很好,且吸水性和摩擦系数低,尤以 F-4 最突出。聚四氟乙烯俗称塑料王,具有非常优良的耐高、低温性能,缺点是强度低,冷流性强,主要用于制作减摩密封零件、化工耐蚀零件与热交换器,以及高频或潮湿条件下的绝缘材料。

⑨聚甲基丙烯酸甲酯(PMMA)。俗称有机玻璃。有机玻璃的透明度比无机玻璃还高,透光率达92%;密度也只有后者的一半,为 $1.18\ g/cm^3$。机械性能比普通玻璃高得多(与温度有关)。

(2)热固性塑料

①酚醛塑料(PE)。指由酚类和醛类在酸或碱催化剂作用下缩聚合成的酚醛树脂,再加入添加剂而制得的高聚物。有热塑性和热固性两类。酚醛塑料具有一定的机械强度和硬度,耐磨性好,绝缘性良好,耐热性较高,耐蚀性优良。缺点是性脆,不耐碱。酚醛塑料广泛用于制作插头、开关、电话机、仪表盒、汽车刹车片、内燃机曲轴皮带轮、纺织机和仪表中的无声齿轮、化工用耐酸泵等。

②环氧塑料(EP)。为环氧树脂加入固化剂后形成的热固性塑料。环氧塑料强度较高,韧性较好;尺寸稳定性高和耐久性好;具有优良的绝缘性能;耐热、耐寒;化学稳定性很高;成形工艺性能好。缺点是有某些毒性。环氧树脂是很好的胶粘剂,对各种材料(金属及非金属)都有很强的胶粘能力。环氧塑料可用于制作塑料模具、精密量具、灌封电器、配制飞机漆、船漆、罐头涂料等。

9.1.2　合成纤维

合成纤维是以石油、天然气、煤和石灰石等为原料,经过提炼和化学反应合成的高分子化合物,再经过熔融或溶解后纺丝制得的纤维,具有强度高、密度小、弹性好、耐磨、耐酸碱性好、不霉烂、不怕虫蛀等特点。除用作衣料等生活用品外,还用于汽车、飞机轮胎帘子线、渔网、索桥、船缆、降落伞及绝缘布等。

1. 合成纤维的生产方法

合成纤维的制取工艺包括单体制备与聚合、纺丝和后加工三个基本环节。

(1)单体制备与聚合　利用石油、天然气、煤和石灰石等为原料,经分馏、裂化和分离得到有机低分子化合物,如苯、乙烯、丙烯、苯酚等作为单体,在一定温度、压力和催化剂作用下,聚合而成的高聚物,即为合成纤维的材料,又称成纤高聚物。

(2)纺丝　将成纤高聚物的熔体或浓溶液,用纺丝泵(或称计量泵)连续、定量而均匀地从喷丝头(或喷丝板)的毛细孔中挤出,而成为液态细流,再在空气、水或特定的凝固液中固化成为初生纤维的过程称作"纤维成形",或称"纺丝",这是合成纤维生产过程中的主要工序。合成纤维的纺丝方法主要有两大类:熔体纺丝法和溶液纺丝法。在溶液纺丝中根据凝固方式不同,又分为湿法纺丝和干法纺丝。

(3)后加工　纺丝成形后得到的初生纤维其结构还不完善,物理机械性能较差,如伸长大、强度低、尺寸稳定性差,还不能直接用于纺织加工,必须经过一系列的后加工。后加工随合成纤维品种、纺丝方法和产品要求而异,其中主要的工序是拉伸和热定型。

2. 常用合成纤维

合成纤维主要有聚酯纤维(涤纶)、聚酰胺纤维(锦纶)、聚丙烯腈纤维(腈纶)、聚乙烯醇纤维(维纶)、聚丙烯纤维(丙纶)和聚氯乙烯纤维(氯纶),通称为六大纶。其中最主要的是涤纶、锦纶和腈纶三个品种,它们的产品占合成纤维总产量的90%以上。下面简要介绍这六种合成纤维的主要特性和用途。

(1)涤纶　涤纶化学名称为聚酯纤维,商品名称为涤纶或的确良,由对苯二甲酸乙二酯抽丝制成。涤纶的主要特点是弹性好,弹性模量大,不易变形,强度高,抗冲击性能高,耐磨性好,耐光性、化学稳定性和电绝缘性也较好,不发霉,不虫蛀。现在除大量地用作纺织品材料外,工业上广泛地用于运输带、传动带、帆布、渔网、绳索、轮胎帘子线及电器绝缘材料等。涤纶的缺点是吸水性差、染色性差、不透气、织物穿着感到不舒服、摩擦易起静电,容易把脏物吸附,不宜暴晒。

(2)锦纶　锦纶化学名称为聚酰胺纤维,商品名称为锦纶或尼龙。由聚酰胺树脂抽丝制成,主要品种有锦纶6、锦纶66和锦纶1010等。锦纶的特点是质轻、强度高、弹性和耐磨性好、良好的耐碱性和电绝缘性,但耐酸、耐热、耐光性能较差。主要缺点是弹性模量低,容易变形,缺乏刚性。锦纶纤维多用于轮胎帘子线、降落伞、宇航飞行服、渔网、针织内衣、尼龙袜、手套等工农业及日常生活用品。

(3)腈纶　腈纶化学名称为聚丙烯腈纤维,商品名称为腈纶或奥纶。它是丙烯腈的聚合物——聚丙烯腈树脂经湿纺或干纺制成。腈纶质轻,相对密度为1.14~1.17,柔软,保暖性好,犹如羊毛。腈纶不发霉,不虫蛀,弹性好,吸湿小,耐光性能特别好,故又称"晴纶"。多数用来制造毛线和膨体纱及室外用的帐蓬、幕布、船帆等织物,还可与羊毛混纺,织成各种衣料。腈纶的缺点是耐磨性差,弹性不如羊毛,摩擦后容易在表面产生许多小球,不易脱落,且因摩擦、静电积聚小球容易吸收尘土使织物弄脏。

(4)维纶　维纶化学名称为聚乙烯醇纤维,商品名称为维尼纶或维纶。由聚乙烯醇树脂经混纺制成。维纶的最大特点是吸湿性好,具有较高的强度,耐磨性、耐酸、碱腐蚀均较好,耐日晒、不发霉、不虫蛀,其纺织品柔软保暖,结实耐磨,穿着时没有闷气感觉,是一种很好的衣着原料,主要用作帆布、包装材料、输送带、背包。床单和窗帘等。

（5）丙纶　丙纶化学名称为聚丙烯纤维,商品名称为丙纶。由丙烯的聚合物——聚丙烯制成。丙纶的特点是质轻强度大,相对密度只有 0.91,比腈纶还轻,能浮在水面上,故是渔网的理想材料,也是军用蚊帐的好材料。丙纶耐磨性优良,吸湿性很小,还能耐酸、碱腐蚀。用丙纶制的织物,易洗快干,经久耐用,故除用于衣料、毛毯、地毯、工作服外,还用作包装薄膜、降落伞、医用纱布和手术衣等。

（6）氯纶　氯纶化学名称为聚氯乙烯纤维,商品名称为氯纶,由聚氯乙烯树脂制成。这种纤维的特点是保暖性好,遇火不易燃烧,化学稳定性好,能耐强酸和强碱,弹性、耐磨性、耐水性和电绝缘性均很好,并能耐日光照射,不霉烂,不虫蛀。故常用作化工防腐和防火衣着的用品,以及绝缘布、窗帘、地毯、渔网、绳索等;又因氯纶的保暖性好,做成贴身内衣。氯纶的缺点是耐热性差。

9.1.3　合成橡胶

橡胶是一种具有极高弹性的高分子材料,其弹性变形量可达 100% ~ 1000% ,而且回弹性好,回弹速度快。同时,橡胶还有一定的耐磨性,很好的绝缘性、不透气、不透水性。它是常用的弹性材料、密封材料、减震防震材料和传动材料。

1. 橡胶的分类

按照原料的来源,橡胶可分为天然橡胶和合成橡胶两大类。合成橡胶主要有七大品种:丁苯橡胶、顺丁橡胶、氯丁橡胶、异戊橡胶、丁基橡胶、乙丙橡胶和丁腈橡胶。习惯上按用途将合成橡胶分成两类:性能和天然橡胶接近,可以代替天然橡胶的通用橡胶和具有特殊性能的特种橡胶。

2. 橡胶制品的组成

人工合成用以制胶的高分子聚合物称为生胶。生胶要先进行塑炼,使其处于塑性状态,再加入各种配料,经过混炼成型、硫化处理,才能成为可以使用的橡胶制品。配料主要包括:

（1）硫化剂　变塑性生胶为弹性胶的处理即为硫化处理,能起硫化作用的物质称硫化剂。常用的硫化剂有硫磺、含硫化合物、硒、过氧化物等。

（2）硫化促进剂　胺类、胍类、秋兰姆类、噻唑类及硫脲类物质,可以起降低硫化温度、加速硫化过程的作用,称为硫化促进剂。

（3）补强填充剂　为了提高橡胶的机械性能,改善其加工工艺性能,降低成本,常加入填充剂,如碳黑、陶土、碳酸钙、硫酸钡、氧化硅、滑石粉等。

3. 常用合成橡胶

（1）通用合成橡胶

①丁苯橡胶。是以丁二烯和苯乙烯为单体共聚而成。具有较好的耐磨性、耐热性、耐老化性,价格便宜。主要用于制造轮胎、胶带、胶管及生活用品。

②顺丁橡胶。是由丁二烯聚合而成。顺丁橡胶的弹性、耐磨性、耐热性、耐寒性均优于天然橡胶,是制造轮胎的优良材料。缺点是强度较低、加工性能差。顺丁橡胶主要用于制造轮胎、胶带、弹簧、减震器、耐热胶管、电绝缘制品等。

③氯丁橡胶。是由氯丁二烯聚合而成。氯丁橡胶的机械性能和天然橡胶相似,但耐油性、耐磨性、耐热性、耐燃烧性、耐溶剂性、耐老化性能均优于天然橡胶,所以称为"万能橡

胶"。它既可作为通用橡胶,又可作为特种橡胶。但氯丁橡胶耐寒性较差(-35℃),密度较大(为 1.23 g/cm³),生胶稳定性差,成本较高,主要用于制造电线、电缆的包皮、胶管、输送带等。

(2)特种橡胶

①丁腈橡胶。以其优异的耐油性著称。

②硅橡胶。硅橡胶的性能特点是耐高温和低温。

③氟橡胶。它是以碳原子为主链、含有氟原子的高聚物。氟橡胶具有很高的化学稳定性,它在酸、碱及强氧化剂中的耐蚀能力居各类橡胶之首,其耐热性也很好,缺点是价格昂贵、耐寒性差、加工性能不好,主要用于高级密封件、高真空密封件及化工设备中的里衬,火箭、导弹的密封垫圈。

9.1.4　胶粘剂

胶粘剂又称粘合剂或粘结剂,是一类通过粘附作用,使同质或异质材料连接在一起,并在胶接面上有一定强度的物质。

1. 胶粘剂的组成

胶粘剂以富有粘性的物质为基础,并以固化剂或增塑剂、增韧剂、填料等改性剂为辅料组成的物质。

(1)粘料　有机胶粘剂包括树脂、橡胶、淀粉、蛋白质等高分子材料,无机胶粘剂包括硅酸盐类、磷酸盐类、陶瓷类等。

(2)固化剂　某些胶粘剂必须添加固化剂才能使基料固化而产生胶接强度,例如环氧胶粘剂需加胺、酸酐或咪唑等固化剂。

(3)改性剂　用以改善胶粘剂的各种性能,有增塑剂、增韧剂、填料、增粘剂、稀释剂、稳定剂、分散剂、偶联剂、触变剂、阻燃剂、抗老化剂、发泡剂、小泡剂、着色剂和防腐剂等,有助于胶粘剂的配置、存储、加工工艺及性能等方面的改进。

2. 胶粘剂的分类

按胶接强度分类,可分为结构型胶粘剂、非结构型胶粘剂及次结构型胶粘剂三类。其胶接强度以结构型最高、次结构型次之、非结构型最低。

按主要组成成分分类,可分为有机胶粘剂和无机胶粘剂两大类,其中有机胶粘剂又分为天然胶粘剂(包括动物胶,如骨胶、鱼胶、虫胶和植物胶如树胶、淀粉、松香等)和合成胶粘剂(包括树脂型胶粘剂、橡胶型胶粘剂和混合型胶粘剂)。

3. 常用胶粘剂

(1)树脂型胶粘剂。

①热塑性树脂胶粘剂。热塑性树脂胶粘剂是以线型热塑性树脂为基料,与溶剂配制成溶液或直接通过熔化的方式进行胶接。这类胶粘剂使用方便、容易保存、具有柔韧性、耐冲击性,初粘能力良好;但耐溶剂性和耐热性较差,强度和抗蠕变性能低。聚醋酸乙烯酯胶粘剂是一种常用的热塑性树脂胶粘剂,它是以聚醋酸乙烯脂为基料的胶粘剂。具有胶接强度好、粘度低、使用方便、无毒不燃等优点,适宜于胶接多孔性、易吸水的材料,如纸张、木材、纤维织物的粘合,也可用于塑料及铝箔等的粘合。

②热固性树脂胶粘剂。该类胶粘剂以多官能团的单体或低分子预聚体为基料,在一定

的固化条件下通过化学反应,交联成体型结构的胶层来进行胶接。这类胶粘剂的胶层呈现刚性,有很高的胶接强度和硬度,良好的耐热性与耐溶剂性,优良的抗蠕变性能。缺点是起始胶接力较小,固化时容易产生体积收缩和内应力。环氧树脂胶粘剂是一种常用的热固性树脂胶粘剂,其基料是环氧树脂,主要品种为双酚 A 缩水甘油醚树脂,又称双酚 A 型环氧树脂。

环氧树脂的突出优点是:粘附力强(对金属、陶瓷、塑料、木材、玻璃等都有很强的粘附力,被称之为"万能胶");内聚力大;工艺性能好(胶接时可以不加压或仅使用接触应力,并可在室温或低温快速固化);收缩率低(一般小于2%,有的甚至可低至1%左右);耐温性能较好。另外,环氧树脂胶粘剂的机械强度高,蠕变性和吸水性小,有较好的化学稳定性和电绝缘性能。

主要缺点是耐热性不高,耐紫外线性能较差,部分添加剂有毒,适用期短,即配制后需尽快使用,以免固化。

环氧树脂胶粘剂常用来胶接各种金属和非金属材料,在机械、化工、建筑、航空、电子等工业部门得到广泛应用。

(2)橡胶型胶粘剂　橡胶胶粘剂是以氯丁、丁腈、丁苯、丁基等合成橡胶或天然橡胶为基料配制成的一类胶粘剂。这类胶粘剂具有较高的剥离强度和优良的弹性,但其拉伸强度和剪切强度较低,主要适用于柔软的或膨胀系数相差很大的材料的胶接。

①氯丁橡胶胶粘剂。基料为氯丁橡胶。该胶粘剂具有较高的内聚强度和良好的粘附性能,其耐燃性、耐气候性、耐油性和耐化学试剂性能等均较好;主要缺点是稳定性和耐低温性能较差。氯丁橡胶胶粘剂可用于极性或非极性橡胶的胶接,非金属、金属材料的胶接,在汽车、飞机、船舶制造和建筑等方面,均得到广泛应用。

②丁腈橡胶胶粘剂。其基料为丁腈橡胶。该类胶粘剂的突出特点是耐油性好,并有良好的耐化学介质性和耐热性能。丁腈橡胶胶粘剂对极性材料有很强的粘附性,但对非极性材料的胶接稍差。丁腈橡胶胶粘剂适用于金属、塑料、橡胶、木材、织物以及皮革等多种材料的胶接,尤其在各种耐油产品中得到广泛应用。

(3)混合型胶粘剂　混合型胶粘剂又称复合型胶粘剂,是由两种或两种以上高聚物彼比掺混或相互改性而制得,即构成胶粘剂基料的是不同种类的树脂或者树脂与橡胶。

①酚醛-聚乙烯醇缩醛胶粘剂。以甲基酚醛树脂为主体,加入聚乙烯醇缩醛类树脂(如聚乙烯醇缩甲醛、缩丁醛、缩糠醛等)进行改性而成。适用于金属、陶瓷、玻璃、塑料及木材等的胶接,它是目前最通用的飞机结构胶之一,可用于胶接金属结构和蜂窝结构。此外,还可用于汽车刹车片、轴瓦、印刷线路板及波导元件等的胶接。

②酚醛-丁腈胶粘剂。酚醛-丁腈胶粘剂综合了酚醛树脂和丁腈橡胶的优点,胶接强度高、耐振动、抗冲击韧性好,其剪切强度随温度变化不大,可以在−55 ~ 180℃下长时间使用,其耐水、耐油、耐化学介质以及耐大气老化性能都较好。但是,这种胶粘剂固化条件严格,必须加压、加温才能固化。

酚醛-丁腈胶粘结剂可用于金属和大部分非金属材料的胶接,如汽车刹车片的粘合、飞机结构中轻金属的粘合,印刷线路板中铜箔与层压板的粘合以及各种机械设备的修复等。

9.2　陶　瓷　材　料

传统上,陶瓷材料是指硅酸盐类材料,如陶器和瓷器,也包括玻璃、搪瓷、耐火材料、砖瓦等;现今意义上,陶瓷材料是指各种无机非金属材料的通称。工业陶瓷材料一般可分为普通陶瓷和特种陶瓷两大类。

(1)普通陶瓷　普通陶瓷包括日用陶瓷、工业陶瓷,是以天然硅酸盐矿物(粘土、石英、长石等)为原料,经粉碎、压制成型和高温烧结而成,主要用于日用品、建筑和卫生用品,以及工业上的低压和高压瓷瓶、耐酸、过滤制品等。

(2)特种陶瓷　特种陶瓷包括氧化铝陶瓷、氮化硅陶瓷、氮化硼陶瓷、氧化镁陶瓷及氧化铍陶瓷等,是以人工制造的纯度较高的金属氧化物、碳化物、氮化物、硅酸盐等化合物为原料,经配制、烧结而成,这类陶瓷具有独特的力学、物理、化学等性能,能满足工程技术的特殊要求,主要用于化工、冶金、机械、电子、能源和一些新技术中。

9.2.1　普通陶瓷

普通陶瓷主要成分为粘土($Al_2O_3 \cdot 2SiO_2 \cdot 2H_2O$)、石英($SiO_2$)和长石($K_2O \cdot Al_2O_3 \cdot 6SiO_2$)。这类陶瓷坚硬而脆性较大,绝缘性和耐蚀性极好;制造工艺简单、成本低廉,在各种陶瓷中用量最大。普通陶瓷可分为日用陶瓷和工业陶瓷。

1. 普通日用陶瓷

普通日用陶瓷主要用作日用器皿和瓷器,有良好的光泽度、透明度,热稳定性和机械强度较高。常用的有长石质瓷(国内外常用的日用瓷,只能作一般工业瓷制品)、绢云母质瓷(我国的传统日用瓷)、骨质瓷(近些年得到广泛应用,主要作高级日用瓷制品)和滑石质瓷(我国发展的综合性能好的新型高质瓷)。新发展的有高石英质日用瓷,含石英的质量分数大于40%,瓷质细腻、色调柔和、透光度好、机械强度和热稳定性好。

2. 普通工业陶瓷

普通工业陶瓷有炻器和精陶。炻器是陶器和瓷器之间的一种瓷。

工业陶瓷按用途分为:

(1)建筑卫生瓷　建筑卫生瓷用于装饰板、卫生间装置及器具等,通常尺寸较大,要求强度和热稳定性好;

(2)化学化工瓷　化学化工瓷用于化工、制药、食品等工业及实验室中的管道设备、耐蚀容器及实验器皿等,通常要求耐各种化学介质腐蚀的能力要强;

(3)电工瓷　电工瓷主要指电器绝缘用瓷,也叫高压陶瓷,要求机械性能高、介电性能和热稳定性好。

9.2.2　特种陶瓷

特种陶瓷也叫现代陶瓷、精细陶瓷或高性能陶瓷,包括特种结构陶瓷和功能陶瓷两大类:如压电陶瓷、磁性陶瓷、电容器陶瓷、高温陶瓷等。工程上最重要的是高温陶瓷,包括氧化物陶瓷、硼化物陶瓷、氮化物陶瓷和碳化物陶瓷。

1. 氧化物陶瓷

氧化物陶瓷熔点大多 2 000℃以上,烧成温度约 1 800℃;为单相多晶体结构,有时有少量气相;强度随温度的升高而降低,在 1 000℃以下时一直保持较高强度,随温度变化不大;纯氧化物陶瓷任何在高温下都不会氧化。

(1)氧化铝(刚玉)陶瓷　氧化铝陶瓷又叫高铝陶瓷,主要成分是 Al_2O_3 和 SiO_2, Al_2O_3 含量一般超过 46% 。Al_2O_3 含量为 90% ~99.5% 时称为刚玉。Al_2O_3 含量越高,性能越好,但工艺更复杂,成本更高。

氧化铝陶瓷性能的主要特点是:耐高温性能好,熔点达 2 050℃,可在 1 600℃高温下长期使用,抗氧化性好,广泛用于耐火材料;较高纯度的 Al_2O_3 粉末压制成形、高温烧结后可得到刚玉耐火砖、高压器皿、坩埚、电炉炉管、热电偶套管等;微晶刚玉的硬度极高(仅次于金刚石),红硬性达 1 200℃,可作要求高的工具,如切削淬火钢刀具、金属拔丝模等;具有很高的电阻率和低的导热率,是很好的电绝缘材料和绝热材料。强度和耐热强度均较高(是普通陶瓷的 5 倍),是很好的高温耐火结构材料,可作内燃机火花塞、空压机泵零件等。单晶体氧化铝可做蓝宝石激光器;氧化铝管坯做钠蒸汽照明灯泡。

(2)氧化铍陶瓷　氧化铍陶瓷具备一般陶瓷的特性,导热性极好,很高的热稳定性,强度低,抗热冲击性较高;消散高能辐射的能力强,热中子阻尼系数大,常用于制造坩埚及真空陶瓷和原子反应堆陶瓷,以及气体激光管、晶体管散热片和集成电路的基片和外壳等。

(3)氧化锆陶瓷　氧化锆陶瓷熔点达 2 700℃以上,耐 2 300℃高温,推荐使用温度 2 000 ~2 200℃;能抗熔融金属的浸蚀,做铂、锗等金属的冶炼坩埚和 1 800℃以上的发热体及炉子、反应堆绝热材料等。氧化锆作添加剂大大提高陶瓷材料的强度和韧性,可替代金属制造模具、拉丝模、泵叶轮和汽车零件如凸轮、推杆、连杆等;增韧氧化锆制成的剪刀即不生锈,也不导电。

(4)氧化镁(钙)陶瓷　氧化镁(钙)陶瓷是加热白云石(镁或钙的碳酸盐)矿石除去 CO_2 而制成的,能抗各种金属碱性渣的作用,常用作炉衬的耐火砖;缺点是热稳定性差,MgO 在高温下易挥发, CaO 在空气中就水化。

(5)氧化钍(铀)陶瓷　氧化钍(铀)陶瓷具有放射性,极高的熔点和密度,多用于制造熔化铑、铂、银等金属的坩埚及动力反应堆放热元件等,ThO_2 陶瓷用于制造电炉构件。

2. 碳化物陶瓷

碳化物陶瓷有很高的熔点、硬度(近于金刚石)和耐磨性(特别是在浸蚀性介质中),缺点是耐高温氧化能力差(约 900 ~1 000℃)、脆性极大。

(1)碳化硅陶瓷　碳化硅陶瓷密度为 $3.2×10^3$ kg/cm^3, 弯曲强度为 200 ~250 MPa 抗压强度为 1 000 ~1 500 MPa,硬度莫氏 9.2,热导率很高,热膨胀系数很小,在 900 ~1 300℃时慢慢氧化。常用于加热元件、石墨表面保护层以及砂轮及磨料等。

(2)碳化硼陶瓷　碳化硼陶瓷硬度极高,抗磨粒磨损能力很强;熔点达 2 450℃,高温下会快速氧化,与热或熔融黑色金属发生反应,使用温度限定在 980℃以下,常用作磨料,有时用于超硬质工具材料。

(3)其他碳化物陶瓷　碳化铈、碳化钼、碳化铌、碳化钽、碳化钨和碳化锆陶瓷的熔点和硬度都很高,在2 000℃以上的中性或还原气氛作高温材料;碳化铌、碳化钛用于 2 500℃以上的氮气气氛;碳化铪的熔点高达 2 900℃。

3. 硼化物陶瓷

硼化物陶瓷包括硼化铬、硼化钼、硼化钛、硼化钨和硼化锆等,具有高硬度及较好的耐化学浸蚀能力,熔点范围为 1 800 ~ 2 500℃。比起碳化物陶瓷,硼化物陶瓷具有较高的抗高温氧化性能,使用温度达 1 400℃。

硼化物主要用于高温轴承、内燃机喷嘴、各种高温器件、处理熔融非铁金属的器件等。各种硼化物还用作电触点材料。

4. 氮化物陶瓷

(1)氮化硅陶瓷　氮化硅陶瓷是键能高而稳定的共价键晶体;硬度高而摩擦系数低,有自润滑作用,是优良的耐磨减摩材料;氮化硅的耐热温度比氧化铝低,而抗氧化温度高于碳化物和硼化物;1 200℃以下具有较高的机械性能和化学稳定性,且热膨胀系数小、抗热冲击,可做优良的高温结构材料;耐各种无机酸(氢氟酸除外)和碱溶液浸蚀,是优良的耐腐蚀材料;反应烧结法得到的 α-Si_3N_4 用于制造各种泵的耐蚀、耐磨密封环等零件;热压烧结法得到的 b-Si_3N_4,用于制造高温轴承、转子叶片、静叶片以及加工难切削材料的刀具等;在 Si_3N_4 中加一定量 Al_2O_3 烧制成陶瓷可制造柴油机的气缸、活塞和燃气轮机的转动叶轮。

(2)氮化硼陶瓷　氮化硼陶瓷有六方晶体结构,也叫"白色石墨";硬度低,可进行各种切削加工;导热和抗热性能高,耐热性好,有自润滑性能;高温下耐腐蚀、绝缘性好,可用于高温耐磨材料和电绝缘材料、耐火润滑剂等。在高压和 1 360℃下,可由六方氮化硼转化的立方 b-BN,是金刚石的代用品,用于耐磨切削刀具、高温模具和磨料等。

9.3　复　合　材　料

复合材料是指两种或两种以上的物理、化学性质不同的物质,经一定方法得到的一种新的多相固体材料。复合材料既保持组成材料各自的特性,又具有复合后的新特性,其性能往往超过组成材料的性能之和或平均值。例如,钢筋混凝土是钢筋和泥砂石等人工复合材料;汽车的玻璃纤维挡泥板是脆性大的玻璃和强度与挠度低的聚合物复合后得到高强度、高韧性及质量轻的新材料;用缠绕法制造的火箭发动机壳其主应力的方向上的强度是单一树脂的 20 多倍;导电铜片两边加上隔热、隔电塑料实现一定方向导电、另外方向绝缘及隔热的双重功能。

9.3.1　复合材料的性能特点

(1) 比强度和比模量高　比强度、比模量分别是指材料的抗拉强度 σ_b 和弹性模量 E 与相对密度 ρ 之比。

比强度和比模量在复合材料中,由于一般作为增强相的多数是强度很高的纤维,而且组成材料密度较小,所以,复合材料的比强度、比模量比其他材料要高得多。

(2)抗疲劳性能好　复合材料中基体和增强纤维间的接口能够有效的阻止疲劳裂纹扩展。当裂纹从基体的薄弱环节处产生并扩展到结合面时,受阻而停止,所以复合材料的疲劳强度比较高。例如,纤维增强复合材料的疲劳强度可为抗拉强度 70% ~ 80%,而大多数金属只为 40% ~ 50%。

(3)良好的减摩、耐磨性和较强的减振能力　摩擦系数比高分子材料本身低得多;少量短切纤维大大提高耐磨性。比弹性模量高,自振频率也高,其构件不易共振;纤维与基体界面有吸振动作用,产生振动也会很快衰减。

除了上述几种特性外,复合材料还具有较高的耐热性和断裂安全性,良好的自润滑和耐磨性等。但复合材料伸长率小,抗冲击性差,横向强度较低,成本较高。

9.3.2　复合材料的分类及应用

复合材料种类较多,目前较常见的是由金属材料、高分子材料和陶瓷材料中任两种或几种制备而成的各种复合材料。

复合材料按基体相的性质可将复合材料分为非金属基复合材料(如塑料基复合材料、橡胶基复合材料、陶瓷基复合材料等)和金属基复合材料(如铝及铝合金基复合材料、钛及钛合金基复合材料、铜脊铜合金基复合材料)。

复合材料按照增强相的性质和形态可分为纤维增强复合材料(如纤维增强塑料、纤维增强橡胶、纤维增强陶瓷、纤维增强金属等)、叠层复合材料(如双层金属、三层复合材料)和颗粒复合材料(如金属陶瓷、弥散强化金属等)三类,其结构示意如图 9.1 所示。

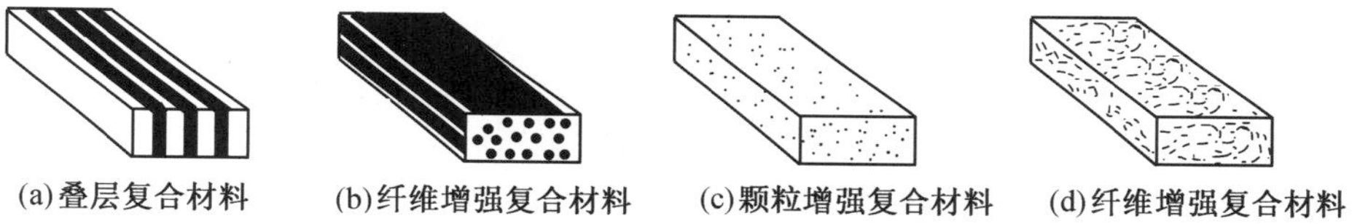

(a)叠层复合材料　　(b)纤维增强复合材料　　(c)颗粒增强复合材料　　(d)纤维增强复合材料

图 9.1　复合材料结构示意图

1. 纤维增强复合材料

(1)玻璃纤维增强复合材料　玻璃纤维增强复合材料是以玻璃纤维及制品为增强剂,以树脂为粘结剂而制成的,俗称玻璃钢。

以尼龙、聚烯烃类、聚苯乙烯类等热塑性树脂为粘结剂制成热塑性玻璃钢,具有较高的力学、介电、耐热和抗老化性能,工艺性能也好。与基体材料相比,强度和疲劳性能可提高 2～3 倍以上,冲击韧度提高 1～4 倍,可制造轴承、齿轮、仪表盘、壳体、叶片等零件。

以环氧树脂、酚醛树脂、有机硅树脂、聚酯树脂等热固性树脂为粘结剂制成的热固性玻璃钢,具有密度小,强度高,介电性和耐蚀性及成形工艺性能好的优点,可制造车身、船体、直升飞机旋翼等。

(2)碳纤维增强复合材料　碳纤维增强复合材料是以碳纤维或其织物为增强剂,以树脂、金属、陶瓷等粘结剂而制成的。目前有碳纤维树脂、碳纤维碳、碳纤维金属、碳纤维陶瓷复合材料等。其中,以碳纤维树脂复合材料应用最为广泛。

碳纤维树脂复合材料中采用的树脂有环氧树脂、酚醛树脂、聚四乙烯树脂等。与玻璃钢相比,其强度和弹性模量高,密度小,以及较高的冲击韧度、疲劳强度和优良的减震性、耐磨性、导热性、耐蚀性和耐热性等。目前广泛用于制造要求比强度、比模量高的飞行器结构件,如导弹的鼻锥体、火箭喷嘴、喷气发动机叶片等,还可用于制造重型机械的轴瓦、齿轮、化工设备的耐蚀件等。

2. 层状复合材料

层状复合材料是由两层或两层以上的不同材料结合而成的,其目的是为了将组分层材料的最佳性能组合起来,以得到更为有用的材料。

这类复合材料的典型代表是 SF 型三层复合材料,它是以钢为基体,烧结铜网或铜球为中间层,塑料为表面层的一种自润滑材料。它的物理、力学性能主要取决于基体,而摩擦、磨损性能取决于表面塑料层。中间多孔性青铜使三层之间获得较强的结合力,且一旦塑料磨损露出青铜也不致磨伤轴颈。常用于表面层的塑料为聚四氟乙烯(如 SE1 型)和聚甲醛(如 SF-2 型)。这种复合材料适用于制作高应力(140 MPa)、高温(270℃)及低温(−195℃)和无油润滑或少油润滑的各种机械、车辆的轴承等。

3. 颗粒复合材料

颗粒复合材料是由一种或多种颗粒均匀分布在基体材料内而制成的。颗粒起增强作用,一般颗粒直径在 $0.01 \sim 0.1\ \mu m$ 范围内。颗粒直径偏离这一范围,均无法获得最佳增强效果。

常用的颗粒复合材料有两类:一类是颗粒与树脂复合,如塑料中加颗粒状填料,橡胶用炭黑增强等;另一类是陶瓷粒与金属复合,典型的有金属陶瓷颗粒复合材料等。

9.4　新型材料

目前,对各种新型材料的研究和开发正在加速。新型材料的特点是高性能化、功能化、复合化。传统的金属材料、有机材料、无机材料的界限正在消失,新型材料的分类变得困难起来,材料的属性区分也变得模糊起来。例如,传统认为导电性是金属固有的,而如今有机、无机材料也均可出现导电性。复合材料更是融多种材料性能于一体,甚至出现一些与原来截然不同的性能。

9.4.1　形状记材料

形状记忆效应是材料在高温下形成一定形状后冷却到低温进行塑性变形为另一形状,然后经加热后通过马氏体逆相变,可恢复到高温时的形状;形状记忆材料是具有形状记忆效应的材料。形状记忆材料通常包括形状记忆合金、形状记忆聚合物以及形状记忆陶瓷。

1. 形状记忆合金

形状记忆合金可分为镍-钛系、铜系和铁系合金三类。镍-钛系形状记忆合金中,$w(Ni)$ = 54.08% ~ 56.06% 的 Ti-Ni 合金是最早成功应用的实用合金,也是目前用量最大的形状记忆合金,具有很高的抗拉强度和疲劳强度及很好的耐蚀性,而且密度较小。在 Ti-Ni 基础上,向其中加入其他合金元素,可以形成具有形状记忆效应的 Ti-Ni-Nb、Ti-Ni-Cu、Ti-Ni-Fe、Ti-Ni-Pd、Ti-Ni-Cr 等新型 Ti-Ni 系合金。Ti-Ni 系合金性能优良、可靠性好,并与人体有生物相容性,是最有实用前景的形状记忆材料,但其成本高、加工困难;铜系形状记忆合金中比较实用的主要是 Cu-Zn-Al 和 Cu-Ni-Al 合金。与 Ti-Ni 合金相比,Cu-Ni-Al 合金加工容易、成本低,但功能要差一些;铁系形状记忆合金有 Fe-Pt、Fe-pd、Fe-Ni-Co-Ti、Fe-Ni-C、Fe-Mn-Si 及 Fe-Cr-Ni-Mn-Si-Co 等系列合金,成本比镍铁系和铜系的低得多,且易于加工,具有明显的竞争优势。

2. 形状记忆聚合物

聚合物材料的形状记忆机理与金属不同。目前开发的形状记忆聚合物具有两相结构,即固定成品形状的固定相以及某种温度下能可以地发生软化和固化的可逆相。固定相的作用是记忆初始形态,第二次变形和固定是由可逆相来完成的。凡是有固定相和可逆相结构的聚合物都具有形状记忆效应,根据其中固定相的种类,可分为热固性和热塑性两类。

热固性形状记忆聚合物以反式聚异戊二烯树脂及聚乙烯类结晶性聚合物为代表。反式1,4-聚异戊二烯树脂可通过硫或氧化物进行交联,交联结构是固定相,结晶相为可逆相。这种聚合物有较大的收缩力和恢复应力。

聚乙烯类结晶性聚合物,以过氧化物等进行化学交联或电子辐射交联,交联部分作为一次成型的固定相,结晶的形成和熔化为可逆相,成为具有记忆功能的聚合物;热塑性形状记忆聚合物以聚降冰片烯和苯乙烯-丁二烯共聚物为代表,其固定相是大分子链缠结形成的物理交联或聚合物的结晶部分。例如,日本商品名为阿斯玛的形状记忆聚合物,是以聚苯乙烯单元为固定相,以聚丁二烯单元的结晶相为可逆相;聚氨酯系形状记忆材料既可制成热固性的也可制成热塑性的,此外,聚己丙酯、聚酰胺等都可作为形状记材料。

形状记忆聚合物与形状记忆合金的性能有如下显著差异:形状记忆聚合物时密度较小,强度较低,塑、韧性较高,形状恢复可能的允许变形量大,形状恢复的温度范围较窄(在室温附近),形状恢复应力及形状变化所需的外力小,成本低。性能及价格上的差异决定了它们不同的应用场合。

形状记忆材料可用于各种管接头、电路的连接,自控系统的驱动器和热机能量转换材料等。表 9.1 为形状记忆材料的应用举例。

表 9.1　形状记忆材料的应用举例

应用领域	应用举例
电子仪器仪表	温度自动调节器,火灾报警器,温控开关,电路连接器,空调自动风向调节器,液体沸腾报警器,光纤连接,集成电路钎焊
航空航天	人造卫星天线,卫星、航天飞机等自动启闭窗门
机械工业	机械人手、脚、微型调节器,各种接头、固定销、压板,热敏阀门,工业内窥镜,战斗机、潜艇用油压管、送水管接头
医疗器件	人工关节、耳小骨连锁元件,止血、血管修复件,牙齿固定件,人工肾脏泵,去除胆固醇用环,能动型内窥镜,杀伤癌细胞置针
交通运输	汽车发动机散热风扇离合器、卡车散热器自动开关,排气自动调节器,喷气发动机内窥镜
能源开发	固相热能发电机,住宅热水送水管阀门,温室门窗自动调节弹簧,太阳能电池帆板

9.4.2　超导材料

超导材料是近年来发展最快的功能材料之一。材料在一定的温度 T_c 以下时,电阻为零,并完全排斥磁场,即磁力线不能进入其内部的现象称为超导现象;具有超导现象的材料称为超导材料。使电阻完全为零的最高温度定义为临界温度 T_c,如几十种金属元素及其合金、化合物、一些半导体材料和有机材料的 T_c 为 23.2 K(约-250℃)以下,高温超导材料的 T_c 为 125 K(约-148℃)以上。

1. 超导材料的特征

(1)零电阻　在超导态下,导体内的电阻完全为零。零电阻意味着电流在超导线圈内

可永久流动,然而,这一电流密度有一定的限度,超过这个限定值超导电性立即消失,这个限定值定义为临界电流密度 J_c;

(2)完全抗磁性　在超导态下,磁力线不能进入超导体内部,导体内的磁场强度恒为零,感应电流只流过导体表面,超导体的这种性质叫做完全抗磁性,也称迈斯纳(Meissner)效应,其结果导致超导体在磁场中悬浮。然而,这一外磁场强度也有一定限度,超过这个限定值超导电性也会立即消失,这个限定值称为临界磁场强度 H_c。显然,T_c、J_c、H_c 值愈高,超导体的使用价值就愈大。但是,材料的 T_c、J_c、H_c 值密切相关,构成一个 $T\text{-}H\text{-}J$ 临界面。根据在磁场中的不同特征,超导体被分为第一类超导体和第二类超导体。

第一类超导体只有一个临界磁场强度 H_c,而第二类超导体有两个临界磁场强度 H_{c1} 和 H_{c2}。当磁场小于下临界磁场 H_{c1} 时,导体完全处于超导态;磁场大于上临界磁场 H_{c2} 时,导体完全处于正常态;磁场介于 H_{c1} 与 H_{c2} 之间时,导体处于混合态,即一部分处于超导态,另一部分处于正常态,磁力线可穿过正常态区。

(3)约瑟夫森效应　将 1 nm 左右厚的绝缘膜夹在两块超导体中间(或通过点连接及微桥连接)构成弱连接,超导体中的电子可穿过中间的能垒,这一现象称为约瑟夫森效应,这类超导体被称为弱电连接超导体,对磁场、电流等的变化极为敏感。约瑟夫森效应的发现为超导电子学的发展及约瑟夫森元件的应用开辟了广阔前景。

2.超导材料分类

超导材料一般可分为以下几种:

(1)超导合金　这类材料是超导材料中机械强度最高、应力应变小、磁场强度低的超导体,是早期具有实用价值的超导材料。广泛使用的是 Nb-Zr 系和 Ti-Nb 系合金。

(2)超导陶瓷　1980 年超导陶瓷的出现,使超导体的 T_c 获得重大突破,T_c 高于 120 K 的铊钡钙铜氧材料就属于超导陶瓷材料。

(3)超导聚合物　聚合物超导材料的发展相比之下比较缓慢,目前最高临界温度值达到 10 K 左右。

3.超导材料应用

(1)在电力系统方面　超导电力储存是目前效率最高的电力储存方式。利用超导输电可降低目前高达 7% 左右的输电损耗。超导磁体用于发电机,可大大提高电机中的磁感应强度,提高发电机的输出功率。利用超导磁体实现磁流体发电,可直接将热能转换为电能,使发电效率提高 50% ~60% 。

(2)在运输方面　超导磁悬浮列车是在车底安装许多小型超导磁体,在轨道两旁埋设一系列闭合的铝环。列车运行时,超导磁体产生的磁场相对于铝环运动,铝环内产生的感应电流与超导磁体相互作用,产生的浮力使列车浮起。列车速度愈高,浮力愈大。磁悬浮列车速度可达 500 km/h。

(3)在计算机方面　利用约瑟夫森效应,在约瑟夫森结上加电源,当电流低于某一个临界值时,绝缘层上不出现电压降,此时结处于超导态;当电流超过临界值时,结呈现电阻,并产生几毫伏的电压降,即转变为正常态。如在结上加一个控制极来控制通过结的电流或利用外加磁场,可使结在两个工作状态之间转换,这就成了典型的超导开关。这种超导器件具有开关速度快、功耗低、集成度高等优点,并可用超导传输线来完成计算机中元器件之间的信号传输,具有无损耗和低色散的特点。利用超导器件,可研制超导计算机,是 21 世纪超级计算机的发展方向之一。超导计算机具有很高的运算速度和巨大的运算能力(超导 RSFQ 数字计算机能够实现每秒数百万亿次以上的浮点运算),可用于大型工程计算、长期天气预报、基因分析、模拟核试验、密码破译、战略防御系统等领域,在国民经济和国防建设中都具有广泛应用。

9.4.3　光导纤维

高透明电介质材料制成的极细低损耗导光纤维,具有传输从红外线到可见光区的光和传感的两重功能,大大扩展了光学玻璃的应用领域,也实现了远距离的光通信,常用的有光纤通信网络、海底光缆。

1.光纤的基本构造

光纤的基本部分由纤芯和包层构成,其外径约 125 ~ 200 μm。纤芯用高透明固体材料制成,纤芯外面的包层用折射率较纤芯折射率低的固体材料制成。为防止光纤表面损伤并提高强度,再在光纤外面加上被覆层。

2.光在光纤中传输的基本原理

光纤中的光传播是利用了光的全反射原理在光纤中传输的。由于纤芯材料的折射率大于包层材料的折射率,当入射角小于某一临界值时,光线在纤芯与包层的界面处就会发生全反射,光将在纤芯中曲折前进,而不会穿出包层,完全避免了传输过程中的折射损耗。具有一定频率、一定偏振状态和传播方向的光波被称为光波的一种模式。单模光纤只能传输某一种模式的光波,它的纤芯直径(3 ~ 10 μm)比包层细得多,在大容量、长距离光通信中前景最好。但单模光纤因直径太细而不易制造,使用尚不普遍。虽然多模光纤传输的信息容量较小,但由于纤芯直径较粗,制造工艺较简单,目前仍普遍使用。

3.常用光纤材料

光纤包层多用折射率较低的石英玻璃、多组分玻璃或塑料制成,而纤芯多用折射率较高的高透明的高二氧化硅玻璃、多组分玻璃或塑料制成。石英玻璃光纤是先采用化学气相沉积法,同时添加氧化物以调节折射率,制成超纯二氧化硅玻璃预制棒,然后再加热拉制成丝;多组分玻璃以石英(SiO_2)为主,还含有氧化纳(Na_2O)、氧化钾(K_2O)等其他氧化物。多组分玻璃光纤采用双坩埚法制作,纤芯材料和包层玻璃料分别填装在内层和外层坩埚里,经过加热熔融拉制成一定直径的细丝,纤芯和包层同时一并形成。

光纤被大量地应用在光通信方面,越洋海底光缆已投入使用。此外,高双折射偏振保持光纤、单偏振光纤以及各种传感器用光纤相继出现,包括光纤测量仪表的光学探头(传感器)、医用内窥镜等。

9.4.4　纳米材料

纳米科学与技术是世纪之交出现的一项高新技术,是当前全球科技研究的热点,已经引发了一系列新的科学技术,如纳米电子学、纳米材料学、纳米机械学、纳米生物学和纳米医药学等。

1.纳米材料的基本特性

纳米(nm)是长度单位,1 nm = 10^{-9} m。纳米材料是指材料的显微结构尺寸均小于100 nm(包括微粒尺寸、晶粒尺寸、晶界宽度、第二相尺寸、气孔尺寸、缺陷尺寸等均达到纳米级水平),并且具有某些特殊性能的材料。纳米材料的主要类型有:纳米粉末、纳米涂层、纳米薄膜、纳米丝、纳米棒、纳米管和纳米固体等。纳米科技的最终目标是以原子、分子为起点,从纳米材料出发或利用纳米加工技术,制造出具有特殊功能的产品,即纳米器件。

纳米微粒具有一些明显不同于一般粉末颗粒和块状材料的属性,这主要是由其表面效应和体积效应所决定的。当粒子直径减小到纳米级时,表面原子占粒子中总原子数的比例大大增加,表面积、表面能及表面结合能等都发生很大变化,由此而引起的种种特异效应称为表面效应;当纳米微粒的尺寸与光波波长、传导电子的德布罗意波长等物理特征尺寸相当或更小时,晶体的周期性边界条件被破坏,导致其声、光、电、磁、热、力学等与一般块体材料相比都有很大变化,这些变化被称为体积效应(也称小尺寸效应)。此外,纳米微粒还具有量子尺寸效应及宏观量子隧道效应。

纳米微粒的这些效应,使其表现出既不同于宏观物体,又不同于单个独立原子的奇异特性:如纳米微粒外观呈黑色,完全吸收电磁波,是很好的雷达隐形材料;熔点降低,如普通块状金(Au)的熔点为 1 064℃,而 2 nm 的金微粒的熔点仅 327℃;烧结温度显著下降,如20 nm 的镍粉的烧结温度从 700℃下降到 200℃;反应活性增大,如纳米金属微粒在空气中会燃烧,暴露于空气中的纳米无机微粒会吸附气体并与气体反应;催化效果明显改善,如 30 nm 的镍粉可将有机化学加氢和脱氢反应速率提高 15 倍;强度明显提高,如 $w(C) = 1.8\%$ 的铁纳米微粒,其断裂强度从原来的 700 MPa 增加到 6000 MPa;低温下无热阻,导热性能优良;导电性能好,有超导性,有较高超导转变温度;铁系合金纳米微粒有强磁性等。

2. 纳米材料的制备方法

纳米材料包括纳米粉末和纳米固体两个层次。纳米固体是以纳米粉末为原料,用粉末冶金工艺经过成形和烧结制成的。

(1)纳米粉末的制备方法　利用各种物理或化学的方法都可以制备纳米粉末,如蒸发-冷凝法、机械合金法、化学气相法、化学沉淀法、水热法、溶胶-凝胶法、溶剂蒸发法、电解法以及高温自蔓延合成法等。

(2)纳米粉末的成形与烧结　纳米固体可用纳米粉末通过成形及烧结制备。纳米粉末成形的方法有模压、等静压、挤压、注射、喷射、粉浆浇注、爆炸成形等,要求压坯外观无缺陷及压坯密度尽可能地高;成形后的烧结方法有无压烧结、热压烧结、热等静压烧结、微波烧结、等离子体烧结、电火花烧结等,要求产品外观无缺陷,密度接近或达到理论密度,晶粒尺寸等显微结构尺寸小于 100 nm。

(3)纳米涂层和纳米薄膜的制备方法　制备纳米涂层的方法主要有化学气相沉积法、物理气相沉积法、磁控溅射法、等离子喷涂法和脉冲电极沉积法等;纳米薄膜的制备方法主要有溶胶-凝胶法、电沉积法、化学气相沉积法、等离子体增强化学气相沉积法、激光诱导化学气相沉积法、真空蒸发法、磁控溅射法、分子束外延法以及离子束溅射法等。

3. 纳米材料的应用

奇特性能使纳米材料具有诱人的广阔应用前景,人们已经或正在努力开发它的应用,主要涉及电子工业、原子能工业、航空航天工业、化学工业以及生物医学等领域。例如,在碳钢上制备 $MoSi_2/SiC$ 纳米复合涂层,其硬度比碳钢提高了几十倍;纳米磁性合金材料比一般 γ-Fe_2O_3 的磁带寿命可提高一倍以上;纳米 SiC 陶瓷的断裂韧性比普通 SiC 陶瓷提高 100 倍;纳米镍、铜、锌粉末作为混合催化剂使用,其活性较之于氢化反应用的雷尼镍提高 100 倍之多;纳米铝粉未用于火箭推进剂的助燃剂,使燃烧热成倍提高;许多纳米金属粉末是良好的吸波材料,用作雷达波、红外及可见光的隐身材料;制成纳米结构金属材料可使难加工合金具有塑性并获得其他良好的综合性能;在生物和医学方面,可利用对超细金属颗粒的反应进行微生物分裂和发酵的控制及细胞分离等研究,也可用于研究抗肿瘤药物与致癌物质的作用机制等。

此外,纳米科技还可用于制作纳米器件,如纳米生物传感器、分子马达、量子计算机、分子开关、分子齿轮、纳米机器、纳米鼻、纳米火车、纳米秤、纳米电路、碳纳米管、纳米洗衣机、纳米武器、纳米激光器等。

9.4.5　智能材料

智能材料是对环境具有可感知、可响应,并具有功能发现能力的材料,仿生功能引入后,使智能材料成为有自检测、自判断、自结论、自指令和执行功能的材料。

形状记忆合金已被应用于智能材料和智能系统,如月面天线、智能管道联接件等;有些灵巧无机材料如氧化锆增韧陶瓷、灵巧陶瓷、压电陶瓷和伸缩陶瓷也已被用于仿生中。

复习思考题

1. 填空题

(1) 非金属材料主要包括有(　　　　)、(　　　　)、(　　　　)。

(2) 超导材料一般可分为(　　　　)、(　　　　)、(　　　　)。

2. 什么是高分子材料?

3. 什么是复合材料? 复合材料的性能特点?

第10章 铸造成型

将熔化的金属或合金浇注到铸型中,经冷却凝固后获得一定形状和性能的零件或毛坯的成形方法称为铸造。

铸造方法可分为砂型铸造和特种铸造两大类。铸造在工业生产中得到广泛应用,铸件所占的比重相当大,如机床、内燃机中,铸件占总量的 70% ~90%,拖拉机和农用机械中占 50% ~70% 。铸件之所以被广泛应用,是因为铸造是液态成形,它具有下列优点:

(1)用铸造方法可以制成形状复杂的毛坯,特别是具有复杂内腔的毛坯,如箱体、气缸体、机座、机床床身等。

(2)铸件的形状和尺寸与零件很接近,因而节省了金属材料和加工工时。精密铸件可省去切削加工,直接用于装配。

(3)铸造所用的原材料大多来源广泛、价格低廉,而且可以直接利用报废的机件、废钢和切屑。在一般情况下,铸造设备需要的投资也较少。因而,铸件的成本比较低廉。

(4)绝大多数金属均能用铸造方法制成铸件。对于一些不宜锻压或不宜焊接的合金件(如铸铁件、青铜件),铸造是一种较好的成型方法。

但是铸造生产也存在一些缺点,例如,砂型铸造生产工序较多,有些工艺过程难以控制,铸件质量不够稳定,废品率较高;铸件组织粗大,内部常出现缩孔、缩松、气孔、砂眼等缺陷,其力学性能不如同类材料的锻件高,使得铸件要做得相对笨重些,从而增加机器的重量;铸件表面粗糙,尺寸精度不高;工人劳动强度大,劳动条件较差。近年来,由于精密铸造和新工艺、新设备的迅速发展,铸件质量有了很大的提高。

本章将着重介绍砂型铸造,对特种铸造中的金属型铸造、压力铸造、离心铸造和熔模铸造等仅作简单介绍。

10.1 合金的铸造性能

合金在铸造过程中所表现出来的工艺性能,称为合金的铸造性能,合金的铸造性能主要是指流动性、收缩性、偏析和吸气性等。铸件的质量与合金的铸造性能密切相关,其中流动性和收缩性对铸件的质量影响最大。

10.1.1 合金的流动性和充型能力

1.合金的流动性

液态金属的流动能力称为流动性。流动性是影响液态金属充型能力的最重要的因素。流动性对铸件质量的影响表现在以下三个方面:

①流动性好的合金,容易获得形状完整、尺寸精确、轮廓清晰的铸件。对于薄壁和形状复杂的铸件,合金流动性好坏,往往是能否获得合格铸件的决定性因素。流动性不好的合金容易使铸件产生浇不到、冷隔等缺陷。

②在液态合金中,常含有一定量的气体和非金属夹杂物。流动性好的液态合金,在浇注之前和浇注过程中很容易让气体逸出和浮在液面上的非金属夹杂物受到阻隔,这就使铸件的内在质量得到保证。流动性不好的液态合金,则容易在铸件中产生夹渣、气孔等缺陷。

③铸件在冷却过程中,要出现体积收缩现象。流动性好的合金,可使液态合金的凝固收缩部分及时得到液态合金的补充,从而可防止铸件中产生缩孔、缩松等缺陷。

综上所述,流动性好的合金,充型能力强,易获得形状完整、尺寸准确、轮廓清晰、壁薄和形状复杂的铸件;有利于液态合金中非金属夹杂物和气体的上浮与排除;有利于合金凝固收缩时的补缩作用。若流动性不好,充型能力就差,铸件就容易产生浇不足、冷隔、夹渣、气孔和缩松等缺陷。在铸件设计和制定工艺时,必须考虑合金的流动性。

2. 影响流动性的因素

(1) 合金成分的影响　在合金状态图上,共晶成分的合金具有最好的流动性。这是因为:

① 在相同的浇注温度下,共晶成分的合金熔点最低,保持液态的时间最长(图 10.1(a))。

② 共晶成分的液态合金结晶时,形成等轴状共晶体,而亚共晶成分的液态合金结晶时,在液固两相区先结晶出树枝状初晶体,这种在液态合金中互相交错的树枝状晶体会增大液体流动的阻力。

③ 共晶成分的液态合金是在恒温下结晶的,合金由表面向中心逐层凝固,凝固层的内表面比较光滑,液态合金在凝固剂层中间流动时阻力较小(图 10.1(c))而亚共晶成分的液态合金的凝固层里面有树枝状初晶体,形成参差不齐的凝固成内壁,致使剩余液态合金的流动阻力较大(图 10.1(b))合金成分距共晶成分越远,两相区越大,合金的流动性也越差。

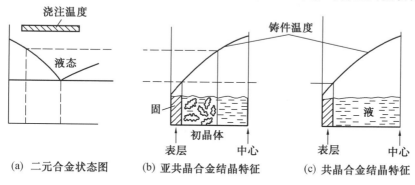

图 10.1　合金的结晶特征

(2)浇注条件的影响　合金浇注时的温度越高,保持液态的时间越长,液态合金的粘度也越小,则液态合金的充型能力越强。浇注时液态合金的压力越高,流速越大,也就越有利于充填铸型。

3. 常用合金的流动性

合金流动性好坏,可用螺旋试样进行测定。根据图 10.2 制成螺旋形试样的摸样,然后造型,在相同的铸型材料和浇注条件下,自直浇道直接浇注某种液态合金,用铸出的螺旋试样的螺线长度来评定不同铸造合金流动性好坏。螺旋线越长,说明合金的流动性越好。表10.1 列出了常用铸造合金流动性的数值。

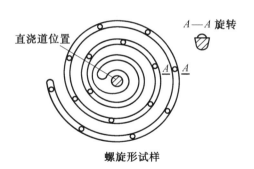

图 10.2 螺旋形试样

表 10.1 常用铸造合金的流动性

合 金 种 类	铸 造 方 法	浇注温度/℃	螺旋线长度/mm
铸铁 $(w(C)+w(Si))\times100$ 6.2 5.9 5.2 4.2	砂型	1 300	1 800 1 300 100 600
铸钢 $w(C)\times100=0.4$	砂型 砂型	1 600 1 640	100 200
硅黄铜	砂型	1 100	1 000
锡青铜	砂型	1 040	420
铝硅合金	金属型,300℃	700	750

4.合金的充型能力

合金的充型能力是指液态合金充满铸型型腔,获得形状完整、轮廓清晰铸件的能力。若充型能力不足,易产生浇不到、冷隔等缺陷,造成废品。

5.影响充型能力的因素

合金的流动性对充型能力的影响最大,此外,铸型和工艺条件也会改变合金的充型能力。

(1)铸型对充型有显著影响 液态合金充型时,铸型的阻力将会阻碍合金液的流动,而铸型与合金液之间的热交换又将影响合金保持流动的时间。故铸型对充型能力有显著影响。

①铸型的蓄热能力,即铸型从金属液中吸收和储存热量的能力。铸型的热导率和质量热容愈大,对液态合金的激冷作用愈强,合金的充型能力就愈差。如金属型铸造比砂型铸造容易产生浇不到等缺陷。

②提高铸型温度,减少铸型和金属液之间的温差,减缓冷却速度,可提高合金液的充型能力。

③铸型中的气体在金属液的热作用下,型腔中的气体膨胀,型砂中的水分汽化,有机物燃烧,都将增加型腔内的压力,如果铸型的透气性差,将阻碍金属液的充填,导致充型能力下

降。

（2）浇注条件　浇注条件，主要是指浇注温度和充型压力。

①浇注温度对合金的充型能力有着决定性的影响。在一定范围内，随着浇注温度的提高，合金液的粘度下降，且在铸型中保持流动的时间增长，充型能力增加。因此，对薄壁铸件或流动性较差的合金，为防止浇不到和冷隔等缺陷的产生，可适当提高浇注温度。但浇注温度过高，液态合金的收缩增大，吸气量增加，氧化严重，容易导致产生缩孔、缩松、气孔、粘砂、粗晶等缺陷，故在保证充型能力足够的前提下，尽量降低浇注温度。通常，灰铸铁的浇注温度为 1 230 ~ 1 380℃，铸钢为 1 520 ~ 1 620℃，铝合金为 680 ~ 780℃。复杂薄壁铸件取上限，厚大件取下限。

②充型压力，液态合金在流动方向上所受的压力愈大，其充型能力愈好。砂型铸造时，充型压力是由直浇道所产生的静压力取得的，故增加直浇道的高度可有效地提高充型能力。特种铸造中（压力铸造、低压铸造和离心铸造等），是用人为加压的方法使充型压力增大，充型能力提高。

此外，浇注系统结构于越复杂，流动阻力越大，充型能力就越低。

（3）铸件结构对充型能力也有影响　铸件壁厚过小，壁厚急剧变化，结构复杂，有大的水平面时，都将会影响合金的充型能力。图 10.3 为盖类铸件的三种浇注方案：图 10.3（a），薄壁，处于垂直位置，容易充满，但是工艺上要平做立浇，操作麻烦；图 10.3（b），薄壁处于水平位置，又在上型，容易出现冷隔和浇不足缺陷；图 10.3（c），薄壁主要部分在下型，虽然是水平壁，但是金属液是从上向下流动的，而且还增加了静压力，不易出现缺陷。

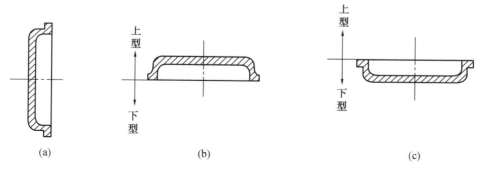

图 10.3　盖类铸件的不同浇注位置

10.1.2　合金的收缩

1. 收缩

液态金属在冷却凝固过程中，体积和尺寸减小的现象称为收缩。收缩是铸造合金本身的物理性质，是铸件中许多缺陷（如缩孔、缩松、裂纹、变形、残余内应力等）产生的基本原因。整个收缩过程，可分为三个互相联系的阶段：

（1）液态收缩　液态收缩是指合金液从浇注温度冷却到凝固开始温度之间的体积收缩，此时的收缩表现为型腔内液面的降低。合金液体的过热度越大，则液态收缩也越大。

（2）凝固收缩　凝固收缩是指合金从凝固开始温度冷却到凝固终止温度之间的体积收缩，在一般情况下，这个阶段仍表现为型腔内液面降低。

（3）固态收缩　固态收缩是指合金从凝固终止温度冷却到室温之间的体积收缩。固态体积收缩表现为三个方向线尺寸的缩小，即三个方向的线收缩。

液态收缩和凝固收缩是铸件产生缩孔和缩松的主要原因，固态收缩是铸件产生内应力、变形和裂纹等缺陷的主要原因。铁碳合金的各种收缩情况如图 10.4 所示。

图 10.4　铁碳合金的收缩

2. 影响收缩的因素

影响收缩的因素主要有化学成分、铸件结构与铸型条件、浇注温度等。

①不同种类的合金，其收缩率不同。在常用的铸造合金中铸钢的收缩最大，灰铸铁最小。

②由于铸件在铸型中各部分冷却速度不同，彼此相互制约，对其收缩产生阻力。又因铸型和型芯对铸件收缩产生机械阻力，因而其实际线收缩率比自由线收缩率小。所以在设计模样时，必须根据合金的种类，铸件的形状、尺寸等因素，选择适宜的收缩率。

③浇注温度愈高，液态收缩愈大，一般浇注温度每提高 100℃，体积收缩将会增加1.6% 左右。

3. 缩孔和缩松的形成及防止

合金液在铸型内冷凝过程中，若体积收缩得不到补充时，将在铸件最后凝固的部位形成空洞，这种空洞称为缩孔。缩孔分为集中缩孔和分散缩孔两类。

（1）缩孔的形成　缩孔是容积较大的空洞，一般隐藏在铸件上部或最后凝固部位，有时经切削加工可暴露出来。缩孔形状不规则，多呈倒锥形，其内表面较粗糙。

缩孔形成过程如图 10.5 所示。合金液充满铸型后，由于散热开始冷却，并产生液态收缩。在浇注系统尚未凝固期间，所减少的合金液可从浇口得到补充，液面不下降仍保持充满状态，图 10.5（a）所示。随着热量不断散失，合金温度不断降低，靠近型腔表面的合金液很快就降低到凝固温度，凝固成一层硬壳。如内浇道已凝固，则形成的硬壳就像一个密封容器，内部包住了合金液，图 10.5（b）所示。温度继续降低，铸件除产生液态收缩和凝固收缩外，还有先凝固的外壳产生的固态收缩。由于硬壳内合金液的液态收缩和凝固收缩大于硬壳的固态收缩，故液面下降并与硬壳顶面脱离，产生了间隙，图 10.5（c）所示。温度继续下降，外壳继续加厚，液面不断下降，待内部完全凝固，则在铸件上部形成了缩孔，如图

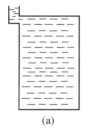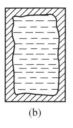

　　　（a）　　　　　　（b）　　　　　　（c）　　　　　　（d）　　　　　　（e）

图 10.5　铸件缩孔形成过程示意图

10.5(d)所示。已经形成缩孔的铸件自凝固终止温度冷却到室温,因固态收缩使其外廓尺寸略有减少,图10.5(e)所示。

（2）缩松的形成　缩松可以看成是将集中缩孔分散成为数量极大的小缩孔,似海绵状。对于相同的收缩体积,缩松的分布面积要比缩孔大得多。合金的结晶温度范围愈宽,愈易形成缩松。根据缩松的形态,将其分为宏观缩松和微观缩松两类。图10.6为圆柱形铸件形成缩松过程的示意图。

图10.6(a)为合金液浇注后的某一时刻,因合金的结晶温度范围较宽,铸件截面上有三个区域。图10.6(b)表示铸件中心部分液态区已不存在,而成为液态和固态共存的凝固区,其凝固层内表面参差不齐,呈锯齿状,剩余的液体被凹凸不平的凝固层内表面分割成许多残余液相的小区。这些小液相区彼此间的通道变窄,增大了合金液的流动阻力,加之铸型的冷却作用变弱,促使其余合金液温度趋于一致而同时凝固。凝固中金属体积减少又得不到液态金属的补充时,就形成了缩松（图10.6(c)）。这种缩松常出现在缩孔的下方或铸件的轴线附近。一般用肉眼能观察出来,所以叫宏观缩松。

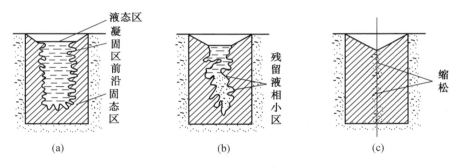

图10.6　铸件缩松形成过程示意图

当合金液在很宽的结晶温度范围内结晶时,初生的树枝状枝晶很发达,以至于液体分隔成许多孤立的微小区域,若补缩不良,则在枝晶间或枝晶内形成缩松,这种缩松更为细小,要用显微镜才能看到,故称显微缩松。显微缩松在铸件中难以完全避免,它对一般铸件危害性较小,故不把它当作缺陷看待。但是,如铸件为防止在压力下发生泄漏要求有较高的致密性时,则应设法防止或减少显微缩松。

（3）缩孔与缩松的防止　任何形态的缩孔都会使铸件力学性能显著下降,缩松还能影响铸件的致密性和物理、化学性能。因此,缩孔和缩松是铸件的重大缺陷,必须根据铸件技术要求,采取适当工艺措施,予以防止。

防止缩孔与缩松的主要措施是：

①合理选择铸造合金,生产中应尽量采用接近共晶成分或结晶范围窄的合金。

②合理选择凝固原则,铸件的凝固原则分为"定向凝固"和"同时凝固"两种。"定向凝固"就是使铸件按规定方向从一部分到另一部分逐步凝固的过程。经常是向着冒口方向凝固,即离冒口最远的部位先凝固,冒口本身最后凝固,按此原则进行凝固,就能保证各个部位的凝固收缩都能得到合金液的补充,从而可将缩孔转移到冒口中,获得完整而致密的铸件。一般收缩大或壁厚差较大的易产生缩孔的铸件,如铸钢、高强度铸铁和可锻铸铁等宜采用定向凝固的方法,如图10.7所示,铸件清理时将冒口切除。

4. 铸造内应力、变形和裂纹

铸件在凝固后继续冷却时,若在固态收缩阶段受到阻碍,则将产生内应力,此应力称为铸造内应力。它是铸件产生变形、裂纹等缺陷的主要原因。

（1）铸造内应力　　铸造内应力按其产生原因,可分为热应力、固态相变应力和收缩应力三种。热应力是指铸件各部分冷却速度不同,造成在同一时期内,铸件各部分收缩不一致而产生的应力;固态相变应力是指铸件由于固态相变,各部分体积发生不均衡变化而引起的应力。

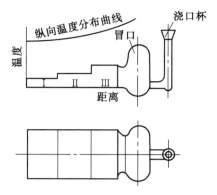

图 10.7　定向凝固方式示意图

收缩应力是铸件在固态收缩时因受到铸型、型芯、浇冒口、箱挡等外力的阻碍而产生的应力。

减小和消除铸造内应力的方法有:采用同时凝固的原则,通过设置冷铁、布置浇口位置等工艺措施,使铸件各部分在凝固过程中温差尽可能小;提高铸型温度,使整个铸件缓冷,以减小铸型各部分温度差;改善铸型和型芯的退让性,避免铸件在凝固后的冷却过程中受到机械阻碍;进行去应力退火,是一种消除铸造内应力最彻底的方法。

（2）铸造变形　　当铸件中存在内应力时,如内应力超过合金的屈服点,常使铸件产生变形。

为防止变形,在铸件设计时,应力求壁厚均匀、形状简单而对称。对于细而长、大而薄等易变形铸件,可将模样制成与铸件变形方向相反的形状,待铸件冷却后变形正好与相反的形状抵消(此方法称"反变形法")。

（3）铸造裂纹　　当铸件的内应力超过了合金的强度极限时,铸件便会产生裂纹。裂纹是铸件的严重缺陷。

防止裂纹的主要措施是:合理设计铸件结构;合理选用型砂和芯砂的粘结剂与添加剂,以改善其退让性;大的型芯可制成中空的或内部填以焦炭;严格限制钢和铸铁中硫的含量;选用收缩率小的合金等。

10.1.3　合金的吸气性和氧化性

合金在熔炼和浇注时吸收气体的能力称为合金的吸气性。如果液态时吸收气体多,则在凝固时,侵入的气体若来不及逸出,就会出现气孔、白点等缺陷。

为了减少合金的吸气性,可缩短熔炼时间;选用烘干过的炉料;提高铸型和型芯的透气性;降低造型材料中的含水量和对铸型进行烘干等。

合金的氧化性是指合金液与空气接触,被空气中的氧气氧化,形成氧化物。氧化物若不及时清除,则在铸件中就会出现夹渣缺陷。

10.2　砂型铸造

10.2.1　砂型铸造的方法

砂型铸造是实际生产中应用最广泛的一种铸造方法,其基本工艺过程如图 10.8 所示,主要工序为制造模样、制备造型材料、造型、造芯、合型、熔炼、浇注、落砂清理与检验等。

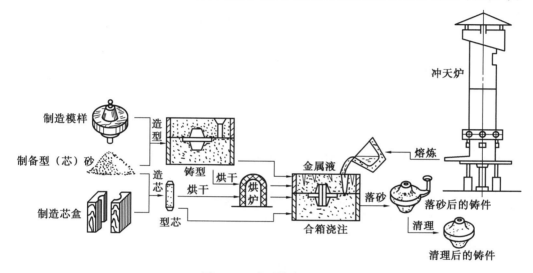

图 10.8　砂型铸造工艺过程

铸件的形状、尺寸、质量及成本主要取决于造型和造芯,而铸件的化学成分则取决于熔炼。所以,造型、造芯和熔炼是铸造生产中的重要工序。

用造型材料及模样等工艺装备制造铸型的过程称为造型。造型材料的性能、造型方法的选择和造型操作等对铸造生产率、铸件质量和成本都有直接的影响。

10.2.2　造型材料

制造铸型用的材料称为造型材料,主要指型砂和芯砂,它由砂、粘结剂和附加物等组成。

1. 造型材料应具备的性能

可塑性

造型材料在外力作用下容易获得清晰的型腔轮廓,外力去除后仍能保持其形状的性能称为可塑性。可塑性好,铸件表面质量就较高。可塑性与粘土和水分含量等有关,含粘土多,含水量适当,可塑性良好。

强度

型砂、芯砂抵抗外力破坏的能力称为强度。强度与粘结剂的种类及含量、含水量和型砂的紧实度有关。

耐火性

在高温液态金属作用下,型砂和芯砂不软化、不烧结的性能称为耐火性。如果耐火性差,铸件易于产生粘砂缺陷,给铸件清理和切削加工带来困难。耐火性主要与砂粒成分、形状和大小有关,SiO_2 含量高,圆形、大颗粒砂的耐火性高。

透气性

在型砂和芯砂被紧实后,由于各砂粒间存在间隙而具有的允许气体透过的能力称为透气性。透气性差,铸件易于产生气孔等缺陷;砂粒粗大、均匀,粘土含量少,含水量适当的型砂和芯砂透气性良好。

退让性

当铸件凝固后继续冷却时,型砂、芯砂能被压缩而不阻碍铸件收缩的性能称为退让性。退让性差,铸件容易变形和开裂,减少型砂中粘土的含量,使用桐油、合脂等粘结剂,加入附加物(木屑等),可提高退让性。

2. 型砂的种类

根据所使用的粘结剂的不同,型砂可分为如下几类:

(1)粘土砂　以粘土(普通粘土、膨润土)作为主要的粘结剂配制的型砂称为粘土砂。粘土是价廉的粘结剂。粘土砂的回用性好,因此,得到广泛应用。

粘土砂根据其所制成的砂型烘干与否又可分为湿型砂(潮型砂)和干型砂两大类,湿型砂以膨润土作为粘结剂,铸型不需烘干,生产周期短,成本低,但砂型强度较低,发气量较大,透气性较差,因此,主要适用于中、小型普通铸件;干型砂主要以普通粘土作为粘结剂,合型前要将铸型烘干,干型铸造主要适用于质量要求较高的中、大型铸件。

(2)水玻璃砂　水玻璃是硅酸钠的水溶液,是一种暗灰色的粘稠液体,用水玻璃为粘结剂配制而成的型砂称为水玻璃砂。

造型后向砂型吹入 CO_2 气体,CO_2 与水玻璃作用产生二氧化硅凝胶体将砂粒牢固地粘结起来,使型砂具有较高的强度,同时大部分水则在化学反应热作用下蒸发,这个过程称为硬化。吹气硬化过程一般仅需 $1 \sim 3$ min。

水玻玻沙的主要优点是铸型不需烘干,硬化快,生产周期短;其主要缺点是溃散性和回用性差。

(3)油砂和合脂砂　用桐油、亚麻仁油等油类粘结剂配制的型砂、芯砂称为油砂。干强度高,烘干后不宜吸湿返潮,在浇注以后,由于油被烧掉,强度显著下降,使型砂和芯砂具有良好的退让性和溃散性。但油是重要的工业原料,价格较昂贵,故应用少。

用合脂作为粘结剂配制的型砂称为合脂砂。其性能与油砂相近,而合脂来源广,价格低,因而得到迅速推广。

(4)树脂砂　以合成树脂(酚醛树脂、醇酸树脂等)为粘结剂配置的型砂称为树脂砂。其强度高,透气性、退让性和回用性好,因此,是有发展前途的造型材料。

10.2.3　制造模样

造型时需要模样和芯盒。模样是用来形成铸件外部轮廓的,芯盒是用来制造砂芯,形成铸件的内部轮廓的。制造模样和芯盒所用的材料,根据铸件大小和生产规模的大小而有所不同。产量少的一般用木材制作模样和芯盒。产量大的铸件,可用金属或塑料制作模样和芯盒。

在设计和制造模样和芯盒时,必须考虑下列问题:

①分型面的选择,分型面是两半铸型相互接触的表面,分型面选择要恰当;②起模斜度的确定,一般木模斜度为 $1° \sim 3°$,金属模斜度为 $0.5° \sim 1°$;③考虑到铸件冷却凝固过程中体积要收缩,为了保证铸件的尺寸,模样的尺寸应比铸件的尺寸大一个收缩量;④铸件上凡是需要机械加工的部分,都应在模样上增加加工余量,加工余量的大小与加工表面的精度、加工面尺寸、造型方法以及加工面在铸件中的位置有关;为了减少铸件出现裂纹的倾向,并为了造型、造芯方便,应将模样和芯盒的转角处都做成圆角;⑤当有型芯时,为了能安放型芯,模样上要考虑设置芯座头。

10.2.4 造型

造型是砂型铸造的最基本、最重要的工序,造型工序的关键是如何将摸样从铸型中顺利地取出来而不破坏型腔。砂型铸造一般分为手工造型和机器造型两种。

1. 手工造型

全部用手工或手动工具制造铸型的方法称为手工造型。手工造型有较大的灵活性和适应性,但是造型效率低、劳动条件差,主要用于单件和小批生产,也有用于成批生产。

手工造型方法很多,根据砂箱特征可分为地坑造型、两箱造型和三箱造型等;根据模样的特征可分为整体模造型、分开模造型、挖砂造型、假箱造型、活块模造型和刮板造型等。

每一种造型方法都有自己的特点和适用范围。为了保证铸件质量,降低铸件成本,生产中根据铸件形状、大小、生产批量等加以选用。各种手工造型方法的特点和适应范见表10.2。

2. 机器造型

在现代化的铸造车间里,铸造生产中的造型、制芯、型砂处理、浇注、落砂等工序均由机器来完成。并把这些工艺过程组成机械化的连续流水生产线。与手工造型相比,机器造型可提高生产效率、铸件精度和表面质量,铸件加工余量也小。但它需用专用设备、专用砂箱和模板等,投资较大,只有大批量生产时才能显著降低铸件成本。

(1)机器造型的模样　机器造型是采用模板两箱造型。模板是将模样和浇注系统沿分面与模底板连成一个组合体的专用模具。造型后,模底板形成分型面,模样形成铸型空腔。模板分为单面和双面两种。

单面模板是模底板一面有模样的模版。上下半个模样分装在两块摸底板上,分别称为上模板和下模板,如图10.9所示。用上、下模板分别在两台造型机上造出上、下半个铸型,然后合型成整体铸型。单面模板结构较简单,应用较多。

表 10.2　各种手工造型方法的特点和应用

造 型 方 法		简　　图	主 要 特 征	适 用 范 围
按砂型特征分	两箱造型		为造型最基本方法,铸型由成对的上型和下型构成,操作简单	适用于各种生产批量和各种大小的铸件
	三箱造型		铸型由上、中、下三型构成。中型高度须与铸件两个分型面的间距相适应。三箱造型操作费工,且需配有合适的砂箱	适用于具有两个分型面的单件、小批量生产的铸件
	脱箱造型		采用活动砂箱来造型,在铸型合型后,将帮箱脱出,重新用于造型。一个砂箱可制出许多砂型。金属浇注时为防止错箱,需用型砂将铸型周围填紧,也可在铸型上套箱	常用于生产小铸件,因砂箱无箱带,故砂箱一般小于 400 mm
	地坑造型		造型是利用车间地面砂床作为铸型的下箱。大铸件需在砂床下面铺以焦炭,埋上出气管,以便浇注时引气。地坑造型仅用或不用上箱即可造型,因而减少了造砂箱的费用和时间,但造型费工、生产率低,要求工人技术水平高	适用于砂箱不足,或生产批量不大、质量要求不高的中、大型铸件,如砂箱、压铁、炉栅、芯骨等
	组芯造型		用若干块砂芯组合成铸型,而无需砂箱。它可提高铸件的精度,但成本高	适用于大批量生产形状复杂的铸件

续表 10.2

造型方法		简图	主要特征	适用范围
按模样特征分	整模造型		模样是整体的,铸件分型面是平面,铸型型腔全部在半个铸型内,其造型简单,铸件不会产生错箱缺陷	适用于铸件最大截面在一端,且为平面的铸件
	挖砂造型		模样是整体的,但铸件分型面是曲面。为便于起模,造型时用手工挖去阻碍起模的型砂,其造型费工、生产率低,工人技术水平要求高	用于分型面不是平面的单件、小批量生产铸件
	假箱造型		为克服挖砂造型的挖砂缺点,在造型前预先做个底胎(即假箱),然后在底胎上制下箱,因底胎不参与浇注,故称假箱。比挖砂造型操作简单,且分型面整齐	适用于成批生产中需要挖砂的铸件
	分模造型		将模样沿最大截面处分成两半,型腔位于上、下两个砂箱内,造型简单省工	常用于最大截面在中部的铸件
	活块造型		铸件上有妨碍起模的小凸台,肋条等。制模时将这些部分做成活动的(即活块)。起模时,先起出主体模样,然后再从侧面取出活块。其造型费时,工人技术水平要求高	主要用于单件、小批量生产带有突出部分、难以起模的铸件
	刮板造型		用刮板代替模样造型,它可降低模样成本,节约木材,缩短生产周期。但生产率低,工人技术水平要求高	用于有等截面或回转体的大、中型铸件的单件、小批量生产,如带轮、铸管、弯头等

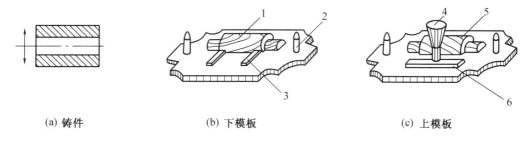

(a) 铸件　　　　　　　　　(b) 下模板　　　　　　　　　(c) 上模板

图 10.9　单面模板

1—下模样;2—定位销;3—内浇道;4—直浇道;5—上模样;6—横浇道

　　双面模板是把上半个模样和浇注系统固定在模底板一侧,而下半个模样固定在该模底板对应位置的另一侧。由同一模板在同一台造型机上造出上、下半个铸型,然后合型成整体铸型,如图 10.10 所示。

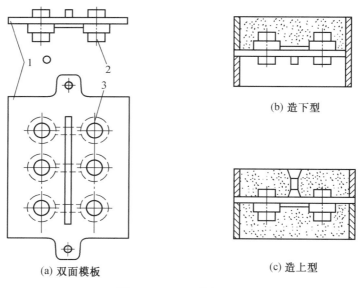

(a) 双面模板　　　　　　　　　　(b) 造下型

(c) 造上型

图 10.10　双面模板造型

1—模底板;2—下模样;3—上模样

　　机器造型不能用于干砂造型,也不易生产巨大型铸件,不能用于三箱造型,同时也应避免活块造型,因取出活块费时,降低了生产率。因此,在设计大批量生产的铸件及其铸造工艺时,须考虑机器造型的这些工艺要求,并采取措施予以满足。

　　（2）机器造型方式　　按照不同的紧砂方式分为震实、压实、震压、抛砂、射砂造型等多种方法,其中以震压式造型和射砂造型应用最广。图 10.11 为震压式造型机工作原理。工作时打开砂斗门向砂箱中放型砂。压缩空气从震实进口进入震实活塞的下面,工作台上升过程中先关闭震实进气通路,然后打开震实排气口,于是工作台带着砂箱下落,与活塞的顶部产生了一次撞击。如此反复震击,可使型砂在惯性力作用下被初步紧实。为提高砂箱上层型砂的紧实度,在震实后还应使压缩空气从压实进气口进入压实气缸的底部,压实活塞带动工作台上升,在压头作用下,使型砂受到辅助压实。砂型紧实后,压缩空气推动压力油进入起模液压缸,四根起模顶杆将砂箱顶起,使砂型与模样分开,完成起模。图 10.12 为射砂造型原理图。它是利用压缩空气将型砂以很高的速度射入芯盒(或砂箱),从而得到预紧实,然后用压实法紧实,是一种快速高效的砂型造型法。

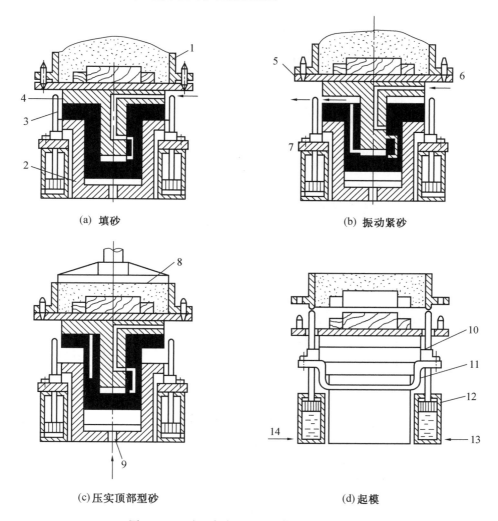

(a) 填砂　　　　　　　　　　　　　　　　　　　(b) 振动紧砂

(c)压实顶部型砂　　　　　　　　　　　　　　　(d) 起模

图 10.11　震压式造型机的工作过程示意图

1—砂箱;2—压实气缸;3—压实活塞;4—振击活塞;5—模底板;6—进气口1;7—排气口;8—压板;
9—进气口;10—起模顶杆;11—同步连杆;12—起模液压缸;13、14—压力油

10.2.5　造芯

造芯也可分为手工造芯和机器造芯。在大批量生产时采用机器造芯比较合理,但在一般情况下用得最多的还是手工造芯,手工造芯主要是用芯盒造芯。

为了提高砂芯的强度,造芯时在砂芯中放入铸铁芯骨(大芯)或铁丝制成的芯骨(小芯)。为了提高砂芯的透气能力,在砂芯里应作出通气孔。做通气孔的方法是:用通气针扎或用埋蜡线形成复杂通气孔。

1. 手工造芯的四种方法

(1)用整体芯盒造芯　整体芯盒的内腔形状和尺寸要与铸件相应部位的形状和尺寸相

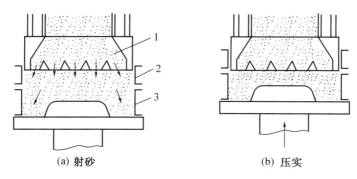

(a) 射砂   (b) 压实

图 10.12　射砂造型原理
1—射砂头;2—辅助框;3—砂箱

适应。对于结构简单、自身有一定斜度的芯盒,可用图 10.13 所示的整体芯盒造芯。造芯时,先在芯盒内安放芯骨和填入型砂,春实后刮去余砂(图 10.13(a))。将烘干平板盖在芯盒上方(10.13(b)),然后将平板和芯盒一起翻转,最后从上方取走芯盒(图 10.13(c))。

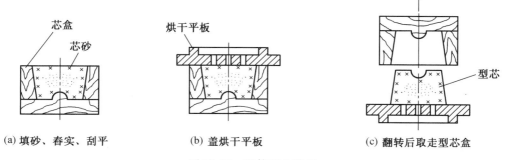

(a) 填砂、春实、刮平　　　　　(b) 盖烘干平板　　　　　(c) 翻转后取走型芯盒

图 10.13　整体芯盒造芯

(2)用分开芯盒造芯　圆柱形或结构对称的型芯,一般用图 10.14 所示的分开式芯盒造芯。造芯时,用卡子固定好两半芯盒,然后填砂、春实和刮平(图 10.14(a))盖上烘干平板后,连同芯盒翻转,从两侧取走芯盒(图 10.14(b))。

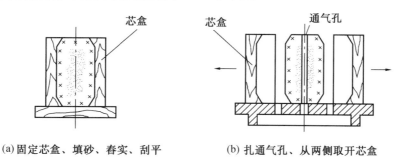

(a)固定芯盒、填砂、春实、刮平　　　　(b)扎通气孔、从两侧取开芯盒

图 10.14　分开式芯盒制芯

(3)用可拆式芯盒造芯　形状比较复杂的大中型型芯,为便于造芯操作,多用可拆式芯盒造芯,如图 10.15 所示。造芯过程与前两种造芯方法相似,不同之处是芯盒可从不同方向取出。

(4)刮板造芯　对于旋转体形状的大中型型芯,在单件和小批量生产条件下,可用刮板

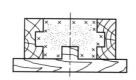
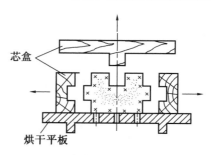

(a) 卡紧各部分芯盒、填砂、舂实、刮平　　　　(b) 在烘干平板上取开芯盒

图 10.15　可拆式芯盒造芯

造型,以节省制作芯盒的木材和工时。图 10.16 是刮制大直径弯管型芯的示意图。为了使刮板始终沿着型芯的轴线方向平行移动,刮板下方的台阶必须紧靠着导板滑动。刮出的型芯是一半,分别烘干后再组合在一起下芯。

2. 机器造芯

机器造芯除可以在上述各种造型机械上进行外,还可采用以下几种高效率机器造芯方法:

(1) 吹砂造芯　吹砂造芯时在吹芯机上利用压缩空气将芯砂高速吹入芯盒而获得型芯的方法。图 10.17 是吹砂造型的工作原理示意图。

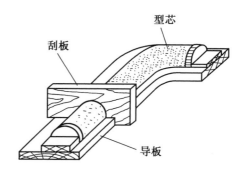

图 10.16　刮板造芯

吹砂造芯法生产效率高,但是芯盒磨损快,对芯砂的流动性要求较高。当型芯形状比较复杂时,型芯的吹砂质量不高。所以,吹砂法仅用于制造形状比较简单的型芯。

(2) 射砂造芯　射砂制芯与吹砂造芯的相同之处是都用压缩空气填砂紧实;不同之处是射砂机构中多了一个射砂筒(图 10.18 中的 4),射砂筒是一个开有许多横向和竖向缝隙的盛砂筒,缝隙的第一个作用是作为压缩空气的进入通道,第二个作用是让压缩空气从四周进入射砂筒,切割和分离芯砂,防止芯砂堵塞。

造芯时,打开闸板 6,使芯砂落入射砂筒 4 中。然后关闭闸板,打开进气阀 7,使贮气罐 8 中的压缩空气通过射腔 3 进入射砂筒 4,射砂筒中的芯砂在高压气流的带动下,从射砂孔 9 高速射入芯盒,同时完成填砂和紧砂工作。进

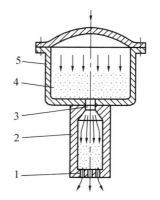

图 10.17　吹砂造芯工作原理示意图
1—排气孔;2—芯盒;3—吹砂孔;4—芯砂;5—吹砂筒

入芯盒的压缩空气从射砂头上的排气孔排出。射砂造芯生产效率高,能制造形状复杂的型芯,在大批量生产条件下被广泛采用。

10.2.6　浇注系统

浇注时,金属液流入铸型所经过的通道称浇注系统。浇注系统是铸型的重要组成部分,对铸件的质量有很大的影响。良好的浇注系统,应能使液态金属均匀、平稳地流入并充满型腔;应能有效地防止熔渣、砂粒或其他杂质进入型腔;应能调节铸件的冷却凝固顺序并补给金属液冷却收缩时所需的液态金属。

典型的浇注系统由外浇道、直浇道、横浇道、内浇道和冒口组成,如图10.19所示。小型铸件通常没有横浇道和冒口。

外浇道的作用是缓和液态金属的冲力,使其平稳地流入直浇道。盆形外浇道称浇口盆,用于大型铸件;漏斗形外浇道称浇口杯,用于小型铸件。直浇道是外浇道下面的一段上大下小的圆锥形通道。它的一定高度使液态金属产生一定的静压力,从而使液态金属能以一定的流速和压力充填型腔。对于薄壁件,往往采用较长的直浇道,目的是为了保证液态金属充满型腔。

横浇道是位于内浇道上方呈上大下小的梯形通道。由于横浇道比内浇道高,所以液态金属中渣子、砂粒便浮在横浇道的顶面,从而可防止铸件产生夹渣、夹砂等缺陷。此外,横浇道还起着向内浇道分配液态金属的作用。内浇道的截面多为扁梯形,也有三角形和月牙形等截面。内浇道与型腔相连,起着控制液态金属流速和流向的作用。

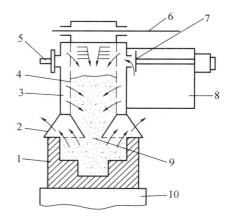

图 10.18　射砂造芯工作原理示意图
1—芯盒;2—射砂头;3—射腔;4—射砂筒;5—排气阀;6—闸板;7—进气阀;8—贮气罐;9—射砂孔;10—工作台

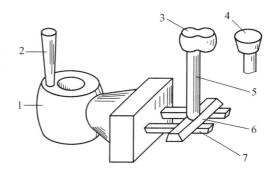

图 10.19　铸件的浇注系统
1—铸件;2—冒口;3—盆形外浇道(浇口盆);4—漏斗形外浇道(浇口杯);5—直浇道;6—横浇道;7—内浇道(两个)

出气口的位置一般设在铸件的最上部,其作用是排出型腔中的气体。冒口的作用是在液态金属凝固收缩时补充液态金属,防止铸件产生缩孔缺陷。冒口一般设在铸件最高和最厚部位。

10.2.7　砂型和砂芯的干燥及合箱

干燥砂型和砂芯目的是为了增加砂型和砂芯的强度、透气性,减少浇注时可能产生的气体。为提高生产率和降低成本,砂型只有在不干燥就不能保证铸件质量的时候,才进行烘干。

将砂芯及上、下箱等装配在一起的操作过程称为合型。合型时,首先应检查砂箱和砂芯是否完好、干净;然后将砂芯安装在芯座上;在确认砂芯位置正确后,盖上上箱,并将上、下箱扣紧或在上箱上压上压铁,以免浇注时出现抬箱、跑火、错型等问题。

10.2.8 浇注

将熔融金属从浇包注入铸型的操作称为浇注。在浇注过程中必须掌握以下两点:

①浇注温度的高低对铸件的质量影响很大。温度高时,液体金属的粘度下降、流动性提高,可以防止铸件产生浇不到、冷隔及某些气孔、夹渣等铸造缺陷。但温度过高将增加金属的总收缩量、吸气量和氧化现象,使铸件容易产生缩孔、缩松、粘砂和气孔等缺陷。因此在保证流动性足够的前提下,尽可能做到"高温出炉,低温浇注"。通常,灰铸铁的浇注温度为 1 200 ~ 1 380 ℃ ,碳素铸钢为 1 500 ~ 1 550 ℃ 。形状简单的铸件取较低的温度,形状复杂的或薄壁铸件则取较高的浇注温度。

②较高的浇注速度,可使金属液更好地充满铸型,铸件各部温差小,冷却均匀,不易产生氧化和吸气。但速度过高,会使铁液强烈冲刷铸型,容易产生冲砂缺陷。实际生产中,薄壁铸件应采取快速浇注;厚壁铸件则应按慢-快-慢的原则浇注。

10.2.9 铸件的出砂清理

铸件的出砂清理一般包括:落砂、去除浇冒口和表面清理。

1. 落砂

用手工或机械使铸件和型砂、砂箱分开的操作称为落砂。落砂时铸件的温度不得高于 500 ℃ ,如果过早取出,则会产生表面硬化或发生变形、开裂。

落砂可用手工或机械方法进行,在生产中应尽量采用机械方法落砂,常用的方法是:震动落砂机落砂和水爆清砂。所谓水爆清砂就是将浇注后尚有余热的铸件,连同砂型砂芯投入水池中,当水进入砂中时,由于急剧气化和增压而发生爆炸,使砂型和砂芯震落,以达到清砂的目的。

2. 去除浇冒口

对脆性材料,可采用锤击的方法去除浇冒口。为防止损伤铸件,可在浇冒口根部先锯槽然后击断。对于韧性材料,可用锯割、氧气切割和电弧切割的方法。

3. 表面清理

铸件由铸型取出后,还需进一步清理表面的粘砂。手工清除时一般用钢刷和扁铲加工,这种方法劳动强度大,生产率低,且有害健康。因此现代化生产主要是用震动机和喷砂喷丸设备来清理表面。所谓喷砂和喷丸就是用砂子或铁丸,在压缩空气作用下,通过喷嘴喷射到被清理工件的表面进行清理的方法。

10.2.10 铸件质量的鉴定

在铸造生产过程中,由于铸件结构、工艺设计、操作过程和材料管理等方面的原因,往往在铸件内部、表面和性能等方面出现一些缺陷。铸件产生缺陷后,就会降低铸件的质量,严重时会使铸件成为废品。

为了确定铸件是否合格,要对铸件逐件进行检查。对有缺陷的铸件,还要对缺陷进行鉴别。如果缺陷不影响使用要求,则应视为合格铸件。有些缺陷虽然会使铸件成为废品,但是若能经过修补消除缺陷,则该铸件也应视为合格铸件。

为了鉴定铸件的质量,要根据零件图和有关技术文件,对铸件进行质量检查,以便确定铸件是否是合格以及质量等级。一般机床铸件可分为优等品、一等品和合格品三种,其鉴定标准见表 10.3。

表 10.3　机床铸件质量分级和鉴定标准

铸件缺陷		优　等　品	一　等　品	合　格　品
类别	项目			
表面状况	粗糙度	与标准样品比较,符合优等样品	与标准样品比较,符合一等样品	与标准样品比较,符合合格样品
	粘砂	经喷砂可以清除	清理后还要进行刮磨	需风铲后再刮磨清理
	结疤	不允许有	在 500 mm×500 mm 面积内不超过一处,深度小于 3 mm	在 500 mm×500 mm 面积内不超过一处,深度可大于 3 mm,但要焊补磨光
	裂纹	不允许有	不允许有	每 1000 mm×1000 mm 面积内不超过一处,但要焊补磨光
孔眼	气孔	不允许有	在 500 mm×500 mm 的不受力面积内,气孔面积小于 50 mm×50 mm,要焊补磨光	在 500 mm×500 mm 不受力面积内,气孔面积允许有两处,每处面积为 50 mm×50 mm,要焊补磨光
	缩孔	不允许有	每 200 mm×200 mm 加工面积上允许有一处缩孔,深度为加工余量的 0.8	每 200 mm×200 mm 加工面积上允许二处
	渣孔	不允许有	与气孔同	与气孔同
尺寸不符	偏芯	允许为加工余量的 0.25	允许为加工余量的 0.5	允许为加工余量的 0.75
	壁厚差	每 500 mm 长允差 0.5 mm	每 500 mm 长度允差 0.75 mm	每 500 mm 长度允差 1.0 mm
	突起	在非加工面允许突起<0.5 mm,加工面<1.0 mm	加工面<3 mm,非加工面<4 mm,但需磨平	加工面<4.5 mm,非加工面<6 mm,但需磨平
	凸块、搭子和不加工孔位移	铸件长 $L<1.5$ mm 时,由基准面量起,偏差 a_1 值为 0.2 mm/100 mm,总量<2 mm;$L>1.5$ m 时,由基准面量起,偏差 a_2 值允许 0.3 mm/100 mm,总量<5 mm	$L<1.5$ m 时,a_1 偏差 0.3 mm/100 mm,总量<3.5 mm,$L>1.5$ m 时,a_2 偏差 0.4 mm/100 mm,总量<7 mm	$L<1.5$ mm 时,a_1 偏差 0.4 mm/100 mm,总量<5 mm；$L>1.5$ m 时,a_2 偏差 0.5 mm/100 mm,总量<10 mm
	分型面错动 ε/mm	$L<0.5$ m,ε_1 允差 0.3；$L<1.5$ m,ε_2 允差 1.0；$L>1.5$ m,ε_3 允差 1.5；(磨平)	$L<0.5$ m,ε_1 允差 0.5；$L<1.5$ m,ε_2 允差 1.5；$L>1.5$ m,ε_3 允差 2.5；(磨平)	$L<0.5$ m,ε_1 允差 1.0；$L<1.5$ m,ε_2 允差 2.5；$L>1.5$ m,ε_3 允差 4.0；(磨平)

续表 10.3

铸件缺陷		优　等　品	一　等　品	合　格　品
类别	项目			
不平直	弯曲	<0.75 mm/m	<1.25 mm/m	<2.00 mm/m
	轮廓尺寸不直	0.5 mm/m	<1.0 mm/m	<1.5 mm/m
	连接面结合不好，局部上凸	不允许有	允许存在，但每100 mm 长度不得大于2 mm	允许有变形及在各个面上有凸起,每50 mm 长度不大于2 mm
泄漏	铸件不致密	不允许有	每 m² 面积允许2 处,总面积<50 mm×50 mm,要修补磨平	同左面积,允许有 4 处,总面积 < 50 mm × 50 mm,要修补磨平

10.2.11　铸件检验及铸件常见缺陷

铸件清理后应进行质量检验。根据产品要求的不同,检验的项目主要有:外观、尺寸、金相组织、力学性能、化学成分和内部缺陷等。其中最基本的是外观检验和内部缺陷检验。铸件常见缺陷的特征及其产生原因见表 10.4

表 10.4　几种常见铸件缺陷的特征及产生的原因

类别	缺陷名称和特征	主要原因分析
孔眼	气孔:铸件内部或表面有大小不等的孔眼,孔的内壁光滑多呈圆形	1. 砂型舂得太紧或型砂透气性太差 2. 型砂太湿,起模、修型时刷水过多 3. 砂芯通气孔堵塞或砂芯未烘干
	缩孔:铸件厚截面处出现形状不规则的孔眼,孔的内壁粗糙	1. 冒口设置得不正确 2. 合金成分不合格,收缩过大 3. 浇注温度过高 4. 铸件设计不合理,无法进行补缩
	砂眼:铸件内部或表面有充满砂粒的孔眼,孔形不规则	1. 型砂强度不够或局部没舂紧,掉砂 2. 型腔、浇口内散砂未吹净 3. 合箱时砂型局部挤坏,掉砂 4. 浇注系统不合理,冲坏砂型(芯)
	渣眼:孔眼内充满熔渣,孔形不规则	1. 浇注温度太低,熔渣不易上浮 2. 浇注时没有挡住熔渣 3. 浇注系统不正确,撇作用差

续表 10.4

类别	缺陷名称和特征	主要原因分析
表面缺陷	冷隔:铸件上有未完全融合的缝隙,接头处边缘圆滑	1.浇注温度过低 2.浇注时断流或浇注速度太慢 3.浇口位置不当或浇口太小
	粘砂:铸件表面粘着一层难以除掉的砂粒,使表面粗糙	1.未刷涂料或涂料太薄 2.浇注温度过高 3.型砂耐火性不够
	夹砂:铸件表面有一层突起的金属片状物,在金属片和铸件之间夹有一层湿砂	1.型砂受热膨胀,表层鼓起或开裂 2.型砂湿态强度太低 3.内浇口过于集中,使局部砂型烘烤厉害 4.浇注温度过高,浇注速度太慢
形状尺寸不合格	偏芯:铸件局部形状和尺寸由于砂芯位置偏移而变动	1.砂芯变形 2.下芯时放偏 3.砂芯未固定好,浇注时被冲偏
	浇不足:铸件未浇满,形状不完整	1.浇注温度太低 2.浇注时液态金属量不够 3.浇口太小或未开出气口
	错箱:铸件在分型面处错开	1.合型时上、下箱未对准 2.定位销或泥号标准线不准 3.造芯时上、下模样未对准
裂纹	热裂:铸件开裂,裂纹处表面氧化,呈蓝色;冷裂:裂纹处表面未氧化,发亮	1.铸件设计不合理,壁厚差别太大 2.砂型(芯)退让性差,阻碍铸件收缩 3.浇注系统开设不当,使铸件各部分冷却及收缩不均匀,造成过大的内应力
其他	铸件的化学成分、组织和性能不合格	1.炉料成分、质量不符合要求 2.熔炼时配料不准或操作不当 3.热处理不按照规范进行

10.2.12　铸件的修补

当铸件的缺陷经修补后能达到技术要求时,可作合格品使用。铸件的修补方法有:

(1)气焊和电焊修补　常用于修补裂纹、气孔、缩孔、冷隔、砂眼等。焊补的部位可达到与铸件本体相近的力学性能可承受较大载荷。为确保焊补质量,焊补前应将缺陷处粘砂、氧化皮等夹杂物除净,开出坡口并使其露出新的金属光泽,以防未焊透、夹渣等。密集的缺陷应将整个缺陷区铲除,用砂轮打磨或用火焰或碳弧切割等。

(2)金属喷镀　在缺陷处喷镀一层金属。先进的等离子喷镀效果好。

(3)浸渍法　此法用于承受气压不高,渗漏又不严重的铸件。方法是:将稀释后的酚醛清漆、水玻璃压入铸件隙缝,或将硫酸铜或氯化铁和氨的水溶液压入黑色金属空隙,硬化后即可将空隙填塞堵死。

(4)填腻修补　用腻子填入孔洞类缺陷修补,但只用于装饰,不能改变铸件的质量。腻子用铁粉 5% +水玻璃 20% +水泥 5% 。

(5)金属液熔补　大型铸件上有浇不足等尺寸缺陷或损伤较大的缺陷修补时,可将缺陷处铲除,造型,浇入高温金属液将缺陷处填满。此法适用于青铜、铸钢件修补。

10.2.13　铸铁的熔炼

铸铁是铸造性能良好、应用广泛的铸造合金。铸铁熔炼应达到下列要求:

①铁水的化学成分符合要求;

②铁水温度高;

③熔炼效率高,燃料和电力消耗少。

熔炼铸铁所用设备有冲天炉、工频感应电炉和中频感应电炉等。目前,以冲天炉应用最广,冲天炉熔炼的铁水质量不及电炉好,但设备投资少,生产率高,成本低。

熔炼铸铁所用的炉料包括金属炉料、燃料和熔剂。金属炉料有生铁、回炉料(浇冒口、废铸件)、废钢和铁合金(硅铁、锰铁等)。生铁是主要的金属炉料,利用回炉料可降低铸件成本,加入废钢可降低铸铁的含碳量,提高铸件的机械性能,铁合金的作用是调整铁水的化学成分。

熔炼铸铁主要以焦炭为燃料,在修炉、烘干和点火之后,先往炉内加入底焦,底焦的高度对熔化效率、铁水成分和温度有较大的影响,应根据冲天炉的具体情况而定,一般为主风口(最下一排风口)以上 0.9 ~ 1.5 m 处。熔炼过程中为保持底焦高度一定,在每批炉料中要加入层焦来补偿底焦的烧损。每批炉料中金属料与焦炭质量之比称为铁焦比(层焦比),一般为 10:1。熔剂(石灰石、萤石)的主要作用是造渣,使铁渣分离,并可使焦炭充分燃烧。石灰石的加入量一般为金属料质量的 3% ~4% 。

铸铁熔炼的操作过程包括:修炉、烘干、点火、加底焦、加料、熔化、出渣、出铁等。在熔炼过程中,炉料从加料口装入,自上而下运动,底焦燃烧后产生的高温炉气自下而上运动,在炉料与炉气的相对运动中产生一系列物理、化学变化:底焦的燃烧、金属炉料的预热、熔化、铁水的过热(铁水在下落的过程中被高温炉气和炽热焦炭进一步加热)、吸碳(铁液从底焦中吸收碳的现象)和硅、锰等的烧损。为了得到所需化学成分的铁水,生产中根据炉料的组成及熔化过程中元素的变化进行炉料配比的计算。

10.3　特　种　铸　造

特种铸造是指与砂型铸造不同的其他铸造方法,常用的有:熔模铸造、金属型铸造、压力铸造、低压铸造和离心铸造。

10.3.1　熔模铸造

熔模铸造是用易熔材料(如蜡料)制成模样,然后在表面涂覆多层耐火材料,待硬化干燥后,将蜡模熔去,而获得具有与蜡模形状相应空腔的型壳,再经焙烧后进行浇注而获得铸件的一种方法。

1.熔模铸造的工艺过程

熔模铸造的工艺过程如图 10.20 所示。

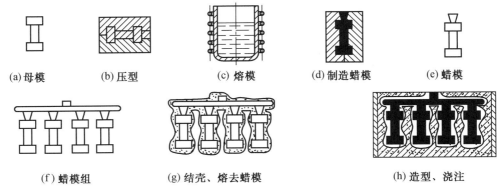

(a) 母模　　　(b) 压型　　　(c) 熔模　　　(d) 制造蜡模　　　(e) 蜡模

(f) 蜡模组　　　　(g) 结壳、熔去蜡模　　　　(h) 造型、浇注

图 10.20　熔模铸造工艺过程

①母模是铸件的基本模样,材料为钢或铜,其尺寸比铸件稍大,因必须考虑蜡料和铸造合金的双重收缩率,通常用于制造压型。

②压型是用来制造蜡模的特殊铸型。为保证蜡模质量,压型必须有很高的精度和低粗糙度。根据制造方法不同可分为两类:①机械加工压型,当铸件精度高或大批量生产时,压型常用钢或铝合金加工而成;②易熔合金压型,当铸件精度不高的中小批量生产时,可采用易熔合金(Sn、pb、Bi 等组成的合金)、塑料或石膏直接向模样(母模)上浇注而成。单件小批生产也可用石膏或塑料压型。

③制造蜡模的材料有石蜡、蜂蜡、硬脂酸和松香等,常用50% 石蜡和50% 硬脂酸的混合料。蜡模压制时,将蜡料加热至糊状后,在 200～300 kPa 下,将蜡料压入到压型中,待蜡料冷却凝固便可从压型中取出,然后修分型面上的毛刺,即可得到单个蜡模。为了一次能铸出多个铸件,还需将单个蜡模粘焊在预制的蜡质浇口棒上,制成蜡模组。

④蜡模制成后,再进行制壳,制壳包括结壳和脱蜡。结壳就是在蜡模上涂挂耐火涂料层,制成具有一定强度的耐火型壳的过程。首先用粘结剂(水玻璃)和石英粉配成涂料,将蜡模组浸挂涂料后,在其表面撒上一层硅砂,然后放入硬化剂(氯化铵溶液)中,利用化学反应产生的硅酸溶胶将砂粒粘牢并硬化。如此反复涂挂 4～8 层,直到型壳厚度达到 5～10 mm。型壳制好后,便可进行脱蜡。将其浸泡到 90～95℃ 的热水中,蜡模熔化而流出,就

可得到一个中空的型壳。

⑤为进一步排除型壳内残余挥发物,蒸发水分,提高质量,提高型壳强度,防止浇注时型壳变形或破裂,可将型壳放在铁箱中,周围用干砂填紧,将装着型壳的铁箱在 900～950℃下焙烧。

⑥为提高金属液的充型能力,防止浇不足、冷隔等缺陷产生,焙烧后立即进行浇注。

⑦待铸件冷却凝固后,将型壳打碎取出铸件,切除浇口,清理毛刺。对于铸钢件,还需进行退火或正火处理。

2. 熔模铸造的特点及适用范围

熔模铸造的特点是铸件的精度及表面质量高,减少了切削加工工作量,实现了少、无切削加工,节约了金属材料;能铸各种合金铸件,尤其是铸造那些熔点高、难切削加工和用别的加工方法难以成型的合金,如耐热合金、磁钢等,以及生产形状复杂的薄壁铸件;可单件也可大批量生产,但是熔模铸造生产工序繁多,生产周期长,工艺过程复杂,影响铸件质量的因素多,必须严格控制才能稳定生产。

熔模铸造主要用于生产汽轮机、涡轮机的叶片或叶轮,切削刀具,以及飞机、汽车、拖拉机、风动工具和机床上的小型零件。

10.3.2 金属型铸造

将液体金属浇入到用金属材料制成的铸型中,以获得铸件的方法,称为金属型铸造。

1. 金属型铸造的工艺特点

根据分型面的位置不同,金属型的结构可分为整体式、垂直分型式、水平分型式和复合分型式(图 10.21)。由于金属型导热快,没有退让性,所以铸件易产生冷隔、浇不足、裂纹等缺陷,灰铸铁件常产生白口组织。因此,为了获得优质铸件,必须严格控制工艺。

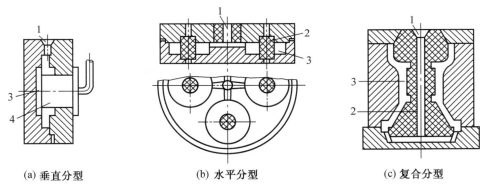

(a) 垂直分型　　　　(b) 水平分型　　　　(c) 复合分型

图 10.21　金属型的类型
1—浇口;2—砂型;3—型腔;4—金属芯

(1)铸型预热　保持铸型合理的工作温度,其目的是减缓铸型对金属的激冷作用,减少铸件缺陷,延长铸型寿命。铸铁件为 250～350℃,非铁合金为 100～250℃。

(2)开型取件　控制开型时间,铸件宜早些从型中取出,以防产生裂纹、白口组织和造成铸件取出困难。

(3)喷刷涂料　为减缓铸件的冷却速度及防止高温金属液对型壁的直接冲刷,型腔表面和浇冒口中要涂以厚度为 0.2～1.0 mm 的耐火涂料,以使金属和型腔隔开。

（4）防止产生白口组织　为防止铸铁产生白口组织，其壁厚不易过薄（一般大于15 mm），并控制铁液中的含 C、Si 的质量分数不高于6%。采用孕育处理的铁液来浇注，对预防产生白口非常有效，对已产生的，应利用出型时的余热及时进行退火。

2. 金属型铸造的特点及应用范围

与砂型铸造比，金属型铸造有较多的优点：

①一个金属型可以多次使用，因而生产率高且便于实现机械化。

②金属型铸造的铸件冷却速度快，铸件的晶粒细密，从而提高了力学性能。

③铸件精度和表面质量优良。

金属型铸造的缺点是制造金属型的成本高，周期长，不适于小批量生产。

金属型铸造主要适用于大批量生产、形状简单的有色金属铸件，如发动机中的铝活塞、气缸盖、油泵壳体等。

10.3.3　压力铸造

压力铸造是使液体或半液体金属在高压的作用下，以极高的速度充填压型，并在压力作用下凝固而获得铸件的一种方法。

1. 压铸机

压铸机是压铸生产最基本的设备。压铸机一般分为热压室和冷压室压铸机两大类。热压室压铸机的压室和坩埚联成一体，而冷压室压铸机的压室是与保温坩埚炉分开的。图10.22所示为热压室压铸机工作过程示意图。当压射冲头 3 上升时，液体金属 1 通过进口 5 进入压室 4 中，随后压射冲头下压，液体金属沿着通道 6 经喷嘴 7 充入室中，然后打开压型 8 取出铸件。这样，就完成一个压铸循环。

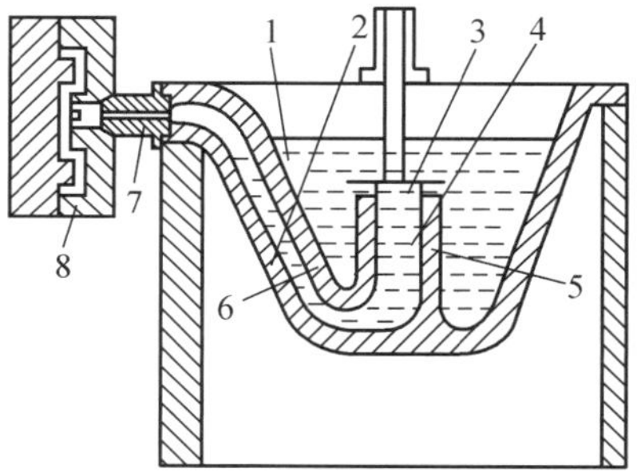

图10.22　热压室压铸机工作过程示意图
1—液体金属；2—坩埚；3—压射冲头；4—压室；
5—进口；6—通道；7—喷嘴；8—压型

2. 压力铸造的特点及应用范围

压力铸造的特点是能得到致密的细晶粒铸件，其强度比砂型铸造提高25% ~ 30%；铸件质量高，可不经切削加工直接使用；可以压铸形状复杂的薄壁铸件；生产率高，是所有铸造方法中生产率最高的。

由于压铸设备和压铸费用高，压铸型制造周期长，故只适于大批量生产；另外，铁合金熔点高，压型使用寿命短，故目前铁合金压铸难以用于实际生产。用压铸法生产的零件有发动机气缸体、气缸盖、变速箱箱体、发动机罩、仪表和照相机的壳体及管接头、齿轮等。

10.3.4　低压铸造

低压铸造是液体金属在压力的作用下，完成充型及凝固过程而获得铸件的一种铸造方法，压力一般为 20 ~ 60 kPa，故称为低压铸造。

1. 低压铸造的工艺过程

低压铸造的基本原理如图10.23 所示。向贮存金属液的密封的坩锅中通入干燥的压缩空气，使金属液通过升液管自下而上进入型腔内，并保持一定压力，直到型腔内金属凝固,然后放掉坩埚内的气体,使升液管和浇口中尚未凝固的金属流回坩埚中。打开铸型,取出铸件。

2.低压铸造的特点和应用范围

低压铸造有以下特点:

①液体金属是自下而上平稳地充填铸型,型腔中液流的方向与气体排出的方向一致,因而避免了液体金属对型壁和型芯的冲刷作用,以及卷入气体和氧化夹杂物,从而防止了铸件产生气孔和非金属夹杂物等缺陷。

②由于省去了补缩冒口,使金属的利用率提高到90% ~ 98%。

③由于提高了充型能力,有利于形成轮廓清晰、表面光洁的铸件,这对于大型薄铸壁件尤为有利。

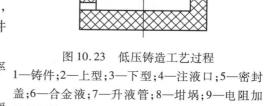

图 10.23　低压铸造工艺过程
1—铸件;2—上型;3—下型;4—注液口;5—密封盖;6—合金液;7—升液管;8—坩埚;9—电阻加热保温炉

④减轻劳动强度,改善劳动条件,且设备简易,易实现机械化和自动化。

低压铸造目前主要用于生产铝、镁合金铸件,如气缸体、缸盖及活塞等形状复杂、要求高的铸件。

10.3.5　离心铸造

离心铸造是将液体金属浇入旋转的铸型中,使之在离心力的作用下,完成充填铸型和凝固成型的一种铸造方法。

根据旋转空间位置不同,离心铸造机可分为立式和卧式两类,如图 10.24(a)、(b)所示

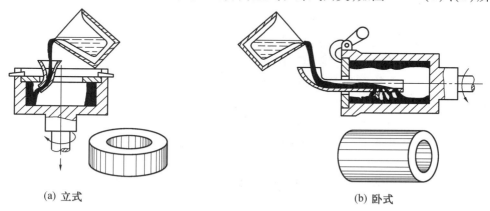

(a) 立式　　　　　　　　　　　　　　　　(b) 卧式

图 10.24　离心铸造法

(1)立式离心铸造机　它的铸型是绕垂直轴旋转的,铸件的自由表面(内表面)是抛物线形,因此它主要用于生产高度小于直径的圆环类铸件。

(2)卧式离心铸造机　它的铸型是绕水平轴旋转的,它主要用于生产高度大于直径的套筒类或管类铸件。

（3）离心铸造的特点及应用范围　由于铸件结晶过程是在离心力作用下进行的,因此金属中的气体、熔渣等夹杂物由于密度较小而集中在铸件内表层,金属的结晶则从外向内呈方向性结晶(即定向凝固),因而铸件表层结晶细密,无缩孔、缩松、气孔、夹渣等缺陷,力学性能良好。离心铸造法铸造空心圆筒形铸件时可以省去型芯和浇注系统,这比砂型铸造节省工时。离心铸造还便于铸造"双金属"铸件。

10.3.6　液态挤压铸造

液态挤压铸造的工艺过程如图 10.25 所示,将定量金属液浇入金属下型,金属上型向下加压,使金属在压力下充满型腔,并结晶凝固及产生微量塑性变形,形成铸件。

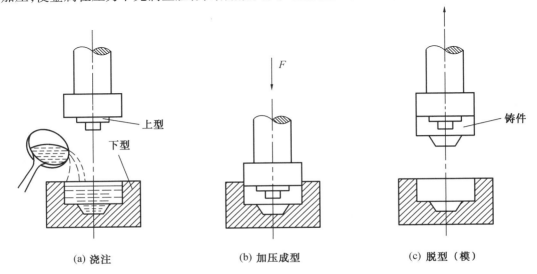

(a) 浇注　　　　　　　　(b) 加压成型　　　　　　　(c) 脱型（模）

图 10.25　液态挤压铸造工艺过程

液态挤压铸造与其他铸造方法相比其特点是:

①因金属液是在压力下凝固,并在凝固后有微量塑性变形,所以产品晶粒细小,组织致密,无铸造缺陷,力学性能超过金属型铸件。

②铸件尺寸公差等级为 IT6 ~ 8,表面粗糙度值为 3.2 ~ 0.8,铸件的非配合面一般不需切削加工。

③不需浇注冒口系统,提高了金属利用率。

④液态挤压铸造所需的成形功率比锻造小,约为模锻的 1/3 ~ 1/4,可减小压机设备的吨位,并能加工脆性材料。

⑤液态挤压铸造适用于生产形状复杂、多型芯、壁薄的铸件。适用于各种有色金属及其合金、钢铁材料的铸造。

10.3.7　各种铸造方法比较

各种铸造方法都有其优缺点和不足,各使用一定范围,选择铸造方法时,要根据铸造精度、生产批量、材质、结构、铸造方法的基本特点及现场条件等综合分析来确定,为便于选择经济合理的铸造方法,现将常用几种铸造方法的比较列于表 10.5 中供选用时参考。

表 10.5　常用铸造方法比较表

比较项目 \ 铸造方法	砂型铸造	熔模铸造	金属型铸造	压力铸造	低压铸造	离心铸造
适用铸件大小	不限	从几克到几千克,一般小于25 kg	以中、小件为主也可用于数吨的大件	以10 kg以下的小件为主	中、小件有时达数百千克	以中、小件为主最大到数吨
适用合金	不限	多用于铸钢等难熔合金	以非铁合金为主	以非铁合金为主	非铁合金	以铸铁、铜合金为主
铸件最小壁厚/mm	铸钢 5~8 铸铁>3~5 铝全金 3~3.5 铜合金 3~5	0.5~0.7 孔 φ0.5~φ2.0	铝合金 2~3 铜合金 3 灰铸铁 4	铝合金 0.5 锌合金 0.3 铜合金 2.0	1.5~2.0	优于同类铸型的常压铸造
铸件尺寸精度等级（GB 6414 – 86）	铸钢 IT11~13 铸铁 IT11~13 轻金属 IT9~11	黑色合金 IT5~7 非铁合金 IT4~6	IT7~9	轻金属 IT5~7 锌合金 IT4~6 铜合金 IT6~8	IT7~9	IT7~9 内孔精度低
表面粗糙度 Ra/μm	铸钢 50~100 铸铁 12.5~100 非铁合金 12.5~100	0.8~6.3 最好 0.4	12.5~6.3	0.8~3.2 最好 0.4	12.5~3.2	外表面 6.3~12.5 内孔粗糙
结晶组织	晶粒较粗	晶粒较粗	晶粒细	晶粒细,但有气孔缺陷	晶粒细	晶粒细,但内孔组织差
金属收缩率/%	30~50	60	45~50	60	90~98	85~95
毛坯利用率/%	70	90	70	95	80	70~90
投产的最小批量/件	单件	1 000	700~1 000	1 000	1 000	100~1 000
生产率（一般机械化程度）	低中	低中	中高	最高	中	中高
设备工装费用	低或中	中	中	高	中	中
应用举例	机床床身、箱体、支座、轴承盖,电机壳、轧钢机架、水轮机转子等	刀具、汽轮机叶片、工艺品、机床零件、风动工具等	铝活塞、水暖器材、水轮机叶片、一般非铁合金铸件等	汽车化油器、缸体仪表和照相机壳体、支架等	发动机缸体、缸盖、壳体、箱体船用螺旋桨、纺织零件等	铸铁管、套筒、环叶轮轧辊、双金属轴承等

10.4　铸造成形工艺设计

10.4.1　铸造工艺方案的确定

1. 浇注位置的选择

浇注位置是浇注时铸件相对铸型分型面所处的位置。分型面分别为水平、垂直或倾斜时分别称为水平浇注、垂直浇注或倾斜浇注。浇注位置的选择是否正确,对铸件质量影响很大。浇注位置的选择一般考虑下列原则。

①铸件的重要工作面应朝下或位于侧面。因为铸件上表面出现砂眼、气孔、夹渣、缩孔等缺陷的可能性比下部大,而且组织的致密度也较差。如工艺上难于实现,则尽量使其位于侧面。因侧面的缺陷也比上面少。图 10.26 为机床床身铸件浇注位置方案。

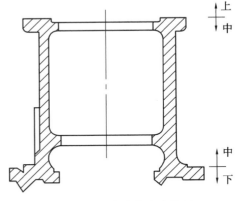

图 10.26　床身的浇注位置

②铸件的大平面尽可能朝下。若朝上放置,不仅易产生砂眼、气孔、夹渣等缺陷,而且高温金属液体使型腔上表面的型砂受强烈热辐射的作用急剧膨胀,产生开裂或拱起,进入液体内部,造成铸件夹砂缺陷,如图 10.27 所示。

③铸件上面积较大的薄壁部分应处于铸型的下部或处于垂直、倾斜位置。这样可增加液体的流动性,以防止产生冷隔或浇不到等缺陷,如图 10.28 所示。

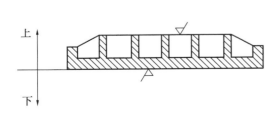

图 10.27　平台的浇注位置

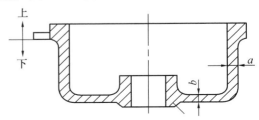

图 10.28　电机端盖的浇注位置

④易产生缩孔的铸件,应使铸件截面较厚的部分放在分型面附近的上部或侧面,以便在铸件厚壁处直接安装冒口,实现自下而上的定向凝固,如图 10.29 所示。

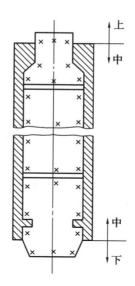

图 10.29　卷扬筒的浇注位置

2.分型面的选择

分型面是指同一铸型组元中可分开部分的分界面。分型面通常与砂箱之间的接触面相同。分型面的选择是否合理,不但影响铸件的质量,而且也影响制模、造型、制芯、合箱的工序的复杂程度,需认真考虑。选择分型面的主要原则如下。

①尽量使型腔全部或大部分位于同一砂箱内,以减少错型缺陷(图 10.30)。

②使铸件的加工面和加工基准面处于同一砂型中(10.31)。

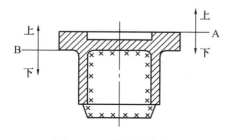

图 10.30　铸件的分型面

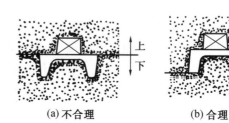

(a) 不合理　　　　　(b) 合理

图 10.31　螺栓塞头的分型面

③尽量减少分型面的个数并选用平直分型面,少用或不用曲折分型面(图 10.32)。

④尽量减少型芯、活块的个数,使制芯盒、造型和合型工序简化。

⑤尽量使型腔及主要型芯位于下型,以便造型、下芯、合型和检验壁厚(图 10.33)。

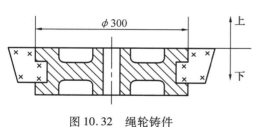

图 10.32　绳轮铸件

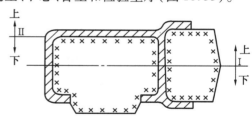

图 10.33　机床支柱的分型方案

3. 工艺参数的选择

(1)机械加工余量　为进行机械加工,铸件比零件增大的一层金属,称为机械加工余量。机械加工余量过大,不仅使机械加工的工作量增大,而且造成金属材料的浪费;加工余量过小,加工后零件表面因残留黑皮而报废,或因铸件表面有过硬的黑皮加速刀具磨损。

机械加工余量选择与铸造合金的种类、铸件的大小、生产方法及加工面在浇注时所处的位置有关。铸钢件表面较粗糙,铸铁表面平整,铸钢件比铸铁件加工余量大。非铁合金铸件加工表面较光洁,加工余量应比铸铁件小;铸件越大加工余量越大;机器造型比手工造型铸件加工余量小;浇注位置朝上的铸件表面的加工余量要比侧面和下表面大。零件上的非加工表面,其铸件相应部位可不留加工余量。表10.6 列出了灰铸铁的机械加工余量。

表 10.6　灰铸铁的机械加工余量　　　　　　　　　　　　　　　　mm

铸件最大尺寸	浇注时位置	加工面与基准面的距离					
		<50	50～120	120～260	260～500	500～800	800～1250
<120	顶面	3.5～4.5	4.0～4.5				
	底面、侧面	2.5～3.5	3.0～3.5				
120～260	顶面	4.0～5.0	4.5～5.0	5.0～5.5			
	底面、侧面	3.0～4.0	3.5～4.0	4.0～4.5			
260～500	顶面	4.5～6.0	5.0～6.0	6.0～7.0	6.5～7.0		
	底面、侧面	3.5～4.5	4.0～4.5	4.5～5.0	5.0～6.0		
500～800	顶面	5.0～7.0	6.0～7.0	6.5～7.0	7.0～8.0	7.5～9.0	
	底面、侧面	4.0～5.0	4.5～5.5	4.5～5.5	5.0～6.0	6.5～7.0	
800～1250	顶面	6.0～7.0	6.5～7.5	7.0～8.0	7.5～8.0	8.0～9.0	8.5～10
	底面、侧面	4.0～5.5	5.0～5.5	5.0～6.0	5.5～6.0	5.5～7.5	6.5～7.5

注:加工余量数值中下限用于大批量生产,上限用于单件小批量生产。

铸件上待加工的孔、槽是否铸出,需根据孔、槽尺寸的大小、铸造合金的种类及生产批量等因素而定。一般手工造型时,灰铸铁上小于 25 mm 的孔、铸钢件上小于 35 mm 的孔都不铸出,留待切削加工完成。大批量生产时,常用机器造型,不铸出的孔尺寸一般为 15～30 mm。

机械加工余量在加工部位用红实线画出轮廓线,并标明数值。不铸出的孔、槽应打上红叉,如果是在剖面上,可画红色剖面线,或全部涂红色。

(2)收缩率　表示铸件从线收缩开始温度冷却至室温时线收缩程度的指标称为线收缩率。可用下式表示

$$\varepsilon = \frac{L_{模样} - L_{铸件}}{L_{铸件}} \times 100\%$$

式中　$L_{模样}$——模样的尺寸;

　　　$L_{铸件}$——与模样对应的铸件尺寸。

铸件冷却后,由于铸造合金的线收缩使铸件尺寸减小,为了保证铸件的应有的尺寸,模样的尺寸必须比铸件的对应尺寸加大一个收缩量。

不同的铸造合金,其收缩率的大小不同,一般灰铸铁约为 0.7%～1.0%;铸造碳钢约为 1.5%～2.0%;铝硅合金约为 0.8%～1.2%;锡青铜约为 1.2%～1.4%。

（3）起模斜度 为使模样易于从铸型中取出，平行于拔模方向在模样壁上的斜度称为起模斜度。其大小按壁的高度、造型方法、模样材料等来确定。模样立壁越高，斜度应愈小；模样斜度比金属模样斜度大些；手工造型比机器造型的模样大些。铸件外壁的起模斜度约为 1°～3°，而内壁的起模起度约为 3°～10°，对于形状简单、起模无困难的模样可不加起模斜度。零件上的结构斜度与起模斜度一致时，模样上可不加起模斜度。

（4）型芯头 为了在铸型中形成支承型芯的空腔，模样比铸件多出的突出部分称为型芯头，而由模样的型芯头在铸型中形成的空腔称为型芯座。有时把型芯上与型芯座配合的部分也称为型芯头。

型芯头的尺寸和形状要根据型芯在铸型中安放是否稳定、下型芯是否方便而定。型心头与型芯座间应有 1～4 mm 的间隙以便顺利安放型芯。

型芯头分为垂直芯头和水平芯头，其结构如图 10.34 所示。

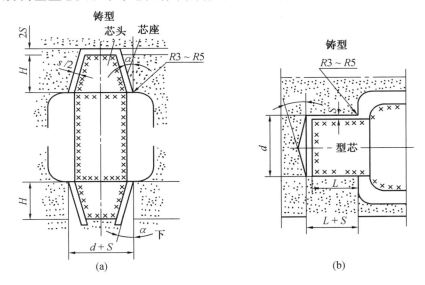

图 10.34 型芯头的结构

$\alpha_下$—下芯头斜度；$\alpha_上$—上芯头斜度；S—芯头与芯座的间隙

（5）铸造圆角 模样上相交壁的交角处做成的圆弧过渡称为铸造圆角。铸造圆角可防止铸件壁的交界处因材料聚积和应力集中而产生缩孔和裂纹，也便于液体金属在型腔中流动，而不冲坏铸型。铸造内圆角数值可参阅表 10.7。

表 10.7 铸件的内圆角半径 R 值

$\dfrac{a+b}{2}$	≤8	8~12	12~16	16~20	20~27	27~35	35~45	45~60
铸铁	4	6	6	8	10	12	16	20
铸钢	6	6	8	10	12	16	20	25

10.4.2 铸造成形工艺设计实例

以轴套为例分析其工艺过程。图 10.35 为零件图,材料为 HT200。技术要求:无气孔、缩松、渣眼等铸造缺陷。生产数量:20 件。

试画出铸造工艺图。

1. 铸型种类及造型方法

因此单件小批量生产,可用湿砂型。

2. 浇注位置及分型面

可供选择的铸造方案主要有四种,如图 10.36 所示。

（1）方案 1 图 10.36(a)所示为中心线成水平位置情况,分型面在最大截面处,采用两箱分模带芯造型。造型、下芯、合型等工艺操作方便。缺点是铸件质量沿圆周不是均匀一致的,上半型不如下半型组织致密,不符合该零件使用性能的要求。

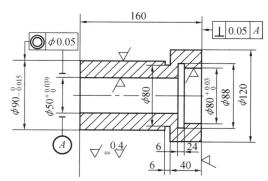

图 10.35 轴套零件图

（2）方案 2 图 10.36(b)所示为中心线成垂直位置情况,分型面在大头端面处,采用两箱整模带芯造型。缺点是顶注式浇注系统对底部型腔及型芯有冲击,但由于铸件高度不大,冲击力也不会很大。

（3）方案 3 图 10.36(c)所示,与方案 2 不同的是大端朝下,分型面仍在大头端面处,采用底注式浇注系统。缺点是型芯、型腔均在上箱造型,合型不方便,合型时检查型腔尺寸较难,有可能产生偏芯缺陷。

（4）方案 4 图 10.36(d)所示,与方案 3 不同的是将铸件加长到砂型上平面,铸件加长部分作为冒口。优点是排气、补缩条件好。缺点是型芯不够稳定。

通过对以上四种方案的综合分析比较,可以考虑选择方案 2。

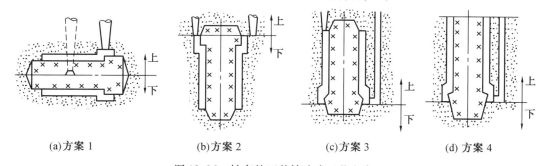

(a)方案 1　　(b)方案 2　　(c)方案 3　　(d)方案 4

图 10.36 轴套的四种铸造式工艺方案

3. 加工余量

查表 10.6 得该铸件的加工余量分别为 3 mm、4 mm,如图 10.37 所示。

4. 浇道开设位置

浇道开设位置设在分型面处,如图 10.37 所示。

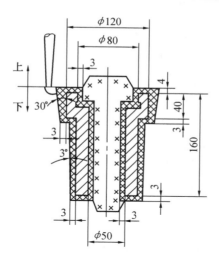

图 10.37　轴套的铸造式工艺图

5. 绘制铸造工艺图

图 10.37 为轴套采用方案 2 的铸造工艺图。

10.5　铸件结构工艺性

10.5.1　铸件外形设计

1. 铸件外形应力求简单,造型方便

外形设计应注意美观大方,避免采用不必要的曲面内凹和圆角结构,采用直线、平面轮廓,以便于制模、造型和简化铸造生产的各个工序,图 10.38 为托架的两种结构设计,图 10.38(a)的设计其上部为一平面是合理的,采用整模造型简易方便,而图 10.38(b)设计,在分型面上加了圆角,形成了曲面,只能采用挖砂造型造成了不必要的麻烦。

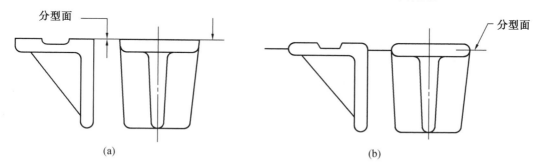

图 10.38　托架的结构设计

图 10.39 为一机床铸件。图 10.39(a)的结构应有两个曲线凹坑,造型时必须放置两个外型芯才能起模。而图 10.39(b)的结构设计,将凹坑改成到底的凹槽,设计是合理的。

对于凸台、筋条及法兰的设计,应便于起模,避免不必要的型芯和活块,如图 10.40(a)、(c)所示的凸台一般需采用活块才能取出模样,若改为图 10.40(b)、(d)所示的设计,即将

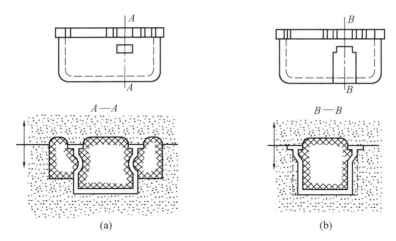

图 10.39　铸件两种结构设计的比较

凸台延长到分型面,就可避免活块。但凸台厚度一般应小于铸件的壁厚若厚度,若过大会造成局部缩孔。

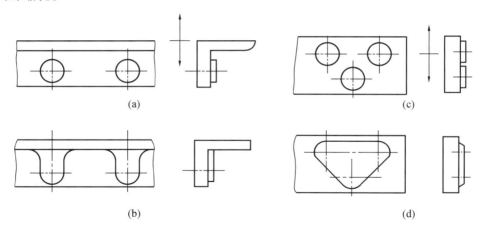

图 10.40　凸台的设计

在不影响零件工作要求的条件下,应适当改变加强筋的形状和位置,以便于起模和造型。如图 10.41 所示,图 10.41(a)的结构设计只能用活块造型,调整筋板的位置按图 10.41(b)设计,采用简单的两箱造型即可。

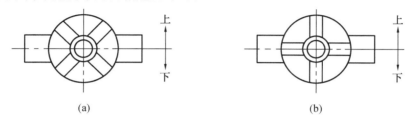

图 10.41　肋条的设计

设计法兰结构时,要尽量避免型芯,如图 10.42 所示,若将法兰形状设计成图 10.42(a)的结构,则需增加型芯方能起模;若将其改成图 10.4(b)的结构,则可省去型芯,又使造型、起模方便,同样可以满足使用要求。

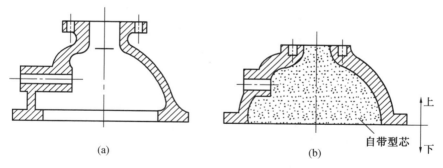

图 10.42　两种结构造型比较

2.减少和简化分型面

分型面少可避免多箱造型和不必要的芯型,可提高造型生产率,减少错型、偏芯,以及提高铸件的尺寸精度。如图 10.43 所示的套筒铸件,若采用图(a)的设计,就必须用图 10.43(b)所示的三箱造型或采用图 10.43(c)的加外环型芯的两箱造型;若将外形设计改为图 10.43(d)所示的形状,只图 10.43(e)所示的两箱造型即可。

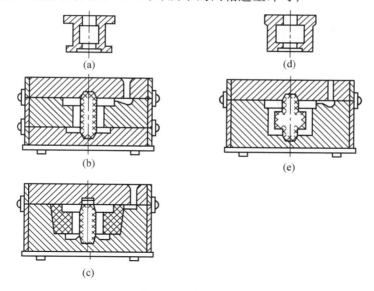

图 10.43　套筒铸件设计

3.应有一定的结构斜度

凡垂直于分型面的不加工表面,最好有结构斜度。图 10.44(a)是没有结构斜度的不合理设计,图 10.44(b)是具有结构斜度的合理设计。铸件的结构斜度随垂直壁高的增加而减少,内侧面的结构斜度应大于外侧面,如图 10.44 中 $\alpha_1 > \alpha_2$。一般结构斜度的大小选择是:采用木模时,α_1 取 $1° \sim 3°$,金属模手工造型时,α_1 取 $1° \sim 2°$,机器造型时 α_1 取 $0.5° \sim 1°$。铸件若不允许有斜度,设计时可没有结构斜度,但模样上应有较小的起模斜度。

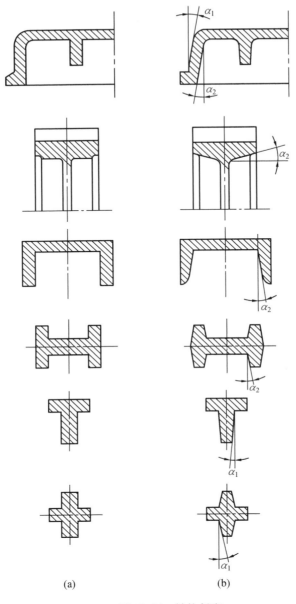

(a)　　　　　　　(b)

图 10.44　结构斜度

4.铸件应尽量避免有过大的平面

铸件的大水平面,不利于液态金属的流动,易产生浇不足、夹渣和气孔等缺陷。液态金属高温长时间烘烤,会使其型腔的上表面形成夹砂。如图 10.45 所示的罩壳,不应按图 10.45(a)设计,而应如图 10.45(b)所示设计成斜面,即可避免上述缺陷产生。结构不允许时,可在浇注时将砂箱倾斜,也可获同样效果。

5. 避免铸件收缩受阻

当铸件收缩受阻时,会导致铸造内应力超过合金的抗拉强度,而产生裂纹。图10.46(a)设计不合理,铸件不能自由收缩,有可能产生裂纹;图10.46(b)、(c)设计合理。

6. 细长件或大而薄的平板件

细长件或大而薄的平板件应采用对称或加肋结构,以防止弯曲变形,图10.47(a)所示的设计不合理,图10.47(b)所示的设计合理。

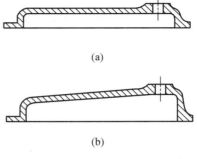

图 10.45 防止大平面的设计

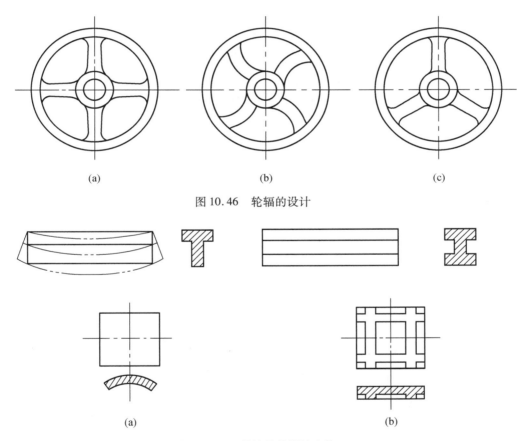

图 10.46 轮辐的设计

图 10.47 两种结构的设计比较

7. 应有铸造外圆角

铸件两个外表面的连接处应以圆角过渡,可使造型方便。

铸件结构要有利于节省型芯及便于型芯的定位、固定、排气和清理。

10.5.2 铸件内腔及壁的设计

1. 应尽量不用或少用型芯

图10.48所示 为支柱的两种截面形状的设计。图10.48(a)的方形空心截面,必须用型

芯形成内腔,而采用图 10.48(b)的方案,其为工字形截面,则可省去型芯。

2. 型芯必须安装方便、稳固可靠,排气畅通

型芯是内腔形状的保证,不但要求下芯方便而且要牢固稳定,不能偏芯,便于排气。型芯的固定主要是依靠型芯头,有时还必须用型芯撑。使用型芯时要注意,因型芯撑表层氧化会产生气孔,故此处不能承受压力,否则会漏气或漏水,只有在不加工表面和不耐压的铸件中才采用,但要尽量避免使用。

图 10.49 为轴承架铸件。图 10.49(a)的内腔由两个型芯构成,其中大的是悬臂芯,装配时必须用型芯撑 A 辅助支撑,改进设计后的情

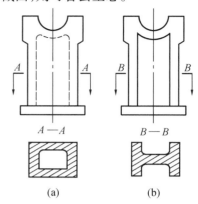

图 10.48　支柱的设计

况如图 10.49(b)所示,成为一个整体型芯,则安装后将使型芯大为稳定,且下芯方便,并易于排气。在不影响零件工作要求的前提下,可设计出适当数量和大小的工艺孔,如在图 10.50(a)的结构上设计出工艺孔,而成为图 10.50(b)的形式。若零件上不允许有孔,应设法将其堵住。

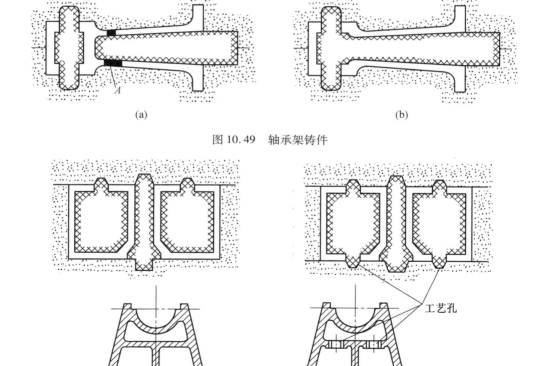

图 10.49　轴承架铸件

图 10.50　设计工艺孔的铸件结构

3. 必须考虑清砂方便。

图 10.51 所示铸件中的孔就是为清砂方便而设置的工艺孔,若零件结构不允许有孔,也应设法将其堵住。

10.5.3 铸件壁的设计

1. 铸件壁厚应适当、合理

①壁厚不能小于铸件的最小壁厚,否则容易产生浇不足、冷隔等缺陷。最小壁厚主要依据合金的种类和尺寸大小决定,见表 10.8。

②设计铸件时,壁厚要适当。一般原则是:铸件内壁比外壁厚度小,肋的厚度小于内壁,以使铸件各处冷却速度相近,达到同时凝固的目的。

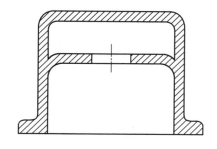

图 10.51 出砂工艺孔的设计

③设计厚大铸件时,避免以增加厚度提高强度。铸件的承载能力并不按截面积成比例增加,厚大截面冷却慢,晶粒粗大,且易产生缩孔、偏析等缺陷。实际上各种铸造合金都存在一个临界厚度,超过此厚度强度非但不增加,反而明显见降低。

④为避免金属的局部积聚和厚大截面,同时保证铸件的强度和刚度,应根据载荷性质和大小,选择合理的截面形状,如槽形、空心或箱形结构,并在脆弱部位设计加强肋,如图10.52所示,在床身结构上开有若干个较大孔洞。

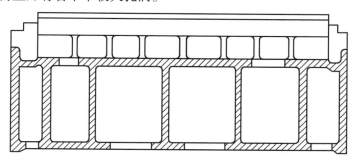

图 10.52 有较大孔洞的床身结构

2. 应使铸件壁厚尽可能均匀

若铸件各部分壁厚相差过大,厚壁处会形成热节,热应力必然较大,会使铸件产生变形,甚至在厚壁和薄壁连接处产生裂纹。

(1)应使铸件壁厚尽可能均匀,以避免上述缺陷产生 图 10.53(a)所示的设计,就会在壁厚部位出现缩孔,在壁厚和壁薄连接处形成裂纹,将其修改成图 10.53(b)所示的结构就会避免上述缺陷。

(2)设计壁厚时应把加工余量考虑在内 由零件图变成铸件图后,增加了加工余量后壁厚就有可能不再是均匀的,某些热节处易产生缩孔和缩松。为此,结构设计时要考虑加工余量的影响。

3. 铸件壁的连接

在设计铸件壁的连接或转弯处时,应尽量防止金属的积聚和内应力的产生,以避免出现

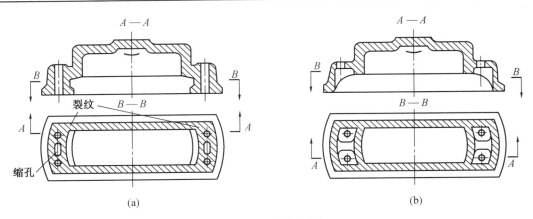

图 10.53　顶盖的设计

缩孔和裂纹等缺陷。

（1）铸件结构要有圆角　即铸件壁的连接或转角处应有圆角，而不允许直角连接，如图 10.54 所示，直角连接的热节圆直径明显大于圆角连接。这样会造成金属局部积聚，易于产生缩孔和缩松。液态金属结晶时，柱状晶在直角处会形成明显的分界面，且分界面会积聚诸多杂质，晶粒间结合力必然会减少，致使该处力学性能明显降低，很容易形成裂纹。当采用圆角连接时，即设计结构圆角时，就会避免上述缺陷，同时增加了转角处的力学性能。

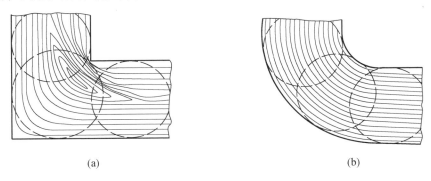

图 10.54　铸件的接头结构

铸件的结构圆角大小应适当，并于壁厚相适应，过大同样会使金属局部积聚，而易产生缩孔倾向。铸造内圆角可参阅表 10.7。

（2）避免交叉和锐角连接铸件的肋或壁之间应避免交叉，防止缩孔和缩松　中小件可用交错接头，大件用环形接头，如图 10.55（a）所示。铸件壁之间也要避免锐角连接。如结构必须小于夹角时，可采用过渡形式，如图 10.55（b）、（c）所示。

（3）应避免壁厚突变　在设计铸件时，有时壁厚不可能完全均匀，厚壁与薄壁的连接应采用逐步过渡的连接，以避免因壁厚突变而产生应力集中。表 10.8 列出了几种壁厚的过渡形式和尺寸。

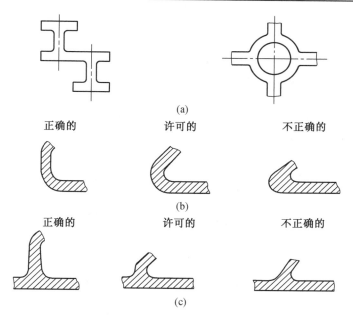

图 10.55 铸件的接头结构

表 10.8 几种壁厚的过渡形式

图 例		过 渡 尺 寸 /mm								
$b \geqslant 2a$		两壁垂直相连 $R \geqslant \left(\dfrac{1}{6} \sim \dfrac{1}{3}\right)\left(\dfrac{a+b}{2}\right); R_1 \geqslant R+\left(\dfrac{a+b}{2}\right)$ $c \approx 3\sqrt{b-a}; h \geqslant (4 \sim 5)c$ 当壁厚大于 20 mm 时,R 取系数中的小值								
$b \geqslant 2a$	铸 铁	$R \geqslant \left(\dfrac{1}{6} \sim \dfrac{1}{3}\right)\left(\dfrac{a+b}{2}\right)$								
	铸 钢 可锻铸铁 有色金属	$\dfrac{a+b}{2}$	~ 12	$12 \sim 16$	$16 \sim 20$	$20 \sim 27$	$27 \sim 35$	$35 \sim 45$	$45 \sim 60$	$60 \sim 80$
		R	6	8	10	12	15	20	25	30
$b \geqslant 2a$	铸 铁	$L \geqslant 4(b-a)$								
	铸 钢	$L \geqslant 5(b-a)$								

复习思考题

1. 确定浇注位置和分型面位置的原则是什么？
2. 铸造工艺参数主要包括哪些内容？
3. 下列铸件在大批生产时，采用什么铸造方法为宜？
车床床身;汽轮机叶片;铸铁污水管;铝活塞;摩托车气缸体;铸铁暖气片;生活用铁锅。
4. 图 10.56 所示铸件的两种结构应选哪种？为什么？

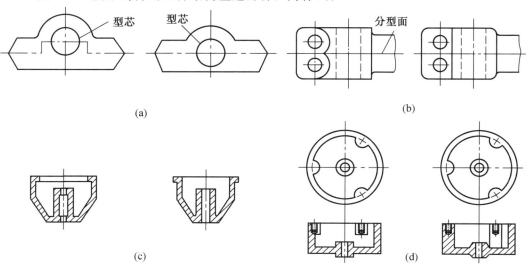

图 10.56

5. 如图 10.57 所示,各铸件在单件生产时应采用哪种砂型铸造方法,并标出其分型面。

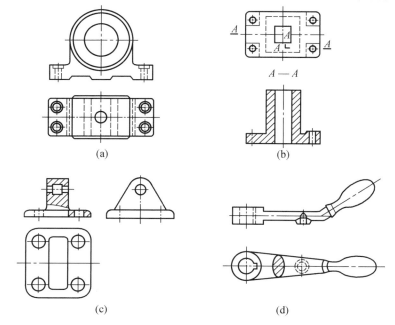

图 10.57

6. 从 Fe–Fe$_3$C 相图分析,什么样的合金成分具有较好的流动性? 为什么?

7. 缩孔和缩松如何形成的? 可采用什么措施防止? 为何缩孔比缩松较容易防止?

8. 铸造应力有哪几种? 如何形成的? 如何防治铸造应力、变形和裂纹?

9. 判断下面铸件结构设计是否有问题? 应如何修改(图10.58)?

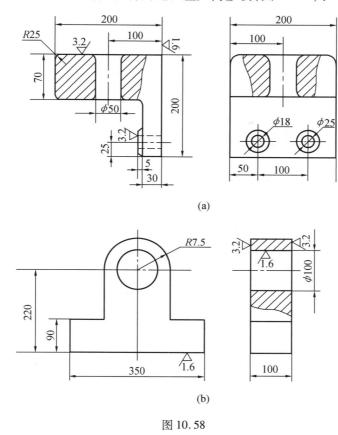

(a)

(b)

图 10.58

10. 图 10.59 所示铸件的两种结构,选择哪一种合理? 为什么?

11. 溶模铸造、金属型铸造、压力铸造、低压铸造、离心铸造与砂型铸造比较各有何突出特点? 他们各有何应用的局限性?

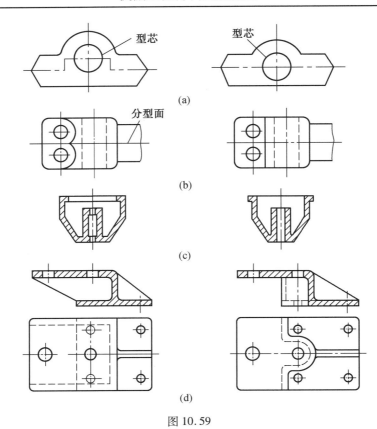

图 10.59

第11章　锻压成型

　　锻压是对坯料施加外力,使其产生塑性变形,以改变尺寸、形状及改善性能,用以制造机械零件、工件或毛坯的成形加工方法,它是锻造和冲压的总称。塑性变形是锻压成形的基础。大多数钢和有色金属及其合金都有一定的塑性,因此它们均可在热态或冷态下进行锻压成形。常用的锻压成形方法有自由锻造、模锻、板料冲压、轧制、挤压和拉拔等。

　　金属锻压成形在机械制造、汽车、拖拉机、仪表、电子、造船、冶金工程及国防等工业中有着广泛的应用。以汽车为例,汽车上70%的零件均是由锻压加工成形的。锻压成形加工方法有以下特点:

　　①锻压加工后,可使金属获得较细密的晶粒,可以压合铸造组织内部的气孔等缺陷,并能合理控制金属纤维方向,使纤维方向与应力方向一致,以提高零件的性能。

　　②锻压加工后,坯料的形状和尺寸发生改变而其体积基本不变,与切削加工相比可节约金属材料和加工工时。

　　③除自由锻造外,其他锻压方法如模锻、冲压等都有较高的劳动生产率。

　　④能加工各种形状、重量的零件,使用范围广。

11.1　金属的锻造性能

　　金属的锻造性能,是指金属材料在外力作用下通过塑性变形而成形的能力。

　　金属在外力作用下首先要产生弹性变形,当外力增大到内应力超过材料的屈服点时,就产生塑性变形。锻压成形加工就是利用的金属塑性变形。研究金属的塑性变形是掌握不同金属材料锻造性能的基础,也是制订锻造工艺规范的理论基础。

11.1.1　金属塑性变形的实质

1. 塑性变形的基本原理

　　金属塑性变形是金属晶体每个晶粒内部的变形和晶粒间的相对移动、晶粒的转动的综合结果。

　　(1)单晶体的塑性变形　　单晶体的塑性变形主要通过滑移的形式来实现。即在切应力的作用下,晶体的一部分相对于另一部分沿着一定的晶面产生滑移,如图11.1所示。

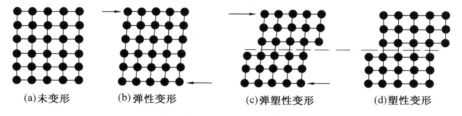

(a)未变形　　　　(b)弹性变形　　　　(c)弹塑性变形　　　　(d)塑性变形

图11.1　单晶体滑移示意图

　　单晶体的滑移是通过晶体内的位错运动来实现的,而不是沿滑移面所有的原子同时作刚性移动的结果,所以滑移所需要的切应力比理论值低很多。位错运动滑移机制的示意图如图 11.2 所示。

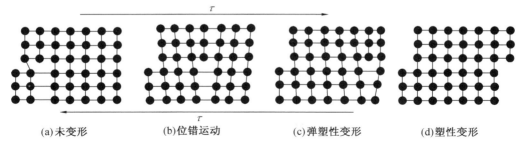

(a)未变形　　　　　(b)位错运动　　　　　(c)弹塑性变形　　　　　(d)塑性变形

图 11.2　位错运动引起塑性变形示意图

　　（2）多晶体的塑性变形　金属材料都是由许多联系非常牢固的晶粒组成多晶体。由于各晶粒内部原子排列的位向不一样,所以当它们受到外力作用后,有的晶粒容易产生塑性变形,有的晶粒不容易产生塑性变形。而不容易产生塑性变形的晶粒,对容易产生塑性变形的晶粒还起着阻碍作用,可见多晶体金属产生塑性变形时的情况比单晶体复杂得多。

　　多晶体的塑性变形一般可归纳为以下两种形式：

　　①单晶体本身的塑性变形。多晶体中能够产生塑性变形的某些晶粒,在外力作用下按照单晶体的变形方式进行。

　　②晶粒间的塑性变形。多晶体中不能产生塑性变形的部分晶粒,在产生塑性变形晶粒的带动下,产生晶粒间的移动或转动,如图 11.3 所示。移动或转动后的晶粒,往往因其晶体排列位向与外力一致而变得能够产生晶内滑移或孪生,于是塑性变形会继续进行下去。

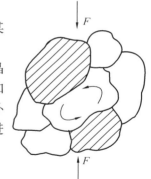

图 11.3　晶粒间转动示意图

11.1.2　塑性变形对金属组织和性能的影响

1.冷塑性变形后的组织变化

　　金属在常温下（变形温度低于再结晶温度）,经塑性变形,其显微组织出现晶粒伸长、破碎、晶粒扭曲等特征,并伴随着内应力的产生。

2.冷变形强化

　　金属在塑性变形过程中,随着变形程度的增加,强度和硬度提高而塑性和韧性下降的现象称冷变形强化。

　　冷变形强化在生产中具有重要的意义,它是提高金属材料强度、硬度和耐磨性的重要手段之一。如冷拉高强度钢丝、冷卷弹簧、坦克履带、铁路道叉等。但冷变形强化后由于塑性和韧性下降给进一步变形带来困难,会导致开裂和断裂;冷变形的材料各向异性,还会引起材料的不均匀变形,也会给金属的进一步冷变形和以后的切削加工带来困难。为消除冷变形强化带来的不良影响,可通过热处理予以消除。

3.回复与再结晶

　　冷变形强化的金属组织是一种不稳定状态,具有自发恢复到稳定状态的趋势。但是在室温下,金属原子的活动能力很小,这种不稳定状态的组织结构能保持很长时间而不发生明显的变化。

（1）回复　当金属温度提高到一定程度,原子热运动加剧,使不规则的原子排列变为规则排列,消除晶格扭曲,内应力大为降低,但晶粒的形状、大小和力学性能变化不大:强度略有下降,塑性略有回升,这种现象称为回复。对于纯金属,回复的温度条件为

$$T_{回} = (0.25 \sim 0.30)T_{熔}$$

式中　　$T_{回}$——回复温度（K）；

　　　　$T_{熔}$——金属的熔点（K）。

（2）再结晶　当温度继续升高,金属原子活动具有足够热运动力时,冷变形后金属被拉长的晶粒则开始以碎晶或杂质为核心结晶出新的晶粒,变为等轴晶粒,从而消除了冷变形强化现象,这个过程称为再结晶。金属开始再结晶的温度称为再结晶温度,一般为该金属熔点的 0.4 倍,再结晶温度的近似计算式为

纯 金 属　　　　　　　　　$T_{再} = 0.4T_{熔}$

碳　　钢　　　　　　　　　$T_{再} = 0.5T_{熔}$

高合金钢　　　　　　　　　$T_{再} = 0.6T_{熔}$

式中　　$T_{再}$——以热力学温度表示的金属再结晶温度；

　　　　$T_{熔}$——以热力学温度表示的金属熔点温度。

图 11.4 为冷变形后的金属在加热过程中发生回复与再结晶的组织变化示意图。

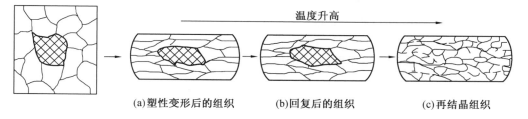

图 11.4　金属回复与再结晶过程组织变化示意图

通过再结晶后,金属的性能恢复到变形前的水平。金属在常温下进行压力加工,常安排中间再结晶退火工序。在实际生产中为缩短生产周期,通常再结晶退火温度比再结晶温度高 100 ~ 200℃。

再结晶过程完成后,如再延长加热时间或提高加热温度,则晶粒会产生明显长大,成为粗晶组织,导致材料力学性能下降,使锻造性能恶化。

11.1.3　金属的冷变形和热变形

金属在再结晶温度以下进行的塑性变形称为冷变形。如钢在常温下进行的冷冲压、冷轧、冷挤压等。在变形过程中,有冷变形强化现象而无再结晶组织。

冷变形工件没有氧化皮,可获得较高的公差等级,较小的表面粗糙度,强度和硬度较高。由于冷变形金属存在残余应力和塑性差等缺点,因此常常需要中间退火,才能继续变形。

热变形是在再结晶温度以上进行的,变形后只有再结晶组织而无冷变形强化现象,如热锻、热轧、热挤压等。

热变形与冷变形相比,其优点是塑性良好,变形抗力低,容易加工变形,但高温下,金属

容易产生氧化皮,所以制件的尺寸精度低,表面粗糙。

金属经塑性变形及再结晶,可使原来存在的不均匀、晶粒粗大的组织得以改善,或将铸锭组织中的气孔、缩松等压合,得到更致密的再结晶组织,提高金属的力学性能。

11.1.4　锻造流线及锻造比

热变形使铸锭中的脆性杂质粉碎,并沿着金属主要伸长方向呈碎粒状分布,而塑性杂质则随金属变形,并沿着主要伸长方向呈带状分布,金属中的这种杂质的定向分布通常称为锻造流线。

热变形对金属组织和性能的影响主要取决于热变形的程度,而热变形的大小可用锻造比 Y 来表示。锻造比是金属变形程度的一种表示方法,通常用变形前后的截面比、长度比或高度比来计算。

　　　　拔长锻造比　　　　$Y_{拔} = F_o / F = L / L_o$

　　　　墩粗锻造比　　　　$Y_{墩} = F / F_o = H_o / H$

式中　F_o、L_o、H_o——变形前坯料的截面积、长度和高度;

　　　　F、L、H——变形后坯料的横截面积、长度和高度。

锻造比愈大,热变形程度愈大,则金属的组织、性能改善愈明显,锻造流线也愈明显。

锻造流线使金属的性能呈各向异性。当分别沿着流线方向和垂直流线方向拉伸时,前者有较高的抗拉强度。当分别沿着流线方向和垂直方向剪切时,后者有较高的抗剪强度。在设计和制造机器零件时,必须考虑锻造流线的合理分布,使零件工作时的切应力与流线方向垂直,并尽量使锻造流线与零件的轮廓相符而不被切断。

图 11.5(a)所示为采用棒料直接用切削加工方法制造的螺栓,受横向切应力时使用性能好,受纵向切应力时易损坏;若采用图 11.5(b)所示局部墩粗方法制造的螺栓,则其受横、纵切应力时使用性能均好。图 11.6(a)是用棒料直接切削成形的齿轮,齿根产生的正应力垂直纤维方向,质量最差,寿命最短;图 11.6(b)是用扁钢经切削加工的齿轮,齿 1 的根部正应力与纤维方向平行,切应力与纤维方向垂直,力学性能好。齿 2 的情况正好相反,性能差,该齿轮寿命也短;11.6(c)是用棒料墩粗后再经切削制成的齿轮,纤维方向呈放射状(径向),各齿的切应力方向均与纤维方向近似垂直,强度和寿命较高;图 11.6(d)是热轧成形的齿轮,纤维方向与齿廓一致,且纤维完整未被切断,质量最好,寿命最长。

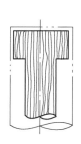 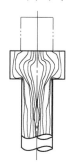

(a)用切削加工法制造的螺栓毛坯　　　　(b)用局部墩粗法制造的螺栓毛坯

图 11.5　螺栓的纤维组织与加工方法关系示意图

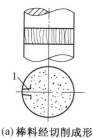 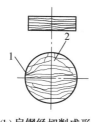 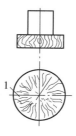 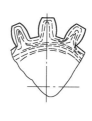

(a)棒料经切削成形   (b)扁钢经切削成形   (c)棒料镦粗再经切削成形   (d)热轧成形

图 11.6 不同成形工艺齿轮的纤维组织分布

11.1.5 金属的锻造性能

金属在压力加工时获得优质零件的难易程度称为合金的锻造性能。金属良好的锻造性能体现在低的塑性变形抗力和良好的塑性。低的塑性变形抗力使设备耗能少;良好的塑性使产品获得准确的外形而不遭受破坏。

金属的内在因素和外部工艺条件影响合金的锻造性能。

1. 内在因素

内在因素指化学成分的影响和金属组织的影响,不同材料具有不同的塑性和抗力。

①一般来说,纯金属比合金的塑性高,变性抗力小,所以纯金属锻造性能好于合金。对钢来讲,含碳量愈低,锻造性能愈好;含合金元素愈多,锻造性能愈差;含硫量和含磷量愈多,锻造性能愈差。

②纯金属与固溶体锻造性能好,金属化合物锻造性能差,粗晶粒组织的金属比晶粒细小而又均匀组织的金属难以锻造。

具有面心立方晶格的奥氏体,塑性比具有体心立方晶格的铁素体高,比机械混合物的珠光体更高。

2. 变形条件

变形条件主要指变形温度、变形速度和应力状态的影响。

(1)变形温度对塑性及变形抗力影响很大   一般来说,提高合金的变形温度,会使原子的动能增加,从而削弱原子之间的吸引力,减少滑移所需要的力,使塑性增大,变形抗力减少,改善了合金的锻造性能。因此,适当提高变形温度对改善金属的锻造性能有利。但温度过高会使金属产生氧化、脱碳、过热等缺陷,甚至使锻件产生过烧而报废,所以应严格控制锻造温度。表 11.1 列出几种钢在不同温度下的变性抗力,表中以值来体现。

(2)变形速度对锻造性能的影响有两个方面   一方面当变形速度较大时,由于再结晶过程来不及完成,冷变形强化不能及时消除,而使锻造性能变差。所以,一些塑性较差的合金,如高合金钢或大型锻件,宜采用较小的变形速度,设备选用压力机而不用锻锤;另一方面,当变形速度很高时,变形功转化的热来不及散发,锻件温度升高,又能改善锻造性能,但这一效应除高速锻锤或特殊成形工艺以外难以实现。因而,利用高速锻锤可以锻造在常规设备上难以锻造成形的高强度低塑性合金。

表 11.1　钢在高温下的变形抗力（以 σ_s 值表示）　　　　　　　MPa

钢　号	变　形　温　度 /℃						
	600	700	800	900	1000	1100	1200
10	140	98	68	47	33	23	16
50	215	136	86	56	36	23	15
40Cr	220	139	86	58	37	23	15
T10	235	150	93	58	37	22	13
60Mn	225	140	87	58	36	23	15
GCr15	260	162	100	63	37	23	14

（3）不同的变形方式　金属内部所处的应力状态也不同。金属在挤压变形时，呈三向受压状态，金属不容易产生裂纹，表现出良好的锻造性能，但是，挤压变形时的变形抗力也较大。在拉拔时则呈二向受压一向受拉的状态，当拉应力大于材料的抗拉强度 σ_b 时，材料就会出现裂纹或断裂，锻造性能下降。所以，拉拔时的变形量要控制在一定程度之内。

综上所述，金属的可锻性受到许多内因和外因影响。在锻压加工时，要力求创造最有利的变形条件，充分发挥材料的塑性潜力，降低变形抗力，以求达到优质高产的目的。

3. 常用合金的锻造性能

（1）碳钢　碳钢加热到奥氏体状态时有良好的塑性，变形抗力也较小，而且锻造温度范围较高。随着钢中含碳量的增加，钢的锻造性能变差，锻造温度范围也较小，所以锻造高碳钢时应注意防止过热和锻裂。

（2）合金钢　合金钢加热到奥氏体状态时，因合金元素的固溶强化和未溶合金碳化物的影响，锻造性比碳钢差，加热时要注意预热，防止在高温下急剧加热产生较大的热应力，严重时会导致坯料开裂。由于合金钢的塑性差，锻造时的终锻温度应适当提高。

（3）铝合金　铝合金的锻造温度低（始锻温度为 475℃），因不能靠观察火色判断温度，所以常用电阻炉加热坯料，并用自动控制仪表严格控制炉温。

铝合金的锻造温度范围狭窄（仅 100℃左右），为了防止坯料降温过快，自由锻设备的砧面和钳口等均要预热至 150～200℃，为了掌握好终锻温度，常用控制锻造时间的办法来间接控制温度。

（4）铜合金　铜合金的始锻温度比铝合金高一些，一般为 800～850℃，可凭目测控制坯料加热温度。铜合金的锻造温度范围也比较窄，一般为 150～200℃，锻造时也要严格控制好终锻温度。为了防止坯料散热太快，锻造工具要预热至 200～250℃，同时，坯料也应经常在砧面上翻动。

11.1.6　钢的锻造温度范围和冷却方法

1. 锻造温度范围

利用铁碳合金状态图,可以确定锻造的始锻温度和终锻温度,如图 11.7 所示。始锻温度过高时,容易产生过热和过烧,一般控制在固相线以下 150 ~ 250℃。终锻温度过高时,再结晶后的细小晶粒会继续长大,终锻温度过低时,钢的再结晶过程不能充分进行,使锻件产生冷变形强化和残余应力,对于亚共析钢来说为了减少加热次数和锻造后获得细小的再结晶晶粒,其终锻温度一般在 A_1 以上 50 ~ 100℃。对于过共析钢,其终锻温度应控制在 A_{cm} ~ A_1 以便于通过锻造击碎网状渗碳体。

2. 锻件冷却方法

锻件的冷却方法也是影响锻件质量的重要因素之一。如果冷却方法不适当,可使锻件产生翘曲变形、硬度过高和裂纹等缺陷。

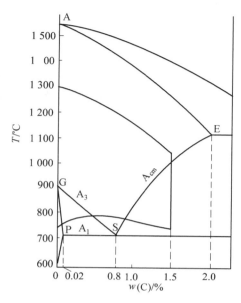

图 11.7　碳钢的锻造温度范围

锻件的冷却方法主要根据材料的化学成分、锻件形状和截面尺寸等因素来确定。一般来说,合金元素和含碳量越高,锻件形状越复杂,截面尺寸变化越大,就越是要采用缓慢的冷却方法。例如,对于高碳高合金钢,应将锻件趁热放入 500 ~ 700℃ 的炉子中,然后随炉缓慢冷却;对于一般合金结构钢,可趁热埋入砂子或炉灰中缓慢冷却;高碳钢则可堆放空冷;而碳素结构钢一般在无风的空气中冷却。

11.2　自　由　锻

利用自由锻设备的上、下砧或一些简单的通用性工具,直接使坯料变形而获得所需的几何形状及内部质量的锻件,这种方法称为自由锻。

自由锻的主要特点是:自由锻所用的工具简单,并具有较大的通用性,因而自由锻的应用较为广泛。生产的自由锻件质量可以从 1 kg 的小件到 200 ~ 300 t 的大件。对于特大型锻件如水轮机主轴、多拐曲轴、大型连杆等,自由锻是惟一可行的加工方法,所以自由锻在重型工业中具有重要意义。

自由锻的不足之处是:锻件精度低,锻件形状简单,生产率低,生产条件差,要求技术水平也高,自由锻适用于单件小批量生产。

11.2.1　自由锻的主要设备

自由锻的设备根据其对毛坯作用力的性质不同分为锻锤和液压机两大类。锻锤是产生冲击力使金属毛坯变形。生产中使用的锻锤有空气锻锤和蒸汽–空气锻锤。空气锻锤锻 100 kg 以下的锻件。蒸汽–空气锻锤锻 1500 kg 以下的锻件。液压机是使毛坯在静压力的作用下变形,设备有水压机和液压机,水压机可锻重达 300 t 的大型锻件。

11.2.2　自由锻的工序

自由锻的工序可分为基本工序、辅助工序和修整工序三大类。

1. 基本工序

基本工序是指使金属材料产生一定程度的塑性变形,以达到所需形状和所需尺寸的工艺过程,如镦粗、拔长、冲孔、切割、弯曲和扭转、错移及锻接等。而实际生产中最常用的是墩粗、拔长、冲孔等三种工序,见表 11.2。

表 11.2　自由锻基本工序简图

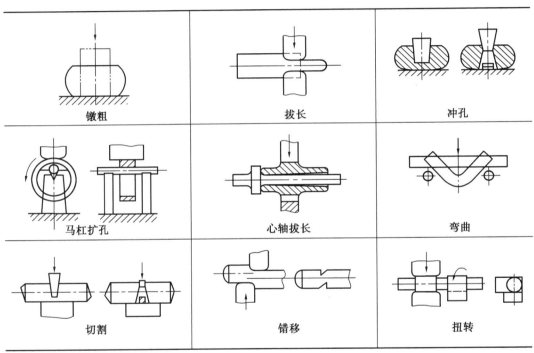

镦粗	拔长	冲孔
马杠扩孔	心轴拔长	弯曲
切割	错移	扭转

2. 辅助工序

辅助工序是为基本工序操作方便而进行的预先变形工序,如压钳口、压肩、钢锭倒棱等。

3. 精整工序

精整工序是用以减少锻件表面缺陷而进行的工序,如校正、滚圆、平整等。

11.2.3　自由锻工艺规程的制订

制订工艺规程、编写工艺卡片是进行自由锻生产必不可少的技术准备工作,是组织生产过程、规定操作规范、控制和检查产品质量的依据。自由锻工艺规程的主要内容包括:根据零件图绘制锻件图、计算坯料的质量和尺寸、确定锻造工序、选择锻造设备、确定坯料加热规范和填写工艺卡片等。

1. 绘制锻件图

锻件图是以零件图为基础,并考虑以下几点因素绘制而成的,它是制定锻造工艺过程和检验的依据。

（1）锻件敷料　某些零件上的精细结构,键槽、齿槽、退刀槽以及小孔、不通孔、台阶、法兰等,难以用自由锻锻出,必须暂时添加一部分金属以简化锻件形状。这部分添加的金属称为余块,如图 11.8 所示,它将在切削加工时去除,所以,敷料的增设需合理、得当。

（2）加工余量　由于自由锻造的精度较低,表面质量较差,一般需要进一步切削加工,所以零件表面要留加工余量。余量大小与零件形状、尺寸等因素有关,其数值应结合生产的具体情况而定。

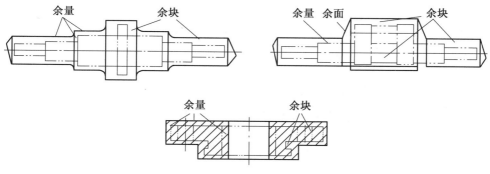

图 11.8　锻件的各种余块及余量

（3）锻件公差　由于操作技术水平的差异以及对锻件收缩量估计误差等因素的影响,锻件上实际尺寸与基本尺寸之间必存在偏差,所允许的偏差值称为锻件公差。公差的数值可查有关国家标准,通常为加工余量的 1/4 ~ 1/3。

为了使工人了解零件的形状和尺寸,在锻件图上用双点划线画出零件的主要轮廓形状,并在锻件尺寸线的下面用圆括弧标出零件尺寸。对于大型锻件,为了锻后对锻件组织性能进行检验,还需在同一个毛坯上锻出做性能检验用动试样部分。其形状和尺寸也应在图上标出。

2. 计算坯料质量及尺寸

（1）坯料质量的计算　根据毛坯锻造后其体积和质量基本不变的原则,依据锻件的形状和尺寸,可计算出锻件的质量。再考虑加热时的氧化损失、冲孔时冲掉的料心及切头损失等,就可计算出毛坯总的质量,其计算公式为

$$m_{毛坯} = m_{锻件} + m_{烧损} + m_{料心} + m_{切头}$$

（2）计算过程　确定坯料的尺寸,首先根据材料的密度和坯料质量计算出坯料的体积,然后再根据基本工序的类型及锻造比计算坯料横截面积、直径、边长等尺寸。

3. 选择锻造工序

自由锻造工序是根据锻件形状和工序特点来确定的。其中包括:确定锻件所必须的基本工序、辅助工序和精整工序,确定工序顺序,设计工序尺寸等。另外,毛坯加热次数与每一火次中毛坯成形所经工序都应明确规定出来,写在工艺卡上。

根据不同类型的锻件选择不同的锻造工序。一般锻件的大致分类及所用工序见表 11.3。

表 11.3　自由锻件分类及锻造工序

锻件类型	图　例	锻造工序	实　例
盘类、圆环类锻件		镦粗、冲孔、马杠扩孔、定径	齿圈、法兰、套筒、圆环等
筒类零件		镦粗、冲孔、芯棒拔长、滚圈	圆筒、套筒等
轴类零件		拔长、压肩、滚圆	主轴、传动轴等
杆类零件		拔长、压肩、修整、冲孔	连杆等
曲轴类零件		拔长、错移、压肩膀、扭转、滚圆	曲轴、偏心轴等
弯曲类零件		拔长、弯曲	吊钩、轴瓦盖、弯杆

　　工艺规程的内容,还包括确定所用工夹具、加热设备、加热规范、加热火次、冷却规范、锻造设备和锻后热处理规范等。表 11.4 为一个典型的自由锻件的锻造工艺卡实例。

表 11.4 半轴自由锻工艺卡

锻件名称	半 轴	锻 件 图
坯料质量	25 kg	
坯料尺寸	ϕ 130 mm×240 mm	
材 料	18 CrMnTi	

火 次	工 序	图 例
	锻出头部	
	拔长	
	拔长及修整台阶	
	拔长并留出台阶	
	锻出凹档及拔出端部并修整	

11.2.4 自由锻造的结构工艺性

自由锻锻件结构设计的原则是:在满足使用性能的条件下,锻件形状应尽量简单,易于锻造,节约金属,保证锻件质量提高生产率。自由锻锻件的结构工艺性要求见表 11.5。

表 11.5　自由锻锻件结构工艺性要求

工　艺	图　例	
	工艺性差	工艺性好
避免锥面及斜面等		
避免加强肋及工字形、椭圆形等复杂截面		
避免非平面交接结构		
避免各种小凸台及叉形件内部的台阶		

11.3 模 锻

模锻是在高强度金属锻模上预先制出与锻件形状一致的模腔,使坯料在模腔内受压变形,由于模腔对金属坯料流动的限制,因而锻造终了时能得到和模腔形状相符的锻件。

与自由锻相比,模锻的优点是:锻件的尺寸和精度由模腔保证,对工人的技术要求不高,生产率高,锻件尺寸精确,表面光洁因而机械加工余量较小;可以锻造形状复杂的锻件;锻件内部流线分布合理;操作简便,劳动强度低,生产率高。

模锻生产由于受到模锻设备吨位的限制,锻件质量不能太大,一般在 150 kg 以下。另外,制造锻模成本很高,一方面需用较贵重的模具钢,且模具的加工复杂,所以模锻不适合于单件小批量生产,而适合于中小型锻件的大批量生产。

模锻按使用设备的不同,可分为锤上模锻、胎膜锻、压力机上模锻。

11.3.1 锤上模锻

锻模由上模和下模两部分组成。锤上模锻是将上模固定在模锻锤锤头上,下模紧固在砧座上,通过上模对下模中的坯料施以直接打击来获得锻件的模锻方法。模锻工作示意图见图11.9。

1. 锻模

根据模腔功用的不同,锻模可分为模锻模腔和制坯模腔两大类。

(1)模锻模腔 又可分为终锻模腔和预锻模腔两种。

①终锻模腔的作用是使坯料最后变形到锻件所要求的形状和尺寸,因此它的形状应和锻件的形状相同。但是由于锻件冷却时要收缩,终锻模腔的尺寸应比锻件尺寸放大一个收缩量。钢件的收缩量取 1.5%。沿模腔四周有飞边槽,锻造时部分金属先压入飞边槽内形成毛边,毛边很薄,最先冷却,可以阻碍金属从模腔内流出,以促使金属充满模腔,同时容纳多余的金属。对于具有通孔的锻件,由于不可能靠上、下模的凸起部分把金属完全挤压掉,故终锻后

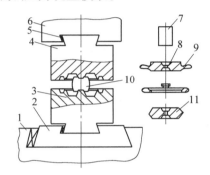

图 11.9 模锻工作示意图

1—砧铁;2—模座;3—下模;4—上模;5—楔铁;6—锤头;7、10—坯料;8—连皮;9—毛边;11—锻件

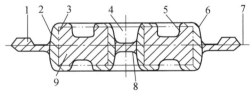

图 11.10 齿轮坯模锻件图

1—毛边;2—模锻斜度;3—加工余量;4—不通孔;5—凸圆角;6—凸圆角;7—分模面;8—冲孔连皮;9—零件

在孔内留下一薄层金属,称为冲孔连皮(图11.10)。把冲孔连皮和飞边冲掉后,才能得到有通孔的模锻件。

②预锻模腔的作用是使坯料变形到接近于锻件的形状和尺寸,这样在进行终锻时,金属容易充满终锻模腔,同时减少了终锻模腔的磨损,延长了锻模的使用寿命。预锻模腔的尺寸和形状与终锻模腔的相近似,只是模锻斜度和圆角半径稍大,没有飞边槽。对于形状简单或

批量不大的模锻件可不设飞边槽。

（2）制坯模膛　对于形状复杂的模锻件,原始坯料进入模锻模膛前,先放在制坯模膛制坯,按锻件最终形状作初步变形,使金属合理分布和很好地充满模膛。制坯模膛有以下几种：

①拔长模膛,用它来减少坯料某部分的横截面积,以增加该部分的长度,拔长模膛分为开式和闭式两种,如图11.11所示。操作时一边送进坯料,一边翻转。

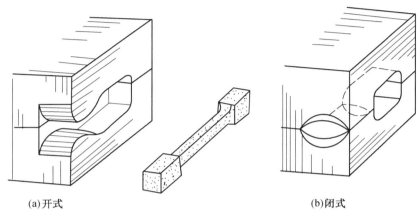

(a)开式　　　　　　　　　　　(b)闭式

图11.11　拔长模膛

②滚压模膛,用它来减少坯料某部分的横截面积,以增加另一部分的横截面积,使其按模锻件的形状来分布。滚压模膛分为开式和闭式两种,如图11.12所示。操作时每击一次毛坯要翻转一下。

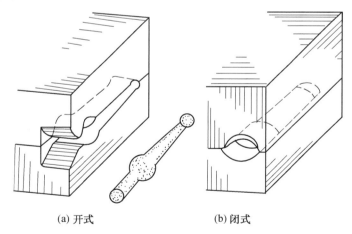

(a)开式　　　　　　　　　　　(b)闭式

图11.12　滚压模膛

③对于弯曲的杆状锻件需用弯曲模膛来弯曲坯料。

④切断模膛,它使上模的角上与下模的角上组成一对刃口,用它从坯料上切下已锻好的锻件,或从锻件上切下钳口。

此外,尚有成形模膛、镦粗台及击扁面等制坯模膛。

形状简单的锻件,在锻模上只需一个终锻模膛;形状复杂的锻件,根据需要可在锻模上安排多个模膛。图11.13是弯曲连杆锻件的锻模(下模)及模锻工序图。锻模上有5个模

腔,坯料经过拔长、滚压、弯曲 3 个制坯工序,使
截面变化,并使轮廓与锻件相适应,再经预锻、
终锻制成带有飞边的锻件。最后在切边模上切
去飞边。

2.模锻工艺规程的制定

模锻工艺规程包括绘制模锻件图、计算坯
料尺寸、确定模锻工序、选择设备及安排修整工
序等。

(1)模锻件图　是设计和制造锻模、计算
坯料及检验锻件的依据,绘制模锻件图时应考
虑下面几个问题:

①分模面是上下模的分界面。a. 选择分模
面应保证锻件易于从模腔中取出,用图 11.14
中 a–a 处为分模面,锻件就不能取出;b. 应使
金属容易充满模腔,如采用图 11.14 中 b–b 处
为分模面,模腔太深,金属就不易充满;c. 应使
分模面设在模腔上下等尺寸处,以便发现锻件
错模等缺陷,如采用图 11.14 中 c–c 处为分模
面,锻件就不易发现错模。因而,正确的分模面
应在最大截面尺寸上,如图 11.14 中 d–d 处。

②模锻件加工余量和公差比自由锻小得

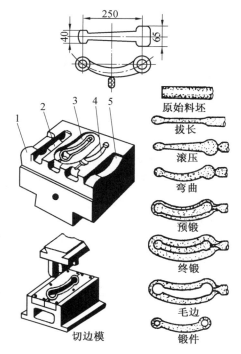

图 11.13　弯曲连杆锻模(下模)

1—拔长模腔;2—滚压模腔;3—终锻模腔;4—预
锻模腔;5—弯曲模腔

多,一般余量为 1 ~ 4 mm,公差为±0.3 ~ 3 mm,其具体数值可查 GB/T 12362–90《钢质模锻
件公差及机械加工余量》手册。

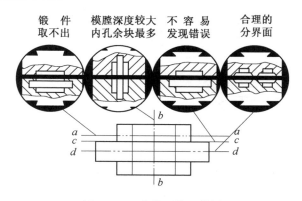

图 11.14　分模面的比较图

③为使锻件容易从模腔中取出,在垂直于分模面的锻件表面上必须有一定斜度,如图
11.15 所示。外斜度 α 值一般取 5° ~ 10°,内斜度为 7° ~ 15°。

④为使金属容易充满模腔,避免模锻内尖角处产生裂纹,减缓锻模外尖角处的磨损,提
高锻模的寿命在模锻件上所有平面的交角处均需做成圆角。钢的模锻件外圆角半径 r 取
1.5 ~ 12 mm,内圆角半径比外圆角半径大 2 ~ 3 倍,如图 11.16 所示。

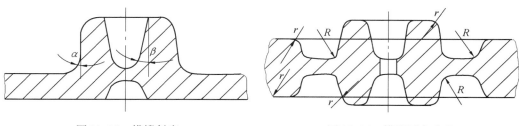

图 11.15　模锻斜度　　　　　　　　　图 11.16　模锻圆角半径

（2）计算坯料尺寸，步骤与自由锻同　坯料质量包括锻件质量、飞边质量、连皮质量及烧损质量。一般飞边是锻件质量的 20% ～25%；烧损质量是锻件和飞边质量总和的 2.5% ～4%。

（3）模锻工序的设计　　主要是根据模锻件的形状和尺寸来确定的。模锻件按形状可分为两大类：一类是长轴类零件，如阶梯轴、连杆等，如图 11.17 所示。另一类是盘类零件，如齿轮、法兰盘等如图 11.18 所示。

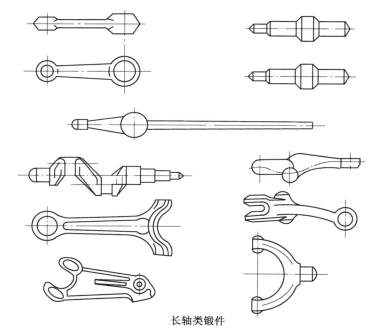

长轴类锻件

图 11.17　长轴类锻件

①长轴类模锻件，常采用拔长、滚压、弯曲、预锻工步。坯料的横截面积大于锻件的最大横截面积时，可选用拔长工步。而当坯料的横截面积小于锻件最大横截面积时，采用拔长的滚压工步。锻件的轴线为曲线时，应选用弯曲工步。

对于小型长轴类锻件，为了减少钳口料和提高生产率，常采用一根棒料锻造几个锻件的方法，利用切断工步，将锻好的锻件切离。

对于形状复杂的锻件，还需选用预锻工步，最后在终锻模腔中模锻成形，见图 11.17。

②盘类模锻件，模锻时，坯料轴线方向与锤击方向相同，金属沿高度、宽度、长度方向同时流动，常采用镦粗、终锻工步。

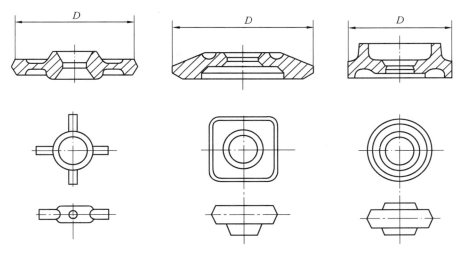

图 11.18 盘类锻件

对于形状简单的盘类锻件,可只用终锻工步成形。对于形状复杂,有深孔或有高筋的锻件,则应增加镦粗工步。

(4)常用的修整工序有切边、冲孔、精压等

①模锻件上的飞边和冲孔连皮由压力机上的切边模和冲孔模将其切去。

②对于某些要求平行平面间尺寸精度的锻件,可进行平面精压;对要求所有尺寸精确的锻件,可用体积精压。

3. 模锻件的结构设计

设计模锻件时,为便于模锻件生产和降低成本,应根据模锻特点和工艺要求使其结构符合下列原则:

①模锻件要有合理的分模面、模锻斜度和圆角半径。

②由于模锻件精度较高,表面粗糙度较低,因此零件的配合表面可留有加工余量;非配合表面一般不需要进行加工,不留加工余量。

③为了使金属容易充满模腔、减少加工工序,零件外形应力求简单、平直和对称,尽量避免零件截面间相差过大或具有薄壁、高筋、凸起等结构。

图 11.19(a)所示零件凸缘太薄、太高,中间下凹过深,图 11.19(b)所示零件过于扁薄,金属易于冷却,不易充满模腔,图 11.19(c)所示零件有一个高而薄的凸缘,不仅金属难以充填,模锻的制造和锻件的取出也不容易,如改为图 11.19(d)所示形状,就易于锻造。

④应避免有深孔或多孔结构。

⑤为减少余块,简化模锻工艺,在可能的条件下,应尽量采用锻—焊组合工艺,如图 11.20 所示。

11.3.2 胎模锻

胎模锻是在自由锻设备上使用可移动模具生产模锻件的一种锻造方法。所用模具称为胎模,它结构简单,形式多样,但不固定在上下砧座上。一般选用自由锻方法制坯,然后在胎模中终锻成形。

胎模锻与自由锻相比,具有生产效率高,锻件尺寸精度高,表面粗糙度值小,余块少,节

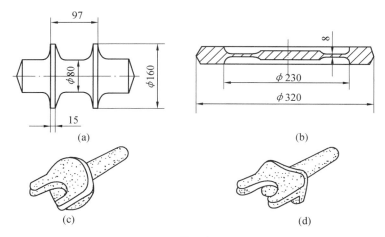

图 11.19　模锻件结构工艺性

约金属,降低成本等优点。与锤上模锻相比,具
有成本低,使用方便等优点。但胎模锻的锻件
精度和生产率不如锤上模锻高,胎模寿命短。
胎模锻造适用于中、小批量生产,在缺少模锻设
备的中小型工厂中应用较广。

(a)锻件　　　　　(b)焊合件

图 11.20　锻-焊结构模锻件

常用的胎模结构主要有以下三种类型:

1. 扣模

扣模用来对坯料进行全面或局部扣形,主
要生产杆状非回转体锻件(图 11.21(a))。

2. 套筒模

锻模呈套筒形,主要用于锻造齿轮、法兰盘等回转体类锻件(图 11.21(b)、(c))。

3. 合模

合模通常由上模和下模两部分组成(图 11.21(d))。为了使上下模吻合及不使锻件产
生错模,经常用导柱等定位。合模多用于生产形状较复杂的非回转体锻件,如连杆、叉形件
等锻件。

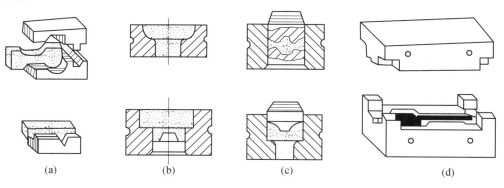

(a)　　　　　　　　(b)　　　　　　　　(c)　　　　　　　　(d)

图 11.21　胎模的几种结构

胎模锻的工艺过程,主要包括制定工艺规程、制造胎模、备料、加热、锻制及后续工序等。

在工艺规程的制定过程中,分模面的选取可灵活些,分模面数量不限于一个,而且在不同工序中可以选取不同的分模面,以便制造胎模和使锻件成形。

图 11.22 为一个法兰盘胎模锻制过程。所用胎模为套筒模,它由模筒、模垫和冲头组成。原始坯料加热后,先用自由锻墩粗,然后将模垫和模筒放在下砧铁上,再将镦粗的坯料平放在模筒中,压上冲头后终锻成形,最后将连皮冲掉。

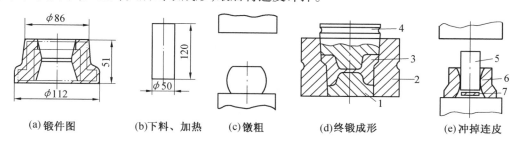

(a) 锻件图　　　(b)下料、加热　　　(c)镦粗　　　(d)终锻成形　　　(e)冲掉连皮

图 11.22　法兰盘胎膜锻造过程

1—模垫;2—模筒;3、6—锻件;4—冲头;5—冲子;7—连皮

11.3.3　压力机上模锻

由于模锻锤在工作中存在震动和噪声大,劳动条件差、能源消耗大等缺点,特别是大吨位的模锻锤,因此有被压力机取代的趋势,用于模锻生产的压力机有摩擦压力机,曲柄压力机、平锻机等。

1.摩擦压力机上模锻

摩擦压力机的传动系统如图 11.23 所示。摩擦压力机是靠飞轮、螺杆和滑块向下运动所积蓄的能量使坯料变形的,其特点是:

①适应性好,行程和锻压力可自由调节,因而可实现轻打、重打,可在一个模腔内进行多次锻打。不仅能满足模锻各种主要成形工序的要求,还可以进行弯曲、热压、切飞边、冲连皮及精压、校正等工序。

②滑块运行速度低,锻击频率低,金属变形过程中的再结晶可以充分进行。适合于再结晶速度慢的低塑性合金钢和有色金属的模锻。

③摩擦压力机承受偏心载荷能力低,通常只适用于单模腔模锻。

④生产率低,主要用于中小型锻件的批量生产,如图 11.24 所示。

⑤摩擦压力机结构简单、造价低、使用维修方便,适用于中小型工厂的模锻生产。

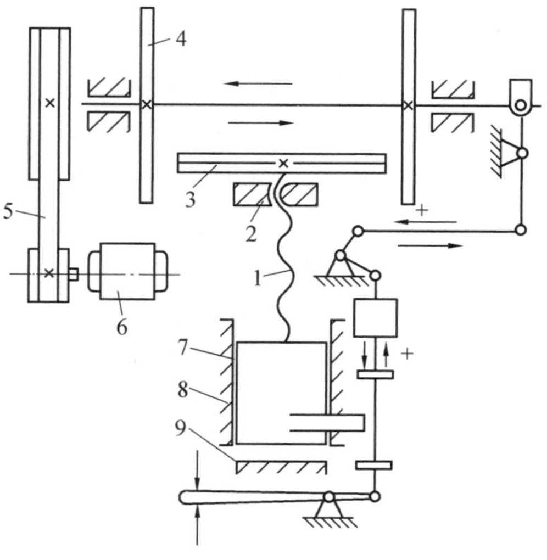

图 11.23　摩擦压力机的传动系统

1—螺杆;2—螺母;3—飞轮;4—圆轮;5—皮带;6—电动机;7—滑块;8—导轨;9—机座

2.曲柄压力机上模锻

曲柄压力机传动系统如图 11.25 所示,曲柄压力机上的动力是电动机,通过减速和离合

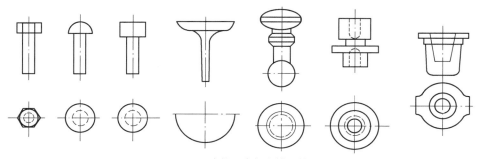

摩擦压力机上模锻件

图 11.24　摩擦压力机上模锻件

器装置带动偏心轴旋转,再通过曲柄连杆机构,使滑块沿导轨作上下往复运动。下模块固定在工作台上,上模块则装在滑块下端,随着滑块的上下运动,就能进行锻造。

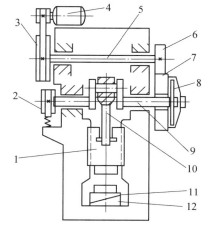

曲柄压力机上模锻有以下特点:

①曲柄压力机作用于金属上的变形力是静压力,且变形抗力由机架本身承受,不传给地基。因此,曲柄压力机工作时震动与噪音小,劳动条件好。

②曲柄压力机的机身刚度大,滑块导向精确,行程一定,装配精度高,因此能保证上下模膛准确对合在一起,不产生错模。

③锻件精度高,加工余量和公差小,节约金属。在工作台及滑块中均有顶出装置,锻造结束可自动把锻件从模膛中顶出,因此锻件的模锻斜度小。

④因为滑块行程速度低,作用力是静压力,有利于低塑性金属材料的加工。

⑤曲柄压力机上不适宜进行拔长和滚压工步,这是由于滑块行程一定,不论用什么模膛都是一次成形,金属变形量过大,不易使金属填满终锻模膛所致。因此,为使变形逐渐进行,终锻前常用预成形,预锻工步。图 11.26 为经预成形、预锻和最后终锻的齿轮模锻工步。

图 11.25　模锻曲柄压力机传动图
1—滑块;2—制动器;3—带轮;4—电机;5—转轴;6—小齿轮;7—大齿轮;8—离合器;9—曲轴;10—连杆;11—工作台;12—楔形垫块

⑥曲柄压力机设备复杂,造价高,但生产率高,锻件精度高,适合于大批量生产。

3. 平锻机上模锻

平锻机的主要结构与曲柄压力机相同,如图 11.27 所示,只不过其滑块水平运动,故被称为平锻机。电动机 1 转动经带轮 5、齿轮 7 传至曲轴 8 后,通过主滑块 9 带动凸模 10 作纵向往复运动,同时又通过凸轮 6、杠杆 14 带动副滑块和活动模 13 做横向往复运动。挡料板 11 通过辊子与主滑块 9 上的轨道相连,当主滑块向前运动时(工作行程),轨道斜面迫使辊子上升,并使挡料板绕其轴线转动,挡料板末端便移至一边,给凸模 10 让出路来。

平锻机上模锻有如下特点:

①扩大了模锻的范围,可以锻出锤上模锻和曲柄压力机上模锻无法锻出的锻件,还可以

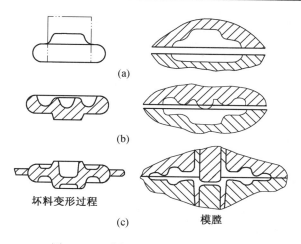

图 11.26　曲柄压力机上齿轮模锻工步

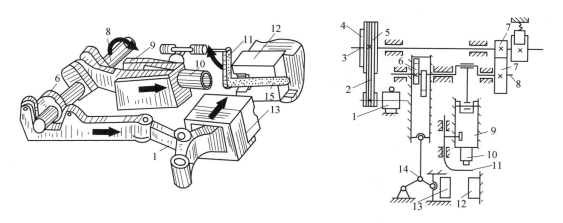

图 11.27　平锻机传动图

1—电动机;2—V 带;3—传动轴;4—离合器;5—带轮;6—凸轮;7—齿轮;8—曲轴;9—主滑块;10—凸模;11—挡料板;12—固定凹模;13—副滑块和活动凹模;14—杠杆;15—坯料

进行切飞边、切断和弯曲等工步。

②锻件尺寸精确,表面粗糙度值小,生产率高。

③节省金属,材料利用率高。

④对非回转体及中心不对称的锻件较难锻造。平锻机的造价也较高,适用于大批量生产。

11.4　板料冲压

利用冲模使板料经分离或变形而得到制件的加工方法,称为板料冲压。板料冲压一般是在常温下进行的,故又称冷冲压,简称冲压。如板料厚度超过 8~10 mm 时,才用热冲压。

板料冲压具有以下特点:

①可冲出形状复杂的零件,废料较少,材料利用率高。

②冲压件尺寸精度高,表面粗糙度值小,互换性好。

③可获得强度高,刚性好,质量轻的冲压件。

④冲压操作简单,工艺过程便于实现自动化、机械化,生产率高;但冲模制造复杂,要求高。因此,这种工艺方法用于大批量生产时才能使冲压产品成本降低。

板料冲压在工业生产中有着广泛的应用,特别是在汽车、拖拉机、航空、电器、仪表等工业中占有极其重要的位置。

板料必须具有足够的塑性,常用的有低碳钢、高塑性合金钢、铜合金、铝合金、镁合金等。

11.4.1 冲压设备

板料冲压所用设备常用的有剪床、冲床。剪床是用来把板料剪切成一定宽度的条料,以供冲压工序使用。冲床是进行冲压加工的基本设备。常用的小型冲床的结构见图 11.28。

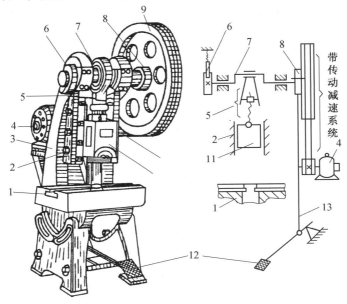

图 11.28　冲床

1—工作台;2—导轨;3—床身;4—电动机;5—连杆;6—制动器;7—曲轴;8—离合器;9—带轮;10—传动带;11—滑块;12—踏板;13—拉杆

电动机 4 带动带传动减速装置,并经离合器 8 传给曲轴 7,曲轴和连杆 5 则把传来的旋转运动变成直线往复运动,带动固定上模的滑块 11,沿床身导轨 2 作上下运动,完成冲压动作。

冲床开始后尚未踩踏板 12 时,带轮 9 空转,曲轴不动。当踩下踏板时,离合器把曲轴和带轮连接起来,使曲轴跟着旋转,带动滑块连续上下动作。抬起脚后踏板升起,滑块便在制动器 6 的作用下,自动停止在最高位置上。

11.4.2 冲压工序

板料冲压工序可分为分离工序和变形工序两大类。

1. 分离工序

工序是将坯料的一部分和另一部分分开的工序,如落料、冲孔、修整、剪切等。

①用剪刃或冲模将板料沿不封闭轮廓进行分离的工序,称剪切。

②落料和冲孔都是将板料沿封闭轮廓分离的工序,一般统称为冲裁。这两个工序的模具结构与坯料变形过程都是一样的,只是用途不同。落料是被分离的部分为成品或坯料,周边部位废料;冲孔则是被分离的部分为废料,而周边部分是带孔的成品。

图 11.29 为落料与冲孔过程示意图,凸模与凹模都有锋利的刃口,两者之间留有间隙 z。为使成品边缘光滑,凹凸模刃口必须锋利,凹凸模间隙 z 要均匀适当,因为它不仅严重影响成品的断面质量,而且影响模具寿命、冲裁力和成品的尺寸精度。

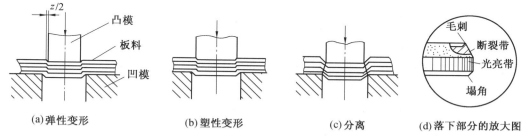

图 11.29　落料和冲孔时金属板料的分离过程示意图

③使落料或冲孔后的成品获得精确的轮廓的工序称为修整。利用修整模沿冲压件外缘或内孔刮削一层薄薄的切屑或切掉冲孔或落料时在冲压件截面上存留的剪裂带和毛刺,从而提高冲压件的尺寸精度和降低表面粗糙度值。如图 11.30 所示。

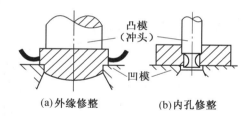

图 11.30　修整工序

2. 变形工序

变形工序是使坯料的一部分相对于另一部分产生塑性变形而不破坏的工序,如弯曲、拉深、翻边和成型等。

①使坯料的一部分相对于另一部分弯曲成一定角度的工序称弯曲。图 11.31 为弯曲过程图。

弯曲时材料内侧受压应力,而外侧受拉应力。当外侧拉应力超过坯料的抗拉强度时,就会造成弯裂。坯料愈厚,内弯曲半径愈小,应力愈大,愈易弯裂。一般,弯曲最小半径 $= (0.25 \sim 1) \delta(\delta$ 为板厚)。材料塑性好,则最小弯曲半径可小些。弯曲结束外载荷去除后,被弯曲材料的形状和尺寸发生与加载时变形方向相反的变化,从而消去一部分弯曲变形的效果,这种现象称为回弹,如图 11.32 所示。对于回弹现象,可在设计弯曲模具时,使模具角度比成品角度小一个回弹角。

②使坯料变形成开口空心零件的工序称拉深。图 11.33 为拉深过程简图。

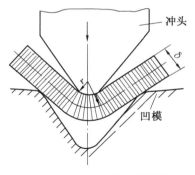

图 11.31　弯曲过程简图

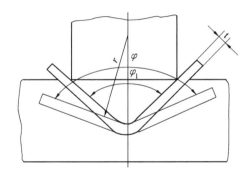

图 11.32　弯曲件的回弹

③使带孔坯料孔口周围获得凸缘的工序称为翻边,如图 11.34 所示。图中 d_0 为坯料上孔的直径,δ 为坯料厚度,d 为凸缘平均直径,h 为凸缘的高度。

④利用局部变形使坯料或半成品改变形状的工序称为成形。图 11.35 为鼓肚容器成形简图。用橡皮芯来增大半成品的中间部分,在凸模轴向压力作用下,对半成品壁产生均匀的侧压力而成形。凹模是可以分开的。

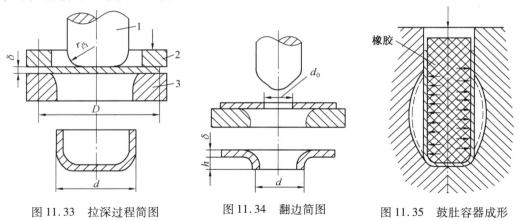

图 11.33　拉深过程简图　　　　图 11.34　翻边简图　　　　图 11.35　鼓肚容器成形
1—冲头;2—压板;3—凹模

11.4.3　冲模

冲模按组合方式可份为单工序模、级进模、组合模三种。

1. 单工序模

在压力机的一次冲程中只完成一个工序的模具。此种模具结构简单,容易制造,适用于小批量生产。

2. 级进模

实际上是把两个(或更多个)单工序模联在模板上而成。冲床每次行程中,完成两个以上工序。级进模生产率较高,加工零件精度高,适于大批量生产。

3. 组合模

冲床每次行程中,坯料在冲模中只经过一次定位,可完成两个以上工序。组合冲模生产效率高,加工零件精度高,适于大批量生产。

典型的单工序模的结构示意图如图 11.36 所示,冲模一般分上模和下模两部分。上模用模柄固定在冲床滑块上,下模用螺栓紧固在工作台上。

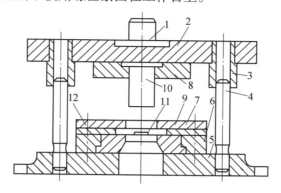

图 11.36 简单冲模

1—模柄;2—上模板;3—导套;4—导柱;5—下模板;6—压边圈;7—凹模;8—压板;9—导料板;10—凸模;11—定位销;12—卸料板

冲模各部分作用如下:

1. 凹模与凸模

凸模又称冲头,它与凹模共同作用,使板料分离或变形完成冲压过程的零件,是冲模的主要工作部分。

2. 导料板与定位销

用以保证凸模与凹模之间具有准确位置的装置。导料板控制坯料的进给方向;定位销控制送进量。

3. 卸料板

冲压后用来卸除套在凸模上的工件或废料。

4. 模架

由上下模板、导柱和导套组成。上模板用以固定凸模、模柄等零件,下模板则用以固定凹模、送料和卸料构件等。导套和导柱分别固定在上、下模板上,用以保证上、下模对准。

11.5 锻压新工艺简介

随着工业的发展,对锻压加工提出的要求越来越高,出现了许多先进的锻压工艺,其主要特点是尽量使锻压件形状接近零件的形状,以便达到少切削或无切削的目的;提高尺寸精度和表面质量;提高锻压件的力学性能,节省金属材料,降低生产成本;改善劳动条件,大大提高生产率并能满足一些特殊工作的要求。

11.5.1 精密模锻

精密模锻是锻造高精度锻件的一种先进工艺,能直接锻出形状复杂、表面光洁、锻后不必切削加工或仅需少量切削加工的零件。

精密模锻工艺要点如下:

①精确计算原始坯料的尺寸,严格按照坯料质量下料。

②精细清理坯料表面。

③采用无氧化或少氧化的保护气体加热。

④选用刚度大、精度高的锻造设备,如曲柄压力机、摩擦压力机或精锻机等。

⑤采用高精度的模具。

⑥模锻时要很好地进行润滑和冷却模具。

11.5.2　挤压

挤压是在强大压力作用下,使坯料从模具中的出口或缝隙挤出,使横截面积减少、长度增加,成为所需制品的方法,如图 11.37 所示。

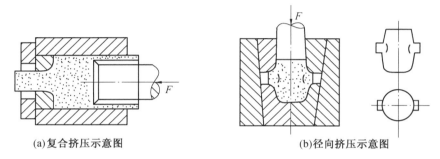

(a)复合挤压示意图　　　　　　　　　　　(b)径向挤压示意图

图 11.37　挤压

按照挤压时金属坯料所处的温度,挤压可分为热挤压、温挤压和冷挤压。

1.热挤压

挤压时坯料变形温度高于它的再结晶温度,与锻造温度相同。热挤压时,坯料变形抗力小,但产品表面粗糙,它广泛用于有色金属、型材、管材的生产。

2.冷挤压

坯料在再结晶温度以下(通常是室温)完成的挤压,其产品的表面光洁,精度较高;但挤压时变形抗力较大,广泛用于零件及毛坯的生产。

3.温挤压

将坯料加热到再结晶温度以下的某个合适温度(100～800℃)进行挤压。它降低了冷挤压时的变形抗力,同时产品精度比热挤压高。

11.5.3　轧锻

金属坯料(或非金属坯料)在旋转轧辊的作用下,产生连续塑性变形,从而获得要求的截面形状并改变其性能的方法,称为轧锻。用轧锻的方法可将钢锭轧制成板材、管材和型材等各种原材料。近几年来,各机械制造厂常采用轧锻零件的工艺有辊轧、横轧、斜轧、旋轧等。

1.辊轧

用一对相向旋转的扇形模具使坯料产生塑性变形,从而获得所需锻件或锻坯的锻造工艺方法,辊轧及辊轧机如图 11.38 所示。当坯料在一对旋转的辊锻模中通过时,将按照辊锻模的形状变形。

2. 横轧

横轧是轧辊轴线与轧件轴线平行,且轧辊与轧件作相对转动的轧锻方法。齿轮的横轧如图 11.39 所示。横轧时,坯料在图所示位置被高频感应加热,带齿形的轧辊由电动机带动旋转,并作径向进给,迫使轧轮与坯料发生对碾。在对碾过程中,坯料上受轧辊齿顶挤压的地方变成齿槽,而相邻金属受轧辊齿部反挤而上升,形成齿顶。

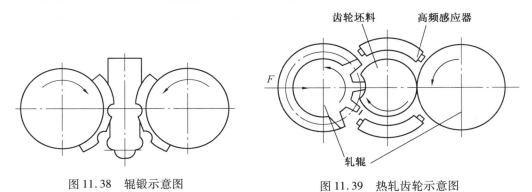

图 11.38 辊锻示意图   图 11.39 热轧齿轮示意图

3. 斜轧

轧相互倾斜配置,以相同方向旋转,轧件在轧辊的作用下反向旋转,同时还做轴向运动,即螺旋运动,这种轧锻称为斜轧。图 11.40 所示为钢球轧锻。轧锻每转一周,即可轧锻出一个钢球,轧锻过程是连续的。

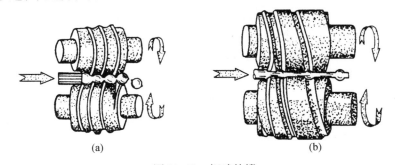

(a)   (b)

图 11.40 钢球轧锻

4. 旋锻

旋锻是在毛坯旋转的同时,用简单的工具使其逐渐变形,最终获得零件的形状和尺寸的加工方法。图 11.41 表示旋压封头的过程。旋锻基本上是弯曲成形的,不像冲压那样明显的拉伸作用,故壁厚的减薄量小。

11.5.4 超塑性成形

1. 超塑性的概念

超塑性是指金属或合金在特定条件下进行拉伸试验,其断后的伸长率超过 100% 以上的特性,如纯钛可超过 300%。

2. 超塑性的类型

按实现超塑性的条件,超塑性主要有两种:

（1）细晶粒超塑性　细晶粒超塑性具有三个条件,即具有等轴稳定的细晶组织;成形温度大于 $0.5T$ 熔（T 熔为用热力学温度表示的熔点）,且温度恒定;应变系数 ε 在 $10^{-4} \sim 10^{-2} s^{-1}$ 的区间内。

（2）相变超塑性　要求金属具有相变或同素异构转变。在载荷作用下,在相变点附近反复加热冷却,循环一定次数后,结构上发生变化而进入超塑性状态。

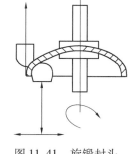

图 11.41　旋锻封头

3. 超塑性成形工艺的应用

超塑性成形工艺主要用于模锻、拉深和气压成形等。

①超塑性模锻的工艺过程是:首先将合金在接近正常再结晶温度下进行热变形(挤压、轧制、锻造),以获得超细的晶粒组织,然后在预热的模具中模锻成形,最后对锻件进行热处理,以恢复合金的强度。超塑性模锻时须保持恒温,故又称等温模锻。

②将超塑性材料,在特殊装置中一次完成深拉深,零件质量好,性能无方向性。

③将超塑性金属板料置于模具中,并与模具一起加热到规定的温度,当向模具内吹入压缩空气或抽出模具内的空气时,板料将贴紧凹模或凸模,从而获得所需形状的零件。

11.5.5　粉末锻造

1. 粉末锻造的概念

粉末锻造是 20 世纪 60 年代后期发展起来的一种少、无切削加工新工艺,是粉末冶金成形与精密锻造相结合的一种金属加工方法。将各种原料先制成很细的粉末,按一定比例配制成钢所需的化学成分,经混料,用锻模压制成形,并放在有保护气体的加热炉内,在 $1\,100 \sim 1\,300℃$ 的高温下进行烧结。然后,冷却到 $900 \sim 1\,000℃$ 时出炉,并进行封闭模锻,从而得到尺寸精度高、表面质量好、内部组织致密的锻件。它既保持了粉末冶金模压制坯的优点,又发挥了锻造成形的特点。其工艺流程如图 11.42 所示。

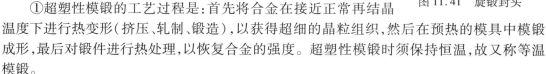

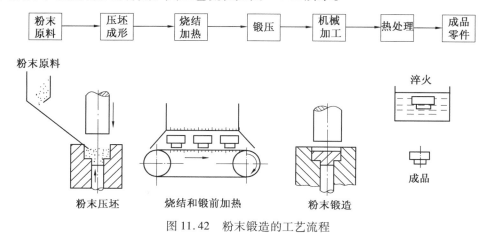

图 11.42　粉末锻造的工艺流程

2. 粉末锻造的特点

①材料利用率高,可达 90% 以上。

②锻件精度高、表面粗糙度低、材料均匀、无各向异性、耐磨性好,可实现少、无切削加工

锻造。

　　③可锻造形状复杂的锻件,特别适于锻造热塑性不良的锻件。

　　④工艺流程简单,生产率高,易于实现自动化生产。

　　⑤只需一次成形,模具结构紧凑,寿命长。

　　各种压力加工方法综合比较见表 11.6。

表 11.6　各种锻压方法比较表

加工方法		使用设备	适用范围	生产率	锻件精度	锻件表面粗糙度	模具特点	模具寿命	机械化与自动化程度	劳动条件	对环境影响
自由锻		空气锤 蒸汽-空气锤 水压机	小型锻件,单件小批生产 中、大型锻件	低	低	高	无模具	难		差	振动和噪声大
胎膜锻		空气锤 蒸汽-空气锤	中小型锻件,中小批量生产	较高	中	中	模具简单,且不固定在设备上,取换方便	较低	较易	差	振动和噪声大
模锻	锤上模锻	蒸汽-空气锤 无砧座锤	中小型锻件,大批量生产,适合锻造各种类型模锻件	高	中	中	锻模固定在锤头和砧座上,模膛复杂,造价高	中	较难	差	据动和噪声大
	曲柄压力机上模锻	热模锻曲柄压力机	中小型锻件,大批量生产,不易进行拢长和滚压工序	高	高	低	组合模,有导柱导套和顶出装置	较高	易	好	较小
	平锻机上模锻	平锻机	中小锻件,大批量生产,适合锻造法兰轴和带孔的模锻件	高	较高	较低	由三块模组成,有两个分模面,可锻出侧面带凸槽的锻件	较高	较易	较好	较小
	摩擦压力机上模锻	摩擦压力机	小型锻件,中批量生产,可进行精密模锻	较高	较高	较低	一般为单膛锻模	中	较易	较好	较小
挤压	热挤压	液压挤压机 机械挤压机	适合各种等截面型材,大批量生产	高	较高	较低	由于变形力较大,所以凸、凹模都要有很高的强度、硬度和很低的表面粗糙度	较高	较易	好	无
	冷挤压	机械压力机	适合钢和有色金属及其合金的小型锻件,大批量生产	较高	高	低	变形力很大,凸、凹模强度和硬度要求高,表面粗糙度要低	较高	较易	好	无
	温挤压	机械压力机 机械挤压机	适合中碳钢和合金钢的小型锻件,大批量生产	高	高	低	变形力比冷挤压小;比热挤压大,凸、凹模要有较高的强度、硬度和较低的表面粗糙度	较高	较易	好	无

复习思考题

1. 改正 11.43 所示模锻零件结构的不合理之处。

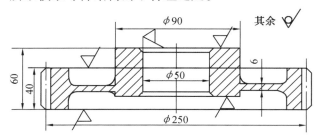

图 11.43

2. 如材料和坯料的厚度及其条件相同,图 11.44 所示两种零件中,哪种拉深最困难? 为什么?

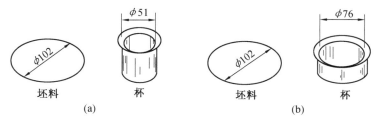

图 11.44

3. 铅 $t_溶$ =327℃ 在 20℃、钨 $t_熔$ =3380 在 1 100℃ 变形,各属哪种变形? 为什么?

4. 纤维组织是怎样形成的? 它对金属力学性能有何影响? 试分析用棒料切削加工成形和用棒料冷藏铸成形制造六角螺栓的力学性能有何不同?

5. 确定碳钢始锻温度的依据是什么?

6. 图 11.45 所示零件采用锤上模锻制造,选择最合适的分模面位置。

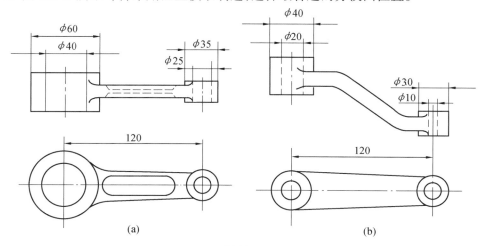

图 11.45

7. 汽车后半轴零件(11.46)都能用哪些方法制造?

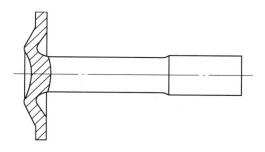

图 11.46

8. 如图 11.47 所示的08F 钢圆筒件,壁厚为 2 mm ,试问能否一次拉深成形?

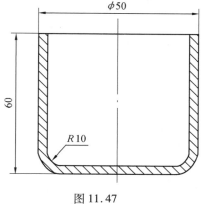

图 11.47

9. 成批大量生产图 11.48 所示的垫圈时,应选用何种模具进行冲制,才能保证外圈与孔的同轴度?

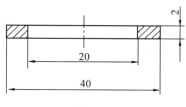

图 11.48

10. 选择模锻件和胎膜(合模)锻件的分模面,与选择砂型铸造的分型面有什么相同点和不同点?

第12章　焊接与胶接成形

焊接是通过加热或加压,或两者并用,并且用或不用填充材料,使焊件达到原子间结合的加工方法。

焊接方法的种类很多,按焊接过程特点可分为三大类:

1. 熔焊

焊接过程中,将焊件接头加热至熔化状态,不加压就完成焊接的方法,称为熔焊。这一类方法的共同特点是把焊件局部连接处加热至熔化状态形成熔池,待其冷却凝固后形成焊缝,将两部分材料焊接成一体。因两部分材料均被熔化,故称熔焊。

2. 压焊

焊接过程中必须对焊件施加压力(加热或不加热),以完成焊接的方法,称为压焊。

3. 钎焊

采用比母材熔点低的金属材料作钎料,将焊件和钎料加热到高于纤料熔点低于母材熔点的温度,利用液态钎料润湿母材,填充接头间隙,并与母材互相扩散,实现连接焊件的方法,称为钎焊。

主要焊接方法分类如图 12.1 所示。

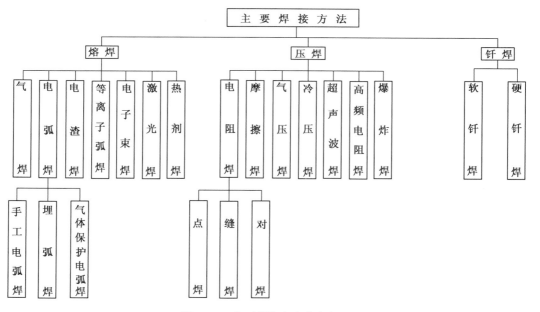

图 12.1　主要焊接方法分类框图

焊接方法在工业生产中主要应用于:

①焊接主要用于制造金属结构件,如锅炉、压力容器、船舶、桥梁、建筑、管道、车辆、起重机、海洋结构、冶金设备。

②生产机器零件(或毛坯),如重型机械和冶金设备中的机架、底座、箱体、轴、齿轮等;对于一些单件生产的特大型零件(或毛坯)。

③可通过焊接以小拼大,简化工艺;修补铸、锻件的缺陷和局部损坏的零件,这在生产中具有较大的经济意义。世界上主要工业国家每年生产的焊件结构约占钢产量的45%。

焊接方法的主要特点是:

①焊接有连接性能好、省工省料、成本低、质量轻。

②可简化工艺、生产周期短。

③适应性好、连接性能好,焊接接头可达到与工件金属等强度或相应的特殊性能。

④满足特殊连接要求。不同材料焊接到一起,能使零件的不同部分或不同位置具备不同的性能,达到使用要求。

⑤降低劳动强度,改善劳动条件。

尽管如此,但焊接也存在一些不足之处,如结构不可拆,更换修理不方便;焊接接头组织性能变坏;存在焊接应力,容易产生焊接变形;容易出现焊接缺陷等。有时焊接质量成为突出问题,焊接接头往往是锅炉压力容器等重要结构的薄弱环节,在实际生产中应特别注意。

目前焊接技术正向高温、高压、高容量、高寿命、高生产率方向发展,并正在解决具有特殊性能材料的焊接问题。如超高强度钢、不锈钢等特种钢及有色金属、异种金属及复合材料的焊接。另外,焊接的自动化程度也有了较大的进展,如焊接机器人和遥控全方位焊接机的焊接。

胶接是利用环氧树脂、酚醛等胶粘剂使两个分离表面依靠化学力、机械嵌合力结合在一起的加工方法。

胶接在工业生产中有广泛的应用,主要是胶接有以下优点:

①可以连接同种或异种金属或非金属的各种形状、厚度、大小的接头,特别适合于异型、异质、薄壁、复杂形状、微小、硬脆或热敏的制品。

②不削弱结构,避免了焊点、焊缝周围的应力集中、铆钉等。

③没有焊接引起的相变、硬脆、变形、残余应力等不良影响。

④适合大面积胶接,表面光滑,外观美。

⑤过程简单,无高精度加工要求,也无需大型设备。

⑥强度足够高,特别是粘合疲劳强度经铆、焊可提高 5~6 倍,剪切强度也可提高40% ~100%,特别适用于薄壁铝合金结构。

⑦粘接异种金属无电化学腐蚀危险。

⑧具有连接、密封、绝缘、防腐、防潮、减震、隔热、消声等多种功能。

⑨可在特殊条件下应用,例如水下、高温耐压、易燃及医疗上脏器连接等。

⑩节能、价格低廉。

当然与其他连接方法比,胶接方法有强度还不够高,大多数胶粘剂耐热性也比较低;耐久性不够高;质量控制困难大等缺点。

12.1　焊接的基本原理

12.1.1　焊接电弧

焊接电弧是熔化焊的能源。由焊接电源供给、具有一定电压的两极间或电极与焊件间的气体介质中产生的强烈而持久的放电现象称为焊接电弧。电弧把电能转换成焊接所需的热能。电极可以是金属丝、钨极、碳棒或焊条。

1. 电弧的产生与导电

产生焊接电弧时,由焊接电源提供两极电压(图12.2),两极轻微接触产生较大的短路电流,使接触点温度急剧升高,为电子逸出和气体电离做准备。两极分开时,在电场力作用下,阴极产生热电子发射,自由电子高速飞出,撞击空隙气体的原子核分子,使其部分电离,同时电场力也使带电质点做定向运动,即自由电子和阴离子向阳极运动,阳离子向阴极运动,则空隙导电。上述过程不断出现的碰撞和复合,产生大量的光和热,构成焊接电弧的能量转换。

若要维持电弧稳定燃烧,首先要提供一定的电弧电压,保证能量条件;同时要保证电弧空间介质有足够的电离程度,并将电弧长度控制在一定范围内。

2. 焊接电弧的构造

焊接电弧由阴极区、阳极区和弧柱三部分组成。阴极区是紧靠负电极很窄一个的区域,约为 $10^{-6} \sim 10^{-5}$ cm,温度约为 2 400 K。阳极区是电弧紧靠正电极的区域,较阴极区宽,约为 $10^{-4} \sim 10^{-3}$ cm,温度约为 2 600 K。电弧阳极区和阴极区之间的部分称为弧柱,弧柱区温度最高,可达 6 000 ~ 8 000 K。焊接电弧两端(电极端部到熔池表面间)的最短距离称为弧长。

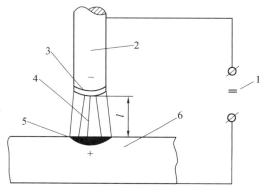

图 12.2　电弧的构造
1—电源(直流);2—焊条;3—阴极区;4—弧柱;
5—阳极区;6—焊件

3. 焊接电弧的特性

焊接电弧的热量与焊接电流的平方和电压的乘积成正比,电流愈大,电弧产生的总热量就愈大。由于电弧是导体,直流焊接时,带电粒子定向运动,使得电弧两端产生的热量有所不同,在电子流出的阴极,电子带走热量使得阴极的产热量(36%)低于阳极(43%),这在生产实践中意义重大:产生的热量多意味着可熔化更多的金属,在焊接厚板时,可将工件接在阳极(称正接),使工件有足够的熔深;而焊接薄板时,应将工件接在阴极(称反接),可防止因熔深过大而烧穿。交流电源焊接时,由于电流正负极交替变化,故无正反接之分。

焊接过程中,电弧常会产生偏移,这种现象称为电弧偏吹。最常见的电弧偏吹是受磁力作用而产生的磁偏吹。电弧偏吹对焊接工艺及焊件质量具有很大影响,在焊接生产中应引起重视。

12.1.2　焊缝的形成过程

图 12.3 为焊缝形成示意图。在电弧高温作用下,焊条和工件同时产生局部熔化,形成熔池。熔化的填充金属呈球滴状过渡到熔池。电弧在焊接方向移动,熔池前部(2-1-2 区)不断参与熔化,并依靠电弧吹力和电磁力的作用,将熔化金属吹向熔池后部(2-3-2 区),逐步脱离电弧高温而冷却结晶。所以电弧的移动形成动态熔池,熔池前部的加热熔化与后部的顺序冷却结晶同时进行,形成完整的焊缝。

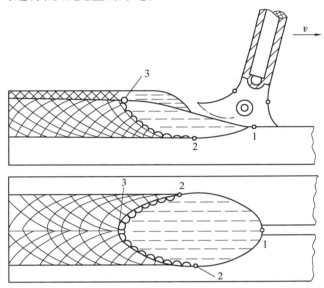

图 12.3　电弧焊焊缝形成示意图

12.1.3　熔焊冶金特点

熔焊按其所用的焊接热源不同分为电弧焊(如手工电弧焊、埋弧焊、气体保护焊等)、电渣焊、气焊、等离子弧焊、电子束焊、激光焊等多种方法。其冶金过程、结晶过程和接头组织的变化规律是相似的。

熔焊从母材和焊条被加热熔化,到熔池的形成、停留、结晶,要发生一系列的冶金化学反应,从而影响焊缝的化学成分、组织和性能。

首先,空气中的氧气和氮气在电弧高温作用下发生分解,形成氧原子和氮原子。氧原子与金属和碳发生的反应式为

$$Fe+O \longrightarrow FeO$$
$$Mn+O \longrightarrow MnO$$
$$Si+2O \longrightarrow SiO_2$$
$$2Cr+3O \longrightarrow Cr_2O_3$$
$$C+O \longrightarrow CO$$

这样,会使 Fe、C、Mn、Si 等元素大量烧损,使焊缝金属含氧量大大增加,焊缝金属力学性能明显下降,尤其使低温冲击韧度急剧下降,引起冷脆等现象。

　　氮和氢在高温时能溶解于液态金属中,氮还能与铁反应形成 Fe_4N 和 Fe_2N,Fe_2N 呈片状夹杂物,增加焊缝的脆性。氢在冷却时保留在金属中造成气孔,引起氢脆和冷裂缝。

　　为了保证焊接质量,在焊接过程中通常采取下列措施:

　　(1)造成保护气氛　为防止有害元素浸入熔池,采用焊条药皮、埋弧焊焊剂、气体保护焊保护气体(如 CO_2 气、氩气)等,使熔池与外界空气隔绝,防止空气进入。此外,焊前对坡口及两侧的锈、油污等进行清理,焊条、焊剂烘干等,都能有效地防止有害气体进入熔池。

　　(2)添加合金元素　为补充烧损的元素并清除已进入熔池的有害元素,常采用冶金处理的方法,如焊条药皮中加入锰铁合金等,进行脱氧、脱硫、脱磷、去氢、渗合金等,从而保证和调整了焊缝的化学成分。其反应为

$$Mn+FeO \longrightarrow MnO+Fe$$
$$Si+2FeO \longrightarrow SiO_2+2Fe$$
$$MnO+FeS \longrightarrow MnS+FeO$$
$$CaO+FeS \longrightarrow CaS+FeO$$
$$2Fe_3P+5FeO \longrightarrow P_2O_5+11Fe$$

生成的 MnS、CaS 和稳定复合物 $(CaO)_3P_2O_2$ 不溶于金属,进入焊渣中,最终被清理掉。

12.1.4　焊接接头的组织和性能

　　熔焊使焊缝及其附近的母材经历了一个加热和冷却的热过程,由于温度分布不均匀,焊缝受到一次复杂的冶金过程,焊缝附近区受到一次不同程度的变热,因此必然引起相应的组织和性能的变化,直接影响焊接质量。

1. 焊接热循环和焊接接头的组成

　　焊接热循环是指在焊接热源作用下,焊接接头上某点的温度随时间变化的过程。焊接时,焊接接头不同位置上的点所经历的焊接热循环是不同的,如图 12.4 所示。

　　离焊缝越近的点,被加热的温度越高;反之,越远的点,被加热的温度越低。在焊接热循环中,影响焊接质量的主要参数是加热速度、最高加热温度 T_{ml}、高温(1 100℃以上)停留时间 $T_{过1}$ 和冷却速度等。冷却速度起关键作用的是从 800℃冷却到 500℃的速度,通常用 $T_{8/5}$ 来表示。焊接热循环的主要特点是加热速度和冷却速度都很快,每秒 100℃以上,甚至可达每秒几百摄氏度。因此,对于淬硬倾向较大的钢材焊后会产生马氏体组织,引起焊接裂纹。

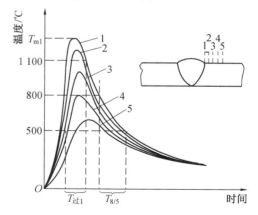

图 12.4　焊接热循环曲线

　　受热循环的影响,焊缝附近的母材组织和性能发生变化的区域称为焊接热影响区。熔焊焊缝和母材的交界线叫熔合线,熔合线两侧有一个很窄的焊缝与热影响区的过渡区,叫熔合区,该区域的母材金属部分熔化,故也叫半熔化区。因此,焊接接头由焊缝、熔合区和热影响区组成。

2. 焊缝的组织和性能

焊缝组织是由熔池金属结晶得到的铸造组织。焊接熔池的结晶首先从熔合区中处于半熔化状态的晶粒表面开始,晶粒沿着与散热最快方向的相反方向长大,因受到相邻的正在长大的晶粒的阻碍,向两侧生长受到限制,因此,焊缝中的晶体是方向指向熔池中心的柱状晶体,如图 12.5 所示。

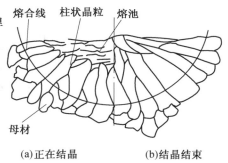

(a)正在结晶　　　(b)结晶结束

图 12.5　焊缝金属结晶示意图

焊缝结晶时要产生偏析,宏观偏析与焊缝成形系数(即焊道的宽度与计算厚度之比)有关。宽焊缝时,低熔点杂质聚集在焊缝上部,可避免出现中心线裂纹,如图 12.6(a)所示;窄焊缝时,柱状晶的交界在中心,低熔点杂质因最后凝固,聚集在中心线附近,形成中心线偏析,容易产生热裂纹,如图 12.6(b)所示。

(a)宽焊缝　　　　　　　　　　　(b)窄焊缝

图 12.6　焊缝截面形状对偏析的影响

焊缝中的铸态组织晶粒粗大,成分偏析,组织不致密。但是,由于焊接熔池小,冷却快,焊条药皮、焊剂或焊丝在焊接过程中的冶金处理作用,起到了合金化的效果,使得焊缝金属的化学成分优于母材,硫磷含量较低,所以容易保证焊缝金属的性能不低于母材,特别是强度容易达到。

3. 熔合区及热影响区的组织和性能

以低碳钢为例来分析焊接接头的组织变化情况。图 12.7(a)是焊接接头各点最高加热温度线,低碳钢的焊接接头分为熔合区和热影响区,热影响区又分为过热区、正火区和部分相变区。图 12.7(b)是简化的铁碳相图的一部分。

熔合区在焊接时温度在固相线和液相线之间,母材部分熔化,熔化的金属凝固成铸态组织,未熔化的金属因受高温造成晶粒粗大,是焊接接头中性能最差的区域之一。

过热区是焊接时加热到 1 100℃ 以上至固相线温度的区域。由于加热温度高,奥氏体晶粒明显长大,冷却后产生晶粒粗大的过热组织。过热区是热影响区中性能最差的部位。因此,焊接刚度大的结构时,易在此区产生裂纹。

正火区是最高加热温度从 A_{c_3} 至 1 100℃ 的区域。相当于加热后空冷,焊后冷却得到均匀而细小的铁素体和珠光体组织。正火区金属的力学性能优于母材。

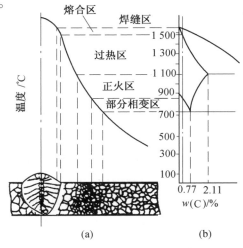

(a)　　　　　(b)

图 12.7　焊接接头组织变化示意图

部分相变区是加热到 $A_{c_1} \sim A_{c_3}$ 温度的区域。因为只有部分组织发生转变,部分铁素体来不及转变,故称为部分相变区。冷却后晶粒大小不匀,因此,力学性能比母材稍差。

综上所述,熔合区和过热区是焊接接头中的薄弱部分,对焊接质量有严重影响,应尽可能减小这两个区域的范围。

影响焊接接头组织和性能的因素有焊接材料、焊接方法和焊接工艺。焊接工艺参数主要有焊接电流、电弧电压、焊接速度、线能量等。线能量是指熔焊时,由焊接电源(热源)输入给单位长度焊缝上的能量,其计算公式为

$$E = \eta IU/v$$

式中　　E——线能量(J/cm);

　　　　I——焊接电流(A);

　　　　U——焊接电弧电压(kV);

　　　　v——焊接速度(cm/s)

　　　　η——有效系数。手工电弧焊 $\eta = 0.66 \sim 0.85$,埋弧焊 $\eta = 0.90 \sim 0.99$。

由上式看出,焊接工艺参数直接影响焊接热循环,从而影响焊接接头热影响区的大小及焊接接头的组织和性能。

4. 改善焊接热影响区组织性能的措施

熔焊过程中总会产生一定尺寸的热影响区。一般地,低碳钢的焊接结构,用手工电弧焊或埋弧自动焊时,热影响区尺寸较小,对焊接产品质量影响较小,焊后可不进行热处理;对于低合金钢焊接结构或用电渣焊焊接的结构,热影响区较大,焊后必须进行处理,通常可用正火的方法,细化晶粒,均匀组织,改善焊接接头的质量;对于焊后不能进行热处理的焊接结构,只能通过正确选择焊接方法,合理制定焊接工艺来减小焊接热影响区,以保证焊接质量。表 12.1 为不同焊接方法的热影响区大小比较。

表 12.1　不同焊接方法热影响区大小的比较

焊接方法	各 区 平 均 尺 寸 /mm			热影响区总宽度/mm
	过热区	正火区	部分相变区	
手工电弧焊	2.2 ~ 3.0	1.5 ~ 2.5	2.2 ~ 3.0	5.9 ~ 8.5
埋弧焊	0.8 ~ 1.2	0.8 ~ 1.7	0.7 ~ 1.0	2.3 ~ 3.9
电渣焊	18 ~ 20	5.0 ~ 7.0	2.0 ~ 3.0	25 ~ 30
气焊	21	4.0	2.0	27
电子束焊	—	—	—	0.05 ~ 0.75

12.1.5　焊接应力与变形

焊接时,由于焊件的加热和冷却是不均匀的局部加热和冷却,造成焊件的热胀冷缩速度和组织变化先后不一致,从而导致焊接应力和变形的产生,影响焊件的质量。

1. 焊接应力和变形的产生

以平板对接焊为例来分析应力和变形的产生过程,如图 12.8 所示。焊件在加热时,焊缝区金属的热膨胀量较大,并受两侧金属所制约,使应受热膨胀的金属不能自由伸长而被塑

性压缩,向厚度方向展宽;冷却时同样会受两侧金属制约而不能自由收缩,尤其当焊缝区金属温度降至弹性变形阶段以后,由于焊件各部分收缩不一致,必然导致焊缝区乃至整个焊件产生应力和变形。焊接构件由焊接而产生的内应力称为焊接应力;焊后残留在焊件内的焊接应力称为焊接残余应力。焊件因焊接而产生的变形称为焊接变形;焊后焊件残留的变形称为焊接残余变形。

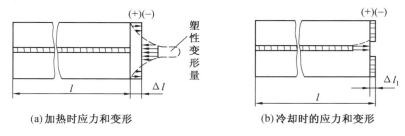

(a)加热时应力和变形　　　　　　　　　　(b)冷却时的应力和变形

图 12.8　平板对接时应力和变形的形成过程

2. 焊接变形的基本形式

焊接时,在任何情况下焊接应力总是存在的。但由于焊接方法、工件材质、结构等因素,会产生不同的变形形式。焊接变形的基本形式如图 12.9 所示。

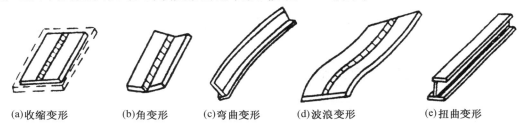

(a)收缩变形　　　(b)角变形　　　(c)弯曲变形　　　(d)波浪变形　　　(e)扭曲变形

图 12.9　焊接变形的基本形式

3. 预防焊接变形的工艺措施

焊接变形不但影响结构尺寸的准确性和外形美观,严重时还可能降低承载能力,甚至造成事故,所以在焊接过程中要加以控制。预防焊接变形的方法有:

(1)反变形法　　通过试验或计算,预先确定焊后可能发生变形的大小和方向,将工件安装在相反方向的位置上,或预先使焊件向相反方向变形,以抵消焊后所发生的变形,如图 12.10 所示。

(a)焊前反变形　　　　　　　　　　　　　　(b)焊后

图 12.10　平板焊接的反变形

(2)刚性固定法　　当焊件刚性较小时,可利用外加刚性固定以减小焊接变形,如图 12.11所示。这种方法能有效地减小焊接变形,但会产生大的焊接应力。

(3)合理安排焊接次序　　合理的焊接顺序是尽可能使焊件能自由收缩,对称截面梁焊接次序要交替进行。焊接长焊缝(1 m 以上)可采用退焊法、跳焊法、分中对称焊法等,如图12.12所示。

（4）焊前预热，焊后处理　　预热可以减小焊件各部分温差，降低焊后冷却速度，减小残余应力。在允许的条件下，焊后进行去应力退火或用锤子均匀地敲击焊缝，使之得到延伸，均可有效地减小残余应力，从而减小焊接变形。

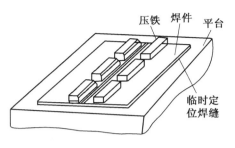

图 12.11　刚性固定法

4.焊接变形的矫正

在焊接过程中，即使采用了上述工艺措施，有时也会产生超过允许值的焊接变形，因此需要对

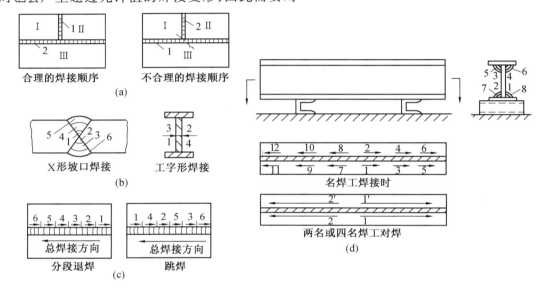

图 12.12　合理的焊接顺序

变形进行矫正。其方法有以下两种：

（1）机械矫正法　　在机械力的作用下矫正焊接变形，使焊件恢复到要求的形状和尺寸，如图 12.13 所示。可采用辊床、压力机、矫直机、手工锤击矫正。这种方法适用于低碳钢和普通低合金钢等塑性好的材料。

（2）火焰矫正法　　利用氧-乙炔焰对焊件适当部分加热，利用加热时的压缩塑性变形和冷却时的收缩变形来矫正原来的变形，如图 12.14 所示。火焰矫正法适用于低碳钢和没有淬硬倾向的普通低合金钢。

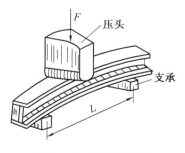

图 12.13　机械矫正法

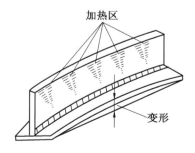

图 12.14　火焰矫正法

12.2　常用焊接方法

目前在生产上常用的焊接方法有手工电弧焊、气焊、埋弧自动焊、气体保护焊、电渣焊、电阻焊、钎焊等。本节介绍手工电弧焊、气焊、埋弧自动焊、气体保护焊(氢弧焊和 CO_2 气体保护焊)、电渣焊、电阻焊和钎焊。

12.2.1　手工电弧焊

手工电弧焊是用手工操纵焊条进行焊接的电弧焊方法。它具有设备简单,操作灵活,成本低等优点,对焊接接头的装配尺寸要求不高,可在各种条件下进行各种位置的焊接,是目前生产中应用最广的焊接方法。但手工电弧焊时有强烈的弧光和烟尘劳动条件差,生产率低,对工人的技术水平要求较高,焊接质量也不够稳定。一般用于单件小批量生产中焊接碳素钢、低合金结构钢、不锈钢及铸铁的补焊等。

1. 手工电弧焊电源

(1)对手工电弧焊电源的要求　手工电弧焊电源应具有适当的空载电压和较高的引弧电压,以利于引弧,保证安全;当电弧稳定燃烧时,焊接电流增大,电弧电压应急剧下降;还应保证焊条与焊件短路时,短路电流不应太大;同时焊接电流应能灵活调节,以适应不同的焊件及焊条的要求。

(2)手工电弧焊电源种类　常用手工电弧焊电源有交流弧焊机、直流弧焊机和逆变焊机。

① 交流弧焊机。交流弧焊机是一种特殊的降压变压器,具有结构简单、噪声小、成本低等优点,但电弧稳定性较差。

如型号为 BXJ-330 的交流弧焊变压器,下降特性,额定焊接电流为 330 A,该焊机既适于酸性焊条焊接,又适于碱性焊条焊接。

② 直流弧焊机。直流弧焊机有弧焊发电机(由一台三相感应电动机和一台直流弧焊发电机组成)和焊接整流器(整流式直流弧焊机)两种类型。

弧焊发电机具有电弧稳定,容易引弧,焊接质量较好等优点,但结构复杂、噪声大、成本高,维修困难,且在无焊接负载时也要消耗能量,现已被淘汰。如型号为 M X-320 的弧焊机为下降特性,额定焊接电流为 320 A。

焊接整流器比弧焊发电机结构简单、质量轻、噪声小,制造维修方便,是近年来发展起来的一种弧焊机。如型号为 ZX5-300 弧焊机为下降特性、硅整流,额定焊接电流为 300 A。

③ 逆变焊机。逆变电源是近几年发展起来的新一代焊接电源,利用三相 380 V 交流电,经整流滤波成直流,然后经逆变器变成频率为 2 000 ~ 30 000 Hz 的交流电,再经单相全波整流和滤波输出。逆变电源具有体积小、质量轻、节约材料、高效节能、适应性强等优点,是更新换代的电源。现已逐渐取代目前的整流弧焊机。

2. 焊条

(1)焊条的组成和作用　焊条是涂有药皮的供手工电弧焊用的熔化电极,由药皮和焊芯两部分组成,其结构如图 12.15 所示。

焊芯在焊接过程中既是导电的电极,同时本身又熔化作为填充金属,与熔化的母材共同

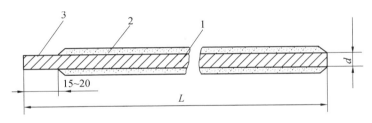

图 12.15　焊条的纵截面
1—焊芯;2—药皮;3—焊条夹持端;d—焊条直径;L—焊条长度

形成焊缝金属。焊芯的质量直接影响焊缝的质量。焊芯中硫磷等杂质的质量分数很低。表 12.2 给出了几种常用焊芯成分

表 12.2　几种常用的焊芯化学成分

| 钢号 | | 化学成分 $w_B/\%$ | | | | | | | 用途 |
牌号	代号	C	Mn	Si	Cr	Ni	S	P	
焊 08	H08	≤0.10	0.30~0.55	≤0.03	≤0.20	≤0.30	≤0.04	≤0.04	一般焊接结构
焊 08 高	H08A	≤0.10	0.30~0.55	≤0.03	≤0.20	≤0.30	≤0.03	≤0.03	重要焊接结构及埋弧焊用
焊 08 锰高	H08MnA	≤0.10	0.80~1.10	≤0.07	≤0.20	≤0.30	≤0.03	≤0.03	
焊 15 锰	H15Mn	0.11~0.18	0.80~1.10	≤0.07	≤0.20	≤0.30	≤0.04	≤0.04	埋弧焊焊丝
焊 10 锰 2	H10Mn2	≤0.12	1.50~1.90	≤0.07	≤0.20	≤0.30	≤0.04	≤0.04	

药皮是压涂在焊芯表面的涂料层,主要作用是在焊接过程中造气造渣,起保护作用,防止空气进入焊缝,防止焊缝高温金属不被空气氧化;脱氧、脱硫、脱磷和渗合金等;并具有稳弧、脱渣等作用,以保证焊条具有良好的工艺性能,形成美观的焊缝。

(2)焊条的分类

①焊条按熔渣的化学性质分为两大类:酸性焊条和碱性焊条。

酸性焊条的熔渣呈酸性,药皮中含有大量 SiO_2、TiO_2、MnO 等氧化物。保护气氛主要是 CO 和 H_2。其优点是熔渣呈玻璃状,容易脱渣;焊接时由于保护气氛 CO、H_2 的燃烧使熔池沸腾,能继续除去金属熔池中的气体,所以对焊件上的油、锈、污不敏感,表现为工艺性能较好,电弧稳定,交、直流弧焊机均可使用。其缺点是由于保护气氛中 H_2 质量分数大,约占 50%,焊缝金属中氧、氮的质量分数也比较高,脱硫能力小,所以焊缝的力学性能,尤其是塑性和韧性差,抗裂性低;另外,由于药皮的强氧化性,C、Si、Mn 等元素的烧损较大。故酸性焊条常应用于一般的焊接结构。典型的酸性焊条型号为 E4303。

碱性焊条的熔渣呈碱性,药皮的主要成分为 $CaCO_3$ 和 CaF_2。其优点是在焊接过程中, $CaCO_3$ 分解为 CaO 和 CO_2,其中的 CaO 与 S 反应生成 CaS 和 O,CaS 为熔渣被除去,除硫作用强于酸性焊条,保护气氛主要为 CO_2 和 CO, H_2 的质量分数很低(<5%),故又称低氢型焊条。由于这种焊条少硫低氢,所以焊缝金属的塑性、韧性好,抗裂性强;又由于这种焊条药皮中含强氧化物少,故合金元素烧损少。其缺点是药皮中的 CaF_2 化学性质极活泼,对油、锈、污敏感;电弧不稳定:熔渣为结晶状,不易脱渣;HF 是一种有毒气体,对人体危害较酸性焊条大,应注意车间的通风除尘。正因为碱性焊条的抗裂性强,焊缝力学性能好;故需应用

于重要结构压力器等的焊接。为了更好地发挥碱性焊条的抗裂作用,要求采用直流弧焊机、反接,且尽量采用短弧焊,以提高电弧气氛的保护效果。

②焊条按用途可分为十一大类,碳钢焊条、低合金钢焊条、钼和铬耐热钢焊条、低温钢焊条、不锈钢焊条、堆焊焊条、铸铁焊条、镍及镍合金焊条、铜及铜合金焊条、铝及铝合金焊条、特殊用途焊条。每种类型的焊条又因药皮类型不同,具有不同的焊接工艺性能和不同的焊缝力学性能。表 12.3 列出焊条药皮类型和所适用的电源。

表 12.3 药皮的类型与适用电源

牌 号	药皮类型	适用电源	备 注	牌 号	药皮类型	适用电源	备 注
××0	不属规定	不规定	酸性焊条	××6	低氢钾型	交直两用	碱性焊条
××1	氧化钛型	交直两用		××7	低氢钠型	直流专用	
××2	氧化钛钙型	交直两用					
××3	钛钙型	交直两用		××8	石墨型	交直两用	
××4	氧化铁型	交直两用					
××5	高纤维素型	交直两用		××9	盐基型	直流专用	

焊条型号的编制方法,要根据 GB/T 5117-95 规定,a. 将碳钢和低合金钢焊条型号说明如下。它是用大写字母 E 和四位数字表示,E 表示焊条,前两位数字表示熔敷金属抗拉强度的最小值,单位为 MPa;第三位数字表示焊条的焊接位置,“0”和“1”表示焊条适用全位置焊接(平焊、立焊、仰焊、横焊),“2”表示焊条适用于平焊及角平焊,“4”表示适用向下立焊,第三、四位数字组合时,表示药皮类型和焊接电源。后缀字母为熔敷金属的化学成分分类代号,以短划“—”与前面数字分开。b. 不锈钢焊条的型号。按 GB 983-85 规定,型号用字母 E 起头,表示焊条。E 后的一位或两位数字表示含碳量,“00”表示含碳量 $w(C) < 0.04\%$,“0”表示含碳量 $w(C) < 0.1\%$,“1”表示含碳量 $w(C) < 0.15\%$,“2”表示含碳量 $w(C) < 0.2\%$,“3”表示含碳量 $w(C) < 0.45\%$,。熔敷金属中含有其他重要和金属元素,其标注方法与合金钢牌号表示方法相同。焊条药皮类型和弧焊电源在焊条型号后面附加如下代号表示:15 表示焊条为碱性焊条,适用于自流反接焊接;16 表示焊条为碱性或其他类型药皮,适用于交流或直流反接焊接。c. 铸铁焊条的型号。按 GB 10044-88 规定,铸铁焊条用字母“EZ”起头,后面是熔敷金属主要化学元素符号或金属类型代号,再细分时用数字表示。例如,EZC 表示灰铸铁焊条;EZNi_1 表示 1 号纯镍铸铁焊条。d. 有色金属焊条的型号。按 GB 3670-83、GB 3669-83 规定,焊条型号用字母“T”起头,后面标注熔敷金属化学成分,不标注含量。焊条型号与焊条牌号对照表见表 12.4。

(3)焊条的选用 焊条的种类很多,应根据其性能特点,并考虑焊件的结构特点、工作条件、生产批量、施工条件及经济性等因素合理地选用焊条。

按强度等级和化学成分选用焊条:

①焊接一般结构,如低碳钢、低合金钢结构件时,一般选用与焊件强度等级相同的焊条,而不考虑化学成分相同或相近。

②焊接异种结构钢时,按强度等级低的钢种选用焊条。

③焊接特殊性能钢种,如不锈钢、耐热钢时,应选用与焊件化学成分相同或相近的特种

焊条。

④焊件的碳、硫、磷质量分数较大时,应选用碱性焊条。

⑤焊接铸造碳钢或合金钢时,因为碳和合金元素的质量分数较高,而且多数铸件厚度、刚度较大,形状复杂,故一般选用碱性焊条。

表12.4　焊条型号与焊条牌号对照表

焊 条 型 号			焊 条 牌 号			
焊条大类(按化学成分分类)			焊条大类(按用途分类)			
国家标准编号	名　称	代　号	类　别	名　称	代　号	
					字　母	汉　字
GB/T 5117-1995	碳钢焊条	E	一	结构钢焊条	J	结
GB/T 5117-1995	低合金钢焊条	E	一	结构钢焊条	J	结
			二	钼和铬钼耐热钢焊条	R	热
			三	供应曙钢焊条	W	温
GB 983-1995	不锈钢焊条	E	四	不锈钢焊条	G	铬
					A	奥
GB 984-85	堆焊焊条	ED	五	堆焊焊条	D	堆
GB 10044-88	铸铁焊条	EZ	六	铸铁焊条	Z	铸
—	—	—	七	镍及镍合金焊条	Ni	镍
GB 3670-1995	铜及铜合金焊条	TCu	八	铜及铜合金焊条	T	铜
GB 3669-83	铝及铝合金焊条	TAl	九	铝及铝合金焊条	L	铝
—	—	—	十	特殊用途焊条	TS	特

按焊件的工作条件选用焊条:

①焊接承受动载、交变载荷及冲击载荷的结构件时,应选用碱性焊条。

②焊接承受静载的结构件时,可选用酸性焊条。

③焊接表面带有油、锈、污等难以清理的结构件时,应选用酸性焊条。

④焊接在特殊条件(如在腐蚀介质、高温等条件)下工作的结构件时,应选用特殊用途焊条。

按焊件的形状、刚度及焊接位置选用焊条:

①厚度、刚度大、形状复杂的结构件,应选用碱性焊条。

②厚度、刚度不大,形状一般,尤其是均可采用平焊的结构件,应选用适当的酸性焊条。

③除平焊外,立焊、横焊、仰焊等焊接位置的结构件应选用全位置焊条。

此外,还应根据现场条件选用适当的焊条。如需用低氢型焊条,又缺少直流弧焊电源时,应选用加入稳弧剂的低氢型交、直流两用的焊条。

3. 手工电弧焊焊接工艺规范

焊接工艺规范指制造焊件所有有关的加工和实践要求的细则文件,可保证由熟练工操作时质量的再现性。焊接工艺规范包括焊条型号(牌号)、焊条直径、焊接电流、坡口形状、焊接层数等参数的选择。其中有些已在前面述及,有的将在焊接结构设计中详述。现在仅就焊条直径、焊接电流和焊接层数的选择问题简述如下:

(1)焊条直径的选择 焊条直径主要取决于焊件厚度、接头形式、焊缝位置、焊层(道)数等因素,根据焊件厚度平焊时焊条的选用。

焊条直径主要根据工件厚度来选择,见表 12.5。

表 12.5 焊条直径的选择

焊件厚度/mm	<2	2~4	4~10	12~14	>14
焊条直径/mm	1.5~2.0	2.5~3.2	3.2~4	4~5	>5

(2)焊接电流的选择 焊接电流主要根据焊条直径来选择,对平焊低碳钢和低合金钢焊件,焊条直径为 3~6 mm 时,其电流大小可根据经验公式选择,即

$$I = (30 \sim 50)d$$

式中 I——焊接电流(A);

d——焊条直径(mm)。

实际工作时,电流的大小还应考虑焊件厚度、接头形式、焊接位置和焊条种类等因素。焊件厚度较薄,横焊、立焊、仰焊以及不锈钢焊条等条件下,焊接电流均应比平焊时电流小 10%~15%,也可通过试焊来调节电流的大小。

(3)焊接层数 厚件、易过热的材料焊接时,常采用开坡口、多层多道焊的方法,每层焊缝的厚度以 3~4 mm 为宜,也可按下式安排层数

$$n = \delta / d$$

式中 n——焊缝层数(取整数);

δ——焊条直径(mm);

d——焊件厚度(mm)。

12.2.2 气焊

气焊是利用可燃气体为热源的熔焊方法,最常用的方法是氧乙炔火焰。

乙炔燃烧的化学反应为

$$2C_2H_2 + 5O_2 \Longrightarrow 4CO_2 + 2H_2O + 1302.72 \text{ J/mol}$$

图 12.16 所示为气焊火焰类型与结构。气焊火焰由焰芯、内焰和外焰组成,其中内焰处的温度最高,可达 3 150℃。根据氧气与乙炔混合的体积比不同,气焊火焰分为:

(1)碳化焰 氧与乙炔的体积比小于 1.1,乙炔相对过剩,火焰有较强的还原作用和碳化性。适于焊接高碳钢、高速钢、硬质合金及铸铁等。

(2)中性焰 氧与乙炔的体积比为 1.1~1.2,氧与乙炔燃烧充分。适于焊接碳钢、低合金钢和部分非铁合金等。

(3)氧化焰 氧与乙炔的体积比大于 1.2,氧相对过剩,火焰氧化性强。适于焊接黄铜、镀锌铁板等材料。

气焊的主要特点是:

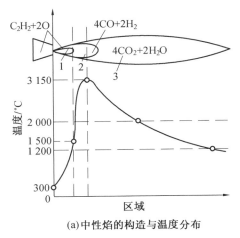
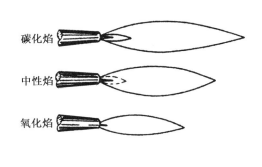

(a)中性焰的构造与温度分布   (b)气焊火焰

图 12.16　气焊火焰构造与类型

1—焰芯;2—内焰;3—外焰

①设备简单,操作灵活,可适合各种空间位置和各种作业环境。

②焊接加热温度低,热量不集中,焊接速度较慢,而且变形大,一般只用于薄板焊接。

③焊缝保护效果差,易产生气孔、夹渣等缺陷。

12.2.3　埋弧自动焊

埋弧自动焊是将焊条电弧焊的引弧、焊条送进、电弧移动几个动作改由机械自动完成,电弧在焊剂层下燃烧,故称为埋弧自动焊。如果部分动作由机械完成,其他动作仍由焊工辅助完成,则称为半自动焊。

1. 埋弧自动焊的焊接过程

埋弧自动焊机由焊接电源、焊车和控制箱三部分组成。常用焊机型号有 MZ-1000 和 MZ1-1000 两种。"MZ"表示埋弧自动焊机,"1000"表示额定电流为 1000A。焊接电源可以配交流弧焊电源和整流弧焊电源。

焊接时,自动焊机头将焊丝自动送入电弧区自动引弧,通过焊机弧长自动调节装置,保证一定的弧长,电弧在颗粒状焊剂下燃烧,母材金属与焊丝被熔化成较大体积(可达 20 cm^3)的熔池。焊车带着焊丝自动均匀向前移动,或焊机头不动而工件匀速移动,熔池金属被电弧气体排挤向后堆积,凝固后形成焊缝。电弧周围的颗粒状焊剂被熔化成熔渣,部分焊剂被蒸发,生成的气体将电弧周围的气体排开,形成一个封闭的熔渣池。它有一定的粘度,能承受一定的压力,因此使熔化金属与空气隔离,并防止熔化金属飞溅,既可减少热能损失,又能防止弧光四射。未熔化的焊剂可以回收重新使用。埋弧自动焊接过程纵断面如图 12.17 所示。

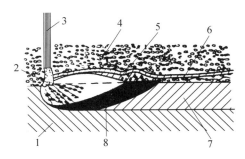

图 12.17　埋弧自动焊的纵截面图

1—母材金属;2—电弧;3—焊丝;4—焊剂;5—熔化的焊剂;6—渣壳;7—焊缝;8—熔池

2．焊接材料

埋弧自动焊焊接材料有焊丝和焊剂。焊丝除了作电极和填充材料外,还可以起到渗合金、脱氧、去硫等冶金作用。焊剂的作用相当于焊条药皮,分为熔炼焊剂和非熔炼焊剂两类,非熔炼焊剂又可分为烧结焊剂和粘结焊剂两种。熔炼焊剂主要起保护作用;非熔炼焊剂除保护作用外,还有冶金处理作用。焊剂容易吸潮,使用前要按要求烘干。

3．埋弧焊工艺

埋弧焊对下料、坡口准备和装配要求均较高。装配时要求用优质焊条点固。由于埋弧焊焊接电流大、熔深大,因此板厚在 24 mm 以下的工件可以采用 I 形坡口单面焊或双面焊。但一般板厚 10 mm 就开坡口,常用 V 形坡口、X 形坡口、U 形坡口和组合形坡口。能采用双面焊的均采用双面焊,以便焊透,减少焊接变形。

焊接前,应清除坡口及两侧 50 ~ 60 mm 内的一切油垢和铁锈,以避免产生气孔。

埋弧焊一般都在平焊位置焊接。由于引弧处和断弧处焊缝质量不易保证,焊前可在接缝两端焊上引弧板和引出板,如图 12.18 所示,焊后再去掉。为保证焊缝成形和防止烧穿,生产中常用焊剂垫和垫板,如图 12.19,或用焊条电弧焊封底。

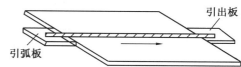

图 12.18　自动焊的引弧板和引出板

 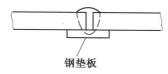 

焊剂垫　　　　　　　钢垫板　　　　　　　铜垫板

图 12.19　自动焊的焊剂垫

埋弧焊焊接筒体环焊缝时采用滚轮架,使筒体(工件)转动,焊丝位置不动。为防止熔池金属和熔渣从筒体表面流失,保证焊缝成形良好,机头应逆旋转方向偏离焊件中心一定距离 a 起焊,如图 12.20 所示。不同直径筒体应根据焊缝成形情况确定偏离距离 a,一般偏离 20 ~ 40 mm。直径小于 250 mm 的环缝,一般不采用埋弧自动焊。设计要求双面焊时,应先焊内环缝,清根后再焊外环缝。

4．埋弧焊的特点和应用

埋弧自动焊与手工电弧焊相比,有以下特点:

① 埋弧焊电流比手工电弧焊高 6 ~ 8 倍,不须更换焊条,没有飞溅,生产率提高 5 ~ 10 倍。同时,由于熔深大,可以不开或少开坡口,节省坡口加工工时,节省焊接材料,焊丝利用率高。降低了焊接成本。

② 埋弧焊焊剂供给充足,保护效果好,冶金过程完善,焊接工艺参数稳定,焊接质量好,而且稳定;对操作者技术要求低,焊缝成形美观。

③ 改善了劳动条件,没有弧光,没有飞溅,烟雾也很少,劳动强度较轻。

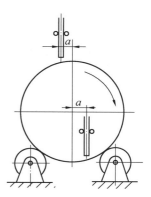

图 12.20　环缝自动焊示意图

④埋弧焊适应性差,只焊平焊位置,通常焊接直缝和环缝,不能焊空间位置焊缝和不规则焊缝。

⑤设备结构较复杂,投资大,装配要求高,调整等准备工作量较大。

根据埋弧焊上述特点,适用于成批生产中长直焊缝和较大直径环缝的平焊。对于狭窄位置的焊缝以及薄板焊接,则受到一定的限制。因此,埋弧焊被广泛用于大型容器和钢结构焊接生产中。

12.2.4　气体保护焊

1. 氩弧焊

氩弧焊是使用氩气作为保护气体的气体保护焊。氩气是惰性气体,在高温下不和金属起化学反应,也不溶于金属,可以保护电弧区的熔池、焊缝和电极不受空气的有害作用,是一种较理想的保护气体。氩气电离势高,引弧较困难,但一旦引燃就很稳定。氩气纯度要求达到99.9%,我国生产的氩气纯度能够达到这个要求。

按所用电极不同,氩弧焊分为钨极(非熔化极)氩弧焊(图12.21(a))和熔化极(金属极)氩弧焊(图12.21(b))两种。

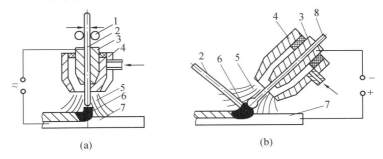

图 12.21　氩弧焊示意图

1—送丝轮;2—焊丝;3—导电嘴;4—喷嘴;5—保护气体;6—电弧;7—母材;8—钨极

钨极氩弧焊电极常用钍钨极和铈钨极两种。焊接时,电极不熔化,只起导电和产生电弧作用。钨极为阴极时,发热量小,钨极为阳极时,发热量大,钨极烧损严重,电弧不稳定,焊缝易产生夹钨。因此,一般钨极氩弧焊不采用直流反接。但在焊接铝工件时,由于母材表面有氧化铝膜,影响熔合,这时采用直流反接,有"阴极破碎"作用,能消除氧化膜,使焊缝成形美观;而用正接时却没有这种"破碎"现象。因此,综合上述因素,钨极氩弧焊焊铝时一般采用交流电源。但交流电源产生的电弧不稳定,且有直流成分。因此,交流钨极氩弧焊设备还要有引弧、稳弧和除直流装置,比较复杂。

手工钨极氩弧焊的操作与气焊相似,需加以填充金属,也可以在接头中附加金属条或采用卷边接头。填充金属有的可采用与母材相同的金属,有的需要加一些合金元素,进行冶金处理,以防止气孔等缺陷。

熔化极氩弧焊以连续送进的焊丝作为电极,与埋弧自动焊相似,可用来焊接25mm以下的工件。可分为自动熔化极氩弧焊和半自动熔化极氩弧焊两种。

2. 氩弧焊的特点

①机械保护效果特别好,焊缝金属纯净,成形美观,质量优良。

②电弧稳定,特别是小电流时也很稳定。因此,熔池温度容易控制,做到单面焊双面成形。尤其现在普遍采用的脉冲氩弧焊,更容易保证焊透和焊缝成形。

③采用气体保护,电弧可见(称为明弧),易于实现全位置自动焊接。

④电弧在气流压缩下燃烧,热量集中,熔池小,焊速快,热影响区小,焊接变形小。

⑤氩气价格较高,因此成本较高。

氩弧焊适用于焊接易氧化的有色金属和合金钢,如铝、铁和不锈钢等;适用于单面焊双面成形,如打底焊和管子焊接;钨极氩弧焊,尤其脉冲钨极氩弧焊,还适用于薄板焊接。

3. CO₂ 气体保护焊

CO₂ 气体保护焊是以 CO₂ 作为保护气体,以焊丝作电极,以自动或半自动方式进行焊接。目前常用的是半自动焊,即焊丝送进是靠机械自动进行并保持弧长,由操作人员手持焊枪进行焊接。

CO₂ 气体在电弧高温下能分解,有氧化性,会烧损合金元素。因此,不能用来焊接有色金属和合金钢。焊接低碳钢和普通低合金钢时,通过含有合金元素的焊丝来脱氧和渗合金等冶金处理。现在常用的 CO₂ 气体保护焊焊丝是 H08Mn2SiA,适用于焊接低碳钢和抗拉强度在 600 MPa 以下的普通低合金钢。CO₂ 气体保护焊的焊接装置如图 12.22 图所示。

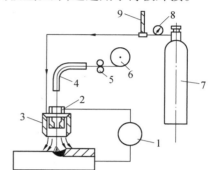

图 12.22　CO₂ 气体保护焊示意图

1—焊接电源;2—导电嘴;3—焊炬喷嘴;4—送丝软管;5—送丝机构;6—焊丝盘;7—CO₂ 气瓶;8—减压器;9—流量计

一般情况下,无须接干燥器,甚至不需要预热器,但用于 300 A 以上的焊枪时需要水冷。为了使电弧稳定,飞溅少,CO₂ 气休保护焊接采用直流反接。

CO₂ 气体保护焊的特点:

(1)成本低　CO₂ 气体比较便宜,焊接成本仅是埋弧自动焊和手工电弧焊的 40% 左右。

(2)生产率高　焊丝送进自动化,电流密度大,电弧热量集中,所以焊接速度快。焊后没有熔渣,不需清渣,比手工电弧焊提高生产率 1~3 倍。

(3)操作性能好　CO₂ 保护焊电弧是明弧,可清楚看到焊接过程。如同手工电弧焊一样灵活,适合全位置焊接。

(4)焊接质量比较好　CO₂ 保护焊焊缝含氢量低,采用合金钢焊丝易于保证焊缝性能。电弧在气流压缩下燃烧,热量集中,热影响区较小,变形和开裂倾向也小。

(5)焊缝成形差,飞溅大　烟雾较大,控制不当易产生气孔。

(6)设备使用和维修不便　送丝机构容易出故障,需要经常维修。

因此,CO₂ 气体保护焊适用于低碳钢和强度级别不高的普通低合金钢焊接,主要焊接薄板。对单件小批生产和不规则焊缝采用半自动 CO₂ 气体保护焊;大批生产和长直焊缝可用 CO₂+O₂ 等混合气体保护焊。

12.2.5　电渣焊

电渣焊是利用电流通过液态熔渣所产生的电阻热加热熔化母材与电极的焊接方法。按电极形式分为丝极电渣焊、板极电渣焊、熔嘴电渣焊和管极电渣焊,如图 12.23 所示。

电渣焊一般都是在垂直立焊位置焊接,两工件相距25～35 mm。引燃电弧熔化焊剂和工件,形成渣池和熔池,待渣池有一定深度时增加送丝速度,使焊丝插入渣池,电弧便熄灭,转入电渣过程。这时,电流通过熔渣产生电阻热,将工件和电极熔化,形成金属熔池沉在渣池下面。渣池既作为焊接热源,又起机械保护作用。随着熔池和渣池上升,远离渣池的熔池金属便冷却形成焊缝。

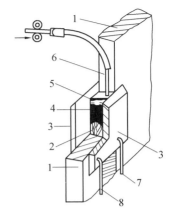

图 12.23　电渣焊示意图
1—焊件;2—焊缝;3—冷却铜滑块;4—熔池;5—渣池;6—焊丝;7、8—冷却水进、出口

电渣焊可使很厚的焊件一次焊成,因加热和冷却缓慢,过热区大,接头组织粗大,因此,焊后要进行正火处理。此外,电渣焊还有以下特点:

(1)适合焊接厚件,生产率高,成本低　用铸–焊、锻–焊结构拼成大件,以代替巨大的铸造或锻造整体结构,改变了重型机器制造工艺过程,节省了大量的金属材料和设备投资。同时,40 mm 以上厚度的工件可不开坡口,节省了加工工时和焊接材料。

(2)焊缝金属比较纯净　电渣焊机械保护好,空气不易进入。熔池存在时间长,低熔点夹杂物和气体容易排出。

电渣焊适用于板厚 40 mm 以上工件的焊接。单丝摆动焊件厚度为 60～150 mm;三丝摆动可焊接厚度达 450 mm。电渣焊一般用于直缝焊接,也可用于环缝焊接。

12.2.6　电阻焊

电阻焊是焊件组合后通过电极施加压力,利用电流通过接触处及焊件附近产生的电阻热,将焊件加热到塑性或局部熔化状态,再施加压力形成焊接接头的焊接方法。

电阻焊生产率高,焊接变形小,劳动条件好,操作方便,易于实现自动化。所以适合于大批量生产,在自动化生产线上(如汽车制造)应用较多,甚至采用机器人。但电阻焊设备复杂,投资大,耗电量大。接头形式和工件厚度受到一定限制。

电阻焊通常分为点焊、缝焊、对焊三种,如图 12.24 所示。

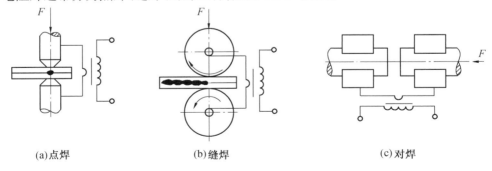

(a)点焊　　　　　(b)缝焊　　　　　(c)对焊

图 12.24　电阻焊示意图

1. 点焊

点焊是利用柱状电极通电加压在搭接的两焊件间产生电阻热,使焊件局部熔化形成一个熔核(周围为塑性状态),将接触面焊成一个焊点的一种焊接方法。

焊接第二个焊点时,有一部分电流会流经已焊好的焊点,称为点焊分流现象。分流将使焊接处电流减小,影响焊接质量,因此两焊点之间应有一定距离以减小分流。工件厚度越大,材料导电性能越好,分流现象越严重,点间距应加大。

影响点焊质量的因素除了焊接电流、通电时间、电极压力等工艺参数外,焊件表面状态影响也很大。因此,点焊前必须清理焊件表面氧化物和油污等。

点焊主要用于厚度在 4 mm 以下薄板冲压壳体结构及钢筋焊接,尤其是汽车和飞机制造。目前,点焊厚度可从 10 μm(精密电子器件)至 30 mm(钢梁框架)。每次焊一个点或一次焊多个点。

2. 缝焊

缝焊过程与点焊相似,都属于搭接电阻焊。缝焊采用滚盘作为电极,边焊边滚,相邻两个焊点部分重叠,形成一条密封性的焊缝。因此,缝焊分流现象严重,一般只适合于焊接 3 mm以下的薄板结构,如易拉罐、油箱、烟道焊接等。

3. 对焊

对焊是对接电阻焊,按焊接工艺不同分为电阻对焊和闪光对焊。

(1)电阻对焊　电阻对焊是将两个工件装夹在对焊机电极钳口内,先加预压使两焊件端面压紧,再通电加热,使被焊处达到塑性温度状态后断电并迅速加压顶锻,使高温端面产生一定塑性变形而完成焊接。

电阻对焊操作简单,接头比较光滑,但对焊件端面加工和清理要求较高,否则端面加热不均匀,容易产生氧化物夹杂,质量不易保证,因此,电阻对焊一般仅用于断面简单、直径(或边长)小于 20 mm 和强度要求不高的工件。

(2)闪光对焊　闪光对焊是两焊件先不接触,接通电源,再移动焊件使之接触。由于工件表面不平,接触点少,其电流密度很大,接触点金属迅速达到熔化、蒸发、爆破,以火花从接触处飞出来,形成"闪光";经多次闪光加热后,端面达到均匀半熔化状态,同时多次闪光将端面氧化物清理干净,此时断电并迅速对焊件加压顶锻,形成焊接接头。

闪光对焊对端面加工要求较低,而且经闪光焊之后端面被清理,因此接头夹渣少,质量较高,常用于焊接重要零件;可以焊接相同的金属材料,也可以焊接异种金属材料。被焊工件可以是直径小到 0.01 mm 的金属丝,也可以是截面积为 2 000 mm^2 的金属型材或钢坯。

对焊用于杆状零件的对接,如刀具、管子、钢筋、钢轨、车圈、链条等。不论哪种对焊,焊接断面要求尽量相同,圆棒直径、方钢边长、管子壁厚之差不应超过 15%。

12.2.7　钎焊

钎焊是采用熔点比母材低的金属材料作钎料,将焊件与钎料加热到高于钎料熔点,低于母材熔点的温度,利用液态钎料润湿母材,填充接头间隙,并与母材相互扩散实现连接的焊接方法。

钎焊接头的质量在很大程度上取决于钎料。钎料应具有合适的熔点和良好的润湿性。母材接触面要求很干净,焊接时使用钎焊钎剂(参照 GB/T 15829-1995 选用)。钎剂能去除氧化膜和油污等杂质,保护接触面,并改善钎料的润湿性和毛细流动性。钎焊按钎料熔点分为软钎焊和硬钎焊两大类。

(1)软钎焊　钎料熔点在 450℃ 以下的钎焊叫软钎焊。常用钎剂是松香、氯化锌溶液等。

　　软钎焊强度低,工作温度低,主要用于电子线路的焊接。由于钎料常用锡铅合金,故通称锡焊。

　　(2)硬钎焊　钎料熔点在450℃以上,接头强度较高,都在200 MPa以上。常用钎料有铜基、银基和镍基钎料等。常用钎剂有硼砂、硼酸、氯化物、氟化物等。硬钎焊主要用于受力较大的钢铁和铜合金构件的焊接,如自行车车架、刀具等。

　　钎焊构件的接头形式均采用搭接或套件镶接,如图12.25所示。

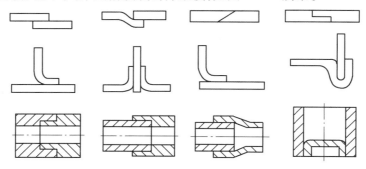

图 12.25　钎焊接头形式

　　各种钎焊接头都要求有良好的配合和适当的间隙。间隙太小,会影响钎料的渗入和润湿,不能全部焊合;间隙太大,浪费钎料,而且降低接头强度。一般间隙取 0.051 ~ 0.2 mm。设计钎焊接头时,还要考虑纤焊件的装配定位和钎料的安置等。

　　钎焊焊接变形小,焊件尺寸精确,可以焊接异种材料和一些其他方法难以焊接的特殊结构(如蜂窝结构等)。钎焊可以整体加热,一次焊成整个结构的全部焊缝,因此生产率高,并且易于实现机械化和自动化。

　　钎焊主要用于精密仪表、电气零部件、异种金属构件、复杂薄板结构及硬质合金的焊接。

12.3　常用金属材料的焊接

12.3.1　金属材料的焊接性

1. 金属焊接性概念

　　金属焊接性是金属材料对焊接加工的适应性,是指金属在焊接方法、焊接材料、工艺参数及结构形式条件下,获得优质焊接接头的难易程度。它包括两个方面内容:一是工艺性能,即在一定工艺条件下,焊接接头产生工艺缺陷的倾向,尤其是出现裂纹的可能性;二是使用性能,即焊接接头在使用中的可靠性,包括力学性能及耐热、耐蚀等特殊性能。

　　金属焊接性是金属的一种加工性能。它决定于金属材料的本身性质和加工条件。就目前的焊接技术水平,工业上应用的绝大多数金属材料都是可以焊接的,只是焊接的难易程度不同而已。

　　随着焊接技术的发展,金属的焊接性也在改变。例如,铝在气焊和手工电弧焊条件下,难以达到较高的焊接质量;而氩弧焊出现以后,用来焊铝却能达到较高的技术要求。化学活泼性极强的钛的焊接也是如此。由于等离子弧、真空电子束、激光等新能源在焊接中的应用,使钨、钼、铌、钽、锆等高熔点金属及其合金的焊接都已成为可能。

2.金属焊接性的评定

金属的焊接性可以通过估算或试验的方法来评定。

(1)用碳当量法估钢材焊接性　钢中的碳和合金元素对钢的焊接性的影响程度是不同的。碳的影响最大,其他合金元素可以折合成碳的影响来估算被焊材料的焊接性。换算后的总和称为碳当量,以此作为评定钢材焊接性的参数指标。这种方法称为碳当量法。

碳当量有不同的计算公式。国际焊接学会(IIW)推荐的碳素结构钢和低合金结构钢碳当量 C_E 的计算公式为

$$C_E/\% = C+Mn/6+(Ni+Cu)/15+(Cr+Mo+V)/5$$

式中化学元素符号都表示该元素在钢材中的质量百分数,各元素含量取其成分范围的上限。

经验证明,碳当量越大,焊接性越差。当 $C_E < 0.4\%$ 时,焊接性良好;$C_E = 0.4\% \sim 0.6\%$ 时,焊接性较差,冷裂倾向明显,焊接时需要预热并采取其他工艺措施防止裂纹;$C_E > 0.6\%$ 时焊接性差,冷裂倾向严重,焊接时需要较高的预热温度和严格的工艺措施。

(2)焊接性试验　焊接性试验是评价金属焊接性最为准确的方法,例如,焊接裂纹试验、接头力学性能试验、接头腐蚀性试验等。现以图 12.26 所示的刚性固定对抗裂试验来说明焊接性试验的方法。

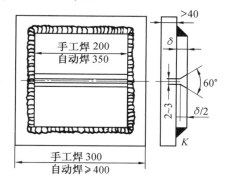

图 12.26　刚性固定对接抗裂试验

预制一厚度大于 40 mm 的方形刚性底板,边长取 300 mm(自动焊时取 400 mm);再将待试验材料原厚度及图示尺寸切割成两块长方形试板,按规定开坡口。然后将试件组对,四周固定在刚性底板上,按实际的焊接工艺规范焊接待试焊缝。焊完后将试件置于室温下 24 h,先检查焊缝表面及热影响区表面有无裂纹,最后沿垂直于焊缝方向切取两块横向磨片,检查有无裂纹,来判断该试件材料的焊接性。根据试验结果制订或调整焊接工艺规范。

12.3.2　碳素结构钢和低合金高强度结构钢的焊接

1.低碳钢的焊接

低碳钢中碳的质量分数 $w(C) < 0.2\%$,碳当量小,没有淬硬倾向,冷裂倾向小,焊接性良好。除电渣焊外,焊前一般不需要预热,焊接时不需要采取特殊工艺措施,适合各种方法焊接。只有板厚大于 50 mm,在 0℃以下焊接时,应预热 100~150℃。

对于沸腾钢,硫、磷杂质含量较高且分布不均匀,焊接时裂纹倾向较大;厚板焊接时还有层状撕裂倾向。因此,重要结构应选用镇静钢焊接。

在手工电弧焊中,,一般选用 E4303 和 E4315 焊条;埋弧自动焊常选用 H08A 或 H08MnA 焊丝和 HJ431 焊剂。

2.中碳钢的焊接

中碳钢中 $w(C) = 0.25\% - 0.6\%$,$w(C)$ 大于 0.4% ,其焊接特点是淬硬倾向和冷裂纹倾向较大;焊缝金属热裂倾向较大。因此,焊前必须预热至 150~250℃,焊接中碳钢常用手工电弧焊,选用 E5015(结507)焊条。采用细焊条、小电流、开坡口、多层焊,尽量防止含炭量

高的母材过多地熔入焊缝。焊后应缓慢冷却,防止冷裂纹的产生。厚件可考虑用电渣焊,提高生产效率,焊后进行相应的热处理。

高碳钢焊接性更差,一般不作为焊接结构用材料,高碳钢的焊接只限于修补工作。

3. 低合金高强度结构钢的焊接

低合金高强度结构钢一般采用焊条电弧焊和埋弧自动焊,相应焊接材料选用见表12.6。

表 12.6　低合金钢常用的焊接方法及焊接材料

屈服点/MPa	钢号示例	焊条电弧焊 焊条牌号		埋弧焊		预热温度/℃
				焊丝牌号	焊剂牌号	
300	09Mn2 09Mn2Si	E4303　E4301 E4316　E4315		H08 H08MnA	HJ431	一般不预热
350	16Mn	E5003　E5015 E5016		H08A　H08MnA H10Mn2　H10MnSi	HJ431	
400	15MnV 15MnTi	E5016　E5015 E5516-G　E5515-G		H08MnA　H08Mn2Si H10Mn2　H10MnSi	HJ431	≥100
450	15MnVN	E5516-G　E5515-G E6016D1　E6015D1		H08MnMoA	HJ431 HJ350	
500	18MnMoNb 14MnMoV	E7015D2		H08Mn2MoA H08Mn2MoVA	HJ250 HJ350	≥150
550	14MnMoVB	E7015D2		H08Mn2MoVA	HJ250 HJ350	

焊接含有其他合金元素和强度等级较高的材料时,应选择适宜的焊接方法,制定合理的焊接参数和严格的焊接工艺。

12.3.3　不锈钢的焊接

在所用的不锈钢材料中,奥氏体不锈钢应用最广,其中以 18-8 型不锈钢为代表,它焊接性良好,适用于手工电弧焊、氩弧焊和埋弧自动焊。手工电弧焊选用化学成分相同的奥氏体不锈钢焊条;氩弧焊和埋弧自动焊所用的焊丝化学成分应与母材相同,如焊 1Cr18Ni9Ti 时选用 H0Cr20Ni10Nb 焊丝,埋弧自动焊用 HJ260 焊剂。

奥氏体不锈钢焊接的主要问题是焊接工艺参数不合理时,容易产生晶间腐蚀和热裂纹,这是 18-8 型不锈钢的一种危险的破坏形式。晶间腐蚀的主要原因是碳与铬化合成 $Cr_{23}C_6$ 在晶界造成贫铬区,使耐蚀能力下降。手工电弧焊时,应采用细焊条,小线能量快速不摆动焊,最后焊接触腐蚀介质的表面焊缝等工艺措施。

工程上有时需要把不锈钢与低碳钢或低合金钢焊接在一起,如 1Cr18Ni9Ti 与 Q235 焊接,通常用手工电弧焊。焊条选用既不能用奥氏体不锈钢焊条,也不能用低碳钢焊条,而应选 E309-16 或 E309-15 不锈钢焊条,使焊缝金属组织是奥氏体加少量铁素体,防止产生焊接裂纹。

12.3.4　铸铁的焊补

铸铁含碳量高,且硫、磷杂质含量高,因此,焊接性差,容易出现白口组织、焊接裂纹、气孔等焊接缺陷。对铸铁缺陷进行焊接修补,有很大的经济意义。

铸铁一般采用手工电弧焊、气焊来焊补,按焊前是否预热分为热焊和冷焊两类。

1. 热焊

热焊是焊前将工件整体或局部预热到 $600 \sim 700℃$,焊后缓慢冷却。热焊可防止出现白口组织和裂纹,焊补质量较好,焊后可以进行机械加工。但热焊生产率低,成本较高,劳动条件较差,一般用于焊补形状复杂、焊后需要进行加工的重要铸件,如床头箱、汽缸体等。

气焊时采用含硅高的铸铁焊条做填充金属,含硅量 $w(Si) = 3.5\% \sim 4.0\%$,碳硅总量 $w(Si+C)$ 达 7% 左右,同时用气剂 201 或硼砂等气焊熔剂去除氧化皮。气焊火焰还可用来预热工件和焊后缓冷,比较方便;手工电弧焊用涂有药皮的铸铁焊条(如 EZNiFe-1)或钢心石墨化铸铁焊条(如 EZCQ),以补充碳硅的烧损,并造渣清除杂质。

2. 冷焊

冷焊一般不预热或较低温度预热($400℃$ 以下),常用手工电弧焊,主要依靠焊条调整化学成分,防止出现白口和裂纹。焊接时,应尽量采用小电流、短弧、短焊道(每段不大于 $50\ mm$),并在焊后及时用锤击焊缝以松弛应力,防止开裂。

冷焊用焊条常用镍基焊条,包括纯镍铸铁焊条(EZNi)、镍铁铸铁焊条(EZNiFe)、镍铜铸铁焊条(EZNiCu);结构钢焊条(E5015)。

冷焊方便灵活,生产率高,成本低,劳动条件好,可用于焊补机床导轨、球黑铸铁件等及一些非加工面焊补。

12.3.5　非铁金属的焊接

1. 铝及铝合金的焊接

工业上用于焊接的主要是纯铝、铝锰合金、铝镁合金及铸铝。铝及铝合金焊接的主要问题有:

(1)极易氧化　铝极易氧化,很容易生成氧化铝(Al_2O_3),其组织致密,熔点($2\ 050℃$)远高于铝的熔点($660℃$),覆盖在金属表面,阻碍熔合。氧化铝密度较大,易形成夹杂而脆化。

(2)形成气孔　液态铝能吸收大量的氢,而固态铝又几乎不溶解氢,冷却时由于结晶速度快,大量的氢来不及逸出熔池,产生气孔。

(3)电源功率大并易变形　铝的导热系数大,要求使用大功率热源,厚度较大时要预热。铝的线胀系数也较大,易产生焊接应力和变形,严重时导致开裂。

(4)特殊工艺措施　铝在高温时强度很低,容易引起焊缝塌陷,常需采用垫板。

(5)温度不易判断　铝在熔化前不像钢等金属有颜色的变化,因而,熔化前不易判断是否已接近熔化温度,焊条操作的焊接容易出现焊穿等缺陷。

在现代焊接技术条件下,大部分铝及铝合金焊接性较好,工业上广泛采用氩弧焊、气焊、电阻焊和钎焊等方法焊接铝合金。氩弧焊是较为理想的焊接方法,用纯度高达 99.9% 的氩气作保护,不用熔剂,以氩气的阴极破碎作用去除氧化膜,焊接质量好,耐腐蚀性较强。一般厚度在 $8\ mm$ 以下采用钨极(非熔化极)氩弧焊;厚度 $8\ mm$ 以上采用熔化极氩弧焊。要求不高的纯铝和热处理不能强化的铝合金可采用气焊。其优点是经济、方便,但生产率低,接头质量较差,且必须使用熔剂去除氧化膜和杂质。

气焊适用于板厚 $0.5 \sim 2\ mm$ 的薄件焊接。焊丝的选用,可采用与母材成分相同的铝焊丝,甚至可以从母材上切下的窄条作为填充金属。对于热处理强化的铝合金,可采用铝硅合金焊丝以防止热裂纹。

无论用哪种方法焊接铝及铝合金,焊前必须彻底清理焊接部位和焊丝表面的氧化膜和油污。由于铝熔剂对铝有强烈的腐蚀作用,焊后应仔细清洗,防止熔剂对铝焊件的继续腐蚀。

2. 铜及铜合金的焊接

铜及铜合金的焊接比低碳钢困难得多,其主要问题是:

(1)难熔合 铜导热系数大,比铁大 7~11 倍,热量很容易传导出去,使母材和填充金属难于熔合。因此,需要大功率热源,且焊前和焊接过程中要预热。

(2)易氧化 液态的铜易生成 Cu_2O,分布在晶界处,且铜的膨胀系数大,凝固系数也大,容易产生较大的焊接应力,极易引起开裂。

(3)产生气孔 铜特别容易吸收氢,凝固时来不及逸出,形成气孔。

(4)易变形 铜的膨胀系数和收缩系数都大,且铜的导热性强,热影响区宽,焊接变形严重。

铜及铜合金可用氩弧焊、气焊、碳弧焊、钎焊等方法进行焊接。铜电阻很小,不适于用电阻焊焊接。

氩气对熔池保护性可靠,接头质量好,飞溅少,成形美观,因而氩弧焊广泛用于纯铜、黄铜和青铜的焊接中。纯铜和铜合金钨极氩弧焊时,用与母材相同成分的焊丝。黄铜气焊时填充金属采用 $w(Si)=0.3\%\sim0.7\%$ 的黄铜和焊丝 HSCuZn4。气焊时需用焊剂,以去除氧化物。铜及铜合金也可采用焊条电弧焊,选用相同成分的铜焊条。

3. 钛和钛合金的焊接

钛和钛合金比强度(强度与密度之比)高,在 300~500℃ 高温度下仍有足够的强度,在海水及大多数酸碱盐介质中均有良好的耐蚀性,有良好的低温冲击韧性。

钛和钛合金的焊接很困难,其主要问题是氧化、脆化开裂,气孔也较明显。普通的手工电弧焊、气焊等均不适合钛和钛合金的焊接;目前采用的主要方法是钨极氩弧焊、等离子焊和真空电子束焊,国外还有用埋弧自动焊。钨极氩弧焊工艺是成熟的。

由于钛和钛合金化学性能非常活泼,不但极易氧化,而且在 250℃ 开始吸氢,从 400℃ 开始吸氧,从 600℃ 开始吸氮。因此,要注意焊枪的结构,加强保护效果,并要采用拖罩保护高温的焊缝金属。保护效果的好坏可通过接头颜色初步鉴别:银白色保护效果最好,无氧化现象;黄色为 TiO,表示轻微氧化;蓝色为 Ti_2O_3,表示氧化较严重;灰白色为 TiO_2,表示氧化甚为严重。因此,一般应保证焊接接头焊后为银白色,说明保护效果好。

12.4　焊接结构工艺性

焊接结构的设计,除考虑结构的使用性能、环境要求和国家的技术标准与规范外,还应考虑结构的工艺性和现场的实际情况,以力求生产率高、成本低,满足经济性的要求。焊接结构工艺性一般包括焊接结构材料选择、焊接方法、焊缝布置和焊接接头设计等方面内容。

12.4.1　焊接结构材料的选择

随着焊接技术的发展,工业上常用的金属材料一般均可焊接。但材料的焊接性不同,焊后接头质量差别就很大。因此,应尽可能选择焊接性良好的焊接材料来制造焊接构件。特别是优先选用低碳钢和普通低合金钢等材料,其价格低廉,工艺简单,易于保证焊接质量。

　　重要焊接结构材料的选择,在相应标准中有规定,可查阅有关标准或手册。

12.4.2　焊接方法的选择

　　焊接方法主要依据材料的焊接性、工件的结构形式、厚度和各种焊接方法的适用范围、生产率等选择,目前常用焊接方法的特点见表 12.7。

表 12.7　常用焊接方法的特点

焊接方法	焊接热源	主要接头形式	焊接位置	厚度/mm	可焊材料	生产率	应用范围
焊条电弧焊	电弧焊	对接、搭接、T形接、卷边接	全位置焊	3~20	碳素钢、低合金钢、铸铁、铜及铜合金	中等偏高	在静止、冲击或振动载荷下工作的构件,补焊铸铁件缺陷和损坏的构件
气焊	火焰热	对接、卷边接	全位置焊	0.5~3	碳素钢、低合金钢、铸铁、铜、铝及其合金	低	耐热性、致密性、静载荷、受力不大的薄板结构,补焊铸铁件及损坏的机件
埋弧焊	电弧热	对接、搭接、T形接	平焊	6~60	碳素钢、低合金钢、铜及铜合金	高	在各种载荷下工作,成批生产,中厚板长直焊缝和较大直径环缝
氩弧焊	电弧热	对接、搭接、T形接	全位置焊	0.5~25	铝、铜、镁、钛及钛合金、耐热钢、不锈钢	中等偏高	要求致密、耐蚀、耐热的焊件
CO_2 焊	电弧热	对接、搭接、T形接	全位置焊	0.8~25	碳素钢、低合金钢、不锈钢	很高	要求致密、耐蚀、耐热的焊件
电渣焊	电阻热	对接	立焊	40~450	碳素钢、低合金钢、不锈钢、铸铁	很高	一般用来焊接大厚度铸、锻件
等离子弧焊	压缩电弧热	对接	全位置焊	0.025~12	不锈钢、耐热钢、铜、镍、钛及钛合金	中等偏高	用一般焊接方法难以焊接的金属及合金
对焊	电阻热	对接	平焊	≤20	碳素钢、低合金钢、不锈钢、铝及铝合金	很高	焊接杆状零件
点焊	电阻热	搭接	全位置焊	0.5~3	碳素钢、低合金钢、不锈钢、铝及铝合金	很高	焊接薄板壳板
缝焊	电阻热	搭接	平焊	<3	碳素钢、低合金钢、不锈钢、铝及铝合金	很高	焊接薄壁容器和管道
钎焊	各种热源	搭接、套接	平焊	—	碳素钢、合金钢、铸铁、铜墙铁壁及铜合金	高	用其他焊接方法难于焊接的焊件,以及对强度要求不高的焊件

12.4.3　焊接接头设计

1.接头形式设计

根据 GB/T 3375—94 规定,焊接碳钢和低合金钢的基本接头形式有对接、搭接、角接和 T 形接四种。接头形式的选择是根据结构的形状、强度要求、工件厚度、焊接材料消耗量及其他焊接工艺而决定的。

对接接头受力比较均匀,节省材料,但对下料尺寸精度要求高。搭接接头因被焊工件不在同一平面上,受力时接头产生附加弯曲应力,但对下料尺寸精度要求低,因此,锅炉、压力容器等结构的受力焊缝常用对接接头;对于厂房屋架、桥梁、起重机吊臂等桁架结构,多采用搭接接头。

角接接头和 T 形接头受力都比对接头复杂,但接头成一定角度或直角连接时,必须采用这类接头形式。

此外,对于薄板气焊或钨极氩弧焊,为了避免烧穿或为了省去填充焊丝,常采用卷边接头。

2.焊缝布置

焊缝布置的一般工艺设计原则如下:

(1)焊缝布置应尽可能分散　避免过分集中和交叉,焊缝密集或交叉会加大热影响区,使组织恶化,性能下降。两焊缝间距一般要求大于 3 倍板厚且不小于 100 mm,如图 12.27 所示。

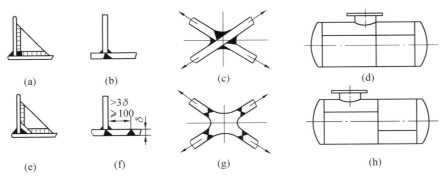

图 12.27　焊缝分散布置的设计

(2)焊缝应避开应力集中部位　焊接接头往往是焊接结构的薄弱环节,存在残余应力和焊接缺陷。因此,焊缝应避开应力较大部位,尤其是应力集中部位(图 12.28)。如焊接钢梁焊缝不应在梁的中间而应如图 12.28(d)所示均分;压力容器一般不用平板封头、无折边封头,而应采用碟形封头和球性封头等,如图 12.28(c)所示。

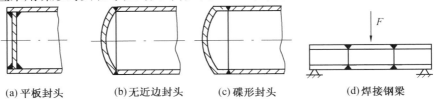

(a)平板封头　　(b)无近边封头　　(c)碟形封头　　　　(d)焊接钢梁

图 12.28　焊缝应避开应力集中部位

（3）焊缝布置应尽可能对称　焊缝对称布置可使焊接变形相互抵消,如图 12.29 中（a）、（b）偏于截面重心一侧,焊后会产生较大的弯曲变形;图 12.29（c）、（d）、（e）焊缝对称布置,焊后不会产生明显变形。

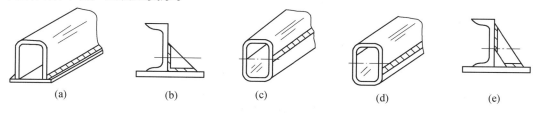

图 12.29　焊缝对称布置的设计

（4）焊缝布置应便于焊接操作　手工电弧焊时,要考虑焊条能到达待焊部位。点焊和缝焊时,应考虑电极能方便进入待焊位置,如图 12.30、12.31 所示。

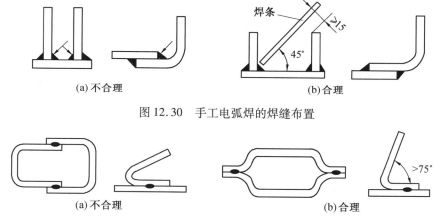

图 12.30　手工电弧焊的焊缝布置

图 12.31　点焊或缝焊焊缝布置

（5）尽量减小焊缝长度和数量　减少焊缝长度和数量,可减少焊接加热,减少焊接应力和变形,同时减少焊接材料消耗,降低成本,提高生产率。图 12.32 是采用型材和冲压件减少焊缝的设计。

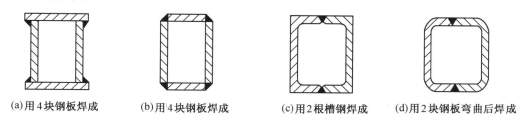

图 12.32　合理选材减少焊缝数量

（6）焊缝应尽量避开机械加工表面　有些焊接结构需要进行机械加工,为保证加工表面精度不受影响,焊缝应避开这些加工表面,如图 12.33 所示。

3. 坡口形式设计

根据 GB/T 3375-94 规定焊条电弧焊常采用的基本坡口形式有 I 形坡口、V 形坡口、X 形坡口、U 形坡口等四种。

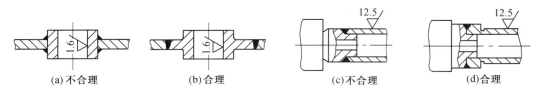

图 12.33 焊缝远离机械加工表面的设计

坡口形式的选择主要根据板厚,目的是既能保证焊透,又要使填充金属尽可能少,提高生产率和降低成本。手工电弧焊接头基本形式与尺寸示例见表12.8。

表 12.8 焊条电弧焊接头基本形式与尺寸

序号	适用厚度	基本形式	焊缝形式	基本尺寸			标注方法
1	$1 \sim 3$		溶深 $S \geqslant 0.7\delta$	δ	$\geqslant 1 \sim 2$	$> 2 \sim 3$	$\overset{S}{\underset{}{\mid\mid}}b$
				b	$0 \sim 0.5$	$0 \sim 1.0$	
2	$3 \sim 6$			δ	$\geqslant 3 \sim 3.5$	$3.6 \sim 6$	$\overset{b}{\mid\mid}$
				b	$0 \sim 1.0$	$0 \sim 1.5$	
3				δ	$\geqslant 3 \sim 9$	$> 9 \sim 26$	$p\overset{\alpha}{\underset{b}{Y}}$
	$3 \sim 26$			α	$70° \pm 5°$	$60° \pm 5°$	
				b	1 ± 1	2^{+1}_{-2}	$p\overset{\alpha}{\underset{b}{Y}}$
4				p	1 ± 1	2^{+1}_{-2}	
5				δ	$\geqslant 12 \sim 60$		$p\overset{\alpha}{\underset{b}{Y}}$
	$12 \sim 60$			b	2^{+1}_{-2}		
6				p	2^{+1}_{-2}		$p\overset{\alpha}{\underset{b}{\underset{H}{Y}}}$
7				δ	$\geqslant 20 \sim 60$		$p×R\overset{\beta}{\underset{b}{Y}}$
	$20 \sim 60$			b	2^{+1}_{-2}		
8				p	2 ± 1		$p×R\overset{\beta}{\underset{b}{Y}}$
				R	$5 \sim 6$		

坡口的加工方法常有气割、切削加工、碳弧气刨等。

在板厚相等的情况下,X 形坡口比 V 形坡口需要的填充金属少,所需焊接工时也少,并且焊后角变形小;当然,X 形坡口需要双面焊。U 形坡口根部较宽,容易焊透;也比 V 形坡口省焊条,省工时,焊接变形也较小,但 U 形坡口形状复杂,加工成本较高。

要求焊透的受力焊缝,在焊接工艺可行的情况下,能双面焊的都采用双面焊,这样,容易保证焊接质量,容易全部焊透,焊接变形也小。

若被焊的两块金属厚度差别较大,接头两边受热不均匀,容易产生焊不透等缺陷,接头处还会造成应力集中, GB/T 3375-94 中规定允许厚度差如表 12.9 所示。

表 12.9　不同厚度钢板对接允许厚度差

较薄板的厚度 δ_1/mm	≥2 ~ 5	>5 ~ 9	>9 ~ 12	>12
允许厚度差 $\delta-\delta_2$/mm	1	2	3	4

如果厚度差超过表中的规定值,应在较厚板上单面或双面削薄,其削薄长度 $L \geqslant 3(\delta - \delta_1)$,式中,$\delta_1$ 为薄板厚度;δ 为厚板厚度。

12.4.4　焊接结构设计实例

焊接结构的工艺设计在焊接生产中是一项重要的技术工作,所要求的知识也较全面。

制造卧式贮罐如图 12.34 所示,人孔直径 450 mm,人孔管高 250 mm,排污管 120 mm×10 mm,生产数量为 3 台。

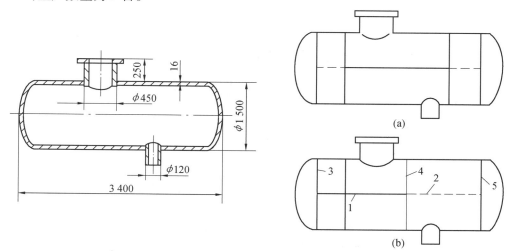

图 12.34　贮罐结构及焊接图

①分析贮罐的工作条件、承受的压力载荷状况,计算出贮罐所需要的强度和其他性能要求(省略)。

②选择焊接结构材料。根据性能要求,选择制造贮罐的材料为 16MnRe(低合金结构钢,成分为 $w(C) = 0.16\%$、$w(Mn) = 1.4\%$、$w(Si) = 0.4\%$),钢板壁厚为 16 mm。钢板尺寸为 2 000 mm×5 000 mm×16 mm。

③选用焊接方法。简身纵缝、环缝均采用埋弧焊,排污管及人孔管采用焊条电弧焊。

　　④接头形式。筒身为确保质量采用对接;排污管及人孔管圈环缝采用 T 形接头;而人孔管纵焊缝采用对接接头。

　　⑤焊缝布置。筒身用钢板冷卷,筒身纵焊缝为避免焊缝密集,相互错开 180°,封头采用热压成型,与筒身连接处应有 30~50 mm 的直段,使焊缝躲开转角应力集中位置。人孔管可采用加热卷制。筒身的环缝可设计成图 12.34(a)、(b)两种方案,(b)方案较为合理,可省去一条焊缝。

　　⑥具体工艺设计如表 12.10 所示。

表 12.10　贮罐焊接工艺设计

序号	焊缝名称	焊接方法及焊接工艺	接头常式及坡口形状	焊接材料
1	筒身纵缝1、2	因贮罐质量要求高,选用埋弧焊双面焊,先内后外,材料为 16 MnRe,在室内焊接	选用对接接头,因为采用埋弧焊在 20~25 mm 以下工作,开 I 形坡口	焊丝:H 08 MnA 焊剂:HJ 431 焊条:J507
2	筒身环缝 3、4、5	采用埋弧焊,顺次焊 3、4、5。装配后先在内部用焊条电弧焊封底,再用埋弧焊焊外环缝	对接接头,开 I 形坡口	焊丝:H 08 MnA 焊剂:HJ 431 焊条:J507
3	排污管焊缝	管壁为 10 mm,角焊缝插入式装配,采用焊条电弧焊	角接接头,开 I 形坡口	焊条:J507
4	人孔管纵缝	板厚 16 mm,焊缝短,选用焊条电弧焊	对接接头,V 形坡口	焊条:J507
5	人孔管环焊缝	平焊位置,采用焊条电弧焊,单面坡口,双面焊	角接接头,单边 V 形坡口	焊条:J507

12.5　常见焊接缺陷产生原因分析及预防措施

12.5.1　常见焊接缺陷

1. 焊缝形状缺陷

焊缝形状缺陷指焊缝尺寸不符合要求及咬边、烧穿、焊瘤及弧坑等。

2. 气孔

气孔指焊缝熔池中的气体在凝固时未能析出而残留下来形成的空穴。

3. 夹渣和夹杂

夹渣和夹杂指焊后残留在焊缝中的熔渣和经冶金反应生成的焊后残留在焊缝中的非金属夹杂。

4. 未焊透、未熔合

未焊透、未熔合指焊缝金属和母才之间或焊道金属之间未完全熔化结合以及焊缝的根部未完全熔透的现象。

5. 裂纹

裂纹包括热裂纹、冷裂纹、再热裂纹和层撕裂等。

6. 其他缺陷

其他缺陷指电弧擦伤、飞溅、磨痕、凿痕等。

12.5.2　焊接缺陷的产生原因及预防措施

1. 未焊透

产生未焊透的根本原因是输入焊缝焊接区的相对热量过少,熔池尺寸小,熔深不够。生产中的具体原因有:坡口设计或加工不当(角度、间隙过小)、钝边过大、焊接电流太小、焊条操作不当或焊速过快等。为避免未焊透应做到:正确选用和加工坡口尺寸,保证良好的装配间隙;采用合适的焊接参数;保证合适的焊条摆动角度;仔细清理层间的熔渣。

2. 夹渣

产生夹渣的原因是各类残渣的量多且没有足够的时间浮出熔池表面。生产中的具体原因有:多层焊时前一层焊渣没有清除干净、运条操作不当、焊条熔渣粘度太大、脱渣性差、线能量小,导致熔池存在时间短、坡口角度太小等。为避免夹渣的产生,应注意:选用合适的焊条型号;焊条摆动方式要正确;适当增大线能量;注意层间的清理,特别是低氢碱性焊条,一定要彻底清除层间焊渣。

3. 气孔

在高温时,液态金属能溶解较多的气体(如 H_2、CO 等),而固态时又几乎不溶解气体,因此,凝固过程中若气体在熔池凝固前来不及逸出熔池表面,就会在焊缝中产生气孔。生产中的具体原因有:工件和焊接材料有油、锈,焊条药皮或焊剂潮湿、焊条或焊剂变质失效、操作不当引起保护效果不好、线能量过小,使得熔池存在时间过短。为防止气孔应注意:清除焊件焊接区附近及焊丝上的铁锈、油污、油漆等污物;焊条、焊剂在使用前应严格按规定烘干;适当提高线能量,以提高熔池的高温停留时间;不采用过大的焊接电流,以防止焊条药皮发红失效;不使用偏心焊条;尽量采用短弧焊。

4. 裂纹

裂纹分为两类:在焊缝冷却结晶以后生成的冷裂纹;在焊缝冷却凝固过程中形成的热裂纹。裂纹的产生与焊缝及母材成分、组织状态及其相变特性、焊接结构条件及焊接时所采用夹装方法决定的应力、应变状态有关。如不锈钢易出现热裂纹,低合金高强钢易出现冷裂纹。

热裂纹的产生跟 S、P 等杂质太多有关。S、P 能在钢中生成的低熔点脆性共晶物会集聚在最后凝固的树枝状晶界间和焊缝中心区。在焊接应力作用下,焊缝中心线、弧坑、焊缝终点都容易形成热裂纹。为防止热裂纹应注意:严格控制焊缝 S、P 杂质含量;填满弧坑;减慢焊接速度,以减小最后冷却结晶区域的应力和变形;改善焊缝形状,避免熔深过大的梨形焊缝。

冷裂纹的产生原因较为复杂,一般认为有三方面的因素造成:含 H 量;刚度;淬硬组织。其中最主要的因素是含 H 量,故常其称为氢致裂纹。为防止冷裂纹,应从控制产生冷裂纹的三个因素着手:选用低氢焊条并烘干;清除焊缝附近的油污、锈、油漆等污杂物;用短弧焊,以增强保护效果;尽可能设计成刚性小的结构;采用焊前预热、焊后缓冷或焊后热处理措施,以减少淬硬倾向和焊后残余应力。

不同的焊接方法焊接缺陷的产生原因是不同的,在生产过程中要具体分析产生原因后再制订预防或消除措施。

需要指出的是:焊接裂纹是危害最大的焊接缺陷。它不仅会造成应力集中,降低焊接接头的静载强度,更严重的是它是导致疲劳和脆性破坏的重要诱因。

12.6　焊接质量检验

12.6.1　焊接检验过程

焊接检验过程包括焊前、焊接生产过程中和焊后成品检验。焊前检验主要内容有原材料检验、技术文件、焊工资格考核等。焊接过程中的检验主要是检查各生产工序的焊接工艺执行情况,以便发现问题及时补救,通常以自检为主。焊后成品检验是检验的关键,是焊接质量最后的评定,通常包括三方面:无损检验,如 X 射线检验、超声波检验等;成品强度试验,如水压试验,气压试验等;致密性检验,如煤油试验、吹气试验等。

12.6.2　焊接检验方法

焊接检验的主要目的是检查焊接缺陷。针对不同类形的缺陷通常采用破坏性检验和非破坏性检验(无损检验,见表 12.11)。非破坏性检验是检验重点,主要方法有:

1. 外观检验

用肉眼或放大镜(小于 20 倍)检查外部缺陷。

2. 无损检验

(1)射线检验　借助射线(X 射线、γ 射线或高能射线等)的穿透作用检查焊缝内部缺陷,通常用照相法。

（2）超声波检验　利用频率在 20 000 Hz 以上超声波的反射,探测焊缝内部缺陷的位置、种类和大小。

（3）磁粉检验　利用漏磁场吸附粉检查焊缝表面或近表面缺陷。

（4）着色检验　借助渗透性强的渗透剂和毛细管的作用检查焊缝表面缺陷。

表 12.11　几种焊疑内部缺隐检验方法的比较

检验方法	能查出的缺陷	可检验的厚度	灵敏度	其他特点	质量判断
磁粉检验	表面及近表面的缺陷（微细裂缝、未焊透、气孔等）	表面及近表面,深度不超过 6 mm	与磁场强度大小及磁粉质量有关	被检验表面最好与磁场正交,限于磁材料	根据磁粉分布情况判定缺陷位置,但深度不能确定
着色检验	表面及近表面的有开口缺陷（微细裂纹、气孔、夹渣、夹层等）	表面	与渗透剂性能有关,可检出 0.005 ~ 0.01 mm 的微裂纹,灵敏度高	表现应打磨到 $Ra12.5~\mu m$,环境温度在 15℃ 以上可用于非磁性材料,适于各种位置单面检验	可根据显示剂上的红色条纹,形象地看出缺陷位置、大小
超声波检验	内部缺陷（裂纹、未焊透、气孔及夹渣）	焊件厚度的上限几乎不受限制。下限一般应大于 8 ~ 10 mm	能探出直径大于 1 mm 的气孔夹渣,探裂缝较灵敏,对表面及近表面的缺陷不灵敏	检验部位的表面应加工达 $Ra6.3 ~ 1.6~\mu m$ 可以单面探测	根据荧光屏上的讯号,可当场判断有无缺陷、位置及其大小,但判断缺陷种类较难
X 射线检验	内部缺陷（裂纹、未焊透、气孔及夹渣）	150KV 的 X 光机可检厚度小于等于 25 mm;250 KV 的 X 光机可检厚度小于等于 60 mm	能检验出尺寸大小为焊缝厚度 1% ~ 2% 的各种缺陷	焊接接头表面不需要加工,但正反两面都必须是可接近的	从底片上能直接形象地判断缺陷种类和分布。对平行于射线方向的平面形缺陷不如超生波检验灵敏
γ 射线检验	内部缺陷（裂纹、未焊透、气孔及夹渣）	镭能源可检 60 ~ 150 mm;钴 60 能源可检查 60 ~ 150 mm;依 192 能源可检 1.0 ~ 65 mm	较 X 射线低,一般约为焊缝厚的 3%		
高能射线检验		9MV 电子直线加速器可检 60 ~ 300 mm;24MV 电子感应加速器可检 60 ~ 600 mm	一般 ≤焊缝厚度 3%		

3. 焊后成品强度检验

焊后成品强度检验主要是水压试验和气压试验。用于检查锅炉、压力容器、压力管道等焊缝接头的强度,具体检验方法依照有关行业标准执行。

4. 致密性检验

（1）煤油检验　　在被检焊缝的一侧刷上石灰水溶液,待干后再在另一侧涂煤油,借助煤油的穿透能力,当焊缝有裂缝等穿透性缺陷时,石灰粉上呈现出煤油润湿的痕迹,据此发现焊接缺陷。

（2）吹气检验　　在焊缝一侧吹压缩空气,另一侧刷肥皂水,若有穿透性缺陷,该部位会出现气泡,即可发现焊接缺陷。

12.7　其他焊接技术简介

随着焊接技术和工艺的迅速发展,很多新的焊接技术已成为普遍应用的焊接方法了,如氩弧焊、脉冲焊接等。当前一个时期焊接新工艺发展有三个方面:一是随着原子能、航空航天等技术的发展,新的焊接材料和结构出现,需要新的焊接工艺方法,如真空电子束焊,激光焊,真空扩散焊;二是改进常用的普通焊接方法的工艺,使焊接质量和生产率大大提高,如脉冲氩弧焊、窄间隙焊、三丝埋弧焊等;三是采用电子计算机控制焊接过程和焊接机器人等。

12.7.1　等离子弧焊接和切割

一般电弧焊所产生的电弧没用受到外界约束,称之为自由电弧,电弧区内的气体尚未完全电离,能量也未高度集中。如果让自由电弧的弧柱受到压缩,弧柱中的气体就完全电离（统称为压缩效应）,便产生温度比自由电弧高很多的等离子弧。

等离子弧发生装置如图 12.35 所示,在钨极与工件之间加一高压,经高频振荡器使气体电离形成电弧,这一电弧受到三个压缩效应:一是"机械压缩效应"。电弧通过经水冷的细孔喷嘴时被强迫缩小,不能自由扩展;二是"热压缩效应"。当通入有一定压力和流量的氩气或氮气流时,由于喷嘴水冷作用,使靠近喷嘴通道壁的气体被强烈冷却,使弧柱进一步压缩,电离度大为提高,从而使弧柱温度和能量密度增大;三是"电磁收缩效应"。带电粒子流在弧柱中运动好像电流在一束平行的"导线"中移动一样,其自身磁场所产生的电磁力,使这些"导线"相互吸引靠近,弧柱又进一步被压缩。在上述三个效应作用下形成等离子弧,弧柱能量高

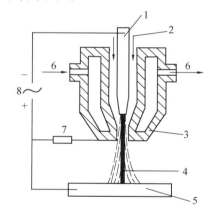

图 12.35　等离子弧发生装置示意图
1—钨极;2—等离子气;3—喷嘴;4—等离子弧;
5—工件;6—冷却水;7—限流电阻;8—电源

度集中,能量密度可达 $10 \sim 10^6$ W/cm^2,温度可达 20 000 ~ 50 000 K（一般自由状态的钨极氩弧最高温度为 10 000 ~ 20 000 K,能量密度在 10^4 W/cm^2 以下）。因此,它能迅速熔化金属材料,用来焊接和切割。等离子弧焊接分为大电流等离子弧焊和微束等离子弧焊两类。

（1）大电流等离子弧焊件厚度大于 2.5 mm　　有两种工艺:第一种是穿透型等离子弧焊。在等离子弧能量足够大和等离子流量较大条件下焊接时,焊件上产生穿透小孔,小孔随等离子弧移动,这种现象称为小孔效应。稳定的小孔是完全焊透的重要标志。由于等离子

弧能量密度难以提高到较高程度,致使穿孔型等离子弧焊只能用于一定板厚单面焊。第二种是熔透型等离子弧焊。当等离子气流量减小时,小孔效应消失了,此时等离子弧焊和一般钨极氢弧焊相似,适用于薄板焊接、多层焊和角焊缝。

(2)微束等离子弧焊时电流在 30 A 以下　由于电流小到 0.1 A 等离子弧仍十分稳定,所以电弧能保持良好的挺度和方向性,适用于焊接 0.025 ~ 1 mm 金属箔材和薄板。

等离子弧焊除了具有氩弧焊优点外,还有以下两方面特点:一是有小孔效应且等离子弧穿透能力强,所以 10 ~ 12 mm 厚度焊件可不开坡口,能实现单面焊双面自由成形;二是微束等离子弧焊可用以焊很薄的箔材。因此,它日益广泛地应用于航空航天等尖端技术所用的铜合金、钛合金、合金钢、钼、钴等金属的焊接,如铁合金导弹壳体、波纹管及膜盒、微型继电器、飞机上的薄壁容器等。

12.7.2　真空电子束焊接

真空电子束焊是把工件放在真空(真空度必须保持在 $666×10^{-4}$ Pa 以上)内,由真空室内的电子枪产生的电子束经聚焦和加速,撞击工件后动能转化为热能的一种熔化焊,如图12.36所示。

真空电子束焊一般不加填充焊丝,若要求焊缝的正面和背面有一定堆高时,可在接缝处预加垫片。焊前必须严格除锈和清洗,不允许残留有机物。对接焊缝间隙不得超过 0.2 mm。

随着原子能和航空航天技术的发展,大量应用锆、钛、钽、铌、钼、铍、镍及其合金,这些稀有的难熔、活性金属,用一般的焊接技术难以得到满意的效果,真空电子束焊接技术研制成功,才为这些难熔的活性金属的焊接开辟了一条有效途径。

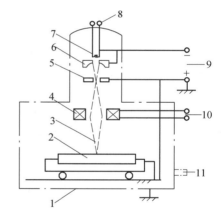

图 12.36　真空电子束焊示意图
1—真空室;2—焊件;3—电子束;4—聚焦透镜;5—阳极;6—阴极;7—灯丝;8—交流电源;9—直流高压电源;10—直流电源;11—排气装置

真空电子束焊有以下特点:

①在真空环境中施焊,保护效果极佳,焊接质量好;焊缝金属不会氧化、氮化,且无金属电极玷污;没有弧坑或其他表面缺陷,内部熔合好,无气孔夹渣,特别适合于焊接化学活泼性强、纯度高和极易被大气污染的金属,如铝、钛、锆、钼、高强钢、不锈钢等。

②热源能量密度大,熔深大,焊速快,焊缝深而窄,焊缝宽熔比可达 1:20,能单道焊厚件;钢板焊接厚度可达到 200 ~ 300 mm 合金厚度已超过 300 mm。

③焊接变形小,可以焊接一些已机械加工好的组合零件,如多联齿轮组合零件等。

④焊接工艺参数调节范围广,焊接过程控制灵活,适应性强,可以焊接 0.1 mm 薄板,也可以焊接 200 ~ 300 mm 厚板;可焊普通的合金钢,也可以焊难熔金属、活性金属以及复合材料、异种金属、如铜-镍、铝-钨等,还能焊接一般焊接方法难以施焊的复杂形状的工件。

⑤焊接设备复杂、造价高、使用与维护要求技术高,焊件尺寸受真空室限制。

目前,真空电子束焊在原子能、航空航天等尖端技术部门应用日益广泛,从微型电子线路组件、真空膜盒、钼箔蜂窝结构、原子能燃料元件、导弹外壳,到核电站锅炉气泡等都已采用电子束焊接。此外,熔点、导热性、溶解度相差很大的异种金属构件、真空中使用的器件和内部要求真空的密封器件等,用真空电子束焊也能等到良好的焊接接头。

但是,由于真空电子束焊接是在压强低于 10^{-2} Pa 的真空中进行,因此,易蒸发的金属和含气量比较多的材料,在真空电子束焊接时易于发弧,妨碍焊接过程的连续进行。所以,含锌较高的铝合金(如铝-锌-镁)和铜合金(黄铜)及未脱氧处理的低碳钢,不能用真空电子束焊接。

12.7.3　激光焊接与切割

激光焊接是利用原子受激辐射的原理,使工作物质(激光材料)受激而产生的一种单色性好、方向性强、强度很高的激光束。聚焦后的激光束最高能量密度可达 10^{13} W/cm^2,在千分之几秒甚至更短时间内将光能转换成热能,温度可达 10 000℃以上,可以用来焊接和切割。激光焊接如图 12.37 所示。目前焊接中应用的激光器有固体和气体介质两种。固体激光器常用的激光材料有红宝石、钕玻璃和掺钕钇铝石榴石;气体激光器所用激光材料是二氧化碳。

激光焊分为脉冲激光焊接和连续激光焊接两大类。脉冲激光焊对电子工业和仪表工业微型件焊接特别适用,可以实现薄片(0.2 mm 以上)、薄膜(几微米到几十微米)、丝与丝(直径0.02~0.2 mm)、密封缝焊和异种金属、异种材料的焊接,零点几毫米不锈钢、铜、镍、钼等金属丝的对接、重叠、十字接、T 字接、密封性微型继电器、石英晶体器件外壳和航空仪表零件的焊接等。

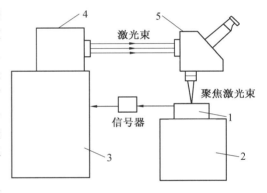

图 12.37　激光焊接示意图
1—工件;2—工作台;3—电源与控制设备;4—激光器;5—观察器及聚焦系统

连续激光焊接主要使用大功率 CO_2 气体激光器,连续输出功率可达 100 kW,可以进行从薄板精密焊到 50 mm 厚板深穿入焊的各种焊接。

激光焊接的特点:

①能量密度大且放出极其迅速,适合于高速加工,能避免热损伤和焊接变形,故可进行精密零件、热敏感性材料的加工。被焊材不易氧化,可以在大气中焊接,不需要气体保护或真空环境。

②激光焊接装置不需要与被焊接工件接触。激光束可用反射镜或偏转棱镜将其在任何方向上弯曲或聚焦,因此可以焊接一般方法难以接近的接头或无法安置的接焊点,如真空管中电极的焊接。

③激光可对绝缘材料直接焊接,对异种金属材料焊接比较容易,甚至能把金属与非金属焊接在一起。

激光切割机理有激光蒸发切割、激光熔化吹气切割和激光反应气体切割三种。

激光切割具有切割质量好,效率高,速度快,成本低等优点。一般来说,金属材料对激光吸收效率低,反射损失大,同时导热性强,所以要尽可能采用大功率激光器。非金属材料对 CO_2 激光束吸收率是相当高的,传热系数都较低,所用激光器功率不需要很大,切割、打孔等加工较容易,因此,较小功率的激光器就能进行非金属材料的切割。目前大功率 CO_2 激光器作为隧道和挖掘工程和辅助工具,已用于岩石的切割。

12.7.4　扩散焊接

扩散焊接是在真空或保护气氛中,使被焊接表面在热和压力的同时作用下,发生微观塑性流变后相互紧密接触,通过原子的相互扩散,经过一定时间保温(或利用中间扩散层及过渡相加速扩散过程),使焊接区的成分、组织均匀化,最终达到完全冶金连接的过程。

扩散焊接与热压焊不同,扩散焊所用压力一般较小,焊接表面所发生的塑性流变量也很小,两焊件的被加热温度基本相同。扩散焊与钎焊虽然在焊接过程中母材都不熔化,但钎焊焊缝被钎料填充后基本保持钎料的原始成分。在随后冷却过程中形成铸造组织,因此难以达到与母材相等的性能;而扩散焊完全没有液相或仅有极少量过渡液相,经扩散后接头成分和组织基本与母材均匀一致,接头内不残留任何铸造组织,原始界面完全消失,接头性能与母材基本一致。

扩散焊接的特点:

①扩散焊接头成分、组织和性能基本相同,甚至完全相同,从而减少因组织不均匀引起的局部腐蚀和应力腐蚀开裂的危险。

②扩散焊接母材不过热、不熔化,几乎在不损坏性能的情况下焊接一切金属和非金属,特别是用一般方法难以焊接的材料,如弥散强化的高温合金、纤维强化的硼-铝复合材料等。

③可以焊接不同类型的材料,包括异种金属、金属与陶瓷等完全不相溶的材料。

④可以焊接结构复杂及薄厚相差很大的工件。

焊件表面状态对焊接质量影响很大。因此,焊前必须对工件进行精密加工、磨平抛光、清理油污,以获得尽可能光洁、平整、无氧化膜的表面。

扩散焊接不仅在原子能、航空航天及电子工业等尖端技术领域得到了广泛应用,而且逐渐推广到一般机械制造工业部门。

12.7.5　摩擦焊

摩擦焊是利用工件相互摩擦产生的热量同时加压而进行焊接的。

先将两焊件夹在焊机上,加压使焊件紧密接触,然后焊件 1 旋转与焊件 2 摩擦产生热量,待端面加热到塑性状态时让焊件 1 停止旋转,并立即在焊件 2 的端面施加压力使两焊件焊接起来。

摩擦焊的特点:

①接头质量好而且稳定,因在摩擦过程中接触面氧化膜及杂质被清除,焊后组织致密,不易产生气孔、夹渣等缺陷。

②焊接生产质量高,如我国蛇形管接头摩擦焊为 120 件/小时,而闪光焊只有 20 件/小时。另外,它不需焊接材料,容易实现自动控制。

③可焊接的金属范围广,适于焊接异种金属,如碳钢、不锈钢、高速工具钢、镍基合金间

焊接,铜与不锈钢焊接,铝与钢焊接等。

④设备简单(可用车床改装),电能消耗少(只有闪光对焊的 1/15 ~ 1/10),但刹车和加压装置要求灵敏。

摩擦焊主要用于等截面的杆状工件焊接。也可用于不等截面焊接,但要有一个焊件为圆形或管状。目前摩擦焊主要用于锅炉、石油化工机械、刀具、汽车、飞机、轴瓦等重要零部件的焊接。

12.7.6　窄间隙焊

窄间隙焊是一种金属厚板的高效焊接方法,图 12.38 所示为窄间隙焊原理图。在狭窄的焊接口处,焊丝有特定装置接口底部,并与工件之间产生电弧,利用摆动行走送丝,在窄接口处由上至下完成多层焊道,直至填满焊缝。窄间隙焊接的接头形式为"I"形对接接头,焊接位置可以是全位置,可使用的焊接方法包括多种电弧焊方法。根据焊接输入热量的大小,窄间隙焊可分为低热输入窄间隙焊和高热输入窄间隙焊。

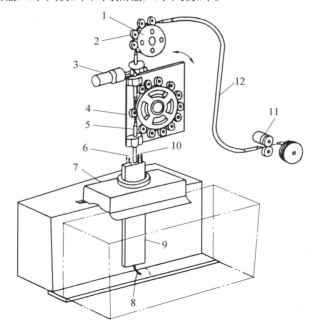

图 12.38　窄间隙焊操作原理

1—弯曲辊轮;2—支承辊轮;3—电弧摆动电动机;4—环板;5—导向管;6—冷却水;7—气体保护箱;
8—焊丝;9—焊枪;10—保护气体;11—送丝电动机;12—软导管

窄间隙焊的主要特点是:

①明显缩短厚焊板焊接加工时间,节省焊接材料,大大提高生产率。

②焊接接头性能好,尤其可改善韧性,且焊接变形小,质量高。

③焊缝装配和焊嘴跟踪要求较高,设备较复杂,控制精度要求高。

窄间隙焊主要用于板厚在 40 mm 以上的对接焊件。材料以黑色金属为多。

12.7.7 堆焊与喷涂

1. 堆焊

堆焊是采用熔化焊方法,在零件表面熔敷一层或数层具有一定性能材料的焊接工艺。在零件表面堆焊的目的在于修复零件或增加其耐磨、耐热、耐蚀等方面的性能。

堆焊是焊接的一种特殊分支,各种熔焊方法均可用于堆焊。目前最常用的堆焊方法包括焊条电弧堆焊、埋弧堆焊、振动电弧堆焊、等离子弧堆焊、气体保护电弧堆焊和电渣堆焊等。

堆焊加工的主要特点:

①采用堆焊修复已失去精度或表面破损的零件,可节省材料、省费用、省工时,延长零件的使用寿命。

②堆焊层的特殊性能可提高零件表面耐没磨性、耐热、耐蚀等性能,发挥材料的综合性能和工作潜力。

③由于堆焊材料往往与工件材料差别大,堆焊具有明显的异种金属焊接特点,因此对焊接工艺及参数要求较高。

2. 喷涂

喷涂是将金属粉末或其他物质熔化,并用压缩空气将其以雾状喷射到被加工物体的表面上,形成覆盖层的工艺方法。喷涂的目的是使材料表面具备防腐、导电、耐蚀、耐热和外形美观等功能,有时也可用于修复磨损零件。喷涂所用材料很广,各种低熔点金属和高熔点金属以及各种合金都可作为喷涂材料。此外,一些金属氧化物、碳化物、非金属陶瓷、塑料等也被广泛采用。常用的喷涂方法包括氧乙炔火焰喷涂、氢氧焰喷涂、等离子弧喷涂等。

喷涂加工的主要特点是:

①喷涂的加热温度较低,工件表面的温升较小,因而不影响工件的组织和性能。

②可喷涂加工的对象广泛,金属及大部分非金属材料均可通过喷涂获得表面覆层。

③喷涂的操作工艺过程简单,被喷涂零件的大小不受限制。

12.8 胶接工艺与应用

12.8.1 胶接基本原理

利用环氧树脂、酚醛等胶粘剂使两个分离的表面依靠化学力、机械嵌合力结合在一起的过程称为胶接或粘接。胶接接头的形成过程涉及胶粘剂对被胶粘物表面的浸润流散、物理吸附、渗入基体中的凹坑、孔隙而形成钉、钩、锚等机械嵌合力或形成共价键结合等复杂化学过程。有关胶接机理认识至今仍有机械结合、吸附、化学键、扩散、静电、弱界面层等多种学说。

12.8.2 胶粘剂

1. 胶粘剂形成

胶粘剂的组成因其来源不同而有很大差异。天然胶粘剂的组成比较简单,多为单一组分;而合成胶粘剂则较为复杂,是由多种组分配制而成,以获得优良的综合性能。总的说来,胶粘剂的组成包括粘料、固化剂、促进剂、增塑剂、增韧剂、稀释剂、溶剂、填料、藕联剂、防老剂、阻燃剂、增粘剂、阻聚剂等。除了粘料是不可缺少的外,其余的组分则要视性能要求决定加入与否。

(1)粘料　它是胶粘剂的基本组分,它对胶粘剂的性能(如胶接强度,耐热性,耐介质性等)起着决定性的影响,包括合成树脂(环氧树脂、酚醛树脂、聚氨酯树脂、聚酰胺树脂等)、合成橡胶(如丁腈橡胶、聚硫橡胶、聚丁橡胶等)以及它们的混合物或共聚物等。

(2)固化剂　它是一种能使线型结构的树脂变成体型结构的变剂,又称硬化剂。对于某些类型的胶粘剂(如普通环氧树脂胶粘剂)是一种必不可少的组分。固化剂的性能和用量会直接影响胶粘剂的工艺性能(如施工方式,固化条件等),同时亦会影响使用性能(如胶接强度、耐热性等)。

(3)增韧剂　它能改变胶粘剂的脆性,以利增加韧性,并能提高胶接接头的抗剥离、抗冲击能力。根据不同类型的粘料及接头使用条件,采用的增韧剂不同。常用的增韧剂有高沸点的低分子有机液体(如苯二甲酸二丁酯,磷酸三甲苯酯等)、热塑性树脂(如聚酰胺树脂,聚乙烯醇缩醛树脂等)及合成橡胶(如丁腈橡胶,聚硫橡胶等)等。

(4)稀释剂　它是一种能降低胶粘剂粘度的组分,具有增加胶粘剂对被粘物表面的浸润能力,并便于施工。凡是能与粘料混合的溶剂或能参加胶粘剂固化反应的各种低粘度化合物皆可作为稀释剂。

(5)填料　根据不同的使用要求,在胶粘剂中加入一定量的各种不同填料,可使胶接件获得提高强度,增大硬度,提高耐热性,降低热膨胀系数和收缩率以及降低成本和增大粘度等效果。通常使用的填料及金属粉末、玻璃、石棉等。

2.胶粘剂的分类

胶粘剂的分类方法很多,目前常用的有下列几种。

①按胶粘剂的基本组分(粘料)的类型分类,分有机胶粘剂和无机胶粘剂。有机胶粘剂又分树脂型、橡胶型和混合型三种;无机胶粘剂有磷酸盐、硅酸盐、硫酸盐和硼酸盐等。

现代技术中,广泛使用的是合成有机高分子胶。

②按固化过程物理化学变化类型分,有反应型、溶剂型、热溶型、压敏型等。

③按应用性能分类除上述标准方法外,通常将胶粘剂按应用性能分类:

a.结构胶。胶接强度较高,抗剪强度大于 15 MPa,能用于受力较大的结构件胶接。

b.非(半)结构胶。胶接强度较低,但能用于非主要受力部位或构件。

c.密封胶。涂胶面能承受一定压力而不泄漏,起密封作用。

d.浸渗胶。渗透性好,能浸渗铸件等,堵塞微孔沙眼。

e.功能胶。具有特殊功能性,如导电、导磁、导热、耐热、耐超低温、应变及点焊胶接等,以及具有特殊的固化反应,如厌氧性、热熔性、光敏性等。

12.8.3　胶接工艺过程

胶粘过程一般包括表面处理、涂胶、合拢、固化四个阶段。

1.表面处理

对胶粘件的表面进行适当处理是形成理想胶接接头的重要条件。任何固体表面层的性态与内部均有明显差异,经长期搁置或暴露后,其差异会更大。主要表现为:宏观上光滑的表面,微观上都是非常粗糙的、凹凸不平的;实际上存在着很多的空穴、毛细管及沟槽;具有很强的吸附性,会有吸附气体、水膜、油脂、尘埃等;会生成表面氧化膜,特别是对铝合金这类强氧化性金属,表面总有一层松散氧化膜,其厚度及均匀性、致密性不仅跟合金成分及均匀性、热处理状态等材质生产加工的许多因素有关,其中还可能夹杂硫化物、盐类及聚合物,并吸附其他水、气等,如图 12.39 所示。为了获得理想胶粘强度,对铝合金不仅要除去吸附的污染物,还必须清除自然氧化膜,然后再采用阳极化方法形成新的厚度、均匀性、致密性都恰当的氧化膜。铬酸–硫酸侵蚀及铬酸阳极化、磷酸阳极化是常用的两种方法。

2. 涂胶

为把胶粘剂均匀涂敷在待粘件表面,并使其充分润湿、扩散、流变和渗透,可根据胶粘剂成分和性态、待胶粘工件的材质和形状、生产批量不同条件,选用刷涂、喷涂、刮涂、滚涂、注入、热熔涂等多种不同的方法。涂胶后应视胶粘剂成分不同,晾置一定时间,以使所含溶剂在合拢前挥发掉。

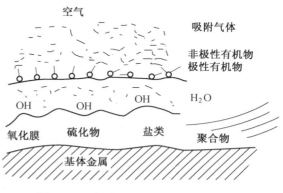

图 12.39　铝合金材料自然表面状况

3. 合拢

合拢是指涂胶并经晾置的两个工件表面叠合在一起的操作,为赶除空气、密实胶层,可适当按压、锤压或滚压,对溶剂胶粘剂,最好错动几次。挤出的胶应及时清除。

4. 固化

固化是使合拢后胶粘剂变成固体是获得优质胶粘接头性能的关键。固化分初固化、基本固化、后固化三个阶段。初固化指在室温下放置一段时间,又称凝胶;基本固化常在一定压力、温度下进行,以使胶粘层完全固化,所需压力、温度及时间取决于胶粘剂性态;后固化是为了进一步提高固化强度、消除内应力一般在一定温度下保持一定时间。

固化加热常用方法有:电热吹风、蒸气干燥、红外线高频电、电子束等方法。

12.8.4　胶接工艺设计

1. 胶接接头设计原则

①尽量使胶粘层承受剪切力和拉伸力,应避免剥离和不均匀扯离,如图 12.40 所示。

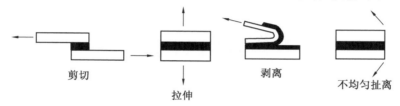

剪切　　　　拉伸　　　　剥离　　　　不均匀扯离

图 12.40　胶接接头的受力方式

②尽可能增大胶粘面积。

③注意异种材料的物理性质差异。如圆管套接时应将线胀系数小的套在线胀系数大的外面。

④可以跟其他连接方法混合使用,例如胶点焊、胶铆接、胶螺栓连接等。

⑤便于加工、装配、胶接过程实施。

2. 胶接接头形式

胶接接头的基本形式是搭接,其他形式的接头经常转化为搭接形式,如图 12.41 所示。

(a)面接接头　　　　　(b)T形接头　　　(c)角接接头及其搭接化形式　(c)对接接头及其搭接化形式

图 12.41　胶接接头的形式

3. 胶接过程的质量控制

(1)胶粘剂的选择　　选择胶粘剂时应考虑以下几点:

①胶粘剂的品种多,性能及用途各异,要熟悉各类胶粘剂的性能,才能合理选用。常用胶粘剂性能和用途见表 12.12。

表 12.12　常用胶粘剂性能和用途

类别	牌号	主要成分	特　性	用　途
聚氨酯胶	101（乌利当）	线型聚酯、异氰酸酯	胶薄柔软,绝缘性和耐磨性好,室温固化	可粘接金属、塑料、陶瓷、橡胶、皮革、木材等
瞬干胶	501 502	α-氰基丙烯、酸酯单体	粘度小,室温下接触水气瞬间即固化;胶膜脆不耐水;使用温度为−40 ~ +70℃	金属、陶瓷、玻璃、塑料、橡胶等小面积交接和固定
一般结构胶	914	环氧树脂、聚硫橡胶、胺类固化剂	固化时间较短,使用方便,耐水;固化条件:室温 24 h	适用于各种材料的快速胶接、固定和修补
	SW−2	环氧树脂,聚醚、酚醛胺	固化时间较短,使用方便,耐水;固化条件:室温 24 h	
	农机 1 号	环氧树脂、聚硫橡胶、生石灰	固化时间较短,耐水、耐油,成本低;固化条件:室温 2 ~ 3 h	适用于快速修补家机具及各种材料的小面积胶接固定
	705	酚醛树脂、丁腈橡胶、正硅酸乙酯	耐油、耐水、耐老化;使用温度:150℃,固化条件:160℃ ,4h	可胶接金属、玻璃钢、丁腈橡胶等
高结强构度胶	J−03	酚醛树脂、丁腈橡胶	弹性及耐候性良好,耐疲劳; 使用温度:−60 ~ 150℃℃ 固化条件:165℃ ,2 h	可胶接金属、玻璃钢、陶瓷等,特别适用金属蜂窝夹层结构

②了解被胶粘工件材质及接头使用条件,不同的金属、非金属及复合材料应选择不同的胶粘剂,异种材料胶接应选用对两者都有胶粘能力的胶粘剂。常用材料适用的胶粘剂见表12.13。

表 12.13　常用材料适用的胶粘剂

材料\n胶粘剂	钢铁铝	热固性塑料	硬聚氯乙烯	聚乙烯聚丙烯	聚碳酸酯	ABS	橡胶	玻璃陶瓷	混凝土	木材	皮革
无机胶	可	—	—	—	—	—	—	优	—	—	—
聚氨酯	良	良	良	可	良	良	良	可	—	优	优
环氧树脂:胺类固化	优	优	—	可	—	良	可	优	良	良	可
酸酐固化	优	优	—	—	良			优	良	良	可
环氧-丁腈	优	良	—	—	可		良	良			
酚醛-缩醛	优	优	—	—	—			良			
酚醛-氯丁	可	可	—	—	—		优	—	可	可	
氯丁橡胶	可	可	良	—	可		优	可	—	良	优
聚酰亚胺	良	良	—	—	—			良			

注:"—"表示不能使用。

接头使用条件,如受力大小、温度、湿度、介质均应在选用胶粘剂时加以考虑。

③兼顾胶粘过程条件,特别是固化压力、温度、时间三个参数,不同胶粘剂有很大差异。

④兼顾成本、毒性等因素,尽可能选用少含或低毒有机溶剂的胶粘剂。

(2)胶粘件的表面处理　包括表面清理:用水刷、干布初步清除尘土,用机械或喷灯清除油漆;脱脂除油:用碱液、溶剂、乳液、电化等方法;除锈粗化:用机械打磨、化学酸洗、碱洗、电化学等方法;活化或钝化处理:用酸或碱溶液通过化学反应使表面活化或钝化、等离子处理、耦联剂处理;保护处理:清除后即涂上一层保护性底胶。

(3)配胶和涂胶　多种组分的胶粘剂宜在使用前调配并混合均匀,调配加入次序为粘料→增塑剂→稀释剂→耦联剂→填料→固化剂→促进剂。

涂胶量不宜过厚,以 0.08 ~ 0.15 mm 为宜,一般可一次涂布完。但溶剂型胶粘剂及多孔型胶粘件需涂胶 2 ~ 3 遍。

涂胶后晾置时间应视胶粘剂成分而异,最多也只需 3 ~ 5 min。

(4)合拢和固化　合拢后应适当按、锤、滚压以挤出微小胶圈为宜。固化温度、压力和时间是最重要的质量控制参数,均应根据胶粘剂的组分不同确定。温度分室温、中高温(70 ~ 200℃不等);压力分接触压力(自重压力)、0.1 ~ 0.5 MPa 外力压力;时间除个别胶粘剂可瞬间固化外,其余为 1 h 以上,最长需 24 h。

(5)胶粘过程的质量检验　一般检验可用敲击法和超声波检验,也可用 C 扫描、多层 C 扫描、电磁检测法。

12.8.5　胶接应用典型示例

1. 拖拉机制动摩擦盘的胶接

拖拉机制动摩擦盘的胶接是由橡胶、铜丝、石棉组成的摩擦片与钢质摩擦盘经胶接而成,如图 12.42 所示。摩擦片表面工作温度最高可达 180 ~ 200℃,因此对胶粘剂的耐热性有较高要求。此外,制动摩擦盘在工作时,垂直工作压力为 0.2 ~ 0.3 MPa,最大转矩为 13.8 N·m,要求胶粘剂有优良的物理力学性能。

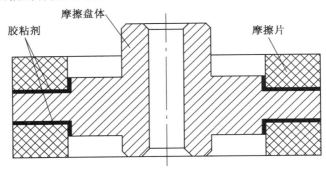

图 12.42　拖拉机制动摩擦盘的胶接

拖拉机制动摩擦盘的胶接工艺如下:

①对摩擦盘胶接表面进行酸性处理,然后经冷水冲洗、中和及热水清洗,最后进行防锈处理。

②采用酚醛–缩醛胶粘剂,均匀涂敷在摩擦片和摩擦盘体上,胶接厚度 0.2 ~ 0.3 mm。

③将胶接部位用夹具夹紧,固化压力为 0.3 ~ 0.4 MPa,在 140℃ 温度下固化 2 h。

2. 铸件缺陷的修复

若采用焊接技术修补铸件缺陷,因工艺复杂,焊接高温等因素易使铸件产生变形,且不易保证修补质量。采用胶接,则能取得良好的效果。

铸件砂眼修复胶接工艺如下。

①在砂眼或缺陷部位钻孔或铣孔。

②单独加工一个与缺陷匹配的金属塞,配合间隙为 0.1 ~ 0.3 mm,表面粗糙度 Ra 值为 50。

③对孔与金属塞进行清洗脱脂。

④采用室温固化型环氧树脂胶粘剂或无机胶粘剂,对孔与金属塞分别涂敷胶粘剂。

⑤将金属塞塞入孔中,固化,如图 12.43 所示。

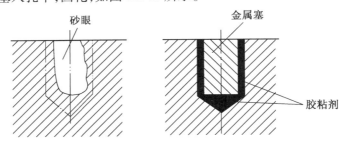

图 12.43　镶粘金属塞法修复铸件砂眼

复习思考题

1. 结构焊条如何选用? 试给下列钢材选用两种不同牌号的焊条, 并说明理由。
Q235、20、45、Q345(16Mn)

2. 如何防止焊接变形? 矫正焊接变形的方法有哪几种?

3. 减少焊接应力的工业措施有哪些? 消除焊接残余应力有什么方法?

4. 如何选择焊接方法? 下面情况应选择什么焊接方法? 简述理由。

(1)低碳钢桁架结构, 如厂屋房架。

(2)厚度 20 mm 的 Q345(16Mn)钢板拼成大型工字梁。

(3)纯铝低压容器。

(4)低碳钢薄板(厚 1 mm)皮带罩。

(5)供水管道维修。

5. 钢板拼焊工字梁的结构和尺寸如图 12.44 所示。材料为 Q235 的钢, 成批生产, 现有钢板最大长度为 2 500 mm。试确定:

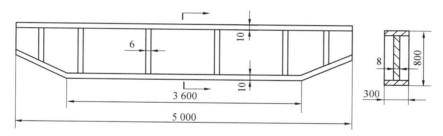

图 12.44

(1)腹板、翼板的接缝位置。

(2)各条焊缝的焊接方法和焊接材料。

(3)各条焊缝的结构形式和坡口。

(4)各焊缝的焊接顺序。

6. 焊接接头分几个区? 在焊接低碳钢时, 其综合区和热影响区的组织和性能有何变化?

7. 钎焊和熔焊有何根本区别?

8. 铸铁焊焊补时什么情况下采用热焊? 什么情况下采用冷焊?

9. 下列金属材料焊接时的主要问题是什么? 常用什么焊接方法和焊接材料?

10. 如何选择焊接方法? 下列焊接结构应选用什么焊接方法?

(1)钢板(20 mm)拼成大型工字梁。

(2)角钢组成的汽车吊臂(桁架结构)。

(3)铝制压力容器。

(4)铸铁暖气管道维修。

(5)薄板焊成的传动带罩。

(6)如图 12.45 所示锅炉气包(板厚 50 mm, 直径 ϕ =1 600 mm, 长 8 m, 做 8 台)的焊缝 A、B、C。

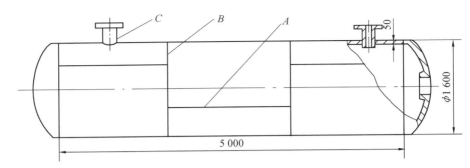

图 12.45

11. 如图 12.46 所示三种焊件,其焊缝布置是否合理? 若不合理请加以改正。

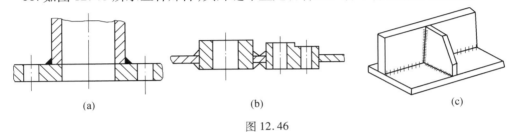

(a)　　　　　　　　　　(b)　　　　　　　　　　(c)

图 12.46

12. 影响胶接接头承载能力的因素有哪些?

13. 图 12.47 所示的胶接接头是否合理? 如何改进?

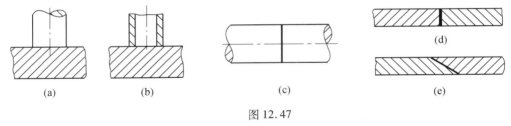

(a)　　　　(b)　　　　　　(c)　　　　　(d)
(e)

图 12.47

第 13 章　非金属材料成形

由于非金属材料和复合材料的发展日新月异,因此了解这类材料的成形工艺是十分必要的。事实上,非金属材料的成形,如塑料的注塑、挤塑、压塑、铸塑、焊接等成型方法,其工艺实质与金属的铸造、压力加工、焊接等是相同或相近的。

13.1　工程塑料的成型

塑料制品的生产主要有成型、机械加工、修配和装配等过程组成。其中,成型是塑料制品或成型材料生产最重要的基本工序。

13.1.1　挤出成型

挤出成型亦称挤塑,是利用挤出机把热塑性塑料连续加工成各种断面形状制品的方法。挤塑方法具有生产效率高、用途广、适应性强等特点,主要用于生产塑料板材、片材、棒材、异型材、电缆护层等。目前,挤塑制品约占热塑性塑料制品的 40% ~ 50% 。此外,挤塑方法还可以用于某些热固性塑料和塑料与其他材料的复合材料。

挤出成型的设备挤出机,可按加压方式不同分为连续式(螺杆式)和间歇式(柱塞式)两种。螺杆式挤出机是借助于螺杆旋转产生的压力,与加热滚筒共同作用,使物料充分熔融、塑化并均匀混合,通过机头出口模具有一定截面形状的间隙并经冷却而成型。柱塞式挤出机主要借助柱塞压力,将事先塑化好的物料挤出出口模成形。最通用的单螺杆式挤出机如图 13.1 所示。挤出成型工艺过程包括:物料的干燥、成型、制品的定型与冷却、制品的牵引和卷取(或切割),有时还包括制品的后处理等。

(1)物料的干燥　原料中的水分会使制品出现水泡、表面晦暗等缺陷,还会降低制品的物理和力学性能等,因此,在使用前应对原料进行干燥。通常,原料中的水分的质量分数应控制在 0.5% 以下。

(2)挤出成型　为挤出机加热达到预定温度后即可加料。初期挤出的制品外观和质量均较差,应及时调整工艺条件,当制品质量达到要求后即可正常生产。

(3)制品的定型与冷却　在挤出管材和各种异型材时需有定型工艺,挤出薄膜、单丝、线缆包覆物等时,不需定型。冷却往往与定型同时进行。

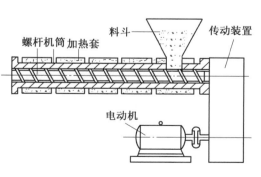

图 13.1　单螺杆式挤出机示意图

(4)牵引和后处理　常用的牵引挤出管材的设备有滚轮式和履带式两种。牵引时,要求牵引速度均匀,同时牵引速度与挤出速度应很好的配合。一般应使牵引速度大于挤出速度,以消除离模膨胀引起的尺寸变化,并对制品进行适当拉伸。有些制品在挤出成型后还需要进行后处理。

13.1.2　注射成型

注射成型又称注塑,是利用注射机将熔化的塑料快速注入闭合的模具并固化而得到各种塑料制品的方法。

注塑制品品种繁多,如日用塑料制品、机械设备和电器的塑料配件等。除氟塑料外,几乎所有的热塑性塑料都可采用注塑加工;也可用于某些热固性塑料。注塑加工具有生产周期短、生产率高、易于实现自动化生产和适应性强的特点。目前,注塑制品约占热塑性塑料制品的 20% ~30% 。

注塑机是注塑加工的主要设备,按注射方式可分为往复螺杆式、柱塞式,其中前者用得最多。注塑机除了液压传动系统和自动控制系统外,主要部分为注射装置、模具和合模装置。注射装置使塑料在机筒内均匀受热熔化,并以足够的压力和速度注射到模具模腔内,经冷却定型后,通过开启动作和顶出系统即可得到制品。现代化注塑设备可通过设定控制压力、速度、温度、时间等参数,实现全自动生产过程。注塑工艺过程包括:成型前的准备、注射进程、制品后处理等。注塑生产示意图如图 13.2 所示。

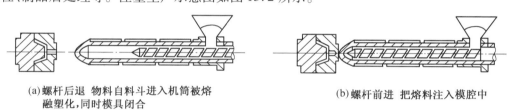

(a)螺杆后退　物料自料斗进入机筒被熔　　　　　　　　(b)螺杆前进　把熔料注入模腔中
　　融塑化,同时模具闭合

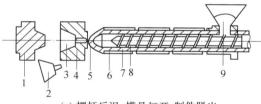

(c)螺杆后退,模具打开,制件脱出

图 13.2　注塑生产示意图

1—模具;2—制作;3—模腔;4—模具;5—喷嘴;6—加热套;7—机筒;8—螺杆;9—料筒

（1）成型前的准备　　成型前的准备工作包括原料的检验、原料的染色和造粒、原料的预热及干燥、嵌件的预热和安放、试模、清洗料筒和试车等。

（2）注射过程　　注射过程包括加料、塑化、注射、冷却和脱模等工序。塑料在料筒中加热,由固态粒子转变成熔体,经过混合和塑化后,熔体被柱塞或螺杆推挤至料筒前端,经过喷嘴,进入模具浇注系统并填满型腔,这一阶段称为“充模”。熔体在模具冷却收缩时,柱塞或螺杆继续保持加压状态,迫使浇口和喷嘴附近的熔体不断补充进入模具中(补塑),使模腔中的塑料能形成形状完整而致密的制品,这一阶段称为“保压”。卸出料筒内塑料上的压力,同时通过水、油或空气等冷却介质,进一步冷却模具,这一阶段称为“冷却”。制品冷却到一定温度后,既可用人工或机械的方式脱模。

（3）制品的后处理　　注射制品经脱模或机械加工后,常需要适当的后处理以改善制品的性能,提高尺寸稳定性。制品的后处理主要指退火和调湿处理。退火处理就是把制品放在恒温的液体介质或热空气循环箱中静置一段时间。一般地,退火温度应控制在高于制品使用温度 10~20℃和低于塑料热变形温度 10~20℃之间。退火时间视制品厚度而定。退火后,使制品缓冷至室温。调湿处理是在一定的环境中让制品预先吸收一定的水分,使其尺寸稳定下来,以免制品在使用过程中吸水发生变形。

13.1.3　模压成型

　　模压成型也称压塑,是将称量好的原料置于已加热的模具模腔内,通过模压机压紧模具加压,塑料在模腔内受热塑化(熔化)流动并在压力下充满模腔,同时发生化学反应而固化得到塑料制品的过程。图 13.3 所示为模压机示意图。

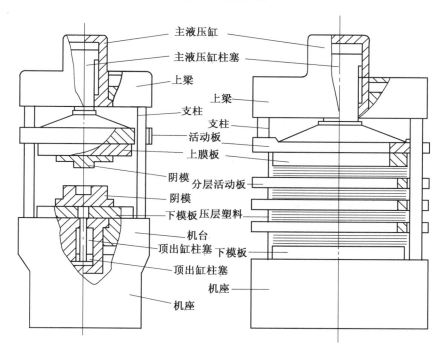

图 13.3　模压机结构示意图

　　模压主要用于热固性塑料,如酚醛、环氧、有机硅等热固性树脂的成型,在热塑性塑料方面仅用于 PVC 唱片生产和聚乙烯制品的预压成型。与挤塑和注塑相比,压塑设备、磨具和生产过程的控制较为简单,并易于生产大型制品;但生产周期长,效率低,较难实现自动化,工人劳动强度大,难于成型厚壁制品及形状复杂的制品。

　　模压通常在油压机或水压机上进行。模压过程包括加料、闭模、排气、固化、脱模和吹洗模具等步骤。

13.1.4　浇铸成型

　　铸塑又称浇铸成型,使将处于流动状态的高分子材料或能生成高分子成型物的液态单体材料注入特定的模具中,在一定的条件下使之反应固化,从而得到与模具型腔相一致的制品的工艺方法。浇铸成型既可用于塑料制品的生产,也可以用于橡胶制品的生产。

（1）静态浇铸成型　　按照模具结构不同,可分为敞开式浇铸、水平浇铸、侧立式浇铸、倾斜式浇铸等。敞开式浇铸如图 13.4 所示。该浇铸成型装置结构简单,一般只有阴模,排气容易,所得制品内部缺陷较少,通常用于制造外形较简单的制品。

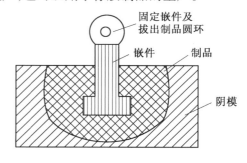

图 13.4　敞开式浇铸

（2）嵌铸成型工艺　　嵌铸又称封入成型,它是将各种非塑料物件包封在塑料中的一种成型方法。通过这种方法可以把电气元件或者零件与外界环境隔绝,起到绝缘、防腐蚀、防振动破坏等作用。嵌铸工艺过程包括嵌件的处理、嵌件的固定、浇铸和固化。

（3）离心浇铸成型　　离心浇铸是将液态塑料浇入旋转的模具中,在离心力作用下使其充满回转体形模具,经固化定型后得到制品的一种工艺。制品多为圆柱形或近似圆柱形,如轴套、齿轮、滑轮、转子、垫圈等。图 13.5 所示为立式离心浇铸示意图。

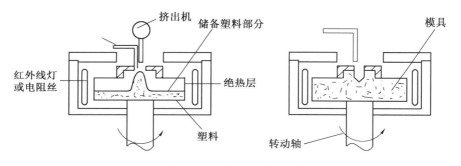

图 13.5　立式离心浇铸示意图

13.1.5　吹塑成型

吹塑成型简称吹塑,也称为中空成型,属于塑料的二次加工,是制造空心塑料制品的方法。

吹塑生产过程是先用挤塑、注塑等方法制成管状型坯,然后把保持适当温度的型坯置于对开的阴模模腔中,将压缩空气通入其中将其吹胀,紧紧贴于阴模内壁,两半阴模构成的空间形状即为制品形状。吹塑成型的生产过程示意如图 13.6 所示。

吹塑成型方法广泛用于生产口径不大的瓶、壶、桶等容器及儿童玩具等,最常用的塑料是聚乙烯、聚碳酸酯等。

13.1.6　回转成型

回转成型（或旋转成型）又称为滚塑成型,是先将塑料加到模具中,模具沿两条垂直轴不断旋转并使之加热,模内塑料在重力和热的作用下逐渐均匀地涂布、熔融粘附于模腔的整个表面上,成型为所需要的形状,经冷却定型而得到塑料制件。

滚塑成型工艺与塑料成型所常用的挤出、注塑等工艺不同,在整个成型过程中,塑料除

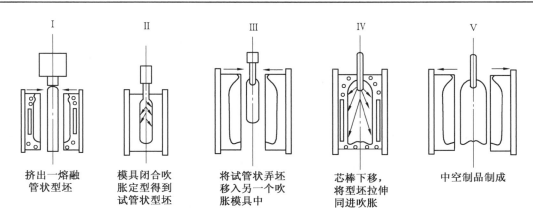

挤出一熔融
管状型坯

模具闭合吹
胀定型得到
试管状型坯

将试管状坯
移入另一个吹
胀模具中

芯棒下移,
将型坯拉伸
同进吹胀

中空制品制成

图 13.6　吹塑成型示意图

了受到重力的作用外,几乎不受任何外力的作用。

滚塑成型具有许多特点,其最为突出的优点之一是:该法所使用的设备和模具较吹塑、注塑等成型方法更简单、投资少、新产品更新快。正确地应用滚塑工艺可以获得巨大的经济效益。

图 13.7 所示为一种最简单的单臂式滚塑机。模具在加料、脱模、冷却工位装好料以后,固定到模架(模板)上;然后主轴(臂)随支承架沿逆时针方向转动,将模具送入烘箱中加热,同时主轴带动副轴、模具不断地沿主、副轴两个垂直方向转动。加热完毕,主轴一面继续通过副轴带动模具转动,一面随支承架作顺时针方向的转动,将模架及模具转动到加料、脱模、冷却工位,在该处主轴继续带动模具转动,直到冷却完毕,停止转动,取出制品后再加入物料,开始下一个成型周期工作。

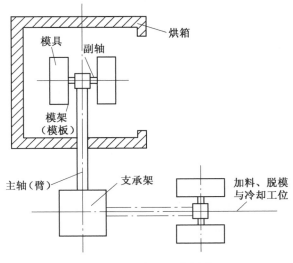

图 13.7　滚塑机示意图

滚塑成型现已得到广泛应用,既可制作小巧的儿童玩具,也可制作庞大的塑料贮槽、塑料游艇等。

13.2　橡　胶　成　型

橡胶制品的生产一般要经过混练、成型、硫化等几个工序。橡胶成型的主要方法分压延和压出两种类型。

13.2.1　压延成型

压延是生产分子材料薄膜和片材的成型方法,既可用于塑料,也可用于橡胶。压延用于加工橡胶时主要是生产片材(胶片)。

压延过程是利用一对或数对相对旋转的加热滚筒,使物料在滚筒间隙被压延而连续形成一定厚度和宽度的薄型材料,所用设备为压延机。加工时,前面需用双辊混练机或其他混练装置供料,把加热、塑化的物料加入到压延机中;压延机各滚筒也加热到所需温度,物料顺次通过辊隙,被逐渐压薄;最后一对辊的辊间距决定了制品厚度。

压延机的主体是一组加热的辊筒,按辊筒数目可分为两辊、三辊或更多;按排列方式分为 I 型、倒 L 型、L 型、Z 型、T 型、M 型等。压延机的不同辊筒排列方式如图 13.8 所示。

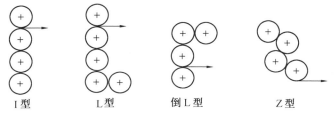

I 型　　　　　L 型　　　　　倒 L 型　　　　　Z 型

图 13.8　压延机辊筒排列方式

在压延成型过程中,必须协调辊温和转速,控制每对辊的速比,保持一定的辊隙存料量,调节辊间距,以保证产品外观及有关性能。离开压延机后,片料通过引离辊,如需压花,则需趁热通过压花辊,最后经冷却并卷取成卷。

如在最后一对辊间同时通过已经处理的纸张或织物,使热的塑料或橡胶膜片在辊筒压力下与这些基材贴合在一起,可制造出复合制品。这种方法称为压延贴合,对橡胶而言,又称贴胶。大家熟悉的人造革壁纸等均是塑料与基材的复合制品。

13.2.2　压出成型

橡胶的压出与塑料的挤出,在所用设备及加工原理方面基本相似。

(1)压出的特点　压出是橡胶加工中的一项基础工艺。其基本作业是在压出机中对胶料加热与塑化,通过螺杆的旋转,使胶料在螺杆和机筒壁之间受到强大的挤压力,不断地向前移送,并借助口型压出各种断面的半成品,以达到初步造型的目的。在橡胶工业中压出的产品很多,如轮胎胎面、内胎,胶管内外层胶,电线、电缆外套以及各种异形断面的制品等。

(2)影响压出工艺的因素　影响橡胶压出工艺的主要因素有:

①胶料的组成和性质。一般来说,顺丁胶的压出性能接近天然胶;丁苯胺、丁腈胶和丁基胶的膨胀和收缩性能都较大,压出操作较困难,制品表面粗糙;氯丁胶压出性能类似于天然胶,但易烧焦。

②压出温度。压出温度应分段控制,各段温度将影响压出进行和半成品的质量。温度分布情况通常为口型处温度最高,机头次之,机身最低。

③压出速度。压出机在正常压出条件下,应保持一定的压出速度。因为口型的排胶面积一定,如果压出的速度改变,将导致机头内压力的改变,并引起压出物断面尺寸和长度收缩的差异,最终造成压出物尺寸超出规定的公差范围。

④压出物的冷却。压出物离开口型时温度较高,有时甚至高达 100℃ 以上。压出物进行冷却的目的:一方面是降低压出物的温度,增加存放期内的安全性,减少烧焦的危险;另一方面是使压出物形状尽快稳定下来,防止变形。

13.3　陶　瓷　成　型

陶瓷制品的生产过程主要包括配料、成型、烧结三个阶段。烧结是通过加热使粉体产生颗粒粘结,经过物质迁移使粉体产生高强度并发生致密化和再结晶的过程。陶瓷由晶体、玻璃体和气孔组成,显微组织及相应的性能都是经烧结后产生的。烧结过程直接影响晶粒尺寸、分布气孔尺寸及分布等显微组织结构。陶瓷经成型、烧结后还可以根据需要进行磨削加工和抛光,甚至可以进行切削加工。通过研磨、抛光,陶瓷表面可达镜面的光洁度。但切削加工目前仍停留在试验阶段。例如,用烧结钻石刀具试切削 Al_2O_3 陶瓷;在高精度车床上,用单晶钻石车刀,以亚微米级的微小进刀量,获得约 $0.1\ \mu m$ 的形状精度。

很显然,在原料确定之后,陶瓷制品的组织结构及性能主要依靠烧结,其形状、尺寸及精度等则要依靠烧结成形及烧结后的加工。

13.3.1　干压成型

干压成型是将粉料装入钢模,通过模冲对粉末施加压力,压制成具有一定形状和尺寸的压坯的成型方法。卸模后,将坯体从阴模中脱出。图 13.9 所示为干压成型示意图。

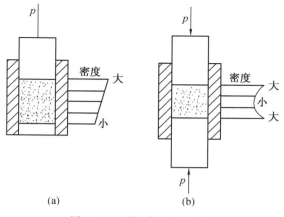

图 13.9　干压成型示意图

由于压制过程中,粉末颗粒之间,粉末与模冲、模壁之间存在摩擦,使压力损失而造成压坯密度不均匀分布,故常采用双向压制并在粉料中加入少量有机润滑剂(如油酸),有时加入少量粘结剂(如聚乙烯醇)以增强粉料的粘结力。该方法一般适用于形状简单、尺寸较小的制品。

13.3.2　注浆成型

注浆成型方法是将陶瓷颗粒悬浮于液体中,然后注入多孔质模具,由模具的气孔把料浆中的液体吸出,而在模具内留下坯体。

注浆成型的工艺过程包括料浆制备、模具制备和料浆浇注三个阶段。料浆制备是关键工序,要求具有良好的流动性,足够小的粘度,良好的悬浮性,足够的稳定性等;常用的模具为石膏模,近年来也有用多孔塑料模的。料浆浇注入模并吸干其中的液体后,拆开模具取出注件,去除多余料,在室温下自然干燥或在可调温装置中干燥。

该成型方法可制造形状复杂、大型、薄壁的制品。另外,金属铸造生产中的离心铸造、真空铸造、压力铸造等工艺方法也被引用于注浆成型,并形成了离心注浆、真空注浆、压力注浆等方法。离心注浆适合制造大型环状制品,而且坯体壁厚均匀;真空注浆可有效去除料浆中的气体;压力注浆可提高坯体的致密度,减少坯体中的残留水分,缩短成型时间,减少制品缺陷,是一种较先进的成型工艺。

13.3.3　热压成型

利用蜡类材料热熔冷固的特点,把粉料与熔化的蜡料粘合剂迅速搅合成具有流动性的料浆,在热压铸机中用压缩空气把热熔料浆注入金属模,冷却凝固后成型。这种成型操作简单,模具损失小,可成型复杂制品,但坯体密度较低,生产周期长。

13.3.4　注射成型

将粉料与有机粘接剂混合后,加热混炼,制成粒状粉料,用注射成型机在 $130\sim300℃$ 温度下注射入金属模具;冷却后,粘接剂固化,取出坯体,经脱脂后就可按常规工艺烧结。这种工艺成型简单,成本低,压坯密度均匀,适用于复杂零件的自动化大批量生产。

13.4　复合材料成型

复合材料成型工艺的实质和特点主要取决于复合材料的基体。一船情况下,其基体材料的成型工艺方法常常适用于以该类材料为基体的复合材料,特别是以颗粒、晶须和短纤维增强体的复合材料。例如,金属材料的各种成型工艺多适用于颗粒、晶须和短纤维增强的金属基复合材料,包括压铸、精铸、挤压、轧制、模锻等。而以连续纤维为增强体的复合材料的成型往往是完全不同的,至少需要采取特殊工艺措施。

13.4.1　树脂基复合材料成型

1. 热固性树脂基复合材料的成型

(1)手糊成型　这是以手工作业为主的成型方法,先在经清理并涂有脱模剂的模具上均匀刷上一层树脂,再将纤维增强织物按要求裁剪成一定形状和尺寸,直接铺设到模具上,并使其平整。多次重复以上步骤,层层铺贴,制成坯件,然后固化成型。

手糊成型主要用于不需加压、室温固化的不饱和聚酯树脂和环氧树脂为基体的复合材料成型,特点是不需专用设备、工艺简单、操作方便;但劳动条件差、产品精度较低、承载能力低。手糊成型一般用于使用要求不高的大型制件,如船体、储罐、大口径管道、汽车部件等。手糊成型还用于热压罐、压力袋、压力机等模压成型方法的坯件制造。

(2)层压成型　层压成型是制取复合材料的一种高压成型工艺。此工艺多用纸、棉布、玻璃布作为增强填料,以热固性酚醛树脂、芳烃甲醛树脂、氨基树脂、环氧树脂和有机硅树脂为粘结剂,其工艺过程如图 13.10 所示。

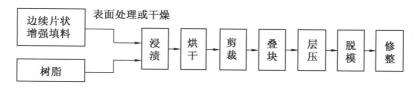

图 13.10　层压成型工艺过程

在上述过程中,增强填料的浸渍和烘干在浸胶机中进行。增强填料浸渍后连续进入干燥室,以除去树脂液中含有的熔液以及其他挥发性物质,并控制树脂的流动度。

浸胶材料层压成型是在多层压机上完成的。热压前需按层压制品的大小选用适当尺寸的浸胶材料,并根据制品要求的厚度(或质量)计算所需浸胶材料的张数,逐层叠故后,再于最上和最下两面放置 2~4 张表面层用的浸胶材料。面层浸胶材料含树脂量较高,流动性较大,因而可使层压制品表而光洁美观。

(3)压机、压力袋、热压罐模压成型　这几种成型方法均可与手糊成型或层压成型配套使用,常作为复合材料层叠坯料的后续成型加工。

压机模压成型是用压机施加压力和温度来实现模具内制件的固化成型方法。该成型方法具有生产效率高、产品外观好、精度高、适合于大量生产的特点;但模具要求精度高,制件尺寸受压机规格的限制。

压力袋模压成型是用弹性压力袋对置放于模具上的制件在固化过程中施加压力成型的方法。压力袋是由弹性好、强度高的橡胶制成的,充入压缩空气并通过反向机构将压力传递到制件上,固化后卸模取出制件即可,使用温度应在固化温度以上。图 13.11 所示为压力袋模压成型示意图。这种成型方法的特点是工艺设备均较简单,成型压力不高,可用于外形简单、室温固化的制件。

热压罐模压成型是利用热压罐内部的程控温度和静态气体压力,使复合材料层叠坯料在一定温度和压力下完成固化及成型过程的工艺方法。热压罐是树脂基复合材料固化成型的专用设备之一。该工艺方法所用模具简单,制件压制紧密,厚度公差范围小;但能源利用率低,辅助设备多,成本较高。图 13.12 所示为热压罐结构及成型原理示意图。

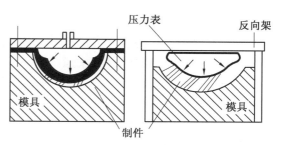

图 13.11　压力袋模压成型示意图

(4)喷射成型　喷射成型是将经过特殊处理而雾化的树脂与短切纤维混合并通过喷射机的喷枪喷射到模具上;至一定厚度时,用压辊排泡压实,再继续喷射,直至完成坯件制作固化成型的方法(图 13.13)。喷射成型主要用于不需加压、室温固化的不饱和聚脂树脂材料。

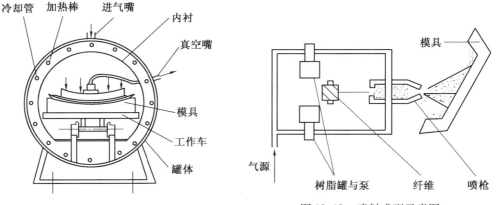

图 13.12　热压罐结构及成型原理示意图　　　　　　图 13.13　喷射成型示意图

喷射成型方法生产效率高,劳动强度低,节省原材料,制品形状和尺寸受限制小,产品整体性好;但场地污染大,制件承载能力低,适于制造船体、浴盆、汽车车身等大型部件。

(5)压注成型　压注成型是通过压力将树脂注入密闭的模腔,浸润其中的纤维织物坯件,然后固化成型的方法。其工艺过程是先将织物坯件置入模腔,再将另一半模具闭合,用液压泵将树脂注入模腔内使其浸透增强织物,然后固化(图 13.14)。该成型方法工艺环节少,制件尺寸精度高,外观质量好,一般不需要再加工;但工艺难度较大,生产周期长。

(6)离心浇注成型　离心浇注成型是利用筒状模具旋转产生的离心力将短纤维连同树脂同时均匀喷洒到模具内壁形成坯件,然后再成型的方法。该成型的方法具有制件壁厚均匀,外表光洁的特点,适用于筒、管、罐类制件的成型。

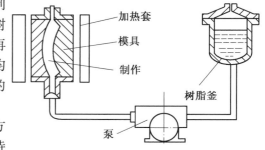

图 13.14　压注成型示意图

以上均为热固性树脂基复合材料的成型方法。其实,针对不同的增强体及制件的形状特点,成型方法远不止这些,例如,大批量生产管材、棒材、异形材可用拉挤成型方法;汽车车门等带有泡沫夹层的结构可用泡沫贮树脂成型方法;管状纤维复合材料的管状制件可采用搓制成型方法等。

2.热塑性树脂基复合材料的成型

热塑性树脂基复合材料在成型时,基体树脂不发生变化,而是靠其物理状态的变化来完成的,其过程主要由熔融、融合和硬化三个阶段组成。已成型的坯件或制品,再加热熔融后还可以二次成型。颗粒及短纤维的热塑性材料最适用于注射成型,也可以模压成型;长纤维、连续纤维、织物增强的热塑性树脂基复合材料要先制成预浸料,再按与热固性复合材料类似的方法(如模压)压制成型。形状简单的制品,一般先压制出层压板,再用专门的方法二次成型。

热塑性树脂和热固性复合材料的很多成型方法均适合用于热塑性复合材料的成型。

13.4.2　金属基复合材料成型

金属基复合材料是以金属为基体,以纤维、晶须、颗粒等为增强体的复合材料,其成型过程常常是复合过程。复合工艺主要有固态法(如扩散结合、粉末冶金等)和液相法(如压铸、精铸、真空吸铸等)。由于这类复合材料加工温度高,工艺复杂,界面反应控制困难,成本较高,故应用的成熟程度远不如树脂基复合材料,且应用范围较小,目前主要应用于航空、航天领域。

(1)粉末冶金　粉末冶金法是制备金属基复合材料,尤其是非连续增强体金属基复合材料的方法之一,广泛用于各种颗粒、片晶、晶须及短纤维增强的铝、钢、钛、高温合金等金属基复合材料。其工艺首先是将金属粉末或合金粉末和增强体均匀混合,制得复合坯料,经不同固化技术制成锭块,再通过挤压、轧制、锻造等二次加工制成型材。

(2)热压扩散结合法　热压扩散结合法是连续纤维增强金属基复合材料最具代表性的一种固相下的复合工艺。按照制件形状、纤维体积密度及增强方向要求,将金属基复合材料预制成条带及基体金属箔或粉末布,经裁剪、铺设、叠层、组装,然后在低于复合材料基体金属熔点的温度下加压并保持一定时间;基体金属产生蠕变和扩散,使纤维与基体间形成良好的界面结合,得到复合材料制件。

与其他复合工艺相比,该方法易于精确控制,制件质量好,但由于型模加压的单向性,使该方法限于制作较为简单的板材、某些型材及叶片等制件。

(3)压铸、离心铸和熔模精铸　压铸、离心铸和熔模精铸均属液相法复合工艺。

压铸是在高压下将液态金属基复合材料注射进入铸型,凝固后成型的铸造工艺方法,可制造高尺寸精度、高表面质量的复合材料铸件,是一种适合大批量生产的方法,主要用于汽车、摩托车等零件生产。

离心铸造是利用铸型旋转产生的离心力,使溶液中密度不同的增强体和基体合金分离至内层或外层,形成复合铸件的工艺方法。该方法的应用限于管状和环状零件。

熔模精铸是应用传统的熔模精铸技术制取高尺寸精度和表面质量的金属基复合铸件的工艺方法。该方法生产工艺过程较复杂,生产成本相对较高,主要用于制造复杂薄壁零件。

13.4.3　陶瓷基复合材料成型

陶瓷基复合材料的成型方法分为两类,一类是针对短纤维、晶须、晶片和颗粒等增强体,基本采用传统的陶瓷成型工艺,即热压烧结和化学气相渗透法;另一类是针对连续纤维增强体,如料浆浸渍后热压烧结法和化学气相渗透法。

(1)料浆浸渍热压成型　将纤维置于制备好的陶瓷粉体浆料里,纤维粘附一层浆料,然后将含有浆料的纤维布成一定结构的坯体,经干燥、排胶,热压烧结为制品。

该方法广泛用于陶瓷基复合材料的成型,其优点是不损伤增强体,不需成型模具,能制造大型零件,工艺较简单;缺点是增强体在基体中的分布不太均匀。

(2)化学气相渗透工艺　先将纤维做成所需形状预成型体,在预成型体的骨架上开有气孔;然后将预成型体置于一定温度下,通过气源从低温侧进入到高温侧后发生热分解或化学反应,沉积出所需陶瓷基质,直至预成型体中各空穴被完全填满,获得高致密度、高强度、高韧性的复合材料制件。

复习思考题

1. 外形复杂的塑料(如玩具)一般采用何种工艺成型?
2. 试比较金属铸造与塑料铸造的异同点。
3. 试比较各类工程塑料的成型方法。

第14章 机械零件材料及毛坯的选择与质量检验

机械制造中,要获得满意的零件,就必须从结构设计、合理选材、毛坯制造及机械加工等方面综合考虑。而正确选择材料和毛坯制造方法将直接关系到产品的质量和经济效益,因此,这项工作是机械设计和制造中的重要任务之一。

14.1 机械零件的失效分析

在实际生产中,随着系统、设备的越来越复杂,功能的不断提高,存在着许多不可靠及不安全的因素,机器设备可能发生多种故障,这不仅会造成重大经济损失,还会威胁人们的生命安全。对故障研究分析,首先应根据零件的损坏形式,找出失效的主要原因,为选材和改进工艺提供必要的依据。

14.1.1 失效的基本概念

失效是指由于某种原因,导致其尺寸、形状或材料的组织与性能的变化而不能完满地完成指定的功能的现象。例如,主轴在工作中由于变形而失去设计精度;齿轮出现断齿等。零件失效的常见特征是:零件完全破坏已不能正常工作;零件已严重损伤继续工作不安全;零件工作不能达到设计的功效。

零件失效分析的基本思路,就是对已发生的事故或失效事件,沿着一定的思考路线去分析研究失效现象的关系,进而寻找失效原因,提出相应改进措施。所以通过对零部件的失效分析,可对零件的结构设计、材料选择和加工工艺改进提供可靠的依据。

14.1.2 零件失效的主要形式

一般零部件的失效形式主要有以下四种类型。

1. 过量变形失效

零件在工作过程中因应力集中等原因造成变形超过允许范围,导致设备无法正常工作的现象。其主要形式有两种:变形超限和蠕变。例如,高温下工作的螺栓发生松弛就是蠕变造成的。

2. 断裂失效

零件在工作过程中完全断裂而导致整个机器或设备无法工作的现象。常见的断裂失效形式有:疲劳断裂、低温脆断、应力腐蚀断裂、蠕变断裂等。

疲劳断裂是指零件在交变循环应力多次作用后发生的断裂,例如,齿轮、传动轴、弹簧等零件都是在交变应力下工作的,失效形式大多属于这种类型;低温脆断经常发生在有尖缺口或有裂纹的构件中,这种断裂往往较突然,危害性较大;奥氏体型不锈钢构件在含氧量高的水中以及在热处理中受到氧化作用时,应力腐蚀开裂较明显;许多高温下工作的构件,由于长时间蠕变,承载截面积不断减小,单位截面积应力提高,最终导致蠕变断裂。

3. 表面损伤失效

零件表面损坏造成机器或设备无法正常工作或失去精度的现象,常见有表面疲劳、表面磨损、表面耐腐蚀等,例如,齿轮长期使用后,齿面磨损、精度降低属于表面磨损;飞机变速箱油压下降、控制失灵,是因非金属夹杂物引起的轴承表面接触疲劳失效。

零件的表面损伤主要发生在零件的表面,各种表面强化处理工艺,如化学热处理、表面淬火、喷丸等,均能提高材料的抗表面损伤能力。

4. 裂纹失效

裂纹失效是零件内外微裂纹在外力作用下扩展,造成零件断裂的现象,根据加工工艺的不同,可分为铸造裂纹、锻造裂纹、焊接裂纹、热处理裂纹和机械加工裂纹等。

裂纹产生往往是材料选取不当、工艺制定不合理造成的,例如,锻件中的裂纹往往因为钢中含硫量较高,混入铜等低熔点金属或夹杂物含量过多,造成晶界强度被削弱或锻后冷却过快,未及时进行退火处理等。

14.1.3　零件失效的原因

由于零件的工作条件和制造工艺不同,失效的原因是多方面的,下面主要从结构设计、材料选择、加工工艺制定和工作环境几方面进行分析。

1. 结构设计不合理

零件的结构形状、尺寸设计不合理易引起失效。例如,结构上存在尖角、尖锐缺口或圆角过渡太小,产生应力集中引起失效;安全系数小,未达到实际承载能力等。

2. 材料选取不当

所选用的材料性能未达到使用要求,或材质较差,这些都容易造成零件的失效。例如,某钢材锻造时出现裂纹,经成分分析,硫含量超标,断口也呈现出热裂的特征,由此判断是材料不合格造成的。

3. 加工工艺问题

在零件的加工工艺过程中,由于工艺方法或参数不当,会产生一系列缺陷,这些缺陷的存在,往往导致构件过早破坏。例如,铸件中缩孔的存在,在热加工时会引起内裂纹,导致构件脆断;锻造工艺不当造成的锻件缺陷主要是折叠、表面裂纹、过热及内裂纹等,这些缺陷均是导致零件早期失效的原因;机械加工过程中表面粗糙度值过大,磨削裂纹的存在,也是导致零件失效的根源;热处理工艺中,表面氧化脱碳,过热过烧组织,出现软点或裂纹,回火脆性等造成零件组织、性能不合格,影响使用寿命。

4. 装配调试不正确

在安装过程中,如达不到所要求的质量指标,如啮合传动件(齿轮、杆、螺旋等)的间隙不合适(过松或过紧,接触状态未调整好),联接零件必要的"防松"不可靠,铆焊结构的必要探伤检验不良,润滑与密封装置不良等,在初步安装调试后,未按规定进行逐级加载跑合。

5. 使用维护不正确

运转工况参数(载荷、速度等)的监控不准确,定期大、中、小检修的制度不合理,润滑条件不良,包括润滑剂和润滑方法选择不合适,润滑装置以及冷却、加热和过滤系统功能不正常等均可造成零件早期失效。

　　零件失效的原因是多种多样的,实际情况往往也错综复杂,失效分析就是寻找构件断裂、变形、磨损、腐蚀等失效现象的特征和规律,并从中找出损坏的主因。

14.2　机械零件材料选择的一般原则

　　工程上常用的材料主要有:金属材料、高分子材料、陶瓷材料和复合材料等,它们各有其特点。

　　金属材料具有良好的力学性能,工艺性良好,主要用来制造重要的结构零件和工程构件;高分子材料强度、弹性模量、疲劳抗力、韧性等较低,但它密度小,减震性良好,耐腐蚀性好,弹性变形能力强,常用于制造轻载传动齿轮,耐腐蚀的化工设备与零件和密封元件等;陶瓷材料质地硬而脆,但耐高温和耐腐蚀性良好,用于制造耐高温、耐腐蚀、耐磨的零件;新型的复合材料,具有优异的性能,但价格昂贵,主要用于航天工业上的一些重要构件。

　　在众多的可选材料中,如何选择一个能充分发挥材料潜能的适宜材料,一般是在满足零件使用性能要求的前提下,再考虑材料的工艺性能和总的经济性,并要充分重视、保障环境不被污染,符合可持续发展要求。一般应遵循以下三个原则。

14.2.1　使用性能原则

　　使用性能主要是指零件在使用状态下材料应该具有的机械性能、物理性能和化学性能。对大量机器零件和工程构件,则主要是机械性能。对一些特殊条件下工作的零件,则必须根据要求考虑到材料的物理、化学性能。材料的使用性能应满足使用要求。设计零件进行选材时,主要根据零件的工作条件,提出合理的性能指标。

1. 零件工作条件分析

　　一个零件的使用性能指标是在充分分析了零件的服役条件和失效形式后提出的。零件的服役条件包括:受力状况——拉伸、压缩、弯曲、扭转;载荷性质——静载、冲击载荷、循环载荷;工作温度——常温、低温、高温;环境介质——有无腐蚀介质或润滑剂的存在;特殊性能要求——导电性、导热性、导磁性、密度、膨胀等。

2. 常用力学性能指标在选材中的应用

　　常用的力学性能指标是强度、硬度、塑性、韧性等。

　　选材时经常要问的一个问题是:强度能否满足抵抗服役载荷的应力。其主要判据就是强度,屈服强度对于成形工序估计所需外力或考虑单个过载的影响时,都是重要的指标。

　　硬度对估计材料的磨损抗力和钢的大致强度都很有用,它最广泛的应用是作为热处理的质量保证。

　　塑性也是材料选择中的重要因素,如某种金属拉伸时具有一定的最小伸长值,则它在服役中将不会发生脆性断裂失效。较高的塑性可对零件起到过载保护作用,使零件成形更为容易。

　　冲击韧度的实质是表征在冲击载荷和复杂应力状态下材料的塑性,它对材料组织缺陷和温度更为敏感,是判断材料脆断的一个重要指标。

　　以性能指标作为判据选择材料时,应充分考虑试验条件与实际工作条件的差别;热处理工艺改变组织后对性能指标的影响;形状尺寸效应等带来实际情况与实验数据之间的偏差。

所以应对手册数据进行适当修正,用零件做模拟试验后,提供更可靠的选材保证。

14.2.2　工艺性能

材料工艺性能的好坏,对零件加工的难易程度、生产效率高低、生产成本大小等起着重要作用,同使用性能相比,工艺性能处于次要地位,但在特殊情况下,工艺性能也可能成为选材的主要依据。

高分子材料、陶瓷材料的工艺路线较简单,而金属材料的工艺路线较复杂,但适应性能很好,常用的加工方法有铸造、压力加工、焊接、切削加工等。

1.高分子材料的工艺性能原则

高分子材料的切削加工性能较好,与金属基本相同。不过它的导热性差,在切削过程中不易散热,易使工件温度急剧升高,使其变焦(热固性塑料)或变软(热塑性塑料)。表 14.1 为高分子材料主要成形工艺的比较。

表 14.1　高分子材料主要成形工艺的比较

工艺	适用材料	形状	表面光洁度	尺寸精度	模具费用	生产率
热压成形	范围较广	复杂形状	很好	好	高	中等
喷射成形	热塑性塑料	复杂形状	很好	非常好	很高	高
热挤成形	热塑性塑料	棒类	好	一般	低	高
真空成形	热塑性塑料	棒类	一般	一般	低	低

高分子材料的加工工艺路线：

2.陶瓷材料的工艺性能原则

陶瓷材料加工的工艺路线也比较简单,主要工艺就是成形,其中包括粉浆成形、压制成形、挤压成形、可塑成形等。陶瓷材料成形后,除了可以用碳化硅或金刚石砂磨加工外,几乎不能进行任何其他加工。表 14.2 为陶瓷材料各种成形工艺比较。

表 14.2　陶瓷材料各种成形工艺比较

工艺	优点	缺点
粉浆成形	可做形状复杂件、薄塑件,成本低	收缩大,尺寸精度低,生产率低
压制成形	可做形状复杂件,有高密度和高强度,精度较高	设备较复杂,成本高
挤压成形	成本低,生产率高	不能做薄壁件,零件形状需对称
可塑成形	尺寸精度高,可做形状复杂件	成本高

陶瓷材料的加工工艺路线为

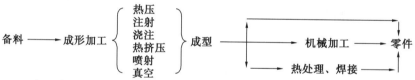

3. 金属材料的工艺性能原则

金属材料加工的工艺路线远较高分子材料和陶瓷材料复杂,而且变化多,不仅影响零件的成形,还大大影响其最终性能。

金属材料的加工工艺路线为

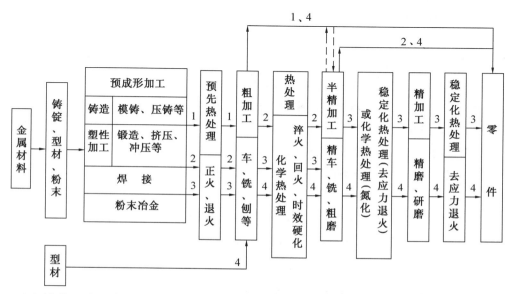

（1）性能要求不高的一般金属零件选材的工艺路线

毛坯→正火或退火→切削加工→零件

（2）性能要求较高的金属零件选材的工艺路线

毛坯→预先热处理（正火、退火）→粗加工→最终热处理（淬火、回火、固溶、时效或渗碳处理等）→精加工→零件

（3）性能要求较高的精密金属零件选材的工艺路线

毛坯→预先热处理（正火、退火）→粗加工→最终热处理（淬火、低温回火、固溶、时效或渗碳）→半精加工→稳定化处理或氮化→精加工→稳定化处理→零件

这类零件除了要求有较高的使用性能外,还要有很高的尺寸精度和表面光洁度。

从工艺性能出发,若是铸件,成分接近共晶点的合金铸造性能最好,常用的铸造合金中铸造铝合金和铜合金最好,铸铁次之,铸钢最差。锻件或冲压件,最好是纯金属或单相固溶体合金,铝和铜压力加工性良好,低碳钢比高碳钢好,而碳钢比合金钢好。对于焊接结构,碳和合金元素含量越高,焊接性能越差,低碳钢焊接性能良好,中、高碳钢和合金钢较差。切削加工性主要取决于加工表面质量,切屑排除难易程度和刀具磨损大小,钢铁材料硬度控制在 170 ~ 230 HBS 之间便于切削。通过热处理可改善钢铁材料的切削加工性能。

机械零件最终使用性能很大程度上取决于热处理工艺,通常碳钢加热时易过热,造成晶粒粗大,淬火时易变形开裂,因此制造高强度、大截面形状复杂的零件,应选用合金钢。

14.2.3　经济性

1. 材料的价格

零件材料的价格无疑应该尽量低。材料的价格在产品的总成本中占有较大的比重,据有关资料统计,在许多工业部门中,材料的成本可占产品价格的 30% ~70% ,因此设计人员要十分关心材料的市场价格。

2. 零件的总成本

零件选用的材料必须保证其生产和使用的总成本最低。零件的总成本与其使用寿命、质量、加工费用、研究费用、维修费用和材料价格有关。

3. 国家的资源等因素

随着工业的发展,资源和能源的问题日渐突出,选用材料时必须对此有所考虑,特别是对于大批量生产的零件,所用材料应该来源丰富并顾及我国资源状况。

另外,还要注意生产所用材料的能源消耗,尽量选用耗能低的材料。例如,汽车发动机曲轴,多年来选用强韧性良好的钢制锻件,但高韧性并非必需要求,因弯曲了的曲轴同样不能再使用,后成功地选用铸造曲轴(球墨铸铁制造),使成本降低很多。综上所述,零件选材的基本步骤如下:

①对产品功能要求特性,包括可能互相矛盾的要求,确定相对优先次序。
②决定产品每个构件所要求的性能,对各种候选材料在性能上进行比较。
③对外形、材料和加工方法进行综合考虑。

14.2.4　典型零件选材及工艺路线

从前面介绍的材料来看,工程中应用的材料主要是金属材料、陶瓷材料和高分子材料三大类。比较而言,金属材料综合力学性能良好,所以,目前在机械制造领域仍然是以金属材料为主。

1. 齿轮类零件的选材与工艺

在各种机械装置中,齿轮的作用主要是进行速度的调节和功率传递。齿轮用量较大,直径从几毫米到几米,工作环境也不尽相同,但其工作条件和性能要求还是具有很多共性的。

(1)齿轮的工作条件和失效形式　齿轮的工作条件为

① 由于传递扭矩,齿根承受很大的交变弯曲应力;
② 换挡、启动或啮合不均时,齿部承受一定冲击载荷;
③ 齿面相互滚动或滑动接触,承受很大的接触压应力及摩擦力的作用。

通常情况下,根据齿轮的受力状况,齿轮的主要失效形式为:

① 疲劳断裂:主要从根部发生。
② 齿面磨损:由于齿面接触区摩擦,使齿厚变小。

③ 齿面接触疲劳破坏：在交变接触应力作用下，齿面产生微裂纹，微裂纹的发展，引起点状剥落（或称麻点）。

④ 过载断裂：主要是冲击载荷过大造成的断齿。

（2）齿轮的力学性能要求

① 高的弯曲疲劳强度；

② 高的接触疲劳强度和耐磨性；

③ 较高的强度和冲击韧性。

此外，还要求有较好的热处理工艺性能，如热处理变形小等。

（3）常用齿轮材料　根据工作条件不同，齿轮选材比较广泛。重要用途的齿轮大都采用锻钢制作，如中碳钢或中合金钢适合制作中、低速和承载不大的中、小型传动齿轮；低碳钢和低碳合金钢适合作高速、能耐猛烈冲击的重载齿轮；铸钢适合制作直径较大（大于 400 ～ 600 mm）形状复杂的齿轮毛坯；铸铁适合制造一些轻载、低速、不受冲击、精度要求不高的齿轮，大多用于开式传动的齿轮；常用耐腐蚀、耐磨的有色金属材料制造；在仪器、仪表中及某些接触腐蚀介质中工作的轻载荷齿轮；塑料适于制作受力不大、在无润滑条件下工作的小型齿轮。

（4）典型齿轮选材举例

①机床齿轮。机床齿轮工作平稳无强冲击，主要承担传递动力、改变运动速度和方向的任务，工作条件相对较好，转速中等、载荷不大。常用的材料是中碳结构钢或中碳低合金结构钢，我国常用钢号是 40 或 45 钢，经正火或调质处理后再经高频感应加热表面淬火，齿面硬度可达 52 HRC 左右，齿心硬度为 220 ～ 250 HBS，完全可以满足性能要求。对于部分性能要求较高的齿轮，可用中碳低合金钢如 40Cr 钢等制造，齿面硬度提高到 58 HRC 左右，心部强度和韧性也有所提高。其工艺路线为

下料→锻造→正火→粗加工→调质→半精加工→高频淬火＋低温回火→磨削→成品

正火处理可均匀和细化组织，消除锻造应力，调整硬度改善切削加工性能；调质处理可使齿轮具有较高的综合力学性能，提高齿心的强度和韧性，使齿轮能承受较大的弯曲应力和冲击载荷，并减小淬火变形；高频淬火可提高齿面硬度和耐磨性，提高齿面接触疲劳强度；低温回火是在不降低表面硬度的情况下消除淬火应力，防止产生磨削裂纹和提高轮齿抗冲击的能力。

②汽车、拖拉机齿轮。汽车、拖拉机齿轮的工作条件比机床齿轮恶劣，功能是将发动机的动力传到主动轮上，然后推动汽车、拖拉机运动。变速箱的齿轮因经常换挡，齿端常受到冲击；润滑油中有时夹有硬质颗粒，在齿面间造成磨损，主要性能指标即耐磨性、疲劳强度、心部强韧性等要求较高，一般选用低合金钢，我国常用钢号是 20Cr 或 20CrMnTi。这类钢正火处理后再经渗碳、淬火＋低温回火处理，表面硬度可达 58 ～ 62 HRC，心部硬度为 35 ～ 45 HRC。其加工工艺路线为

下料→锻造→正火→切削加工→渗碳（孔防渗）淬火＋低温回火→喷丸→精磨→成品

正火是均匀和细化组织,消除锻造应力,获得良好切削加工性能;渗碳是提高齿面碳的质量分数(0.8% ~ 1.05%);淬火可提高齿面硬度并获得一定淬硬层深度(0.8 ~ 1.3 mm),提高齿面耐磨性和接触疲劳强度;低温回火的作用是消除淬火应力,防止磨削裂纹,提高冲击抗力;喷丸处理可提高齿面硬度约 1 ~ 3 个 HRC 单位,增加表面残余压应力,从而提高接触疲劳强度。

2. 轴类零件的选材与工艺

轴是机器上的重要零件之一,齿轮、凸轮等做回转运动的零件必须装在轴上,才能实现其回转运动。轴主要用于支承回转体零件,传递运动和转矩。

(1)轴类零件的工作条件和失效形式　轴类零件的工作条件为

① 工作时主要受交变弯曲和扭转应力的复合作用;

② 轴与轴上零件有相对运动,相互间存在摩擦和磨损;

③ 轴在高速运转过程中会产生振动,使轴承受冲击载荷;

④ 多数轴会承受一定的过载载荷。

轴类零件在使用过程中的主要失效形式为:

① 长期交变载荷下的疲劳断裂(包括扭转疲劳和弯曲疲劳断裂);

② 大载荷或冲击载荷作用引起的过量变形、断裂;

③ 与其他零件相对运动时产生的表面过度磨损。

(2)轴类零件的力学性能要求　为了保证轴的正常工作,轴类零件的材料应具备下列性能:

①足够强度、塑性和一定韧性,以防过载断裂、冲击断裂;

②高疲劳强度,对应力集中敏感性低,以防疲劳断裂;

③足够淬透性,热处理后表面要有高硬度、高耐磨性,以防磨损失效;

④良好切削加工性能,价格便宜。

(3)轴类零件常用材料　经锻造或轧制的低、中碳钢或合金钢制造(兼顾强度和韧性,同时考虑疲劳抗力);一般轴类零件使用碳钢(便宜,有一定综合机械性能,对应力集中敏感性较小),如 35、40、45、50 钢,经正火、调质或表面淬火热处理改善性能;载荷较大并要限制轴的外形、尺寸和重量,或轴颈的耐磨性等要求高时采用合金钢,如 20Cr、40Cr、40CrNi、20CrMnTi、40MnB 等;采用球墨铸铁和高强度灰铸铁作曲轴的材料。轴类零件常用材料一般根据载荷大小、类型等决定:主要受扭转、弯曲的轴,可不用淬透性高的钢种;受轴向载荷轴,因心部受力较大,应具有较高淬透性。

(4)典型轴类零件选材实例

①机床主轴的选材与工艺路线。图 14.1 为 C616 车床主轴,该主轴承载与转速均不高,冲击作用也不大,故选择 45 钢。热处理技术要求为:整体调质,硬度为 220 ~ 250 HBS;内锥孔与外锥体淬火,硬度为 45 ~ 50 HRC;花键部位高频淬火,硬度 48 ~ 53 HRC。其加工路线为

下料→锻造→正火→机械加工→调质→机械半精加工(除花键外)→局部淬火→回火

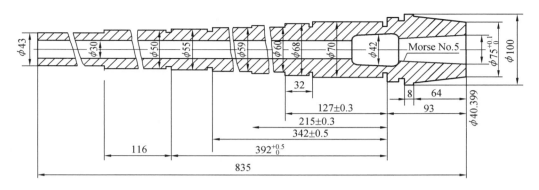

图 14.1　C616 车床主轴简图

（锥孔及外锥体）→粗磨（外圆、外锥体及锥孔）→铣花键→花键高频淬火、回火→精磨（外圆、外锥体及锥孔）

　　因主轴上阶梯较多，直径相差较大，选择锻件毛坯；正火处理可细化组织，调整硬度，改善切削加工性能，为调质作好准备；调质处理要提高轴的综合力学性能和疲劳强度；局部淬火、回火可获得局部高硬度和耐磨性，延长主轴使用寿命。

　　②曲轴的选材与工艺路线。曲轴是内燃机中形状复杂而又重要的零件之一，其作用是输出功率并驱动运动机构。工作中曲轴承受弯曲、扭转、拉压、冲击等复杂应力，其主要失效形式为疲劳断裂和轴颈严重磨损。

　　制造曲轴的材料主要有锻钢曲轴和铸造曲轴两类。高速、大功率内燃机的曲轴，用合金调质钢制造；中、小型内燃机曲轴，用球墨铸铁和 45 钢制造。

　　球墨铸铁曲轴的工艺路线为

　　铸造→高温正火→高温回火→机械加工→轴颈表面淬火→自热回火

　　这种曲轴质量的关键是铸造质量，首先要保证球化良好并无铸造缺陷；然后经高温正火以增加珠光体含量和细化珠光体，提高其强度、硬度和耐磨性；高温回火目的是消除正火所产生的内应力；轴颈处表面淬火为了提高其耐磨性。

14.3　零件毛坯选择的一般原则

　　机械中的大多数零件都是通过铸造、锻压、焊接等方法获得毛坯，再经过切削加工制成。因此毛坯选择正确与否，不仅影响零件的加工质量和使用性能，而且对零件的制造工艺过程、生产周期和成本也有很大影响，因此正确选择毛坯类型和制造方法是机械设计与制造中的重要任务之一。

14.3.1　毛坯的种类

　　机械零件常用的毛坯种类有铸件、锻件、焊接件、冲压件和型材等，这几种加工方法的主要特点列于表 14.3 中。

表 14.3　常用毛坯加工方法的特点及应用

	铸　造	锻　压	冲　压	焊　接	型　材
成形特点	液态成形	固态下塑性变形		借助金属原子的扩散和结合	固态下切割
对原材料工艺性能要求	流动性好,收缩率低	塑性好,变形抗力小		强度好,塑性好,液态下化学稳定性好	塑性好,变形抗力小
常用材料	铸铁,铸钢,有色金属	中碳钢和合金结构钢	低碳钢和有色金属薄板	低碳钢和低合金结构钢	碳钢,合金钢,有色金属
适宜的形状	形状不受限,尤其内腔形状可复杂	自由锻件简单,模锻件可复杂	可较复杂	形状不受限制	形状简单
毛坯的组织特征	晶粒粗大、疏松、缺陷多,杂质排列无方向性	晶粒细小、组织致密,杂质呈纤维方向排列	组织致密,可产生纤维组织	焊缝区为铸态组织,熔合区及过热区有粗大晶粒	取决于原始组织
毛坯的性能特点	铸铁件机械性能差,但减震及耐磨性能好;铸钢件机械性能较好	比相同成分的铸钢件好	强度、硬度提高,结构刚度好	接头的机械性能可达到或接近母材	比相同成分的铸钢件好
材料利用率	高	低	较高	较高	较高
生产周期	长	自由锻短,模锻长	长	短	短
生产成本	较低	较高	批量越大,成本越低	较高	—
主要适用范围和应用举例	铸铁件用于受力不大或承压为主的零件,或要求减震、耐磨的零件;铸钢件用于承受重载而形状复杂的零件。例如,机架、床身、箱体、曲轴等	用于承受重载、动载及复杂载荷的重要零件,如主轴、连杆、齿轮、锻模等	用于以薄板成形的各种零件。如汽车车身、油箱、机壳等各种薄金属件	主要用于制造各种金属结构件,部分用于制造零件毛坯,如锅炉、压力容器、厂房构架、船体等	制造形状简单的零件,如光轴、丝杠、销子等

14.3.2　毛坯选择的一般原则

毛坯类型选择同毛坯材料是密切相关的,所以选择毛坯的原则也是在满足使用要求的前提下,努力降低生产成本和提高生产效率。

1. 满足零件的使用要求

机械装置中各零部件的功能不同,其使用要求也会有很大差异。零件的使用要求包括零件形状、尺寸、加工精度和表面粗糙度等的外部质量要求,以及具体工作条件下对零件成分、组织、性能的内部质量要求。

2. 降低生产成本

一个零件的制造成本包括本身的材料费、消耗的燃料和动力费、工资、设备和设备的折旧费,以及其他辅助费用分摊到该零件的份额。进行毛坯选择时,可在保证零件使用性能的条件下,把可供选择的方案从经济上进行分析比较,从中选择出成本最低的最佳方案。

生产成本的高低同生产批量关系密切。一般规律是单件小批量生产时,采用通用设备和普通生产工艺,如铸件选择手工砂型铸造,锻件采用自由锻工艺等;而批量生产时,选用专门的工艺装备和先进的生产工艺,如可分别选用机器造型和模型锻造工艺,可以大大提高生产效率,反而能够降低生产成本。

3. 结合具体生产条件

选定毛坯制造方法时,首先应分析本企业的设备条件和技术水平,实施切实可行的生产方案。随着现代化工业的发展,产品和零件的生产将进一步向专业化方向发展,除本企业进行设备更新和改造外,一定打破自给自足的小生产观念,在企业条件不具备时,大胆走协作之路。

有效地协调好上述三者之间关系,才能选出最佳方案。因此在保证使用要求的前提下,要力争做到质量好、成本低、生产周期短。

14.3.3　典型机械零件毛坯的选择

常用的机械零件按其形状特征和用途不同,可分为轴杆类零件,盘套类零件和机架箱体类零件三大类。下面分别介绍各类零件毛坯选择的一般方法。

1. 轴杆类零件

轴杆类零件的结构特点是其轴向尺寸远大于径向尺寸,如图 14.2 所示。在机械装置中,该类零件主要用来支承传动零件(如齿轮等)和传递扭矩。

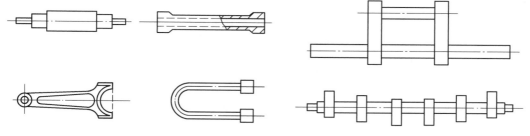

图 14.2　轴杆类零件

按照承载状况不同,轴可分为转轴、心轴和传动轴三大类。工作时既承受弯矩又承受扭矩作用的轴称转轴,如支承齿轮、带轮的轴;支承转动零件但本身承受弯矩作用而不传递扭矩的轴称为心轴,如火车轮轴、汽车和自行车的前轴等;主要传递扭矩,不承受或只承受很小弯矩作用的轴为传动轴,如车床上的光杠;此外,还有少数轴承受轴向力作用,如车床上的丝杠、连杆等。

轴杆类零件大多要求具有高的力学性能,除直径无变化的光轴外,多数采用锻件,选中碳钢或中碳合金钢材料,经调质处理后具有良好综合力学性能;对某些大型、结构复杂受力不大的轴(异型断面或弯曲轴线的轴),如凸轮轴、曲轴等,可采用 QT450-10、QT500-5 等球墨铸铁毛坯,可简化制作工艺;某些情况下,可选用铸-焊或锻-焊结合方式制造轴杆类毛坯,例如,汽车的排气阀是采用合金耐热钢的阀帽与碳素钢的阀焊成一体,节约了合金钢材料,如图14.3 所示。

图 14.3　焊接的汽车排气阀

2. 盘套类零件

盘套类零件的结构特点是零件长度一般小于直径或两个方向尺寸相差不大。属于该类零件的有各种齿轮、带轮、飞轮、模具、联轴器、法兰盘、套环、轴承环和手轮等,如图14.4 所示。

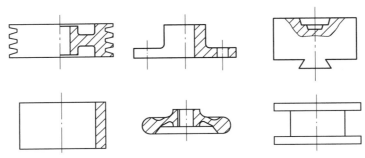

图 14.4　盘套类零件

此类零件在机械中的使用要求和工作条件差异较大,因此,所用材料和毛坯各不相同。以齿轮为例介绍,齿轮是各类机械中的重要传动零件,工作时齿面承受很大的接触应力和摩擦力,齿面要求具有足够的强度和硬度;齿根承受较大的弯曲应力,有时还要承受冲击力作用。因此齿轮的主要失效形式是齿面磨损、疲劳剥落和齿根折断。重要用途的直径小于400 mm 的齿轮选用锻件,满足高性能要求;直径较大(大于 400 ~ 600 mm)、形状复杂的齿轮,可用铸钢或球墨铸铁件为毛坯;低速轻载、不受冲击的开式传动齿轮,可采用灰铸铁件;受力不大、在无润滑条件下工作的小型齿轮(仪表齿轮等)可用塑料制造。

带轮、飞轮、手轮等受力不大、结构复杂或以承压为主的零件,一般采用铸铁件,单件生产时也可采用低碳钢焊接件。

法兰和套环等零件,根据形状、尺寸和受力等因素,可分别采用铸铁件、锻钢件或圆钢为毛坯;厚度较小的零件在单件或小批量生产时,也可直接用钢板下料。

3. 机架、箱体类零件

机架、箱体类零件一般结构复杂,有不规则的外形和内腔,壁厚不均,质量从几千克直至数十吨。这类零件包括各种机械的机身、底座、支架、横梁、工作台,以及齿轮箱、轴承座阀体等,如图14.5 所示。它们工作条件相差很大,一般的基础零件,如机身、底座、齿轮箱等,以承压为主,要求较好的刚度和减振性;有些机身、支架同时受压、拉和弯曲应力的联合作用,甚至有冲击载荷,如工作台和导轨等零件,要求有较好的耐磨性;齿轮箱、阀体等箱体类零件,要求有较大的刚度和密封性。

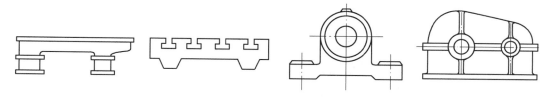

图 14.5　机架、箱体类零件

箱体类零件一般具有形状复杂、体积较大、壁薄等特点，大多选用铸铁件；承载较大的箱体可采用铸钢件；要求重量轻、散热良好的箱体(飞机发动机汽缸体等)可采用铝合金铸造；单件小批量生产时，可采用各种钢材焊接而成。

无论铸造还是焊接毛坯，内部应力往往较大，为避免使用过程中变形失效，机加工前应进行去应力退火或自然时效。

14.4　毛坯质量检验

产品的制造质量，除了取决于结构设计外，还取决于零件及毛坯的制造工艺水平。质量检验是保证质量的重要工序，也是促进工艺水平提高的有效措施。对铸、锻、焊等毛坯件进行严格质量检验，可为机加工工序提供合格产品，避免因毛坯质量问题造成后续工序的工时浪费。毛坯件中缺陷的存在，也是造成零件早期失效的原因。

14.4.1　毛坯的质量检验

为给后续工序提供合格的铸、锻、焊毛坯件，就必须按照国家规定的检验项目和标准对毛坯进行严格质量检验。毛坯检验可分为破坏性检验和非破坏性检验两类。

破坏性检验包括力学性能测试、化学成分分析和金相检验。破坏性检验必须从被检件上切取试样，或破坏整体被检件进行试验，它主要用于新材料、新工艺、新产品试制检验和模拟试验。通常可利用特制样件进行破坏性试验，这样可不破坏被检件。

非破坏性检验包括外观检验、各种无损探伤和致密性试验。该检验直接对被检件检验而不破坏其结构整体，检验合格后直接成为成品或转换到下一道工序。

下面分别介绍几种常用的检验方法。

1. 外观检验

毛坯件的外观检验以肉眼观察为主，或者辅以简单的工具(低倍放大镜、直尺等)。许多毛坯件缺陷都可通过外观检验，但重要零件仅用外观检验是不够的，还必须进行内在质量检验。

2. 无损探伤检验

无损探伤检验包括超声波检验、射线检验和磁粉检验。

(1)超声波检验　利用高频声波(大于 20 000 Hz)射入被检物并用探头接受信号，从而检测出材料内部或表面缺陷的方法，如气孔、夹杂、裂纹、缩孔、未焊透等，尤其善于检测出长度方向与超声波束方向垂直的缺陷。通常探测工件的厚度为 2 ~ 10 mm。

(2)射线检验　X 射线和 γ 射线都是电磁波，可不同程度地穿透一定厚度的金属材料。用射线照射工件，由于工件完好部位与有缺陷部位对射线能量的吸收程度不同，用感光胶片记录透过工件的射线,即可获得缺陷部位的阴影图像。射线探伤用于重要毛坯件的内部检验,如焊缝、铸件及管材中的缩孔、气孔、夹杂及裂纹与未焊透等缺陷。X 射线检验工件的厚度为 0.1～60 mm;γ 射线检验工件的厚度为 60～150 mm。

（3）磁粉检验　适合于表层或近表面缺陷检测。基本原理是,被检物在磁场中磁化后,缺陷部位产生漏磁磁场,在被检物表面撒上磁粉,缺陷处有磁粉附着,从而显示出缺陷。未焊透、表面裂纹等缺陷可用磁粉检测。

3.致密性检验

致密性检验用于检验不受压力或受压很低的容器、管道等。

（1）气密性试验　向容器内通入远低于其工作压力的压缩空气,检验容器或管道的渗漏情况。

（2）水压试验　用于检验压力容器、管道和贮罐等结构的穿透性缺陷。水压试验应严格按照国家标准进行。

4.化学成分分析

化学成分分析用以鉴定材料的成分是否符合规范,并评估材质的优劣。常用的方法是光谱分析,光谱分析方法速度快、灵敏度高,可进行化学成分定性和定量分析,但测定钢中轻元素（如 H、N、O、C 等）比较困难。

对零件表面、局部或微区化学成分的测定可用现代化的俄歇电子能谱仪、离子探针、电子探针等。例如,检查晶界上有无析出相或杂质元素,检测金属材料中合金元素和杂质元素浓度及分布,沉淀相或夹杂物的测定等。

5.力学性能的测试

力学性能对毛坯件质量检查最常用是硬度试验,因它能敏感反映出材料成分、组织、性能的关系,并可间接反映其他力学性能指标;零件经硬度试验后不受损伤。

常用硬度试验法及选用可参考第 1 章内容。

其他一些力学性能试验如静拉伸、弯曲、扭转、疲劳等,都要制成标准试样,在专门试验机上进行,主要用于对原材料进厂检验,新材料、新工艺的研制,零件失效分析等。

6.金相组织试验

通过对毛坯组织检验,可判定构件所用材料和处理工艺是否合格,金相分析是组织分析应用最广的实验观察技术,它能够提供有关金属材料的显微组织、晶粒度、非金属夹杂物等信息,主要用于对原材料进厂检验和监测各种热处理质量缺陷。质量检验还是进行失效分析的有效手段,通过宏观或微观、物理或化学的检验,了解失效的形式和本质,分析引起失效的性能指标与成分、组织、状态之间的关系,寻找失效的主要原因。

14.4.2　毛坯加工中常见的缺陷及检验

制造机械构件的金属材料,在熔炼及加工过程中,由于工艺及设备的限制,不可避免地存在一些缺陷,例如,夹杂物、偏析、缩孔、疏松以及裂纹等,这些缺陷的存在,往往导致构件过早失效。

1.铸件中常见缺陷及检验

（1）缩孔　缩孔常见于铸件的浇注冒口下部和心部及钢锭的上部。钢材中若存在缩孔,热加工时会引起内裂纹,甚至会导致构件脆断。切片宏观断口检验可检查出缩孔,不能切片的铸件可用射线或超声波探测。

（2）疏松　疏松常产生于冒口的下部和厚壁铸件的中心。加工面上的疏松可用肉眼检验；内部疏松用射线、超声波探伤；显微疏松须经金相检验。

（3）气孔　气孔在铸件中各个部位均可能出现，大多为圆形或椭圆形的孔洞。气孔在锻造过程中，若不能焊合，则会明显降低力学性能，严重时会导致构件断裂失效。气孔可用无损探伤，也可用切片宏观酸蚀检查。

（4）成分偏析　常见的冶金缺陷在切片上检验时，会出现内外两个色泽不同的区域，大致呈方形，方形区域内组织较外部疏松。偏析严重时，对钢质量有较明显影响，尤其是切削加工量大的构件，会将偏析区暴露在表面，引起构件性能恶化，常用金相法或取样做化学分析进行检验。

2. 锻件中常见缺陷及检验

（1）折叠　折叠是重叠的热金属隆起被锻入表面而产生的，折叠处产生应力集中，往往是断裂失效的裂纹源，直观检查或金相检验方法可确定。

（2）锻造裂纹　常呈现为表面裂纹和内裂纹两种，表面裂纹出现在有网状的 FeS-Fe 共晶体或非金属尖杂物聚集区，酸蚀法和金相法均可检验。内裂纹常见于拔长锻件的一端，在横向切片的心部有孔洞，裂纹自孔洞向外扩展，用金相法检验。

（3）过热和过烧　终锻温度过高，造成组织晶粒粗化，晶粒边界出现氧化及熔化的特征，金相法或断口法可检验过热、过烧组织。出现此缺陷后锻件力学性能明显下降。

（4）冷成形件中缺陷　变形严重的某些区域常出现微细裂纹，这些裂纹在交变应力作用下可能扩展，导致零件疲劳失效，可利用外观检验或金相检验。

3. 焊接件常见缺陷及检验

（1）气孔　焊接表面或内部均可能产生气孔，气孔呈现圆形或椭圆形，表面可直接观察到；内部用射线探伤、超声波探伤检验。

（2）未焊透　单面焊缝的根部可发现未焊透现象，此处金属端面是局部结合，明显降低整体承载能力，可用肉眼直接观察或射线、超声波探伤，金相法检验。

（3）热裂纹　焊缝及焊缝热影响区内可能产生。近表面处热裂纹可用肉眼检查；远表面区处用渗透探伤、磁粉探伤及断口检查等。

（4）冷裂纹　多见于热影响区，特别是焊道下熔合线附近，焊趾和焊缝根部，常见于淬透性大的钢中。内裂纹用射线或超声波探伤，显微裂纹可用金相法检查。

复习思考题

1. 欲做下列零件：小弹簧、高速轴承、螺钉、手锯条、齿轮。待选材料为 ZChPb16-16-2、Q195、45、65Mn、T10 。试为其各选一材料。

2. 某汽车变速箱齿轮，要求 $\sigma_b \geqslant 1\,080$ MPa，$\alpha_k \geqslant 700$ kJ/m^2，齿面硬度不低于 HRC58，试选一材料，制定最终热处理工艺，指出最终组织。

3. 某连杆螺栓，要求 $\sigma_b \geqslant 950$ MPa，$\sigma_s \geqslant 700$ MPa，$\alpha_k \geqslant 550$ kJ/m^2，试选一材料，制定最终热处理工艺，指出最终组织。

（第 2、3 题的待选材料：H70 、20CrMnTi 、T10 、GCr9 、60Si2Mn 、45 、15MnV 、2Cr13 、LC6 、40Cr 、Cr12MoV ）

4. 对于一些轴、齿轮类的重要零件，一般需进行的最终热处理是（　　　　）。

①淬火　　　②淬火+高温回火　　　③淬火+中温回火　　　④正火

附 录 实验指导书

实验一 金属材料的硬度实验

一、实验训练目的
（1）熟悉布氏、洛氏硬度计的操作方法。
（2）根据材料的性能特点，能正确选择测定硬度的方法。

二、实验训练内容
用压入法中的布氏、洛氏法测试件的硬度。

三、实验训练设备
（1）HB–3000 型布氏硬度机。
（2）HR–150 型洛氏硬度计。
（3）读数放大镜。

四、相关知识预习
硬度测试方法很多，使用最广泛的是压入法。压入法就是把一个比试样更硬的压头以一定的压力压入试样的表面，使试样表面产生压痕，然后根据压痕的大小来确定硬度值。压痕越大，则试样越软；反之则试样越硬。根据压头类型和几何尺寸等条件的不同，本实验采用的压入法为布氏硬度测试法和洛氏硬度测试法。

1. 布氏硬度实验原理

布氏硬度实验是在一定的试验力 F 的作用下，将直径为 D 的球形压头（淬火钢球或硬质合金球），垂直压入试样的表面，保持一定时间后卸除试验力，则在试样表面上形成直径为 d 的压痕。然后根据试验力 F 和压头直径 D 的大小，直接查金属布氏硬度数值表。例如，钢件试验力 $F=29.42$ kN（3 000 kgf），压头直径 $D=10$ mm，压力保持时间为 30 s，测出压痕直径 $d=4.00$ mm，查金属布氏硬度数值表为 229 HBS10/3000/30。

当金属硬度在 450 HB 以上时，在试验力作用下，淬火钢球会发生变形。国标规定：凡硬度大于 450 HB、小于 650 HB 的材料，使用硬质合金球作为压头，其测得的布氏硬度用 HBW 表示，而使用淬火钢球测得的布氏硬度用 HBS 表示。

2. 洛氏硬度实验原理

洛氏硬度是以顶角为 120° 的金刚石圆锥体作为压头，以一定的压力使其压入试样表面，通过测定压痕深度来确定金属硬度的方法。被测试样的硬度可在硬度计刻度盘上读出。根据被测试样硬度的不同，洛氏硬度可采用不同的压头和主负荷，组成 15 种不同的洛氏标尺。最常用的是 HRA、HRB、HRC 三种标尺，其中以 HRC 应用最多，一般用于测量经过淬火处理后较硬金属的硬度。

洛氏硬度符号 HR 后面的字母表示所使用的标尺，字母前面的数字表示硬度值，如 50 HRC 表示用 C 标尺测定的洛氏硬度值为 50。

五、实验训练步骤

（1）分成两大组,分别进行布氏和洛氏硬度实验,并相互轮换。

（2）进行实验操作前,必须先阅读并弄清布氏和洛氏硬度机的结构及操作步骤。

（3）按照规定的操作程序进行测定,严格遵守操作规程。

六、其他

1. 布氏硬度实验数据记录表

试样编号	材料名称	处理方法	试 验 规 范				实 验 结 果				
			压头 D/mm	试验力 F/N	F/D^2	试验力保持时间/s	压痕直径 d/mm			硬度值	
							d_1	d_2	$d_{均}$	HBS	HBW

2. 洛氏硬度实验数据记录表

试样编号	材料名称	处理方法	试 验 规 范			实 验 结 果					
			压头材料	硬度标尺	总试验力 F/N	第一次	第二次	第三次	平均值		
									HRA	HRB	HRC

实验二　铁碳合金平衡组织观察与分析

一、实验训练目的

（1）观察和识别铁碳合金在平衡状态下的显微组织。

（2）了解铁碳合金中的相及组织组成物的本质、形态及分布特征。

二、实验训练内容

用金相显微镜观察试样,掌握不同化学成分的铁碳合金在平衡状态下的室温组织形态;并加深理解铁碳合金化学成分、组织和性能之间的关系。

三、实验训练设备

（1）金相显微镜。

（2）金相试样(工业纯铁、亚共析钢、共析钢、过共析钢、亚共晶白口铁、共晶白口铁、过共晶白口铁)。

四、相关知识预习

铁碳合金是工业上应用最广的金属材料,它们的性能与组织密切相关,因此熟悉和掌握铁碳合金的组织是钢铁材料使用者最基本的要求。

由 $Fe-Fe_3C$ 相图可以看出,所有铁碳合金在室温下平衡组织均由铁素体和渗碳体两个基本相组成。但随着含碳量的变化,铁素体和渗碳体的相对量、析出条件和分布状态有所不同,因而呈现出各种不同的组织状态,碳钢和白口铸铁用体积分数为 3% ~5% 硝酸酒精溶液浸蚀后,在金相显微镜下观察,具有以下几种基本组织形态:

（1）铁素体（F）:在金相显微镜下观察呈白色的晶粒。铁素体量较多时成块状分布,当碳含量接近共析成分时,铁素体常沿珠光体的边界呈断续的网状分布。

（2）渗碳体（Fe_3C）:在显微镜下观察呈白亮色,在不同的转变条件下,渗碳体可呈片状、球状和网状。

（3）珠光体（P）:它是由铁素体和渗碳体交替排列成片状组织。在高倍放大时能清楚地看到珠光体是由平行相间的宽条铁素体和窄条渗碳体组成的,它们均呈白亮色,而边界呈黑色。当放大倍数较低时,呈片层状,放大倍数更低时,珠光体的片层无法分辨清楚,只能看到黑色一片。

（4）变态莱氏体（L'_d）:组织特征为,在白亮色的渗碳体上分布着许多黑色点状或条状的珠光体。二次渗碳体和共晶渗碳体连在一起,无法分辨。

五、实验训练步骤

（1）学生在金相显微镜下对试样进行组织观察。

（2）首先将显微镜调到低倍对某一试样进行全面观察,找出其中典型组织,然后用所确定的放大倍数,对找出的典型组织进行详细观察。

（3）绘出所观察试样的显微组织示意图。

六、其他

实验结果记录与分析。

金相试样	放大倍数	浸蚀剂	组织组成物名称	显微组织示意图
工业纯铁				
45 钢				
T8 钢				
T12 钢				
亚共晶白口铁				
共晶白口铁				
过共晶白口铁				

实验三　钢的热处理及其硬度测定

一、实验训练目的

（1）了解钢的热处理(退火、正火、淬火与回火)的操作方法;了解热处理炉和温度控制仪表的使用方法。

（2）加深理解冷却条件与钢性能的关系,淬火及回火温度对钢的力学性能的影响。

（3）进一步熟悉硬度测定方法。

二、实验训练内容

测定试件热处理前后的硬度值,进行显微镜组织观察或查对标准金相图谱,分析其显微组织。

三、实验训练设备

箱式电阻炉及温度测量控制仪表、夹钳、油槽、水槽、硬度计、金相显微镜、砂轮机、预磨机、抛光机、锉刀、砂纸等。

四、相关知识预习

1. 退火

退火是把工件加热到适当温度,保持一定时间,然后缓慢冷却的热处理工艺。箱式电阻炉断电后的冷却速度大约是每小时 30～120℃,随炉冷却是退火最常用的冷却方法。

亚共析钢(如 40 钢、45 钢)经过退火后可以获得铁素体和珠光体的稳定组织。该组织硬度较低(170～220 HBS),有利于切削加工。

共析钢和过共析钢多采用球化退火是退火加热温度为 A_{c_1} 以上 20～30℃,保温后的组织为奥氏体和未溶的颗粒状的二次渗碳体。缓慢冷却时,自奥氏体中析出的渗碳体在未溶颗粒状渗碳体上结晶,结果得到铁素体基体上均匀分布着颗粒状渗碳体的组织,即球状珠光体。球状珠光体不仅有利于切削加工,而且也为淬火作好了组织准备。

2. 正火

正火是将工件加热到奥氏体化后,在空气中冷却的热处理工艺。因为冷却速度较快,组织中的珠光体的相对量较退火时多些,而且珠光体片层较细密,强度、硬度(球状珠光体)也有所提高。

3. 淬火

淬火是将工件加热到奥氏体化后以适当方式冷却,获得马氏体或贝氏体组织的热处理工艺。

非合金钢在淬火后的组织为马氏体和少量残余奥氏体。低碳钢淬火后的组织为板条马氏体和少量残余奥氏体;高碳钢淬火后的组织为片状马氏体和少量残余奥氏体;中碳钢淬火后的组织为板条马氏体和片状马氏体及少量残余奥氏体的混合组织。

(1)淬火温度的选择。淬火时,钢的具体加热温度主要决定于钢中碳的质量分数(可以根据 Fe-Fe$_3$C 状态图确定)。

(2)加热时间的确定。淬火加热时间实际上是将试样加热到淬火温度所需的时间及在淬火温度保温所需要的时间的总和。加热时间与钢的成分、工件的尺寸与形状、加热介质、加热方法等因素有关。

(3)冷却速度的影响。冷却是淬火的关键工序,它直接影响了淬火后的组织和性能。冷却时既要保证获得马氏体组织,又要尽量降低冷却速度,减小工件内应力,防止变形和开裂。非合金钢一般多采用水冷,合金钢多采用油冷。此外,还可以采用其他冷却介质和冷却方法,如双介质淬火、马氏体分级淬火等。

4．回火

钢淬火后一般均须进行回火。因为钢淬火后获得的马氏体组织,硬而脆,内部存在很大的内应力,容易导致工件变形与开裂。通过回火可以降低、消除内应力,提高韧性。不同的回火工艺可以使钢得到不同的组织和性能。回火工艺按回火温度的高低,通常分为低温回火(250℃以下)、中温回火(250～450℃)、高温回火(500℃以上)三类。

在生产实际中,回火温度的选择通常是按图样上所要求的硬度为依据的,然后从各种钢材的回火温度与硬度之间的关系曲线中查出。

回火保温时间与工件材料及尺寸、工艺条件等因素有关,通常采用1～3 h。实验时,因试样尺寸较小,可采用30 min。回火后一般在空气中冷却。

五、实验训练步骤

(1)每组都领取一种热处理规范的试样,全部测定其硬度,取平均值填入表中。

(2)将试样放入箱式电炉中加热(为了节省时间,电炉可在实验前加热升温或提前由实验员将试样处理好),保温30 min左右后,按要求分别进行冷却。

(3)分别测定各处理后试样的硬度,并填入表中。

(4)进行显微镜组织观察或查对标准金相图谱分析其显微组织。

六、其他

实验结果记录与分析。

钢号	加热温度	冷却方式	回火温度	硬度值			组织
				热处理前	热处理后	回火后	

实验四　铸铁及有色金属的显微组织观察实验

一、实验训练目的

(1)观察灰铸铁、球墨铸铁、蠕墨铸铁和可锻铸铁的组织形态。

(2)观察铝合金、铜合金、轴承合金的显微组织。

二、实验训练内容

在金相显微镜下观察铸铁、铝合金、铜合金及轴承合金的显微组织。

三、实验训练设备

(1)设备:金相显微镜。

（2）试样：各种铸铁试样、铝合金试样、铜合金试样及轴承合金试样，并配以标准金相图谱或放大的显微组织照片。

四、相关知识预习

1. 铸铁

碳的质量分数大于21%的铁碳合金称为铸铁。在化学成分上铸铁和钢的主要区别是铸铁的碳和硅的含量较高，杂质元素硫、磷较多。根据铸铁中碳的存在形态，铸铁可分为白口铸铁、灰铸铁、球墨铸铁、蠕墨铸铁和可锻铸铁等。

石墨不是金属，没有反光能力，所以在显微镜下与基体截然不同，未经浸蚀即可看到其呈灰黑色。由于石墨硬度很低又很脆，在磨制过程中很容易从基体中脱落，因此，在显微镜下看到仅是石墨存在的空洞。基体组织中的铁素体和珠光体与钢中的形态相似。

2. 铝合金

铝合金根据其化学成分及工艺特点，可分为变形铝合金和铸造铝合金两类。变形铝合金按性能特点和用途，又分为防锈铝、硬铝、超硬铝和锻铝等四种。铸造铝合金按主要合金元素的不同，可分为铝硅合金、铝铜合金、铝镁合金和铝锌合金等四类，其中铝硅合金应用最广。

铝硅铸造合金的组织为白色的 α 固溶体和浅灰色粗大针状硅晶体组成的共晶体（$\alpha+Si$）及少量的初生硅或初生 α 相。粗大针状的硅晶体，使合金的强度和塑性降低。为改善铸造铝硅合金的性能，通常采用变质处理。经变质处理后，共晶体中的硅细化成细小的短条或球状。经变质处理后的组织，由细小均匀的共晶体和初生的 α 相组成。

3. 铜合金

铜合金按其化学成分，可分为黄铜、白铜和青铜三类，而根据生产方法又有加工铜合金和铸造铜合金之分。

黄铜是以锌为主加元素的铜合金。实际应用中的黄铜含锌的质量分数一般在45%以下。当锌的质量分数小于39%时，Zn 能全部溶于 Cu 中形成单相 α 固溶体（称 α 黄铜或单相黄铜），当 Zn 的质量分数在39%～45%时，出现 β 相。β 相是以化合物 CuZn 为基的固溶体，在453℃时发生有序化转变，转变成有序固溶体 β' 相，形成 $\alpha+\beta'$ 两相的显微组织，因此称为（$\alpha+\beta'$）黄铜或双相黄铜。单相黄铜经退火后为带有孪晶的颜色深浅不一的多面体晶粒。双相黄铜的显微组织中亮的部分为 α 固溶体，暗黑色的为 β' 固溶体。

4. 轴承合金

锡基轴承合金的显微组织中，软的基体是呈暗色的 Sb 溶于 Sn 中形成的 α 固溶体，而硬的质点是白色方块状的 β' 相（以 SnSb 为基的固溶体）和白色针状或星状的化合物 Cu_3Sn。

铅基轴承合金的显微组织中，软基体是（$\alpha+\beta'$）共晶体，硬质点是 β' 相 SnSb（白色方块）和白色针状与粒状物 CuSb 化合物。

五、实验训练步骤

（1）根据所观察的组织特征，选择合理的放大倍数。

（2）按照显微镜的使用方法，观察各试样的显微组织。

六、其他

画出所观察试样显微组织的示意图。

金相试样	放大倍数	浸蚀剂	组织组成物名称	显微组织示意图

实验五　合金流动性实验

一、实验训练目的

（1）了解合金流动性的测定方法。

（2）了解影响合金流动性的因素。

二、实验训练内容

采用螺旋形试样对铝合金进行流动性评定。

三、实验训练设备

1. 设备

（1）加热电炉 2 台、热电耦 2 个。

（2）螺旋形试样模 2 套。

2. 材料

（1）$\omega(Si) = 12\%$ 的铝硅合金 2.5 kg（如果没有该合金，可用纯铝与纯硅配制）。

（2）$\omega(Si) = 30\%$ 的铝硅合金 2.5 kg（如果没有该合金，可用纯铝与纯硅配制）。

（3）精炼剂：氯化锰。

（4）涂料：白里粉 67%、水玻璃 3%、水 30%（质量分数）。

（5）测量工具：卷尺及称量仪器等。

四、相关知识预习

金属液充满型腔，获得形态完整、轮廓清晰的铸件的能力，称为流动性。流动性是合金重要的铸造性能之一，它不仅与合金的成分、温度、杂质等物理性质有关，而且还受外界条件的影响。因此，流动性是合金在铸造过程中的一种综合性能，对铸件的质量有很大的影响。

金属液的流动性一般都是采用浇注"流动性试验"的方法衡量的。如在合金液相线上相同的过热度或在同一浇注温度下，浇注各种合金的流动性试样，以试样的长度或试样某处厚薄程度衡量该合金的流动性好与差。

流动性试样的类型很多,在生产和科学研究中应用最多的是螺旋形试样。其型腔上每隔 50 mm 都有一个凸点,根据螺旋形试样上的凸点数或螺旋试样的长度来衡量合金的流动性。

五、实验训练步骤

1. 实验前的准备工作

(1)将学生分成两组,分别做 $\omega(Si) = 12\%$、30% 的铝硅合金的流动性实验。

(2)称量好所用的炉料、精炼剂。在使用前,应将氯化锰盛于铝盘中(厚度不超过 50 mm),置于 200 ~ 250℃ 的电炉内烘烤 3 ~ 5 h,然后磨碎贮存于干燥箱中。

(3)坩埚及熔炼工具的准备。坩埚及熔炼工具在使用前必须清理,以去除其表面的油污、铁锈及其他熔渣和氧化物。在坩埚的工作表面应喷一层涂料,并将已喷涂涂料的坩锅预热至 150 ~ 200℃,以彻底排除涂料中的水分。

(4)在进行实验前,所有实验电炉均应升温到预定的温度,各电炉的测温仪表和控温装置均应准确无误。试样模使用前要清理干净,预热至 200℃ 时刷涂料,再加热到 200 ~ 250℃ 备用。

2. 实验方法

(1)将称量好的炉料分别装入预热好的 1# 炉(装有 $\omega(Si) = 12\%$ 的铝硅合金)和 2# 炉(装有 $\omega(Si) = 30\%$ 的铝硅合金)中。

(2)升温,待全部炉料熔化以后,将温度调整到 700℃,1# 炉与 2# 炉分别用 5 g 氯化锰为精炼剂进行精炼;用扒渣勺扒净液面上的渣。

(3)清理坩埚边,将铝液温度调整到 720℃ 并准备浇入已经准备好的试样模内。

(4)用小浇包舀好金属液进行浇注。浇注时要平稳,液流要连续,不可中断,应尽量使金属液沿浇道壁流入型腔。

(5)对于铝合金件,当浇注系统基本凝固时即可开型。

(6)测量试样模内的两合金的螺旋形试样的长度,并记录下来。

六、其他

实验数据记录与分析

合金序号	精炼温度	浇注温度	直浇道高度	螺旋线长度	流动性评定

实验六 焊接接头显微组织观察及分析实验

一、实验训练目的

(1)观察低碳钢焊条电弧焊焊接接头显微组织的特征与形貌。

（2）分析焊缝区、熔合区及热影响区各部分的显微组织差异。

二、实验训练内容

（1）观察焊接接头的显微组织特征,绘出各区组织示意图。

（2）焊接接头各区的组织与焊件的厚度、母材成分、焊接方法、焊接工艺、接头形式、施焊环境温度以及焊件是否预热等因素有关,在观察时应结合所学理论知识认真分析。

三、实验训练设备

（1）设备:金相显微镜、抛光机等。

（2）试样:低碳钢焊条电弧焊焊接接头各区的金相试样若干个。

四、相关知识预习

由于焊接时焊缝区的金属都是由常温状态开始被加热到较高温度,然后再逐渐冷却到室温。但随着各点金属所处位置不同,其最高加热温度不同。所以焊接过程中,焊缝附近的金属相当于受到了一次不同规范的热处理,因此必然有相应的组织和性能的变化。焊接接头包括焊缝、熔合区和热影响区,热影响区又分为过热区、正火区和部分相变区。

五、实验训练步骤

（1）取一手工电弧焊的焊接接头,沿焊缝横向取样,经磨削、抛光、腐蚀,制成显微组织试样。

（2）将制好的试样放在金相显微镜下,观察各个小区的显微组织形态。

（3）分别绘出各区组织的示意图。

六、其他

实验结果记录与分析

接头各区 组织	焊缝中心	熔合区	过热区	正火区	部分正火区	母材组织
组织名称						
组织组成						

参 考 文 献

［1］沈莲.机械工程材料［M］.北京:机械工业出版社,2003.

［2］赵忠,丁仁亮,周而康.金属材料及热处理［M］.北京:机械工业出版社,2000.

［3］刘会霞.金属工业学［M］.北京:机械工业出版社,2001.

［4］史美堂.金属材料及热处理［M］.上海:上海科学技术出版社,1989.

［5］郭炯凡.机械工程材料工艺学［M］.北京:高等教育出版社,1989.

［6］黄光烨.机械制造工程实践［M］.哈尔滨:哈尔滨工业大学出版社,2001.

［7］曾正明.机械工程材料手册:非金属材料［M］.6版.北京:机械工业出版社,2004.

［8］王章忠.机械工程材料［M］.北京:机械工业出版社,2004.

［9］司乃钧.热加工工艺基础［M］.北京:高等教育出版社,2002.

［10］罗会昌.机械工程材料工艺学［M］.北京:高等教育出版社,1991.

［11］陈洪勋.金属工艺学实习教材［M］.北京:机械工业出版社,1995.

［12］徐洲.金属固态相变原理［M］.北京:科学出版社,2004.

［13］任福东.热加工工艺基础［M］.北京:机械工业出版社,2001.

［14］李义增.金属工艺学［M］.北京:机械工业出版社,2000.

［15］云建军.工程材料及材料成形技术基础［M］.北京:电子工业出版社,2003.